실전에 강한

# 드론 제작과 정비

**실전에 강한 드론 제작과 정비** : 이론부터 실무까지

**초판발행** 2022년 1월 20일

**지은이** 박장환 / **펴낸이** 전태호
**펴낸곳** 한빛아카데미(주) / **주소** 서울시 서대문구 연희로2길 62 한빛아카데미(주) 2층
**전화** 02-336-7112 / **팩스** 02-336-7199
**등록** 2013년 1월 14일 제2017-000063호 / **ISBN** 979-11-5664-581-8 93560

**책임편집** 박현진 / **기획** 임여울 / **편집** 김은정, 박정수
**디자인** 표지 윤혜원 / **전산편집** 백지선 / **제작** 박성우, 김정우
**영업** 김태진, 김성삼, 이정훈, 임현기, 이성훈, 김주성 / **마케팅** 길진철, 김호철, 주희

이 책에 대한 의견이나 오탈자 및 잘못된 내용에 대한 수정 정보는 아래 이메일로 알려주십시오.
잘못된 책은 구입하신 서점에서 교환해 드립니다. 책값은 뒤표지에 표시되어 있습니다.
**홈페이지 www.hanbit.co.kr / 이메일 question@hanbit.co.kr**

Published by HANBIT Academy, Inc. Printed in Korea

## 지은이 소개

지은이 **박장환** wjwpark@gmail.com

(현) 명지전문대 드론정보공학과 교수
(현) 자문위원 : 방위사업청/조달청/한국교육개발원/서울시 등
(현) 평가위원 : 정부R&D/드론국가자격시험/산업인력공단 등
(현) 외래교수 : 중앙소방학교/경찰청인재개발원/항공안전교육원(항공대학교) 등
(현) 국제표준 한국대표단 : ISO TC20 SC16/ASTM F-38
(현) 국제선임심사원 : ISO 9001/14001/13485 및 조달우수제품 (ITQ국제인증원)
(현) 이사/국제위원장 : ㈔대한드론축구협회 (드론월드컵 추진위)
(현) 자문위원장 : 대한드론교육원연합회/교육위원장, 국제미래학회
(현) 서울시립대 공간정보공학과 박사과정/공주대학교 항공안전관리학 석사
(전) 대경대 드론과/극동대 무인기산업학과 교수
(전) 미국/유럽 국제무인기스템협회 한국지회장/자문 한국 무인기시스템협회 총무이사
(전) 국제드론사관학교 원장/아세아항공전문학교 부교수

### 전문 경력

- 육군항공 헬리콥터 조종사(1991~2003)
- 미국 육군항공군수학교 공격헬기 수리과정 이수
- 이스라엘 IAI 무인정찰기/중계기 조종사 과정 이수
- 일본 Yamaha-motor 무인헬기 조종사/교관 과정 이수
- 오스트리아 Schiebel, 무인정찰헬기 운용과정 이수
- 육군 무인정찰기(UAV) 1호 조종사/교관(1997~2003)
- 농업 무인헬기 1호 조종사/교관, ㈜무성항공 대표이사(2003~2006)
- 군용 무인정찰헬리콥터 총판, ㈜무인항공센터 대표이사(2006~2012)
- 국토부 초경량무인 전문교육기관 1호 및 다수 설립 및 지원(2014~현재)
- 초경량무인 헬리콥터/멀티콥터 실기평가지도 조종자/평가관
- 중국 ZoomLion, Being TTA 사 드론 제작 및 정비 교관
- 중국 국제무인기 대회 상임심사위원/한국로봇항공기대회 심사위원
- 노동부 NCS 소형무인기 개발/집필 위원, 직업능력개발훈련교사

### 주요 저서

- 『패스 드론조종 자격시험』(골든벨, 2021)
- 『드론 무인멀티헬리콥터』(골든벨, 2019)
- 『드론 무인멀티콥터』(골든벨, 2017)
- 『무인항공기 드론 운용총론』(골든벨, 2017)
- 『무인항공기 드론 안전관리론』(골든벨, 2016)
- 『드론 무인비행장치운용 이론&필기시험』(골든벨, 2015)

실전에 강한

# 드론 제작과 정비

이론부터 실무까지

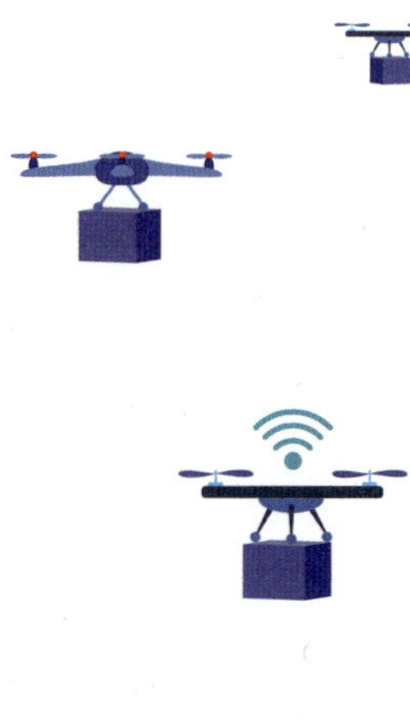

박장환 지음

한빛아카데미
Hanbit Academy, Inc.

# 드론, 숲을 보면서 나무를 보자

수년간 모아온 자료를 바탕으로 1년간 각고의 노력을 기울여 집필한 끝에 드디어 **『실전에 강한 드론 제작과 정비』**를 출간하게 되었습니다. 이 책을 집필하겠다고 결심한 데에는 몇 가지 이유가 있습니다. 우선 드론 관련 학과가 전국 50여 대학에 개설되었음에도 마땅한 교재가 없어 어려움을 겪는 현실을 더는 외면할 수 없었습니다. 그리고 드론 국가자격 교관들이 교관 업무를 수행하며 현장에서 느끼는 드론 정비와 관리에 대한 막막함을 해소하는 데 도움을 드리고 싶었습니다. 이에 더해, UAM 등 대형 드론들이 등장함에 따라 드론 정비사의 업무 또한 매우 중요해졌으므로 그에 대한 대비도 필요했습니다.

**단순히 일부 장비에 대한 분해·조립 안내서 수준에 그치지 않고, 현장에서 드론 제작 및 정비 업무를 담당하는 실무자 및 관리자가 갖추어야 할 기본 소양부터 실무 내용까지 이 책에 포함**시키기 위해 많은 고민을 거듭했습니다. 육군항공 조종 준사관 보직의 꽃이라는 정비/기재 장교로서 상당 기간 고생한 경험, 미 육군 항공군수학교에서 공격헬기 수리 과정을 이수한 경험, 이스라엘 무인정찰기 도입과 부대 창설 및 운용 경험, 20여 년 가까이 무인헬기 및 무인멀티콥터 등의 드론 사업을 진행해 온 경험 등을 바탕으로 이 책을 집필했습니다. 또 드론 관련 업체의 현장 소요 인력들이 갖춰야 할 능력에 대한 CEO들의 의견을 수렴하여 반영했습니다. 수년간 대학에서 드론 교육을 진행한 경험을 바탕으로 수업 과정 편성 및 교과 진행에 대한 부분도 고려했습니다. 하지만 교재로서의 분량과 집필 시간의 한계로 인해 자세히 다루지 못한 부분들도 있습니다.

이 책을 수업 교재로 사용한다면 한 학기에 다룰 수도 있지만, 가능하면 두 학기 정도로 편성하여 교육을 진행하기를 권장합니다. 첫 학기에는 개괄적으로 학습하고, 두 번째 학기에는 설계나 인증 등 심화학습이 필요한 부분에 초점을 맞추어 추가로 학습한다면, 기업체에서 원하는 수준의 지식을 습득할 수 있을 것입니다.

이 책이 드론 업계에서 요구하는 수준 높은 현장 전문 인력들을 양성하는 데 보탬이 되고, 드론 업계 발전에 작은 기여를 할 수 있기를 기대합니다.

지은이 **박장환**

## 권장 스케줄표

### ❶ 한 학기 과목 편성 : 드론 제작정비 이론과 실습

한 학기 동안 교재 전체를 충분히 소화하기 어려울 수 있어 3장과 8장의 실습에 중점을 두고 학습하기를 권장한다. PART 01은 아래 표의 주차별로 진행하고, 이 중 '3.3 무인항공시스템 비행체의 성능 계산'은 탑재중량과 비행시간을 변경하면서 3주 정도 반복 학습하는 것이 필요하다. 중간고사 이후에는 8장을 3주에 걸쳐 시스템 H/W 조립 → S/W 설정 → 비행시험 순으로 진행하면 효율적이다.

### ❷ 두 학기 과목 편성 : 드론 제작정비 기초(1)/드론 제작정비 심화(2)

첫 학기에는 3장과 8장의 실습에 중점을 두고 학습하기를 권장한다. 이론 중심의 1장과 2장을 3주간 진행하고, 3장은 3.3절을 위주로 4주간 탑재중량과 비행시간을 변경하면서 실습을 진행한다. PART 02에서 6~7장은 이론 설명과 견학 형태로 진행하고, 이후 8장의 드론 제작 실습 부분을 4주간 진행한다. 두 번째 학기에는 4장과 5장에 초점을 맞춰 진행하면서, 9장을 실습으로 충분히 학습한다면 드론 관련 업체에서 근무하는 데 큰 도움이 될 것이다. 1~2장은 한 주 정도 복습하며 진행하고, 3장의 3.3절도 한 번 더 복습한다. 4장과 5장은 각각 2~3주 정도 집중적으로 학습하길 권하며 이때 학습 내용을 충분히 이해할 수 있도록 이론과 현장 실습, 실제 문서 작성 실습의 형태로 진행한다. 그리고 9장의 안전성인증 절차의 온라인 진행과 함께 관련 문서들을 작성하는 실습을 중점적으로 진행한다.

| 부 | PART 01_이론 | | | | | PART 02_실습 | | | |
|---|---|---|---|---|---|---|---|---|---|
| 장 | 01 | 02 | 03 | 04 | 05 | 06 | 07 | 08 | 09 |
| 구분 | 공통 | | 제작 | 정비 | 제작 | 제작 | 정비 | 제작 | 제작 |
| 주제 | 무인항공기 (드론) 시스템 개요 | 무인항공 구성요소별 세부 구조와 원리 | 드론 개발/제작 기초 | 무인항공 (드론) 정비관리 | 드론 관련 인증/검증/등록 | 무인 멀티콥터 구성품 이해 | 드론 제작/정비용 공구 | 소형 DIY 드론 제작 실습 (F-450) | 무인 비행장치 안전성인증 실무 |
| 한 학기 강의 시 | 1 | 2 | 3~5 | 6 | 7 | 9 | 10 | 11~14 (실습) | |
| 두 학기 강의 시 (1학기) | 1 | 2~3 | 4~7 (이론) | | | 9 | 10 | 11~14 (실습) | |
| 두 학기 강의 시 (2학기) | 1 (중요 사항 복습) | | 2 (복습) | 3~4 | 5~7 | 9 (중요 사항 복습) | | 10 (복습) | 11~14 (실습) |

숫자 : 수업 주차
(8주차 : 중간고사 | 15주차 : 기말고사)

## 참고문헌


- 『Doc 10019 Manual on Remote Piloted Aircraft System』, ICAO, 2015.
- 『ICT 융합 신산업 활성화를 위한 무인항공기 주파수 공급』, 미래창조과학부, 2016.
- 『드론산업발전 기본계획(안)』, 2017~2026 자료집, 국토교통부, 2017.
- 『드론 운용 및 안전 매뉴얼』, 서울시, 2020.
- 『무기체계 연구개발단계 품질관리 기술지원 가이드북』, 국방기술품질원, 2020.
- 『신재생에너지원인 수고연료전지의 원리와 응용』, 전기의 세계, 2012.
- 『픽스호크4/아두파일럿 매뉴얼』, 골든벨, 2020.
- 『항공기 정비 일반(개정판)』, 국토교통부, 2021.
- 『항공정비사 표준교재 개정판』, 항공교육훈련 포털, 국토교통부, 2020.
- 『군용 소형 회전익무인기 감항인증기준에 대한 연구』, 양준모, 이상철, 한국항공운항학회지, Vol. 29, No. 2, Jun. 2021.
- 『무인전투부대의 운용개념 및 활용방안』, 류창수, 국방과 기술(466), 2017.
- 무인항공기 충돌방지 및 위치식별을 위한 음성관제 시스템 및 음성관제 방법(특허등록 10-119175), 박장환, 특허청, 2012.
- 『열적외선 이미지를 이용한 영상 처리』, 정병조, 장성환, 한국산학기술학회논문지, 2009.
- 항공기 충돌방지 통신시스템(특허등록 10-1098387), 박장환, 특허청, 2011.
- 『국방전력발전업무 훈령』, 별표3 국방전력발전업무 절차, 국방부, 2021.
- 군용항공기 비행안정성인증에 관한 법률 시행규칙, 제1조 2. 국방부.
- 군용항공기 표준감항인증기준에 관한 고시(Part 2, Part 3), 개요, 국방부.
- 우수조달물품 지정관리 규정, 법령정보센터, 조달청.
- 전파법 58조, 방송통신기자재의 적합성평가에 관한 고시, 정보통신부(국립전파연구원고시).


## 웹사이트


- eCalc 웹사이트(https://www.ecalc.ch/).
- 박장환의 무인항공기 정보센터(www.uavcenter.com).
- 팰콘샵 웹사이트(https://www.falconshop.co.kr).

## 강의 보조 자료

한빛아카데미 홈페이지에서 '교수회원'으로 가입하신 분은 인증 후 교수용 강의 보조 자료를 제공받을 수 있습니다. 한빛아카데미 홈페이지 상단의 〈교수전용공간〉 메뉴를 클릭하세요.

http://www.hanbit.co.kr/academy

## 추가 제공 자료

드론 운용 및 정비에 대한 추가 자료를 제공합니다. 추가 제공 자료는 아래의 경로에서 내려받을 수 있습니다.

- 농업용 드론 운용 매뉴얼 샘플
- 농업용 드론 정비 매뉴얼 샘플
- 무인항공 드론 매뉴얼

**한빛아카데미 홈페이지 접속 → [도서명] 검색 → 도서 상세 페이지의 [부록/예제소스]**

## 무인항공기 주요 용어

무인항공기(드론)의 주요 용어와 약어는 다음 경로에서 제공하는 무인기 용어집을 참고하세요.

**무인항공기센터 홈페이지(http://www.uavcenter.com) → [자료실] → [무인기 용어집]**

# PART 02 드론 제작과 정비 실습

Contents

CHAPTER

# 01

# 무인항공기(드론) 시스템 개요



**학습목표**

- 무인항공기 용어들을 정리하여 설명할 수 있다.
- 드론시스템의 종류와 분류에 대해 설명할 수 있다.
- 드론시스템의 기본 구성요소를 구분하여 설명할 수 있다.
- 드론시스템의 운영 개념에 대해 설명할 수 있다.

# SECTION 1.1 무인항공기(드론) 용어 정리

무인항공기는 일반인이 많이 알고 있는 '드론(drone)'이라는 용어를 포함해 여러 가지 용어로 혼용되고 있어 혼란스러운 경우가 많다. 이는 기술 변화와 시대 흐름에 따라 그에 적합한 용어를 사용하다 보니 여러 용어가 혼재된 것이다. 본격적인 학습에 앞서 무인항공기와 관련한 용어부터 정리해보자.

## 1.1.1 무인항공기(드론)의 정의

'무인항공기'는 '무인항공기 체계(시스템)'라는 말을 줄인 표현으로서 '조종사가 비행체에 직접 탑승하지 않고 지상에서 자동(auto) 또는 반자동(semi-auto) 방식으로 원격조종(remotely piloting)하는 비행 시스템'으로 정의된다. 즉, 조종석이 지상으로 내려와 있는 비행체 시스템을 말한다. 무인항공기 시스템은 단순 비행체(Aircraft)만을 의미하지 않고, 지상 또는 함상의 원격통제장비(RPS; Remote Piloting Station/System),[1] 통신장비(Data link), 탑재임무장비(Payload), 지원장비(Support Equipment), 운용인력(Operators)의 여섯 가지 구성요소를 포괄하는 시스템 장비이다.

우리나라 항공법규(항공안전법)에서는 자중 150kg 이하의 무인항공기를 초경량 무인비행장치, 150kg을 초과하는 장비는 무인항공기로 분류하고 있다. 초경량 무인비행장치는 다시 무인비행기, 무인헬리콥터, 무인멀티콥터, 무인비행선으로 구분하여 조종자 자격제도가 시행되고 있다.

2021년 3월 1일부터는 초경량 무인비행장치를 [표 1-1]과 같이 다시 네 가지로 세분화하여 규정하고 있다. 이는 드론이 잠재적인 테러 무기로 사용될 가능성이 높아짐에 따라 250g을 초과하는 드론에 대한 통제를 강화하기 위한 조치이다. 기체 신고도 사업용의 경우 전체, 비사업용의 경우 총중량 2kg 이상의 장비로 확대되었고, 조종자격제도는 1종부터 4종까지 네 가지로 나눠서 시행된다. 비행승인은 대부분 기존 제도를 유지하며, 안전인증 검사는 총중량 25kg 초과 장비로 일괄 정리되었다. 이번 개정으로 드론관리 공백의 문제가 대부분 개선되었다고 볼 수 있으나, 한편으로는 교육기관들에 큰 혼란과 피해를 주는 측면도 있다.[2]

---

1 현재 '항공관제', '관제사', '관제시스템'이 정착된 용어로 사용되고 있다. 지상 또는 함상 통제시스템은 일부에서 '관제시스템'이란 용어로도 사용되고 있으나 이는 엄밀히 말하면 적절한 용어로 보기 어렵다. 한편, 과거에 일반적으로 사용된 용어는 GCS(Ground Control System/Station)이다.

2 1종 자격 검정용 장비와 안전인증 검사 대상을 자중 12kg(총중량 약 22kg) 초과 장비에서 총중량 25kg으로 변경함에 따라 기존 교육기관에서는 1종과 2종의 장비를 새로 구매해야 하고, 안전인증 검사 담당 기관이 충분히 준비되지 않은 상태에서 시행됨에 따라 안전인증 검사가 완료된 장비를 구하지 못해 교육을 제대로 시행하지 못하는 사태가 발생하였다. 한편, 현행대로 매년 검사를 진행하면 안전인증 적체 문제가 매년 발생할 것으로 예상되며 이는 고스란히 교육기관들의 피해로 이어질 전망이다.

[표 1-1] 2021년에 개정된 법규에 따른 무인비행장치 분류[3]

| 구분 | 2021년 2월 이전 | | 2021년 3월 개선(최대 이륙중량 기준) | |
|---|---|---|---|---|
| 기체 신고 | 비사업용 | 자체중량 12kg 초과 시 신고 | 완구용 모형비행장치 | 250g 이하 신고 불필요 |
| | 사업용 | 무게와 무관하게 신고 | 저위험 | 250g 초과 ~ 2kg 이하 신고 불필요 (단, 사업용은 모두 신고) |
| | | | | 2kg 초과 ~ 7kg 이하 소유자 신고 |
| | | | 중위험 고위험 | 7kg 초과 소유자 신고 |
| 조종 자격 / 교육 | 비사업용 | 불필요 | 완구용 모형비행장치 | 250g 이하 자격 불필요 |
| | 사업용 | 자체중량 12kg 초과<br>필기 + 비행경력 (20시간) + 실기 | 저위험 | 250g 초과 ~ 2kg 이하 / 온라인 교육 |
| | | | | 2kg 초과 ~ 7kg 이하 / 필기 + 비행경력(6시간) |
| | | | 중위험 | 7kg 초과 ~ 25kg 및 1,400J 초과/필기 + 비행경력(10시간) + 실기(약식) |
| | | | 고위험 | 25kg 초과 및 14,000J 초과/ 필기 + 비행경력(20시간) + 실기 |
| 비행 승인 | 25kg 이하 (MTOW[4]) | 관제권(9.3km), 비행금지구역 비행인 필요 | 완구용 모형비행장치 | 현행 유지<br>* 다만, 비행금지구역 내 교육 목적 비행 가능 |
| | | | 저위험 | |
| | | | 중위험 | 현행 유지 |
| | 25kg 초과 (MTOW) | 150m 초과 고도 비행승인 필요 | 고위험 혹은 150m 초과 | |
| 안전성 인증 검사 | 12kg(자중) 이하 | 안전성인증 검사 불필요 | 25kg 이하 (MTOW) | 안전성인증 검사 불필요 |
| | 12kg(자중) 초과 25kg(MTOW) 이하 | 안전성인증 검사 면제 | | |
| | 25kg 초과(MTOW) | 안전성인증 검사 필요 | 25kg 초과 (MTOW) | 안전성인증 검사 필요(동일) |

## 1.1.2 용어의 변천과 기술적 변화

무인항공기 관련 영문 용어는 거의 10년 단위로 변경되어 왔다. 기술이 발전함에 따라 성능과 운용 개념도 변경되어 관련된 새로운 용어가 생겨났기 때문이다. 따라서 용어를 보면 기술의 변화 단계를 알 수 있다.

3 위험군의 분류를 에너지양으로 분류하였으나, 이것은 실무적으로 현실과 괴리가 있고 일반 국민이 이해하기 어려운 표현이어서 올바른 분류인지에 대해 많은 논란이 있다. 현실을 바탕으로 한 추가 연구를 통해 재정립할 필요가 있다.

4 MTOW(Maximum Take-Off Weight) : 최대이륙중량 또는 이륙총중량

## 연도별 용어의 변천

### drone/target drone : 1970년대 이전

원격통제를 위한 통신 기술이 부족한 상황에서 사전에 비행경로가 장입된 비행체를 이륙 또는 발사시킨다. 이 경로에 따라 임무비행을 완료한 후 복귀한 비행체로부터 촬영된 필름 등을 회수하여 필요한 정보를 확인하는 방식의 무인비행체 시스템을 말한다. 정찰기 및 대공표적기(target drones) 등이 대표적이며, 2015년에 북한에서 넘어온 무인기들이 이에 해당한다고 볼 수 있다.

### RPV(Remote Piloted Vehicle) : 1980년대

원격통신 기술의 발전으로 조종사가 비행체를 원격으로 실시간 조종할 수 있게 되었다. 즉, 무인기 조종사가 통제장비의 디지털지도와 계기들을 이용하여 비행 데이터들을 모니터링하면서 비행체의 경로를 실시간 변경하는 등의 조종을 할 수 있게 되었다.

### UAV(Unmanned Aerial Vehicle system) : 1990년대

데이터링크 기술의 발달로 비행 데이터와 함께 탑재임무장비의 영상까지 실시간으로 전송받을 수 있게 되었다. 당시 걸프전, 코소보전 등에서 지휘관이 중계방송 보듯이 전장 상황을 실시간으로 보며 지휘함으로써 전승에 무인정찰기가 지대한 역할을 하였다. 이에 따라 무인항공기의 중요성이 대두되고 여러 나라에서 무인항공기를 확보하기 위해 노력하기 시작했다. 한국군도 이 시기에 무인항공기 독자 개발을 시작했다.

### UAS(Unmanned Aircraft System) : 2000년대

대형, 장거리, 장시간 체공형 무인기들이 많이 등장하면서 무인항공기가 민간 항공 공역에 진입하게 되었고, 유인항공기와 더불어 무인항공기도 동시 운용되어야 할 필요성이 생겨났다. 이에 따라 무인항공기도 유인항공기(aircraft) 수준의 안정성과 신뢰성 확보가 필요함을 강조하는 의미에서 미국을 중심으로 aircraft란 용어를 사용하게 되었다. 같은 시기 유럽에서는 RPAV(Remote Piloted Air/Aerial Vehicle)라는 용어를 사용하기도 했으나 많이 쓰이지는 않았다.

### RPAS(Remote Piloted Aerial/Aircraft System) : 2010년대 이후

2010년대에 무인항공기의 수량이 대폭 증가하고 고성능화됨에 따라 민간항공기의 안전 문제가 대두되었고 유인항공기와 같은 표준화된 기준들을 제정할 필요성이 증가하였다. 이에 따라 국제민간항공기구(ICAO)에서 무인항공기 매뉴얼(Doc 10019)[5]을 만들면서 공식 용어로 채택하여 사용한 것이 RPAS이다. 비행체만 칭할 때는 RPA(Remotely Piloted Aircraft/Aerial vehicle), 통제시스템을 지칭할 때는 RPS(Remote Pilot Station(s))를 사용한다.

5 Doc 10019 Manual on Remote Piloted Aircraft System, 2015

## 기타 관련 용어들

### OPV/OPAV(Optional Piloted Air Vehicle) : 유/무인 항공기

처음부터 화물운송용 등의 대형 무인항공기를 개발하기에는 비용, 시간, 기술 면에서 난제가 많다. 이를 효과적으로 해결하기 위해 유인항공기를 무인항공기로 전환 개발하는 방식을 선택하는 경우가 있는데, 이때 한시적으로 무인기 시스템에 조종사가 탑승하여 시험비행을 할 때가 있다. 한편, 독일 E-VOLO 사의 Volo-Copter처럼 탑승자가 직접 조종할 수 있는 유인드론을 개발하는 경우도 있다. 이러한 비행체들을 선택적 조종방식의 비행체인 OPAV로 분류할 수 있다.

### PAV(Personal Air Vehicle) : 개인항공기

지상에서는 자동차처럼 운용되다가 비행이 필요할 경우 비행체로 운용되는 시스템을 가리키는 용어로 많이 사용되고 있다. 자가용 드론을 이 용어로 부르기도 하는데, 적절한 용어로 보기는 어렵다.

### Passenger Drone : 유인 탑승 드론

자가용 또는 승객용 드론으로서 사람이 탑승할 목적으로 개발되고 있는 드론 비행체이다.

### UAM(Urban Air Mobility) : 도심항공교통

유인탑승드론을 활용하여 드론택시 등의 도심 항공교통 체계를 구축하는 것이다. 즉, 비행체와 Vertiport 등 도심항공 인프라를 구축하는 통합시스템 체계를 말한다. [그림 1-1]은 현대자동차가 2019년에 국제가전박람회에서 드론택시 사업 계획을 발표한 자료의 일부로 드론택시가 이착륙하는 Vertiport의 운영 개념도이다.

[그림 1-1] 현대자동차 UAM Vertiport 개념도[6]

6 출처 : CES 2020 Hyundai HUB Video

# SECTION 1.2 드론시스템의 종류와 분류

'드론시스템'은 단순히 무인항공시스템만 지칭하지 않고, 육상·해양용 장비들까지 모두 포괄하는 용어이다. 먼저 드론시스템의 종류부터 살펴보자.

## 1.2.1 드론시스템의 종류

드론시스템은 공중, 육상, 해양의 세 분야로 구분하여 설명할 수 있다.

### 공중 : 무인항공기(UAV; Unmanned Aerial Vehicle system)

조종사가 비행체에 탑승하지 않게 됨에 따라 비행체의 형태와 크기가 다양화되었다. 조종사가 직접 탑승하지 않고 데이터링크를 통해 원격 조종하는 모든 항공기로서, 정찰기, 표적기, 폭격기, 전투기 등의 군수용 무인기들과 항공방제, 화재/재난감시, 공간정보 측량 등을 목적으로 하는 다양한 민수용 무인기들이 있다. 우리나라 기상청은 2001~2002년 여름에 호주 Aerosonde 사의 기상관측용 무인기 Aerosonde UAV를 도입하여 제주도에서 태풍관측 시험을 진행한 적이 있는데, [그림 1-2]는 이때 승용차 상부에 Aerosonde UAV를 탑재하여 이륙을 준비하는 모습이다.

[그림 1-2] Aerosonde UAV, Aerosonde, 호주

## 육상 : 무인지상차량(UGV; Unmanned Ground Vehicle)

운전자가 직접 탑승하지 않고 데이터링크를 통해 원격 운용되는 모든 차량이다. 우주 행성 탐사, 화생방 오염 지역 탐지/제독, 화재 지역 진화/구조, 지뢰 지대 통로 개척 등에 사용한다. 무인항공기에 비해 무인지상차량의 개발 및 발전 속도는 늦다. 이는 원격통제할 수 있는 통신 주파수의 가시선 확보가 어려워 실제 운용에 많은 제약을 가지고 있어 실효성 입증이 어렵기 때문이다. 하지만 드론 등을 이용한 공중무선중계와 자율주행 기술이 발전함에 따라 최근 개발 및 실용화가 증가하고 있다. [그림 1-3]은 위험물을 탐지하고 제거하기 위해 개발된 무인지상차량이다.

[그림 1-3] 무인지상차량, 한국

## 해양 : 무인함정(UMV/USV/UUV; Unmanned Marine Vehicle/Sea Vehicle/Underwater Vehicle)

항해사가 직접 탑승하지 않고 데이터링크를 통해 원격 운용되는 모든 함정 또는 잠수정 등이 이에 포함된다. 심해 수중 탐사, 적 잠수함 색출/파괴, 수중 지형/장애물 파악 등에 사용한다. 무인함정의 경우 장애물이 없는 해상에서 운용하므로 통신가시선 확보가 유리할 수도 있으나, 해수면의 특성으로 통신 장애가 발생하기도 한다. 또한 수중 무인잠수정의 경우 대용량 통신이 불가능하므로 유선을 이용하는 등 운용 거리와 방법에 있어 한계를 극복하는 것이 숙제로 남아 있다. [그림 1-4]는 오스트리아 Stromkind사에서 개발 중인 태양광 무인함정이다.

[그림 1-4] 무인함정 Stromkind STR KAT300, 오스트리아

## 1.2.2 무인항공기의 기종 분류

무인항공기는 형태가 다양하여 한 가지 방법으로 분류하기 어렵다. 여러 가지 기준에 따라 다음과 같이 기종을 나눠볼 수 있다.

### 무인항공기(UAV) 형태에 따른 분류

#### 고정익(fixed wing) 무인항공기

고정 날개 형태인 무인항공기 시스템이다. 연료 소모가 적어 장시간 운용에 많이 활용되고 있으나, 상대적으로 이착륙을 위한 활주로나 평지 지형이 필요하다는 제약사항을 가지고 있다. 따라서 후방에서 장시간 운용을 위한 전략급 무인항공기로 많이 채택되고, 단거리 운용에는 수직이착륙이 가능한 기종을 많이 채택하고 있다. [그림 1-5]는 2002년 미국 AUVSI 전시회에 소개된 AAI 사의 무인정찰기이다.

[그림 1-5] Shadow-200 UAV, AAI, 미국

#### 회전익(rotary wing) 무인항공기, 무인헬리콥터

헬리콥터형인 무인항공기 시스템은 수직이착륙이 가능하여 산악 지형이나 함상에서 운용하기에 유리하다. 그러나 연료소모율이 높아 장시간 운용에는 불리한 측면이 있다. [그림 1-6]은 Schiebel 사의 한국 에이전트인 ㈜무인항공센터에서 시험 및 데모용으로 도입한 캠콥터 S-100 무인헬기로 해경항공대에서 시범비행을 준비하는 장면이다.

[그림 1-6] Camcopter S-100 UAV, Schiebel, 오스트리아

### 가변로터형(tilt-rotor) 무인항공기

로터/프로펠러 시스템이 가변형인 무인항공기로서 이착륙 시에는 로터로 수직 양력을 발생시켜 수직 이륙을 하고, 천이비행 단계를 거쳐 고정익 비행을 실시한다. 단시간에 고속으로 날아가서 단시간에 완료해야 하는 임무에 적합할 수 있다. [그림 1-7]은 한국항공우주연구원에서 개발한 스마트무인기를 고흥항공시험센터에서 시험 준비하는 장면이다.

[그림 1-7] 스마트무인기, 한국항공우주연구원

### 동축반전형(co-axial) 무인항공기

한 축에 상부, 하부 2개의 로터를 반대 방향으로 회전하게 하여 토규 현상[7]을 상쇄시키는 형태의 무인항공기이다. 안정적이면서 동력 효율은 높은 반면 상부/하부 로터 간의 간섭에 의해 양력 감소가 발생한다. [그림 1-8]은 러시아의 동축반전형 초경량헬기를 무인화하여 시험하는 장면이다. 1990년대 초에 농진청과 대우중공업이 공동으로 무인헬기 개발을 시도했었다. 이때 러시아 KAMOV 사의 초경량헬기 기체를 가지고 국산 개발을 시도했으나, tie down 상태[8]의 하버링 시험 정도만 하고 과제가 종료되었다.

[그림 1-8] KA-37/ARCH-50 농업용 무인헬기, KAMOV/대우중공업

7 뉴턴의 작용 및 반작용 법칙에 따라 로터가 시계방향으로 돌면 동체가 반시계방향으로 회전하려는 현상
8 기체를 지상 고정물에 묶어서 유사시 날아가거나 쓰러지지 않도록 한 상태

### 멀티콥터형(multi-copter) 무인항공기, 무인멀티콥터

3개 이상의 다중 로터를 탑재한 비행체 형태이다. 조종이 용이하고 운용유지비가 적게 든다. [그림 1-9]의 왼쪽 그림은 가장 발전된 방제용 드론 중 하나인 TTA 사의 드론들이다. 오른쪽 그림은 방수기능이 뛰어나서 물속에 잠겼다가 이륙해도 이상이 없음을 보여주는 영상을 캡처한 화면이다.

[그림 1-9] 전천후 교육/방제용 마징가드론, 드론안전기술(TTA)

## 무인항공기 운용에 따른 분류

무인항공기를 운용할 때 운용 고도에 따라 통상 20,000ft 이하를 저고도, 성층권계면인 45,000ft까지를 중고도, 그 이상을 고고도로 구분한다. 운용 거리는 약 50km까지를 근거리, 300km까지를 단거리, 그 이상을 장거리로 구분한다. 비행체 크기는 직경이나 날개 크기(wing span)가 15cm까지를 초소형(MAV), 1.5m까지를 미니(min-UAV), 10m까지를 소형, 30m까지를 중형, 그 이상을 대형으로 구분한다. 또한 비행할 때 체공 시간이 10시간 미만이면 단시간, 30시간까지를 보통, 그 이상을 체공형(endurance)급으로 분류한다.

[그림 1-10]은 무인항공기에 대한 전체적인 분류를 기준으로 한 분류 도표이다. 일반적으로 많이 사용되는 멀티콥터를 대상으로 한 운용 기준과 많이 다르다.

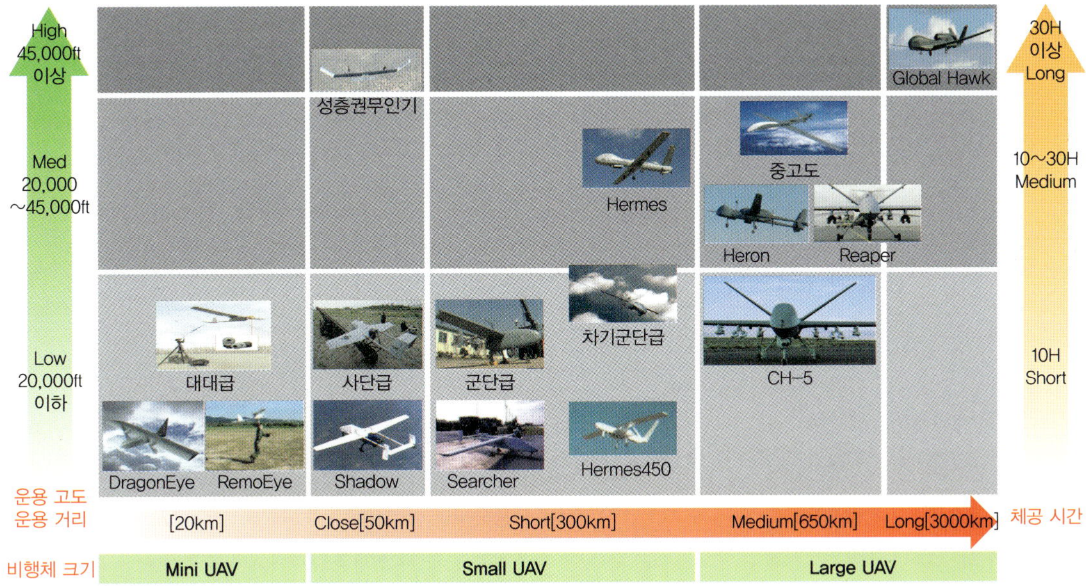


[그림 1-10] 무인항공기 분류 도표

## 군사용 무인항공기의 용도에 따른 분류

군용 무인항공기는 처음에 대공포나 미사일 등의 대공표적기로 단순하게 사용되기 시작했다. 점차 기술이 발전함에 따라 표적을 공중에서 정찰하는 정찰용과 장시간 운용하며 표적을 감시하는 감시용으로 발전하였다. 정찰/감시용 탑재임무장비에는 주로 EO/IR 카메라가 탑재되었으나, 감시 범위를 확대하고 악기상 제한을 극복하기 위해 최근에는 SAR와 MTI의 레이더 장비 탑재가 본격적으로 진행되고 있다. 우려스러운 용도인 공격용과 폭격용도 본격적으로 개발되어 활용되기 시작했으며, 이에 대응하는 대 드론용 무인기도 활용되는 단계에 이르고 있다. 한편 전자전용, 기만용, 통신중계용 등 개념만 정립되어 있던 다양한 용도의 무인기 사용도 현실화되고 있다.

[표 1-2] 군의 임무별 드론 분류

| 구분 | 특성 | 운용 기종 |
|---|---|---|
| 정찰/감시용 | • EO/IR 및 SAR/MTI 등 고해상도 센서 탑재. 영상정보 수집 등의 임무 수행<br>• 전장 감시 및 정찰, 표적 획득, 피해 평가 | 송골매, 서쳐, 리모아이, Global Hawk, DUAV |
| 표적용 | • 대공포, 지대공유도탄, 함대공 및 공대공 사격훈련과 무기체계 개발을 위한 시험평가 등에서 표적용으로 활용 | BQM-34 Firebee |
| 공격용 | • 감시정찰과 동시에 미사일을 발사할 수 있는 공격무인기<br>• 지상에서 발사되는 소멸성 무기체계로 적 방공망체계, 지휘소, 탱크 및 군수시설을 자폭 형태로 무력화시키는 임무 수행<br>• 멀티콥터 형태는 다양한 형태와 사이즈로 더욱 정밀한 공격 가능 | MQ-1 Predater<br>MQ-9 Reaper<br>CH-5 Rainbow<br>TAI ANKA |
| 기만용 | • 소모성 무기체계로 적 방공망에 전술적 기만작전을 수행. 공격편대군의 임무 수행과 생존성을 증대시키는 역할 수행 | AGM-160 MALD |

| 구분 | 특성 | 운용 기종 |
|---|---|---|
| 전투용 | • 공격용 무장 및 전자전 장비를 장착하여 대공제압 및 종심표적 공격 임무 수행. 인공지능 등의 탑재로 자율 공대공 전투 수행 | X-47B |
| 전자전용 | • 비행체에 각종 EA/ES 전자전 장비를 탑재하여 통신정보, 신호정보 획득 등의 임무 수행 | RQ-4 Global Hawk |

[표 1-3]과 같이 군의 지휘통제, 정보, 기동, 화력, 방호, 작전지속지원 등의 전투수행 기능별로도 다양하게 나눌 수 있다.

[표 1-3] 군 전투수행 기능별 드론 분류[9]

| 구분 | 활용 분야 | 운용 개념 |
|---|---|---|
| 지휘통제 | • 전령 드론<br>• 통신 중계 드론<br>• 통신 가설 드론 | • 통신 두절, 병력 운용 불가 시 운용<br>• 통신 사각, 제한지역 통신 중계<br>• 병력 설치 제한지역 통신 가설 |
| 정보 | • 감시정찰 드론<br>• 기상관측 드론<br>• 기만 드론<br>• 해킹 드론<br>• 전자전(ES, EA) 드론<br>• PS/레이더 호밍드론<br>• 적지종심작전팀 침투 드론 | • 핵심표적 등 적 상황 감시정찰<br>• 작전지역의 기상자료 수집<br>• 적 방공레이더 기만<br>• 적 드론 해킹, 무력화<br>• 적 신호 수집, 전자공격<br>• 적 GPS/레이더 호밍 공격<br>• 유인드론 활용 적지종심팀 침투 |
| 기동 | • 강습부대 침투 드론<br>• 장애물 개척드론<br>• 장애물 설치드론 | • 유인드론 활용 강습부대 침투<br>• 지뢰 등 장애물 제거<br>• 살포식 지뢰 등 장애물 설치 |
| 화력 | • 화력유도 드론<br>• 전투피해평가 드론<br>• 미사일 공격 드론<br>• 소화기 공격 드론<br>• 폭탄 투하/자폭 드론<br>• 조명지원 드론<br>• 연막지원 드론 | • 표적 정보 제공 및 화력 유도<br>• 적 피해 정도 및 상황 파악<br>• 대전차 및 공대지 미사일 탑재 공격<br>• 기관총, 유탄발사기 등 소화기 탑재 공격<br>• 폭탄 탑재 투하/자폭 공격<br>• 조명탄 대체하여 작전지역 조명 지원<br>• 연막탄 대체하여 작전지역 연막 지원 |
| 방호 | • 경계 드론<br>• 포획 드론<br>• 화생방 정찰 드론<br>• 화생방 제독 드론 | • 지휘소 및 전투근무지원시설 경계<br>• 적 드론 포획<br>• 화생방 공격 예상지역 탐지 및 정찰<br>• 화생방 오염지역 제독 |
| 작전지속지원 | • 보급품/탄약 수송 드론<br>• 환자후송 드론 | • 보급품/탄약 수송<br>• 긴급환자 후송 |

9 류창수 (2017). 무인전투부대의 운용개념 및 활용방안. 국방과 기술(466), 114-125

SECTION 1.3

# 드론시스템의 기본 구성과 운영 개념

## 1.3.1 드론시스템의 기본 구성

드론시스템은 크게 다음의 여섯 가지 요소로 구성된다.

❶ **비행체** : 통상 24시간 운용을 고려하여 3~6대로 편성한다. 즉 비행중, 비행대기, 정비대기 등을 고려해 대수를 편성한다.

❷ **지상통제 시스템** : 일반적으로 군용 시스템의 경우 백업을 고려하여 2대 이상으로 편성한다.

❸ **통신 데이터링크** : 주/보조 링크로 백업 구성하며, 비행 데이터와 명령값, 영상감지기 등에서 수집된 데이터를 전송하기에 충분한 대역폭을 확보한다.

❹ **탑재임무장비** : EO/IR[10], GMTI[11], SAR[12], LRF 등

❺ **지원장비 및 시스템 요소** : 운용 개념, 운용 시나리오 및 절차, 장비 편성, 운용인력 편제, 부수장비 구성, 교육 훈련, 정비체계/장비, 지원장비, 교범류, 기타 선택장비(이·착륙 보조 장비, 원격 영상 수신 장비) 등이 있다.

❻ **운용인력** : 운용인력은 외부조종사, 내부조종사, 탑재장비 운용자, 정비/지원요원, 지휘/통제관 등으로 구성된다. 통상 부수장비가 적은 회전익에서 인력 소요가 적으며, 멀티콥터의 경우 더 적은 인력으로 운용이 가능하다.

[그림 1-11]은 무인정찰기의 일반적인 구성요소들을 도식화한 것이다. 무인항공기 시스템의 세부 구성에 대해서는 2장에서 자세히 설명한다.

10 EO; Electro-Optic, IR : Infra-Red, 주야간 영상감지기

11 GMTI; Ground Movind Target Indicator, 지상이동표적 지시기

12 SAR; Synthetic Aperture Radar, 합성개구경레이더

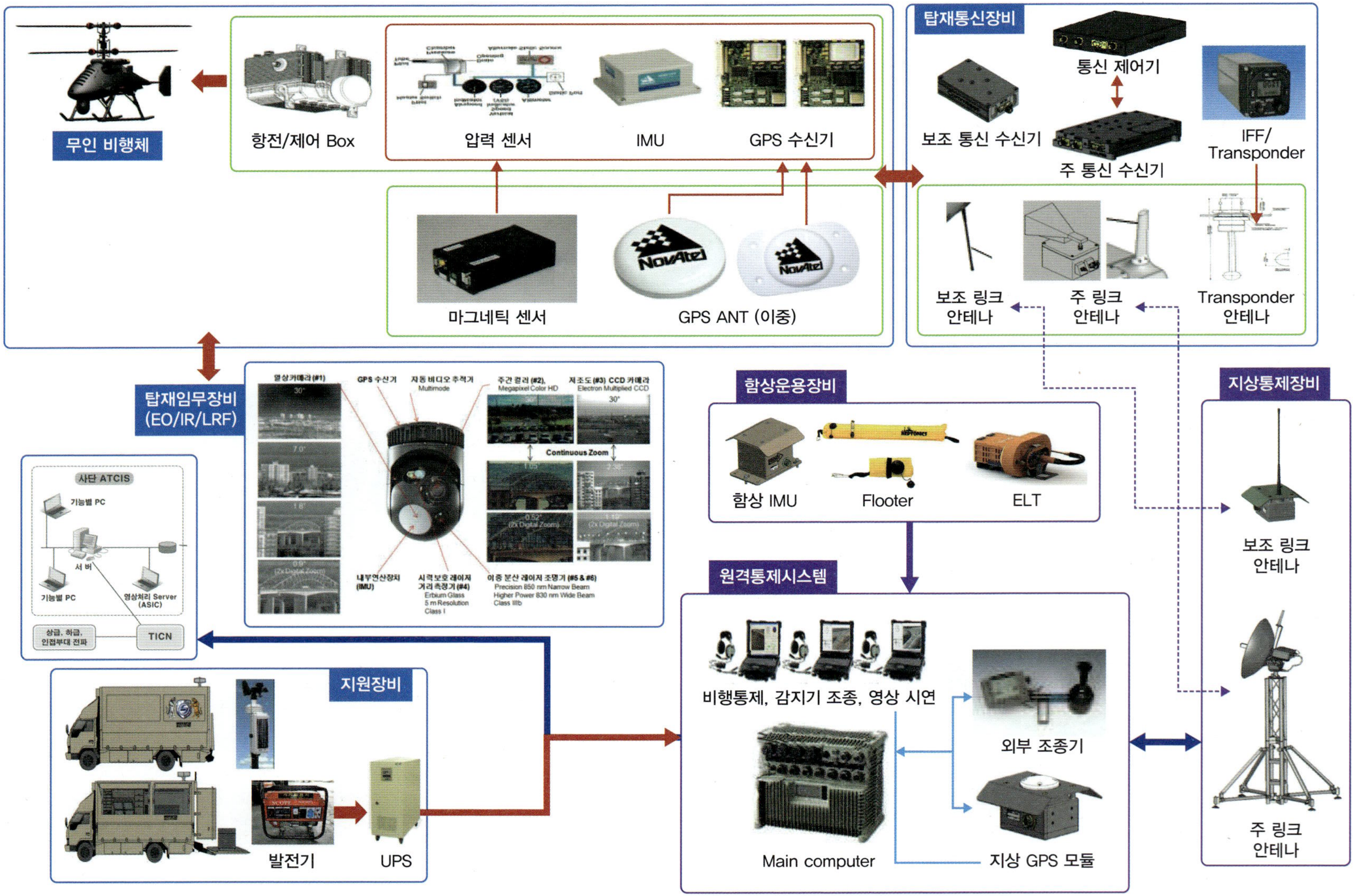


[그림 1-11] 무인항공기 시스템의 기본 구성

## 1.3.2 드론시스템 운영 개념

민간 또는 군용 드론시스템의 기본 운영[13] 개념(concept of operation)은 실시간 비행통제 및 임무 영상정보 실시간 수집 및 처리이다. 상황 파악을 위한 정찰감시 형태의 운용[14] 절차는 다음과 같다. 우선 비행체에 임무장비인 영상감지기(EO/IR/SAR 등)를 장착시켜 임무지역 상공으로 비행하도록 한다. 이때 원격통제시스템에서는 데이터링크를 통해 비행체의 비행데이터와 촬영된 영상데이터를 비행체로부터 수신한다. 내부조종사는 감지기 조종관이 탑재임무장비를 운용하여 표적획득 등의 목적을 원활하게 달성하도록 도와준다는 입장으로 비행체를 자동/반자동으로 조종한다. 수집된 영상자료는 다시 원격통제장비에서 중앙 상황실 등으로 근실시간[15]에 전송되어 공유된다.

[그림 1-12]와 [그림 1-13]은 각각 육상과 해상에서 공공용 드론으로 수행할 수 있는 다양한 임무들을 개념적으로 도식화한 것이다.

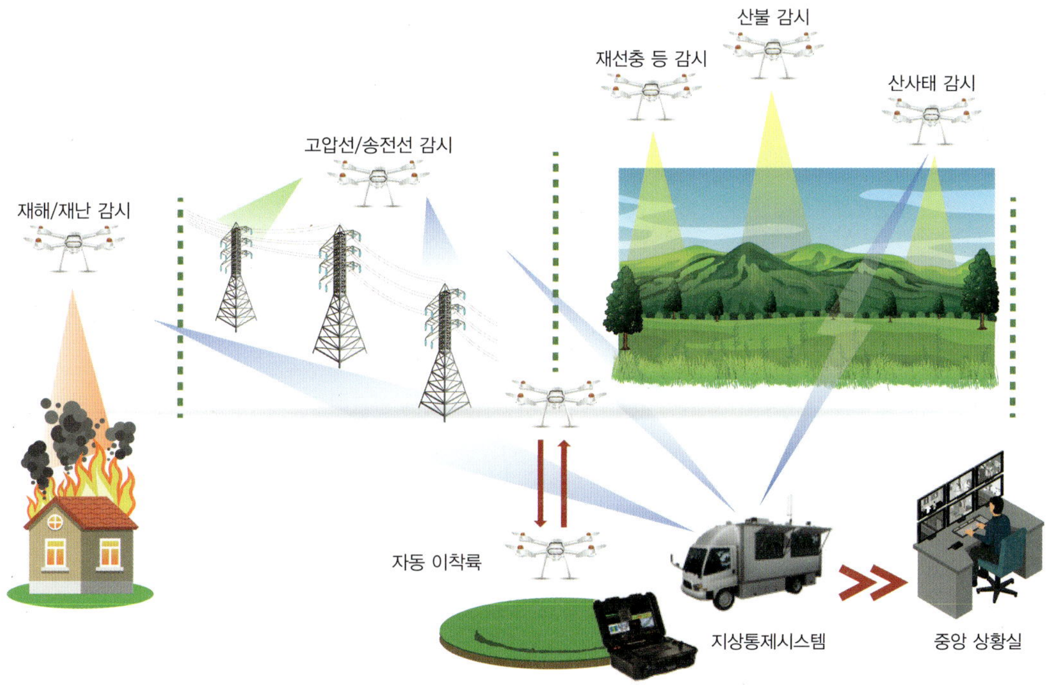


[그림 1-12] 드론시스템 운영 개념 : 육상 운용

13 장비를 포함한 운용인력, 부수장비 등 전체적인 유형 및 무형의 시스템을 포괄하여 활용하는 것
14 장비를 직접 조종/조작하는 것
15 시간적으로 약간의 지연을 동반하는 상태

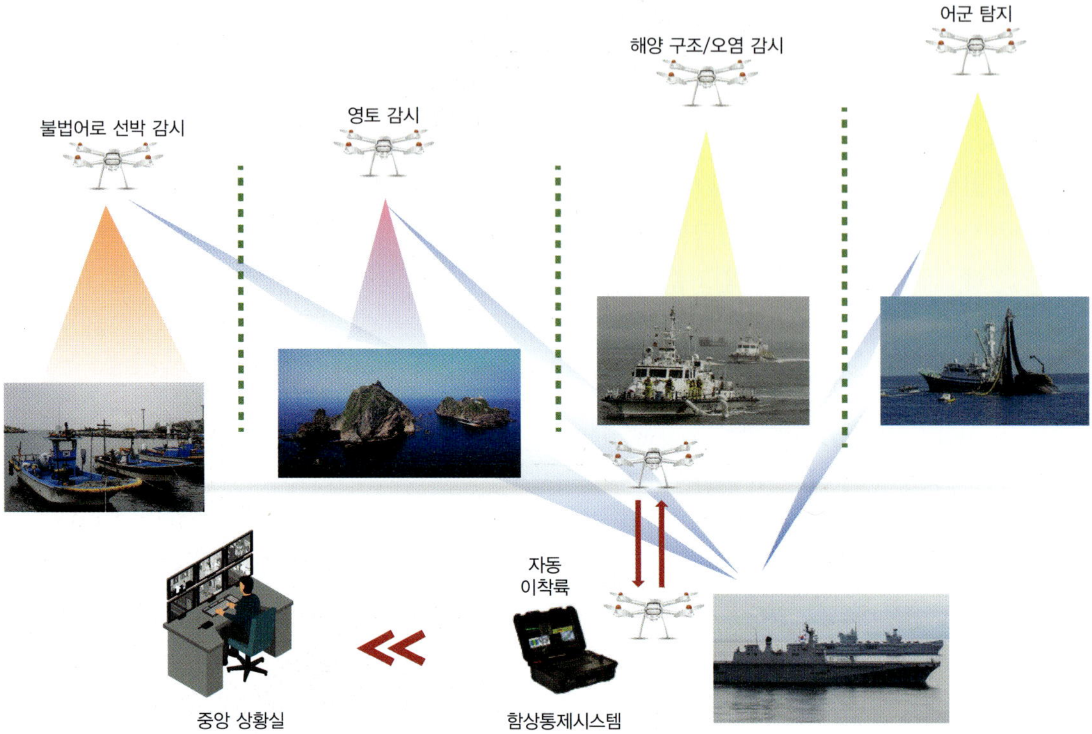


[그림 1-13] 드론시스템 운영 개념 : 해상 운용

육·해상에서 드론시스템응 운용하는 개략적인 순서는 [그림 1-14]와 같다.

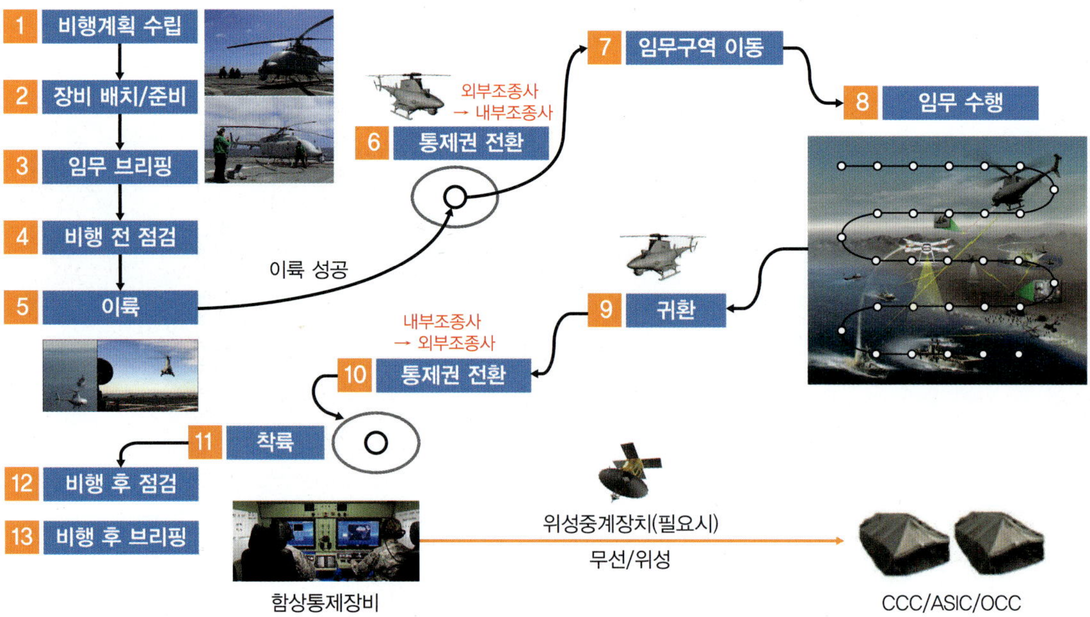


[그림 1-14] 무인기 운용 순서

측량이나 3차원 모델링 등 공간정보용으로 드론을 사용할 경우에는 [그림 1-15]와 같이 바둑판 형태로 비행해야 한다. 이것은 같은 장소를 60~80% 정도 중첩한 사진이나 동영상을 취득하는 방법이며 비행 시에 등고도, 등속도로 비행하여 일정한 고도와 간격을 유지하는 것이 중요하다. 이때 주로 상용되는 촬영용 드론을 활용할 수도 있으나, 전용으로 제작된 드론들도 있다. 탑재 카메라의 경우 가능하면 높은 해상도의 카메라를 탑재할수록 정밀한 데이터를 산출할 수 있어 유리하다. 비행과 후처리를 위한 소프트웨어로는 Pix4D, Photoscan 등의 다양한 상용 프로그램과 오픈소스 프로그램들이 있다.

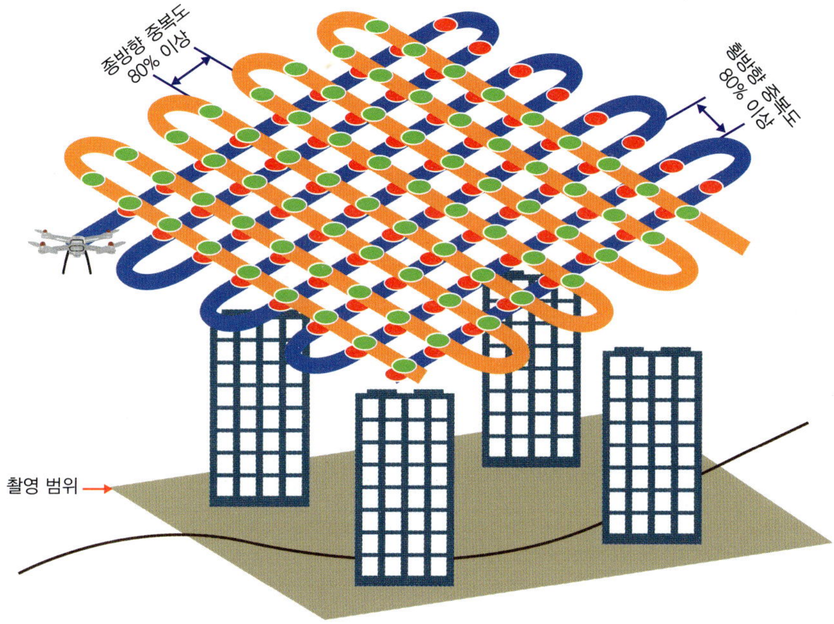


[그림 1-15] 3차원 모델링을 위한 드론 운용 개념[16]

16 출처 : 서울시, 드론 운용 및 안전 매뉴얼

CHAPTER 01

# 연습문제

**1.1** 무인항공기란 무엇인지 설명하시오. (1.1.1)

**1.2** 드론의 여섯 가지 구성요소는 무엇인가? (1.1.1)

**1.3** 항공안전법에서 무인항공기와 초경량무인비행장치의 구분 기준은 무엇인가? (1.1.1)

**1.4** 무인비행장치 1종~4종의 기준에 대해 설명하시오. (1.1.1)

**1.5** 안전성인증 검사의 대상이 되는 무인기의 기준은 무엇인가? (1.1.1)

**1.6** 비행장치 신고가 필요 없는 드론의 중량 기준은 무엇인가? (1.1.1)

**1.7** 무인항공기 영문 용어들의 변천에 대해 설명하시오. (1.1.2)

**1.8** UAV와 UAS의 차이점에 대해 서술하시오 (1.1.2)

**1.9** 국제민간항공기구(ICAO)에서 채택하여 사용하는 용어로서 현재의 무인항공시스템을 지칭하는 공식 용어들에 대해 서술하시오. (1.1.2)

**1.10** 사람이 탑승 가능한 무인항공 시스템을 지칭하는 영문 용어들의 종류에 대해 설명하시오. (1.1.2)

**1.11** UAM에 대해 설명하시오. (1.1.2)

**1.12** 육상, 해상, 공중 무인시스템들을 지칭하는 용어들을 서술하시오. (1.2.1)

**1.13** UGV와 UMV가 UAV보다 발전 속도가 늦는 이유는 무엇인지 설명하시오. (1.2.1)

**1.14** 무인항공시스템의 형태상 종류를 서술하시오. (1.2.2)

**1.15** 무인기를 운용 고도로 분류할 때, 중고도 무인기의 운용 고도는 얼마인가? (1.2.2)

**1.16** 장기체공형 무인기란 어떤 무인기를 말하는가? (1.2.2)

**1.17** 상대적으로 장시간 비행에 유리한 비행체의 형태는 어떤 것인가? (1.2.2)

**1.18** 가변로터형(tilt-rotor) 무인기의 장단점에 대해 서술하시오. (1.2.2)

**1.19** 동축반전형 무인기의 장단점에 대해 설명하시오. (1.2.2)

**1.20** 일반적으로 중고도무인기와 고고도무인기의 운용 고도상 구분이 되는 것은 무엇인가? (1.2.2)

**1.21** 무인항공기 운용상 고도, 거리, 크기, 체공 시간에 따른 분류에 대해 설명하시오. (1.2.2)

**1.22** 수직으로 이착륙이 가능한 비행체로서 한국과 같은 산악지형에서 운용하기 유리한 형태에는 어떤 것들이 있는가? (1.2.2)

**1.23** 군용드론에서 SAR 장비를 탑재하는 목적에 대해 설명하시오. (1.2.2)

**1.24** 드론시스템의 기본 구성 요소 여섯 가지에 대해 설명하시오. (1.3.1)

**1.25** 드론 탑재 임무장비의 종류에 대해 세 가지 이상 설명하시오. (1.3.1)

**1.26** 드론시스템의 기본 운영 개념 시나리오에 대해 서술하시오. (1.3.2)

CHAPTER

# 02

# 무인항공 구성요소별 세부 구조와 원리



**학 습 목 표**

- 무인비행체 구조와 원리를 설명할 수 있다.
- 원격통제장비 구조와 원리를 설명할 수 있다.
- 데이터링크 구성과 전파 사용에 대해 설명할 수 있다.
- 탑재임무장비 종류와 원리를 설명할 수 있다.
- 지원요소 구성과 원리를 설명할 수 있다.

# SECTION 2.1 무인비행체의 구조와 원리

이 장에서는 무인항공기 시스템의 구성요소별 세부 구조와 원리에 대해 알아본다. 고장탐구를 정확하고 신속하게 하기 위해서는 시스템 전체 구성과 함께 세부 구성요소별 장비들의 작동 원리를 잘 이해해야 한다. 2장에서는 모든 무인항공기의 공통 구성요소인 비행체, 원격통제장비, 데이터통신장비, 탑재임무장비, 지원장비의 공통 구조와 원리, 그리고 멀티콥터에서 많이 사용되는 장비들을 소개한다. 수많은 종류의 드론을 모두 다루기는 불가능하므로, 최고 성능의 대표적인 드론시스템을 선별하여 수록하였다.

모든 드론 비행체의 계통 구성은 크게 기체, 동력계통, 조종계통, 전기계통으로 구성된다. 여기에 엔진이 장착될 경우 연료계통, 냉각계통, 윤활계통 등이 추가되고, 다양한 항전장치들이 추가된다.

## 2.1.1 무인비행체의 구성과 명칭

무인비행기, 무인헬리콥터, 무인멀티콥터의 기종별 구성과 용어들을 알아보자.

### 무인비행기 기체

고정익 비행기는 [그림 2-1]과 같이 동체(기체, airframe), 날개(wing), 수평안정판(horizontal stabilizer), 수직안정판(vertical stabilizer), 프로펠러(propeller), 착륙장치(landing gear)를 **기본 구조**로 한다. 여기에 **조종면**[1]이 더해지는데, 조종면은 좌우기울기(롤링, rolling) 조종을 위한 에일러론(aileron), 전후기울기(피칭, pitching) 조종을 위한 엘리베이터(elevator), 기수방향(요잉, yawing)을 조종하는 러더(rudder), 낮은 속도에서도 높은 양력을 만들기 위한 플랩(flap)으로 구성된다.

1 비행체의 변화를 만들어내는 부분, 즉 조종사가 조작을 할 때 움직이는 부분들

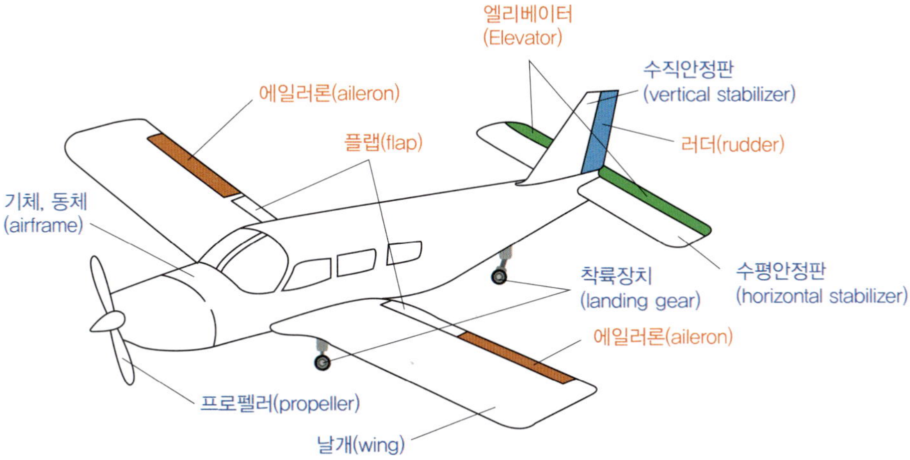


[그림 2-1] 고정익 비행기의 구조와 명칭

## 무인헬리콥터 기체

회전익 헬리콥터 비행체는 [그림 2-2]와 같이 **기본 본체**는 동체(airframe)와 꼬리동체(tail boom), 착륙장치(landing gear), 스키드(skid)로 구성되고, **동력계통**은 주날개(main rotor), 안정판(satbilizer), 허브(hub), 마스트(mast), 기어박스(transmission), 주동력축(main drive shaft)과 클러치(cluch), 엔진(engine), 꼬리동력축(tail drive shaft)과 꼬리날개(tail rotor)로 구성된다. **조종계통**에는 스와시플레이트(swashplate), 꼬리 스와시플레이트(tail swashplate), 서보엑츄에이터(servo-actuator)가 있다.

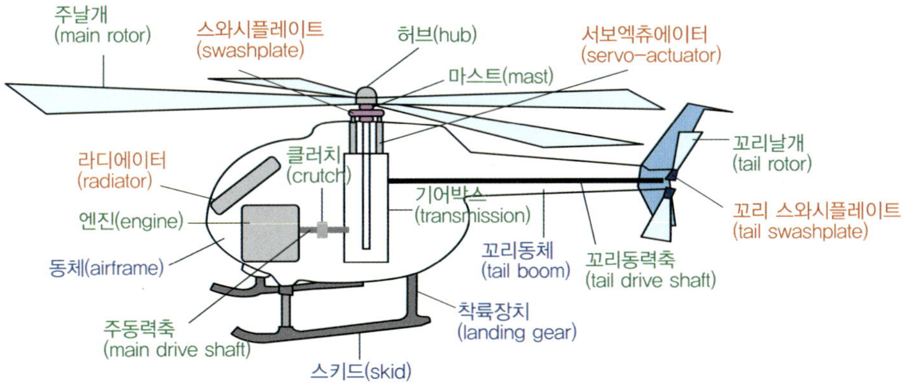


[그림 2-2] 회전익 헬리콥터의 구조와 명칭

## 무인멀티콥터 기체

무인멀티콥터는 구조가 상대적으로 간단하다. 동체(airframe)에 날개 수만큼 붐(boom 또는 arm)이 연결되어 있고, 붐 끝에 모터(motor)와 날개(rotor)가 장착된다. 모터 수만큼 변속기(ESC; Electric Speed Controller)가 장착되고 동체에 착륙장치(landing gear)가 연결되면 기본 구조가 완성된다. 여기에 비행제어시스템(FCS; Flight Control System)과 배터리(battery)가 탑재되면 전체 구성이 완료된다.

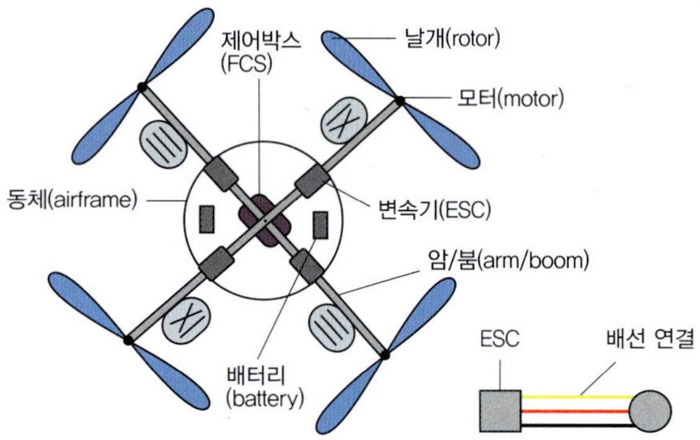


[그림 2-3] 멀티콥터 구조와 명칭

# 2.1.2 무인항공기 동력시스템

드론 종류에 따라(또는 드론이 비행하는 고도에 따라) 사용되는 동력시스템이 다르다. 중고고도 무인기에는 20,000ft 이상의 대기압이 낮은 고도에서도 비행할 수 있도록 제트엔진이 사용되고, 그 이하의 저고도에서 비행하는 드론들에는 주로 왕복엔진이나 로터리 엔진이 사용된다. 지면 근접고도에서 사용되는 멀티콥터에는 주로 전동시스템 또는 하이브리드동력시스템이 사용된다.

현재 국내 농업용 무인헬리콥터 기종 중 RMAX에는 왕복 2행정 엔진이, Fazer에는 왕복 4행정 엔진이 사용된다. 한편 Remo-H에는 로터리 엔진이 장착되어 있다. 엔진이 장착된 장비에는 냉각계통, 연료계통, 윤활계통 등이 기본적으로 추가되는데, 통상 비행기의 경우 빠른 공기 흐름을 활용하는 공냉식 엔진을 사용하고, 헬리콥터의 경우는 강제냉각방식의 수냉식 엔진을 사용한다. 여기서는 저고도 이하의 무인기들에서 사용되는 왕복엔진과 전동시스템에 대해 알아본다.

## 왕복엔진

### 왕복엔진의 기본 구조

왕복엔진은 내연기관의 행정에 따라 2행정(2 stroke)과 4행정(4 Stroke)으로 나뉜다. [그림 2-4(a)]와 같은 4행정의 경우 흡입, 압축, 폭발, 배기 순으로 진행되며, 2행정의 경우 흡입과 압축, 폭발과 배기의 순으로 두 가지 행정이 복합적으로 진행된다. 이런 작동에 의한 연소 과정을 통해 피스톤이 실린더 내에서 왕복운동을 만들어내고, 이렇게 생산된 왕복운동은 클랭크축으로 전달되면서 회전운동으로 변환된다. 이는 다시 클랭크축에 연결된 주축(main drive shaft)으로 전달되면서 비행에 필요한 회전 동력이 생성된다. 또한 이 주축에 발전기를 장착하여 비행에 필요한 전기를 생산해 비행체에 전력을 공급한다.

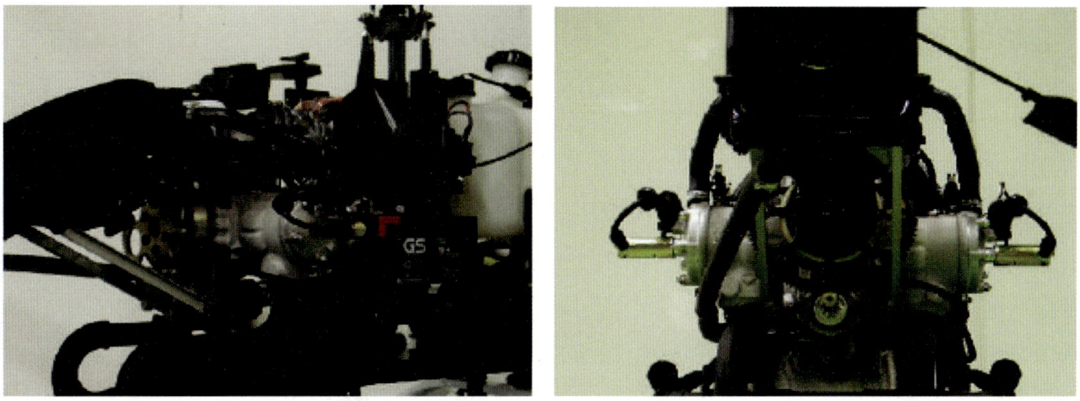

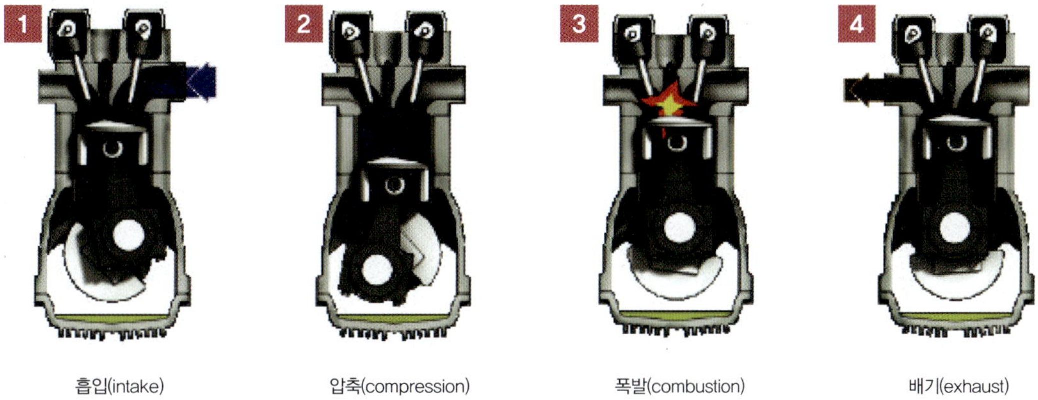


(a) 무인헬기 왕복엔진과 4행정

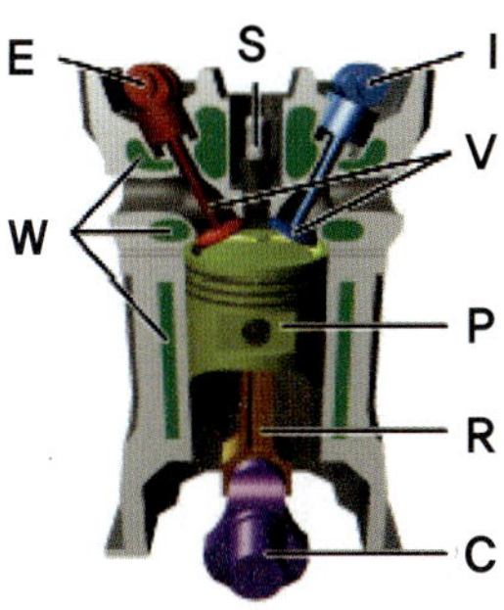


| | |
|---|---|
| E | Exhaust camshaft |
| I | Intake camshaft |
| S | Spark plug |
| V | Valves |
| P | Piston |
| R | Connecting rod |
| C | Crankshaft |
| W | Water jacket for coolant flow |

(b) 왕복엔진 구조

[그림 2-4] 왕복엔진의 작동 원리, 4행정

### 왕복엔진의 장·단점

왕복엔진은 다음과 같은 장·단점이 있다.

- **장점** : 왕복엔진은 연료 소모율이 적고, 4행정 엔진의 경우 엔진 내구성이 좋다.
- **단점** : 엔진의 크기가 크고 중량이 무거우며, 진동이 상대적으로 크다. 이러한 진동을 감소시키기 위해 실린더를 서로 마주보는 형태의 수평대향형[2]으로 만드는 경우가 많다.

## 로터리 엔진

### 로터리 엔진의 기본 구조

Wankel 엔진[3]이라고도 불리는 로터리(rotary) 엔진은 삼각 형태의 회전자가 회전축을 중심으로 회전하면서 [그림 2-5]와 같이 흡입, 압축, 폭발, 배기의 과정을 수행하여 회전동력을 생산하는 내연기관이다. 삼각형 회전자의 세 변마다 각각의 실린더가 만들어지면서 회전자가 한 번 360° 회전할 때마다 네 가지 행정이 세 번 발생함에 따라 엔진 전체 사이즈가 작음에도 불구하고 고출력을 낼 수 있다. 즉, 흡입 → 압축 → 폭발 → 배기 과정이 연속적으로 세 번 발생한다.

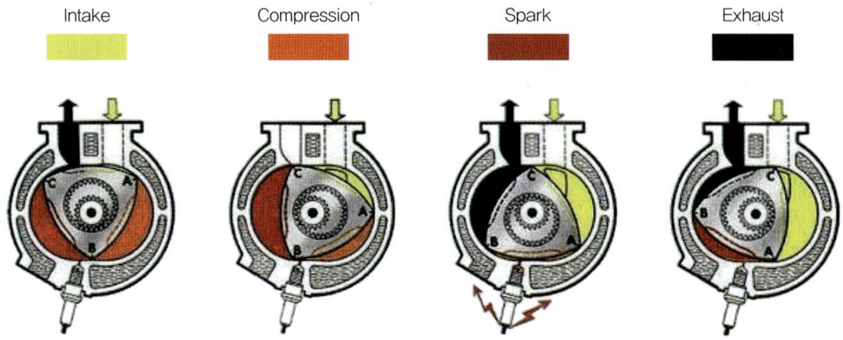


[그림 2-5] 로터리(Wankel) 엔진의 작동 원리[4]

2 수평대향형 : [그림 2-4(a)]의 상부 오른쪽 그림처럼 엔진 실린더 2개가 서로 마주보는 형태
3 '방켈 엔진'이라 부른다.
4 출처 : https://www.quora.com/What-is-a-rotary-engine

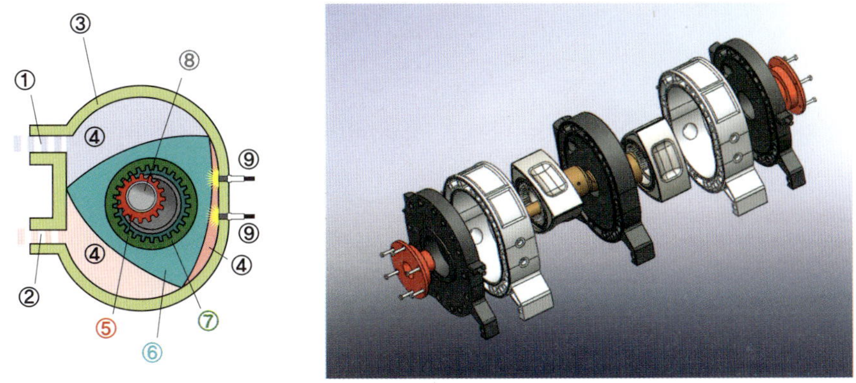

① engine inlet(흡기구) ② exhaust outlet(배기구) ③ housing(하우징)
④ combustion chambers(격실) ⑤ stationary gear(고정기어) ⑥ rotor(회전자)
⑦ internal gear(내부기어) ⑧ eccentric shaft(중심축) ⑨ spark plugs(스파크플러그)

[그림 2-6] 로터리 엔진의 구조[5]

## 로터리 엔진의 장·단점

로터리 엔진에는 다음과 같은 장·단점이 있다.

- **장점** : 출력이 같은 경우, 상대적으로 엔진의 크기가 작고 중량이 가벼우며 진동이 적다.
- **단점** : 엔진 내구성이 약하고 열이 많이 발생하며 연료 소모율이 높다.

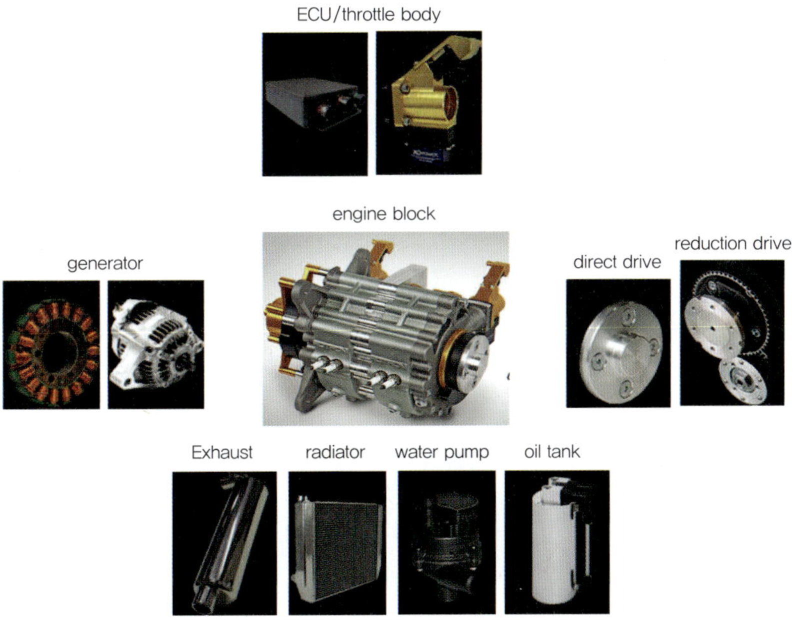


[그림 2-7] 로터리 엔진의 구성품, Rotron RT600[6]

5 출처 : https://grabcad.com/library/wankel-engine-19
6 출처 : Rotron, www.rotronuav.com

## 전동 모터

### 전동 모터의 종류

전동 모터는 입력 전압에 따라 AC 모터와 DC 모터로 나뉘고, 브러시(brush)의 유무에 따라 Brushed 모터와 Brushless 모터로 나뉜다.

- **AC 모터, DC 모터** : AC 모터는 DC 모터에 비해 수명이 길며, 교류의 특성상 정확한 속도 제어가 어렵다. 반면 DC 모터는 정확한 속도 제어가 가능하지만 브러시나 변속기가 필요하다. DC 모터는 고속 회전, 회전 방향의 변경, 즉각적인 회전수 조절 등이 가능한 모터로서 드론에 사용하기 적합하다.
- **Brushed 모터, Brushless 모터** : Brushed 모터는 가격이 저렴하고 구동이 간단하다. 그러나 [그림 2-8(a)]에서 보이는 브러시가 정류자와 접촉하며 마모됨에 따라 수명이 짧고 열이 많이 발생한다. Brushless 모터는 브러시가 없어서 수명이 길고 고속회전이 가능하며, 발열이 적고 일정한 회전수를 유지하기가 쉽다. 반면에 가격이 비싸고, 구동하려면 변속기(ESC)가 필요하다.

산업용 드론에는 주로 BLDC(Brushless DC) 모터가 사용되는데, 이것은 안쪽의 스타터(전지코일)단이 회전하는 방식과 외부의 드럼이 회전하는 방식으로 분류된다.

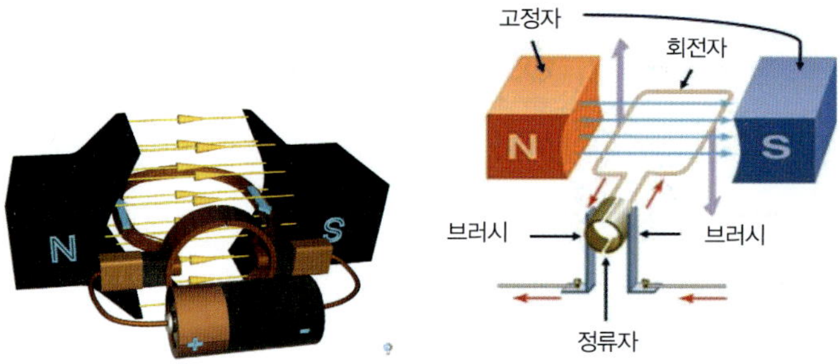


(a) 브러시 모터

(b) 브러시리스(BLDC) 모터

[그림 2-8] DC 모터의 구조[7]

---

7 출처 : Learn Engineering

### BLDC 모터의 구성

BLDC 모터는 [그림 2-8(b)]에서 보는 것처럼 드럼, 스타터, 출력샤프트, 베어링으로 구성되어 있다.

- **드럼(커버)** : BLDC 모터에서 드럼(커버)은 모터의 외부를 둘러싸고 있는 구조물로 영구자석이 배열되어 붙어 있다.
- **스타터** : 모터의 스타터는 다수의 단자에 전기코일을 감아놓은 형태로 전류의 공급에 따라 커버의 영구자석과 전기적 반응을 통해 회전을 하게 되어 출력단을 회전시키는 역할을 수행한다. 즉, 전기에너지를 최종 운동에너지로 전환하는 역할을 한다. 스타터는 단자의 개수에 따라 22폴, 28폴 등으로 표시하며, 이 폴의 개수는 모터의 최대 회전수, 순간 회전력, 순간출력 등에 영향을 준다.
- **출력샤프트** : 모터의 출력샤프트(축)는 모터에 연결된 날개(프로펠러, 로터)와 직접 연결되어 회전에 의한 양력을 발생시킴으로써 무인기가 비행할 수 있도록 한다.

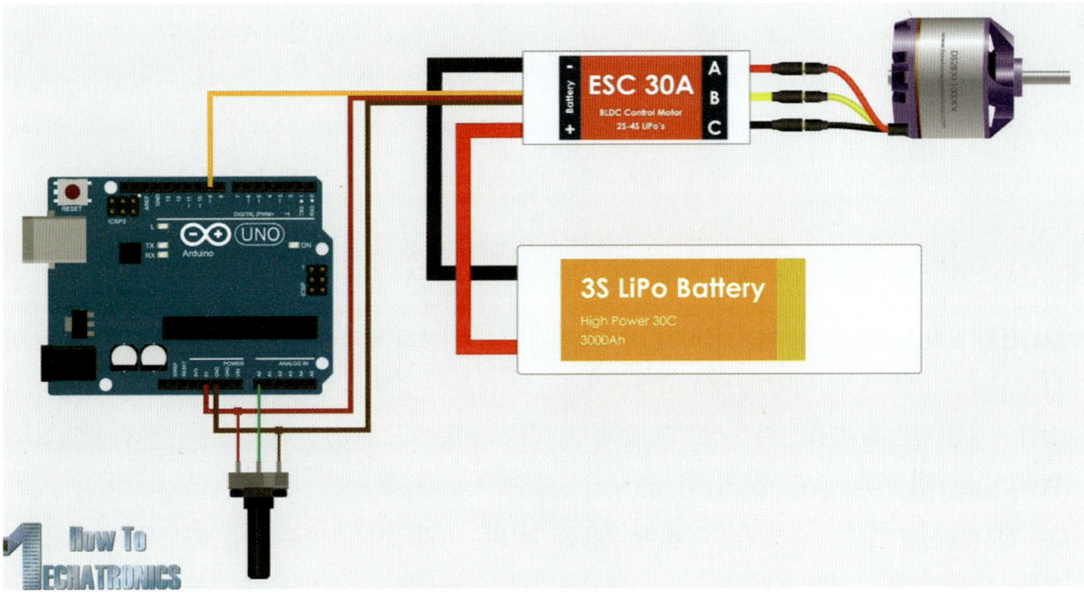


[그림 2-9] BLDC 모터의 구조와 작동 원리[8]

- **베어링** : 모터 스타터의 상하부에 각각 위치한 베어링은 출력샤프트를 수직으로 잡아주면서 모터 커버와 스타터 간의 간격을 일정하게 유지해 주는 역할을 한다. 무인기의 가동시간, 임무의 종류에 따라 일정 시간 운영 시 베어링의 마모가 발생한다. 베어링의 마모는 출력샤프트의 유격을 발생시키고, 이 유격은 무인기의 진동을 유발하여 무인기의 비행 성능과 효율을 저하시킨다. 베어링 점검 시 육안검사를 통해 마모 정도, 이상 여부를 확인하며, 기타 감각검사를 통하여 유격의 정도를 알아본다. 유격의 한계는 매뉴얼에서 제시하는 범위를 적용한다.

---

8 출처 : HowtoMecatronics.com

- **커터 핀** : 모터 커버 샤프트 끝단의 고정 핀을 말한다. 커터 핀은 모터의 상하 유격(커버와 스타터)을 잡아주는 역할을 한다. 모터의 장시간 사용 또는 과부하 운영 조건에서 커터 핀이 빨리 마모되며, 마모 진행 시 모터의 상하 유격이 심화된다. 이는 샤프트에 연결된 날개의 유격으로 이어져 무인기의 비행 성능 저하를 일으키며, 커터 핀의 이탈 시 날개의 이탈로 직결되어 상당히 위험한 상황에 이른다. 육안 점검 및 감각점검을 통해 커터 핀의 마모 정도를 알아내고, 수정 조치하는 일은 매우 중요하다.
- **전력선** : 전력선은 전류 흐름의 효율과 직결되므로 무인기에 사용되는 전력, 모터의 출력 상관관계를 숙지하여 최적의 전력선이 선정되었는지 확인한다.
- **어댑터** : 무인기의 비행 성능 및 효율을 높이려면 날개가 정확히 정렬(얼라인먼트)되는 것이 중요한데, 그 핵심 중 하나가 샤프트의 현황, 모터의 정확한 수직 장착이다. 일관되고 효율적인 작업을 위해서는 특수공구를 만들어서 점검하고 모터 장착 시 활용하는 것이 바람직하다.

## 배터리

화학전지는 화학 반응을 발생시켜 전기를 얻는 장치이다. 건전지, 배터리 등은 이러한 화학전지를 일컫는 용어들이다.

### 배터리 분류

배터리는 특성에 따라 크게 1차 전지, 2차 전지, 연료전지로 분류할 수 있다.

- **1차 전지(일회용 전지)** : 한 번 사용하고 버리는 일회용 전지로서 알카라인(alkaline), 망간(MN–ZN, Mangan Zine), 탄소아연(C–ZN, Carbon Zine) 전지 등이 있다. 1차 전지는 기전력이 크고 일정한 전압이 오랫동안 유지되며, 자기 방전이 적어 가만히 오래 두어도 용량이 줄지 않는다. 또한 가볍고 저렴하며, 용량이 적고, 내부 저항이 작다.
- **2차 전지(충전용 전지)** : 여러 번 충전하여 사용할 수 있는 전지로서 납(Pb), 니켈–카드뮴(Ni–Ca), 나트륨–유황(Na–S), 니켈–수소(Ni–H), 리튬–이온(Li–Ion), 리튬–폴리머(Li–Po) 전지 등이 있다. 2차 전지는 여러 번 충전해서 사용할 수 있고, 다양한 모양과 크기로 만들 수 있으며, 용량이 크다.

[표 2–1] 2차 전지 특성 비교표

<table>
<tr><th>분류</th><th>전지(재료극성)</th><th>기전압</th><th>용량 크기(순위)</th><th>메모리 효과</th><th>가격</th><th>수명(충전)</th><th>비고</th></tr>
<tr><td rowspan="3">1차 전지</td><td>탄소아연<br>(아연(–)/탄소(+))</td><td rowspan="3">1.5V</td><td rowspan="3">소용량</td><td rowspan="3">없음</td><td>1</td><td rowspan="3">일회용</td><td rowspan="3">충전 시 쇼트 발생</td></tr>
<tr><td>망간아연<br>(아연(–)/망간(+))</td><td>1</td></tr>
<tr><td>알카라인</td><td>2</td></tr>
</table>

| 분류 | 전지(재료극성) | 기전압 | 용량 크기(순위) | 메모리 효과 | 가격 | 수명(충전) | 비고 |
|---|---|---|---|---|---|---|---|
| 2차 전지 | 납축전지 | 2V | 12V | 거의 없음. 완전방전 시 수명 대폭 감소 | | 길다. 완전방전 시 수명 대폭 감소 | 차량용 |
| | 니켈카드뮴 | 1.2V | 0.6Ah/10Ah 등 | 있음 | 3 | 300~500회 | 항공기 등 |
| | 니켈수소 | | 1Ah/1.6Ah 등 | 많이 사라짐 | 4 | | 항공기 등 |
| | 리튬이온 (리튬산화물(−)/탄소(+)) | 3.7V | 액체 다양 | 거의 없음. 완전방전 시 수명 대폭 감소 | 5 | 500회 이상 | 폭발성 |
| | 리튬이온 폴리머 (리튬산화물(−)/폴리머(+)) | | 고체 다양 | | | | 드론 등 |

- **연료전지(fuel 셀)** : 많은 연구가 진행되고 있는 차세대 전지로서 촉매층에 연료와 산화제를 통과시켜 촉매에 의한 전기화학적 반응으로 전기를 발생시키는 장치이다. 연료전지는 작동온도에 따라 여러 가지로 구분할 수 있다. 고분자전해질 연료전지(PEMFC; Polymer Electrolyte Membrane Fuel 셀)와 직접 메탄올 연료전지(DMFC; Direct Methanol Fuel 셀)는 상온부터 100℃ 이하에서 작동한다. 수소연료전지(Hydro fuel 셀)는 수소와 산소를 전기화학적으로 반응시켜 전기를 발생시키는 것으로 물의 전기분해와 반대되는 원리이다. 기타 연료전지로는, 용융 탄산염 연료전지(MCFC; Molten Carbonate Fuel 셀), 고체산화물 연료전지(SOFC; Solid Oxide Fuel 셀), 직접 에탄올 연료전지(DEFC; Direct Ethanol Fuel 셀), 인산형 연료전지(PAFC; Phosphoric Acid Fuel 셀), 직접 탄소 연료전지(DCFC; Direct Carbon Fuel 셀s) 등이 있다.

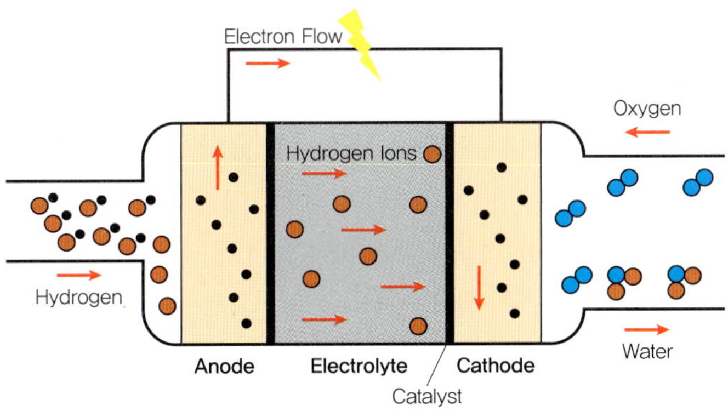


- 연료극(음극) : $H_2 \rightarrow 2H^+ + 2e^-$
- 공기극(양극) : $1/2O_2 + 2H^+ + 2e^- \rightarrow H_2O$
- 전체 반응 : $H_2 + 1/2O_2 \rightarrow H_2O$ + 전기

[그림 2-10] 수소연료전지의 작동 원리[9]

9 출처 : 심중표 외, 『신재생에너지원인 수고연료전지의 원리와 응용』, 전기의 세계, 2012

|  | AFC | PEMFC | DMFC | PAFC | MCFC | SOFC |
|---|---|---|---|---|---|---|
| 전해질 | KOH | 고분자막 | 고분자막 | 인산 | 탄산염 | 고체산화물 |
| 이온전도체 | $OH^-$ | $H^+$ | $H^+$ | $H^+$ | $CO_3^{2-}$ | $O^2$ |
| 작동온도(℃) | 상온~80 | 상온~80 | 상온~80 | 150~200 | 600~700 | 800~1000 |
| 연료극 | 백금 또는 다공성 니켈 | 백금 | 백금-루테늄 | 백금 | 니켈-크롬 | 니켈 |
| 공기극 | 백금 또는 은(Ag) | 백금 | 백금 | 백금 | 산화니켈 | 페롭스카이드 (금속산화물) |
| 발전효율(%) | ~35 | 35~42 | ~35 | 35~42 | 50~65 | 50~65 |
| 산화제 | 공기 | 공기 | 공기 | 공기 | 공기 + $CO_2$ | 공기 |
| 연료 | 수소 | 수소 | 메탄올 | 수소 | 수소 | 수소 |
| 용도 | 우주선, 잠수함 등 특수 용도 | 가정용, 자동차 | 휴대용 전자기기 | 건물용 발전 시스템 | 발전플랜트 | 발전플랜트 |

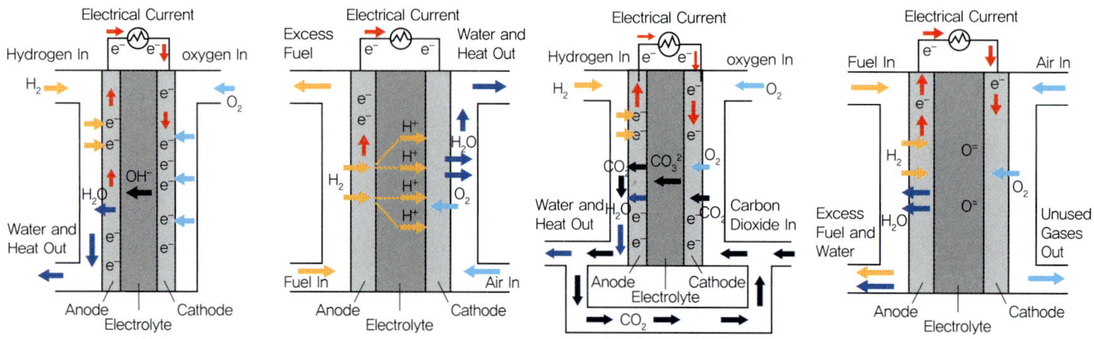


(a) 알칼리형 연료전지 (b) 고분자전해질 연료전지 및 인산형 연료전지 (c) 용융탄산염 연료전지 (d) 고체산화물 연료전지

[그림 2-11] 연료전지의 종류와 특성[10]

## 리튬-폴리머(Li-Po) 배터리 표기법

현재 가장 에너지 밀도가 높으면서 효율이 좋아 멀티콥터에 가장 많이 사용되고 있는 배터리는 리튬-폴리머(Li-Po) 배터리이다. 배터리 외부에 보면 기본적인 사양이 표기되어 있다. 리튬-폴리머 배터리의 표면에는 각각의 중요한 정보들(셀 수, 전압, 용량, 방전율)이 표기되어 있는데, 반드시 이 표기를 확인해야 하며, 서로 다른 배터리들을 직결 또는 병렬로 연결해서 사용하면 안 된다. [그림 2-12]를 예로 들어 배터리 표기법에 대해 자세히 살펴보자.

10 출처 : 심중표 외, 『신재생에너지원인 수고연료전지의 원리와 응용』, 전기의 세계, 2012

[그림 2-12] 리튬-폴리머 배터리 표기

- **셀(cell) 연결 개수** : 리튬-폴리머 배터리에서 셀의 직렬연결 수를 S(Serial, 직렬)로 표기한다. 예를 들어 6S는 6개의 셀을 직렬로 연결했다는 뜻이고, 1P(Parallel, 병렬)는 병렬로 연결했다는 뜻이다. 즉, 3.7V 셀 6개가 직렬로 연결된 것이 1개로 되어 있다는 것이다.
- **셀의 수와 전압** : 리튬-폴리머 배터리의 셀당 전압은 3.7V(볼트)이다. 예를 들어 6S로 표기되어 있으면 6개의 셀을 직렬로 연결했다는 뜻이므로, 이 경우 전압은 다음과 같이 계산된다.

$$3.7V \times 6 = 22.2V$$

- **배터리 용량** : 배터리는 사용할 수 있는 용량이 정해져 있으며, 이 용량을 Ah(암페어) 또는 mAh(미리 암페어)로 표시한다. 예를 들어 10,000mAh(=10Ah)는 10A일 때 1시간(hour) 사용할 수 있는 양을 말한다(1000mAh = 1Ah).

$$10Ah = I(\text{전류, } 10A) \times T(\text{전류가 흐르는 시간, } 1hour)$$

즉, 10A의 전류를 1시간 동안 흐르게 할 수 있다. 1A의 전류라면 10시간 동안 흐르게 할 수 있다.

- **배터리 방전율**[11] : 배터리 표면에 보면 15C, 20C, 25C, 30C, 35C, 40C, 50C 등의 표기를 볼 수 있는데, 이는 방전율을 의미한다. 방전율은 배터리의 출력과 관련이 있는데, 순간적으로 얼마나 많은 에너지를 뽑아 쓸 수 있는가를 말한다. [그림 2-12]에서 25C는 배터리 용량의 25배를 순간적으로 방출할 수 있음을 의미한다.
- **배터리 출력** : 방전율 값(C)과 전류량(배터리 용량)을 곱하면 배터리 출력을 계산해 낼 수 있다. 즉, 6C×10Ah=60이다. 이렇게 구한 배터리 출력이 모터가 낼 수 있는 힘의 크기가 된다.

11 방전율이 높다고 무조건 좋은 것은 아니다. 방전율이 높으면 출력은 좋지만 배터리 수명이 짧을 수 있다.

일부 배터리 중 Cont 25C/Burst 50C 등으로 표시된 것이 있는데, Cont는 Continuous의 약자로 '연속 방전율'을 뜻하며, Burst는 순간 최대방전율을 의미한다. C가 하나만 표시된 것은 통상 순간 최대 방전율을 의미한다.

### 리튬-폴리머(Li-Po) 배터리 관리 요령

배터리는 전동시스템 중에서 비용이 가장 많이 드는 소모품이다. 잘 하면 2년 이상 안전하게 사용할 수 있지만, 잘못 관리하면 하루아침에 못 쓰게 된다. 크게 다음 다섯 가지 항목들만 유의하면 최소 2년 이상 무난하게 사용할 수 있다.

**❶ 충격에 주의한다.**

리튬-폴리머 배터리는 이동 중 실수로 낙하되는 등의 충격을 받게 되면 적층된 셀이 찌그러지면서 합선 등이 발생할 수 있다. 이때 급격한 불꽃이 발생하거나 심할 경우 폭발이 발생할 수도 있다. 이때 플라스틱 외장으로 이루어진 스마트배터리보다 단순 비닐 수축 형태로 포장된 배터리가 더 위험하다. 따라서 이러한 배터리를 운반할 때는 가급적 바구니 등의 용기를 사용하는 것이 좋다.

**❷ 고온과 저온에 주의한다.**

리튬-폴리머 배터리를 10℃ 이하의 낮은 온도에 방치할 경우 배터리 성능이 현격히 저하되며, 장기 방치하면 완전히 방전되어 못 쓰게 된다. 한편, 40℃ 이상의 높은 온도에 방치하면 배부름 현상이 발생하거나 폭발할 위험도 있다. 즉, 여름이나 겨울에 차 안에 방치하면 안 된다고 생각하면 쉽게 기억할 수 있다.

**❸ 장기 저장 시 주의한다.**

리튬-폴리머 배터리를 10일 이상 사용하지 않고 보관할 때는 60%~70% 정도까지 방전시킨 후 보관해야 한다. 그렇게 하면 배터리 수명이 상당히 길어진다. 한편 비행체를 장기 보관할 때에는 배터리를 비행체에서 분리하여 저장한다.

**❹ 밸런싱(균형, balancing) 성능이 좋은 충전기를 사용한다.**

배터리를 밸런싱 기능이 없는 충전기로 충전할 때 전체 셀에서 한두 개의 셀이 기준 이하의 용량으로 충전될 수 있고, 이를 드론에 사용하면 비행시간이 짧아지게 된다. 심할 경우 배터리 저전압 경고가 뜨면서 사용할 수 없게 된다. 하지만 이런 경우라도 대부분 밸런싱 성능이 좋은 충전기로 밸런싱 충전을 하면 회복되는 경우가 많다. 따라서 가급적 밸런싱 성능이 좋은 충전기를 사용해야 불필요한 배터리 비용을 줄일 수 있다.

**❺ 정비 및 폐기에 주의한다.**

배터리는 전문지식 없이 수리하면 위험하므로 임의로 분해/조립하면 안 된다. 사용이 완료된 배터리는 소금물에 담가서 완전 방전시킨 후 폐기한다.

## 2.1.3 무인항공 항전시스템

항공기에서는 전기·전자 분야를 항공전자, 줄여서 항전계통이라고 별도 구분하며 업무 분야까지 구분하기도 한다. 상용의 가전이나 지상 장비에서의 전자 분야와 달리 항공전자 분야는 항공 분야의 원리들을 이해해야 제대로 된 시스템을 개발하고 운영·정비할 수 있다.

### 무인항공기 비행제어시스템의 구성과 원리

비행제어시스템은 자동비행에 필요한 계산을 하기 위해 고도, 속도, 자세, 방향, 위치 정보들이 필요한데, 이것들을 수집하는 센서에는 기압계, IMU(자이로와 가속도계), 마그네틱 콤파스, GPS와 같은 위상측위시스템 수신기 등이 있다. 이 센서들을 통해 수집된 정보가 비행컴퓨터에 전달되고, 조종사에 의한 명령값과 비교하여 일치하면 현 상태를 유지한다. 일치하지 않는다면 작동 명령값을 변속기나 서보엑츄에이터와 같은 작동기들에 전달하여 비행 기동을 하게 한다.

비행제어시스템 원리는 사람에 빗대어 생각하면 이해하기 쉽다. 비행제어시스템은 사람의 두뇌에 해당하는 비행컴퓨터, 사람의 감각기관에 해당하는 센서류, 사람의 행동 기관에 해당하는 작동기로 구성된다. 사람은 다섯 가지 감각기관을 통해 활동에 필요한 데이터인 시각정보, 촉각정보, 미각정보, 청각정보, 후각정보를 수집해서 두뇌로 전달하고, 이것이 생각하는 명령값과 비교했을 때 일치하면 현 상태를 유지하며, 일치하지 않으면 일치시키기 위한 동작을 하게 된다.

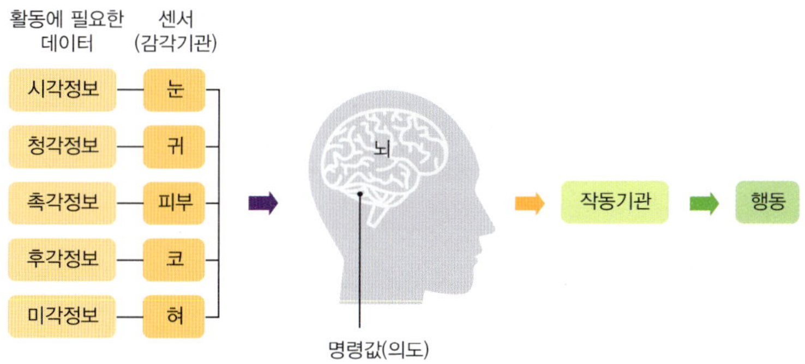


[그림 2-13] 사람의 행동 원리

이와 마찬가지로 비행제어시스템에서는 [그림 2-14]와 같이 고도정보, 속도정보, 방향정보, 위치정보, 자세정보가 수집되어 비행컴퓨터로 전달된다. 이렇게 전달된 정보들과 조종사가 조종기와 지상통제시스템을 통해서 입력하는 명령값이 일치하면 비행체는 현 상태를 유지한다. 일치하지 않으면 일치시키기 위해 FC에서 변속기(ESC)나 서보엑츄에이터(servo-actuator) 등의 작동기로 신호가 전달된다. 이때 '센싱 → 처리(비교-작동값 생성-신호) → 동작 → 센싱'의 루프가 반복된다.

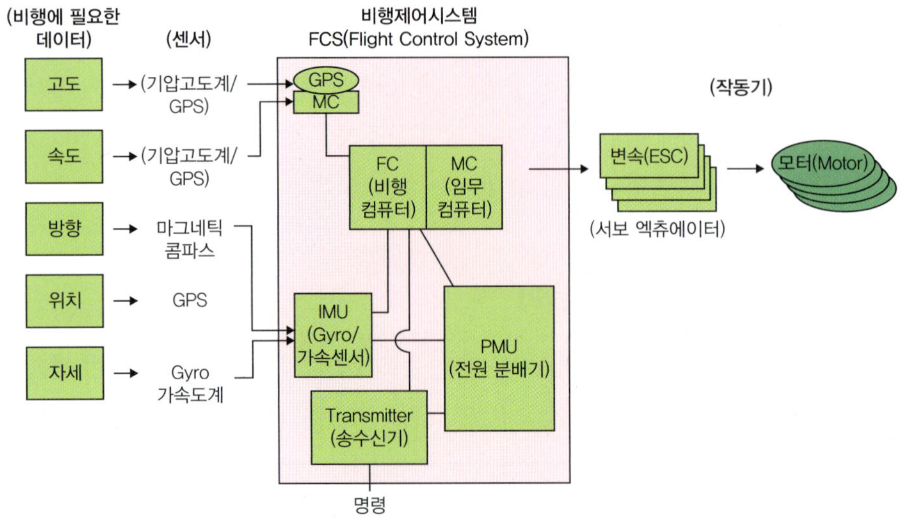


[그림 2-14] 자동비행시스템의 기본 구성

대형이든 소형이든 상관없이 모든 무인항공기의 비행제어시스템 구성은 유사하다. [그림 2-15]는 수백억 원에 이르는 군사용 무인정찰기 항전시스템의 구성을 보여준다. 여기서도 비행제어시스템의 기본 구성은 [그림 2-14]와 같다. 다만, 실제 무인항공기의 비행제어시스템에는 시스템의 신뢰성을 높이기 위한 고성능 센서와 구성품이 사용된다. 또한 고장에 대한 대비로 이중, 삼중의 백업시스템을 구성하여 최대한 안전한 비행이 가능하도록 하고 있다.

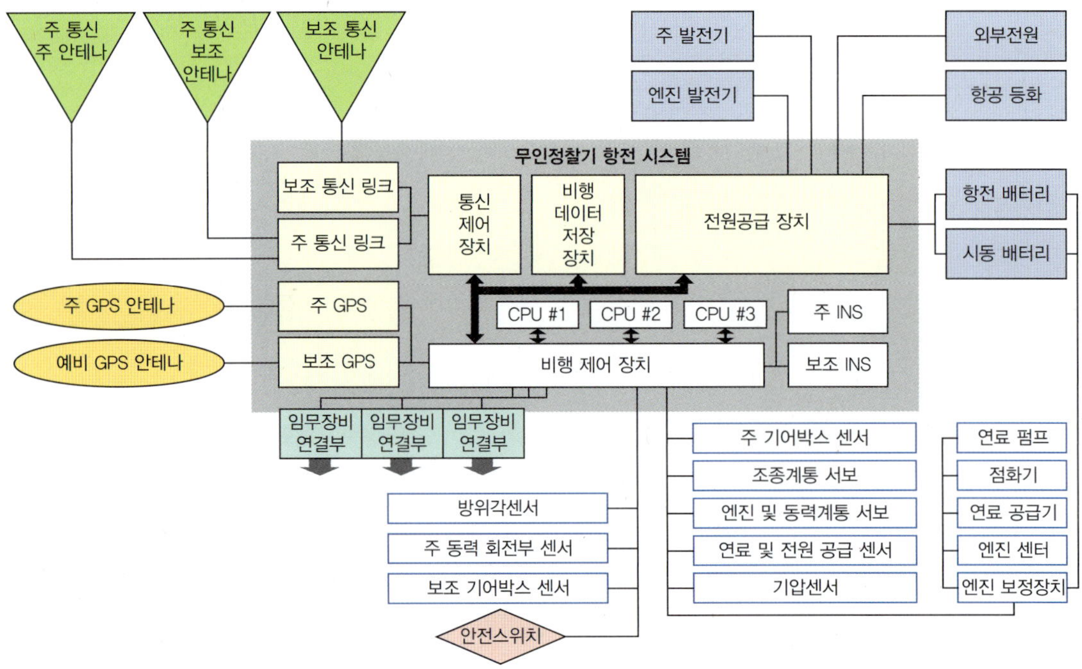


[그림 2-15] 고성능 무인정찰기 항전시스템

# SECTION 2.2 원격통제장비의 구조와 원리

조종사가 비행체에 탑승하지 않고 지상에서 조종하는 경우 조종석에 해당하는 것이 바로 원격통제장비이다. 여기서는 원격통제장비의 종류, 구성과 기능을 비롯해 멀티콥터용 원격통제장비의 구성과 기능에 대해 자세히 설명한다.

## 2.2.1 원격통제장비의 종류

원격통제장비(RPS; Remote Piloting Station)는 주통제컴퓨터, 비행체조종부, 탑재장비운용부, 임무영상처리부, 전원분배장치, 함상이착륙용 IMU/GPS 시스템 등으로 구성되어 있다. 원격통제시스템은 기능 및 통제 범위 등에 따라 대형 무인정찰기들을 통제하는 고정형 지상통제시스템, 함 내에 설치되어 운용되는 함상통제장비, 이동하면서 운용하는 이동형 통제시스템 등 다양한 형태와 크기로 구성되어 운용된다.

(a) 회전익 무인정찰기 지상통제시스템

(b) 지상통제시스템(GCS) 내부

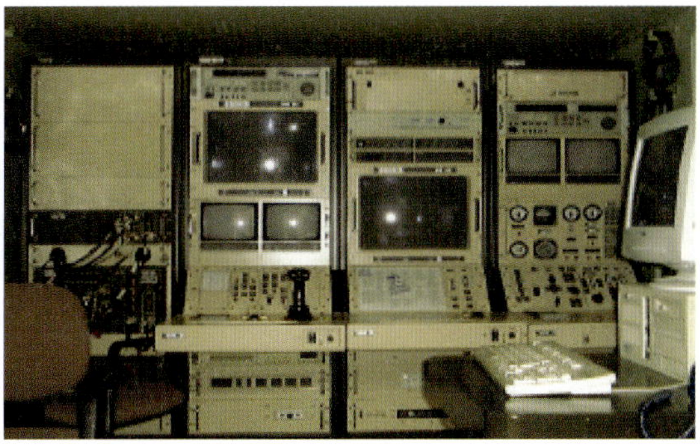

(c) 이· 착륙통제시스템(LRS) 내부

[그림 2-16] 무인정찰기 지상통제시스템

### 원격통제시스템

[그림 2-16(b)]와 같은 원격통제시스템(GCS; Ground Control Station 또는 RPS; Remote Piloting Station)은 주로 대형 무인기의 비행임무를 통제하기 위한 통제소로서 이륙 후 LRS로부터 무인기를 인수받아 실제 임무지역까지 통제하여 임무를 수행하고, 다시 착륙지역까지 유도하여 LRS로 인계한다. 지상통제소로 직접 이착륙 통제도 가능하다.

### 이·착륙통제소

[그림 2-16(c)]와 같은 이·착륙통제소(LRS; Launch & Recovery Station/System, LCS; Launch & Control Station/System)는 주로 이륙과 착륙을 통제하기 위해 설계되었으며, 전파로 무인기를 통제할 수 있는 거리가 일반적으로 지상통제소에 비해 짧다. 형태 및 내부 구조는 지상통제소와 대부분 같으며 단거리 임무비행 통제도 가능하다.

이러한 통제시스템은 기술 발전에 따라 소형화 및 고기능화되어 가고 있다. 2000년대 초반에는 [그림 2-17(a)]와 같은 큰 시스템이었으나, 2010년대부터는 [그림 2-17(b)]와 같이 소형화가 되는 추세이다.

(a) 이스라엘 무인정찰기 통제시스템(2000년)

(b) 국산 지상통제시스템(2014년)

[그림 2-17] 무인정찰기 지상통제시스템의 발전

### 이동형 지상통제소

소형 무인항공기의 경우 [그림 2-18]과 같은 더 소형화된 이동형 원격통제장비(PGCS; Potable Ground Control Station)를 사용한다.

[그림 2-18] 이동형 지상통제소(PGCS; Potable GCS)

## 무인멀티콥터용 소형 원격통제장비

멀티콥터용 원격통제장비들은 [그림 2-19]와 같은 휴대용 소형 장비로서 주로 스마트폰이나 테블릿 PC, 노트북, 스크린통합형 등을 이용해서 비행 상황을 모니터링하고 비행경로를 설정하여 운용한다.

[그림 2-19] 멀티콥터용 휴대용 조종기 일체형 원격통제장비

[그림 2-20] 멀티콥터용 원격통제소

## RC 조종기

가시권에서 장비를 이·착륙시키거나 비행 중 반자동 스틱 조작이 필요한 경우 [그림 2-21]과 같은 RC 조종기를 사용한다.

[그림 2-21] RC 조종기의 구성

- **조종간(stick)** : 비행의 전진, 후진, 좌이동, 우이동, 고도 상승하강, 좌선회, 우선회를 조종한다. 이 조종간의 배치에 따라 모드 1, 2, 3, 4를 달리할 수 있다.
- **트림(trim)** : 조종면의 미세한 조종을 통해 비행체를 안정화한다. 1, 2, 3, 4번 트림으로 조종간 4방향에 대해 기본 설정값을 미세하게 조절한다. 트림 값을 조종해서 조종면을 작동시키는 서보의 기본 설정값을 바꾼다. 이를 통해 최초 기본 설정값이 수평비행에 맞지 않아 조금씩 이동하는 것 등을 수평비행에 맞게 기본 설정을 미세하게 조절해서 맞춰주는 역할을 한다.
- **안테나** : 조종기의 주파수 신호를 비행체에 보낼 수 있는 매개체이다. 이 조종기와 비행체의 통신은 2.4GHz를 주로 사용하는데, 안테나 방향에 따라 전달되는 영향권의 폭이 변할 수 있다.

- **비행모드 전환 스위치** : GPS 모드, 자세 모드, 수동 모드, AB 모드, 자동귀환 모드 등의 전환 스위치를 [그림 2-22]와 같이 일반적으로 좌(SA) 또는 우측(SD) 검지손가락 위치 등에 설정한다.

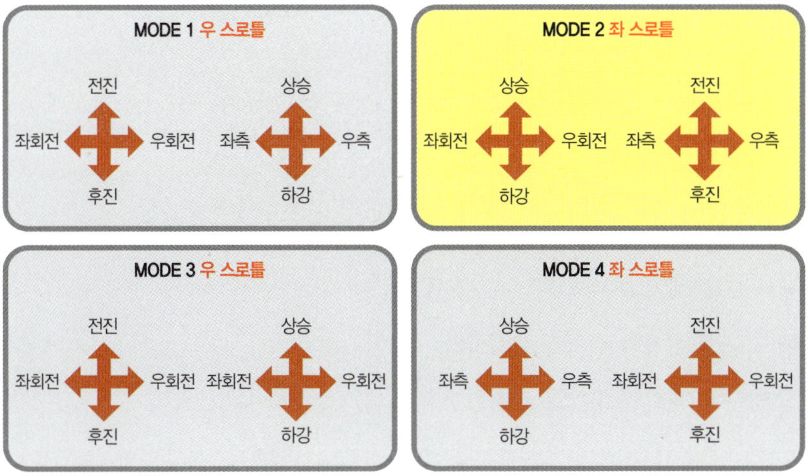


[그림 2-22] 조종기 모드

## 2.2.2 원격통제시스템의 내부 구성

내부조종사와 탑재장비 운용자는 통제소 내에서 모든 비행 데이터를 확인하고 필요한 비행 및 임무장비 조종 명령을 입력한다. 이를 위해 원격통제시스템은 [그림 2-23]에서 볼 수 있듯이 비행자료 표시부, 통제명령 입력부, 디지털지도부, 그리고 임무장비운용부와 전원분배 및 관리시스템으로 구성된다.

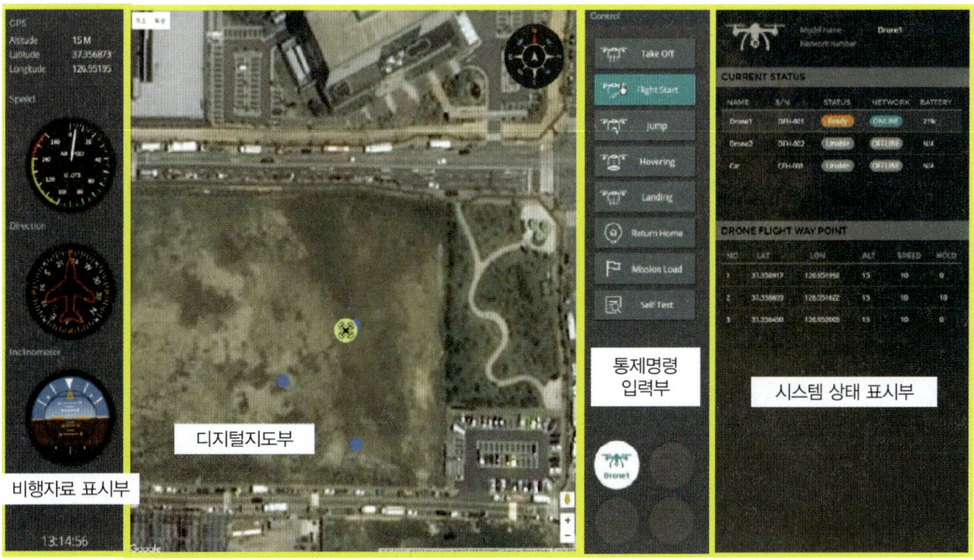


[그림 2-23] 무인멀티콥터 지상통제시스템 화면 구성

## 비행자료 표시부

비행자료 표시부는 크게 비행체의 비행 상태 표시, 비행체의 각종 시스템 상태 표시, 이상 상태 경고 표시부 등으로 나눌 수 있다.

### 비행 상태 표시

비행 상태 표시는 디지털화된 비행계기로서 자세계, 고도계, 속도계, 방향계 등이 있다.

자세계는 기본적으로 소형무인기의 전방향 기체 기울기를 볼 형태 및 수치로 표시한다.

- **속도계** : 소형무인기의 비행 속도를 계기 또는 수치로 표시한다.
- **고도계** : 소형무인기의 비행 고도를 계기와 수치로 표시한다.
- **방향계** : 소형무인기의 비행 방향을 계기와 수치로 표시한다.

### 시스템 상태 표시

통신장비 운용 상태, 예비배터리를 포함한 전원 현황, 추력장치 상태 등 드론 시스템의 전반적인 현황을 보기 쉽게 표시한다.

- **통신장비 운용 상태** : 데이터링크의 통신 송/수신 출력 세기 및 안정된 상태 여부를 그림 바 및 수치로 표시한다.
- **전원 현황** : 엔진이 포함되었으면 엔진에 장착된 발전기의 상태와 출력 전원 상태, 주/예비배터리 상태를 표시한다.
- **추력장치 상태** : 소형무인기의 경우에 주로 사용하는 모터와 변속기들의 상태를 표시한다.

### 드론 시스템 이상 상태 표시

드론 시스템의 각종 고장 등 비정상 상황에 대해 경고등의 형태로 표시한다. 심각하고 긴급 조치가 있어야 하는 부분에 대해 적색 경고등이나 알람 형태로 표시한다. 주의 표시는 황색등의 경고등 형태로 수치와 함께 표시되는데, 비행이 계속되면 문제가 되는 상황에서 표시된다.

## 통제명령 입력부

통제명령 입력부는 비행체의 고도, 속도, 방위각, 비행 자세 등을 조절하여 비행하거나 경로비행 등의 자동비행을 할 수 있도록 통제한다. 통제명령 입력부는 다음의 조종 모드들 중에서 시스템의 규모에 따라 필요한 모드를 설정하여 조종을 실제로 진행하는 부분이다.

- 수동 직접 스틱 조종모드(manual stick mode)
- 반자동 직접 스틱 조종모드(semi-auto stick mode)
- 반자동 노브/디지털수치입력 모드(knob mode)
- 자동 경로비행 모드(waypoint mode)
- 점 대 점 모드(point to point mode)
- 추적 모드(tracking mode)
- 카메라가이드 모드(camera guide mode)
- 한 점 집중 모드(hold mode)

## 디지털지도부

소형무인기의 내부 조종에서 디지털지도는 비행체의 현재 위치를 확인함과 동시에 비행경로 등 다양한 위치정보를 입력하고 확인하는 필수 화면이다. 최근에는 위성 영상을 활용한 3차원 지도도 활용되고 있다. 디지털지도에는 임무지역 표시와 함께 비행체 위치표시 아이콘, 비행경로, 표적위치, 비행제한구역, 표적과 비행체 좌표, 카메라 감시 지역 등이 표시된다.

[그림 2-24] 디지털지도

## 2.2.3 무인멀티콥터(상용 드론) GCS의 구성과 기능

군용 무인정찰기와 같은 원거리를 운용하는 드론과 달리 소형인 무인멀티콥터는 운용 범위가 한정되어 있음에도 불구하고 대형 무인기의 일반적인 기능인 데이터 표시 기능, 통제 기능, 지도 기능, 영상 시연 기능을 모두 포함하고 있다. 소형 드론의 지상통제장비 화면 구성과 기능들에 대해 자세히 알아보자.

### 무인멀티콥터(상용 드론) 통제시스템의 화면 구성

대표적인 상용 무인멀티콥터 제품들은 상당히 고도화된 UI를 제공하고 있다. 기본적으로 카메라영상과 디지털지도를 전환하면서 보여줄 수 있고, 모니터 화면의 우측 점 3개를 터치하면 나오는 팝업 메뉴를 통해 각종 설정을 할 수 있다. 대부분의 촬영용/산업용 타사 기종들도 유사한 화면 구성을 가지고 있다. 세부 사항은 DJI 드론 매뉴얼을 참조하기 바란다. 장착 카메라에 따라 ① 기본카메라, ② 열화상, ③ 지도 중 하나를 선택하여 주 화면에 띄울 수 있다.

[그림 2-25] DJI 드론 GCS[12] 기본 화면, EO 카메라

[그림 2-26]과 같이 열화상은 주로 EO 카메라(electro-optic camera, 전자광학 카메라)로 쉽게 볼 수 없는 부분들을 확인할 때 사용되거나, 야간 카메라로 활용된다.

12 GCS : Ground Control System or Station

[그림 2-26] IR 카메라 영상 배경 모드, 컬러

일반적으로 컬러 영상이 사물을 구분하기 쉽다고 생각할 수 있지만, 오히려 각각의 색들로 인해 실제로는 표적을 식별하기 어려운 경우가 많다. 이럴 때 [그림 2-27]과 같이 흑백 모드로 전환하면 식별이 용이해진다. 이 때문에 군용 정찰기의 영상들은 컬러 대신 흑백 영상을 기본으로 채택하는 경우가 많다.

[그림 2-27] IR 카메라 영상 모드, 흑백

요즘 많이 사용되고 있는 3차원 맵핑을 위해서는 가급적 동고도, 동속도, 동일 간격으로 일정한 중첩률을 유지하면서 비행해야 한다. 이를 편리하게 자동으로 설정할 수 있도록 [그림 2-28]과 같은 메뉴들로 구성되어 있다.

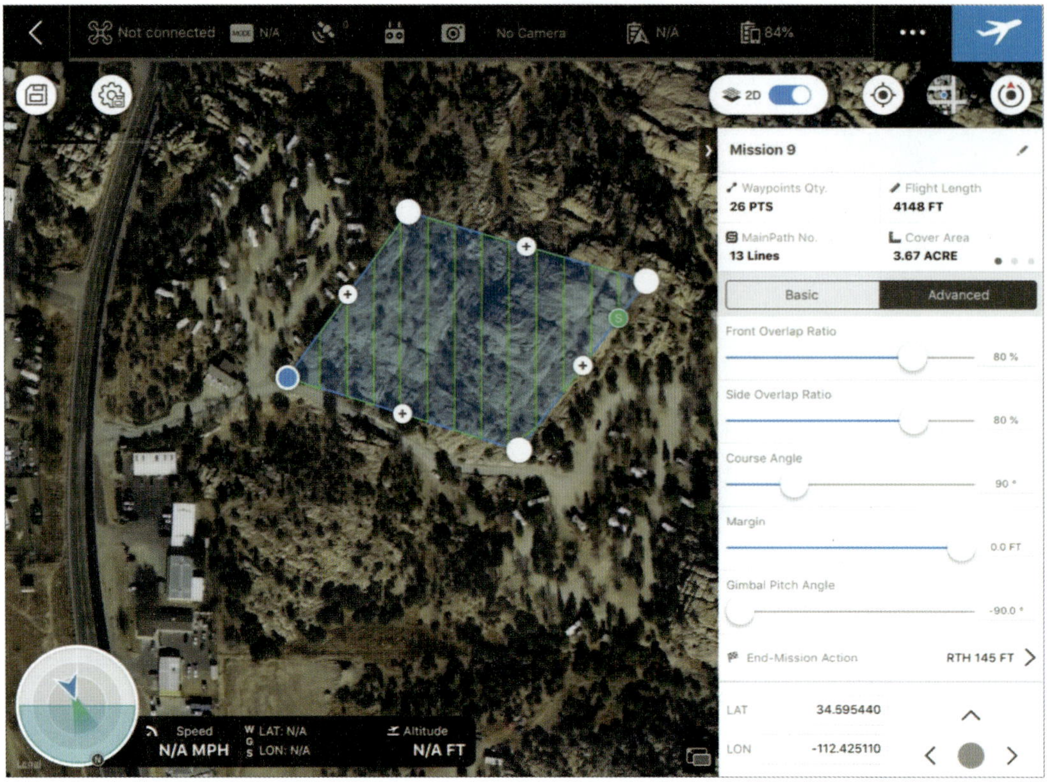


[그림 2-28] GCS를 활용하여 비행 구역/경로 자동 설정. DJI GCS pro, ipad

또한 GCS 디지털지도상에 [그림 2-29]와 같이 각 비행 경로점과 비행 구역들을 한 점씩 설정할 수도 있다.

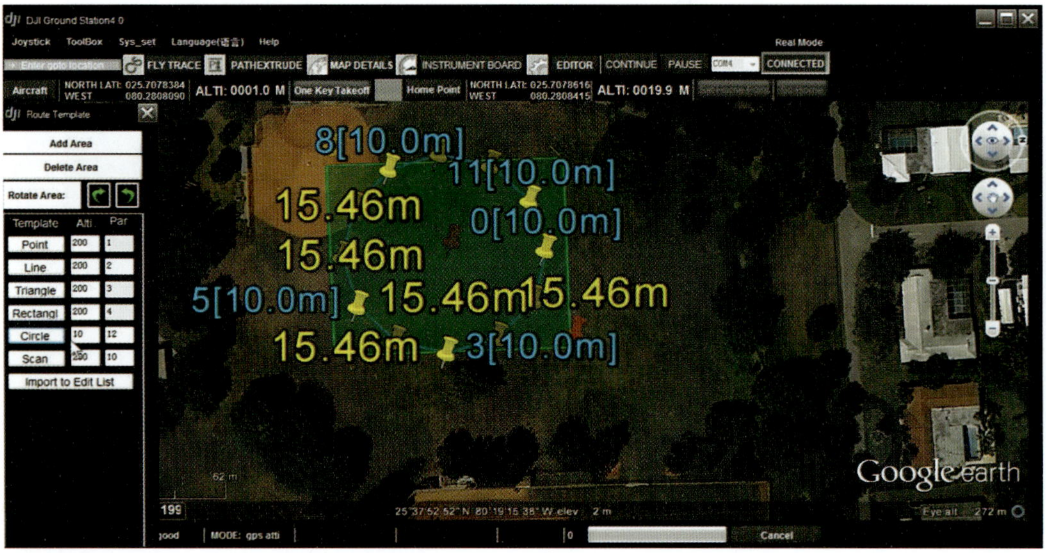


[그림 2-29] GCS를 활용하여 비행 구역/경로 자동 설정. DJI GCS

## 무인멀티콥터(상용 드론) 통제시스템의 화면 세부 설명

### 카메라뷰 중심 기본 화면

현재 가장 대중화되어 많이 사용되고 있는 상용 촬영용 드론인 DJI 드론들의 GCS 화면 구성은 [그림 2-30]과 같다. 이 화면 구성 요소들의 기능에 대해 세부적으로 알아보자.

[그림 2-30] DJI 원격통제화면 설명 : 카메라뷰[13]

조종기에 스마트폰이나 태블릿을 연결한 후 조종기와 비행체의 전원을 연결하고 DJI GO라는 앱을 열면 [그림 2-30]과 같은 기본 화면이 나타난다. [그림 2-30]의 각 메뉴에 대한 설명은 다음과 같다.

[표 2-2] DJI 드론 메뉴 설명

| 번호 | 메뉴명 | 아이콘 | 설명 |
|---|---|---|---|
| 1 | 뒤로 | | 이 아이콘을 누르면 기본 메뉴로 돌아온다. |
| 2 | 시스템 상태 표시줄 | In-Flight (GPS) | 기체 비행 상태를 나타내며, 다양한 경고 메시지를 표시한다. |
| 3 | 배터리 잔량 표시기 | | 배터리 잔량을 동적으로 표시한다. 배터리 잔량 표시기에서 색상으로 표시된 영역은 다양한 기능을 수행하는 데 필요한 전력 수준을 나타낸다. |
| 4 | 비행 모드 | | 이 아이콘 옆의 텍스트는 현재 비행 모드를 나타낸다. 비행 컨트롤러 설정을 구성하려면 이 아이콘을 누른다. 이러한 설정을 통해 비행 한계를 수정하고, 게인값을 설정할 수 있다. |

13 출처 : DJI 매트릭스 300RTK 운용자 매뉴얼

| 번호 | 메뉴명 | 아이콘 | 설명 |
|---|---|---|---|
| 5 | GNSS 신호 강도 | | 현재 GNSS 신호 강도를 표시한다. 기체 RTX가 활성화된 경우, 오른쪽 아래 모서리에 'R'이 표시된다. |
| 6 | 장애물 감지 기능 상태 | | 모든 감지 시스템의 상태를 표시한다. 해당 감지 시스템의 방향이 정상 작동 중일 경우 녹색으로 표시되며, 그렇지 않으면 빨간색으로 표시된다.<br>• 모두 녹색 : 6방향 감지 시스템이 정상 작동 중<br>• 모두 빨간색 : 감지 시스템이 아직 작동하지 않음. (주의해서 비행) |
| 7 | 조종기 신호 | | 조종기 신호의 강도를 표시한다. 이 아이콘은 비행 중 간섭이 인식될 때 깜박인다.<br>DJI Pilot에 추가 경고가 없으면 해당 간섭이 기체 작동과 전반적인 비행 성능에 영향을 미치지 않는다는 것을 의미한다. 고급 듀얼 파일럿 모드에서 이 아이콘은 처럼 표시된다. |
| 8 | HD 비디어 링크 신호 강도 | HD 2.4G | 기체와 조종기 사이의 HD 비디오 다운링크 연결의 강도를 표시한다. 맨 위의 텍스트는 사용 중인 주파수를 나타낸다. 영상 전송 설정을 보려면 누른다. |
| 9 | 배터리 설정 | 74% 4.07V<br>74% 4.07V | 현재 배터리 잔량을 표시한다. 이 아이콘을 눌러 배터리 정보 메뉴를 보고, 여러 배터리의 경고 임곗값을 설정하고, 배터리 경고 이력을 볼 수 있다. |
| 10 | 추가 설정 | 모든 기타 설정의 매개변수를 보거나 조정하기 위해 확장 메뉴에 들어가려면 ●●●을 누른다. | |
| | | | **비행 컨트롤러 설정** 비행 모드 전환 스위치, 홈포인트 설정, 리턴 투 홈 고도, 최대 고도, 거리 한계, 센서 상태, 조종기 신호 상실 동작, 무게중심 자동 캘리브레이션을 포함한다. |
| | | | **인식 설정** 장애물 감지, 비전 포지셔닝 및 RTH 장애물 감지 등을 포함한다. |
| | | | **조종기 설정** 스틱 모드, 사용자 지정 설정, 조종기 캘리브레이션, 연동 등을 포함한다. |
| | | HD | **영상 전송 설정** 작업 주파수, 채널 모드 및 동영상 출력 등을 포함한다. |
| | | | **기체 배터리 설정** 배터리 잔량 경고 임곗값, 배터리 정보 등을 포함한다. |
| | | | **짐벌 설정** 짐벌 피치 및 팬 설정, TapZoom 확대(Z30 짐벌 및 카메라의 경우), 짐벌 캘리브레이션 등을 포함한다. |
| | | RTK | **RTK 설정** RTK 포지셔닝 기능, RTK 서비스 유형 및 해당 설정을 포함한다. |
| | | ●●● | 비행 경로 디스플레이, 측정 단위, 라이브 스트림 등을 포함한다. |
| 11 | 메시지 상자 | | 모든 경고 메시지를 읽으려면 누른다. |
| 12 | 짐벌 방향 조정 | | 짐벌 중앙 복귀, 짐벌 요 중앙 복귀, 짐벌 요 하향 또는 짐벌 하향과 같이 짐벌 방향 조정을 선택하려면 누른다. |
| 13 | 비콘 | | 비콘을 켜거나/끄려면 누른다. 켜면 Discreet 모드 아이콘으로 바뀐다. |
| 14 | 다중 짐벌 컨트롤 | | 다중 짐벌 컨트롤을 활성화하려면 누른다. 2 또는 3개의 짐벌 피치와 요를 제어할 수 있다. |
| 15 | 스마트 트랙 | | 스마트 트랙을 활성화하려면 누른다. |
| 16 | PIN 포인트 | | 위치를 기록하려면 누른다. |
| 17 | 레이저 거리 측정 | RNG | 레이저 거리측정기를 활성화하려면 누른다. |

| 번호 | 메뉴명 | 아이콘 | 설명 |
|---|---|---|---|
| 18 | 카레라 및 줌 | ZOOM 5.0X | 현재 카메라와 줌 배율을 표시한다. |
| 19 | 카메라 매개변수 | ISO 100 Shutter 1/1000 EV 0 | 현재 카메라 매개변수를 표시한다. |
| 20 | 포커스 모드 | AF-C | MF, AFC, AFS가 지원된 포커스 모드로 전환하려면 누른다. |
| 21 | 자동 노출 잠금 | AE | 노출값을 잠그려면 탭한다. |
| 22 | 적외선 카메라 뷰 전환 버튼 | IR | 적외선 카메라로 전환하려면 누른다. |
| 23 | 광각 카메라 뷰 전환 버튼 | WIDE | 광각 카메라로 전환하려면 누른다. |
| 24 | 카메라 뷰 | | 현재 카메라 뷰를 표시한다. |
| 25 | 줌 메뉴 | | 카메라 줌 배율을 조정하려면 누른다. |
| 26 | 짐벌 슬라이더 | | 짐벌 경사각을 표시한다. |
| 27 | 카메라 설정 | | 사진 및 동영상을 입력하려면 누른다.<br>• (카메라 아이콘) : 사진 모드 및 이미지 형식과 같은 사진 설정을 구성하려면 누른다.<br>• (동영상 아이콘) : 동영상 크기 및 포맷과 같은 동영상 설정을 구성하려면 누른다.<br>• (렌치 아이콘) : 동영상 캡션, 그리드 및 스마트 LED 설정(암 LED, 비콘 LED, 상태 LED 활성화/비활성화)을 구성하려면 누른다.<br>설정은 카메라 모델에 따라 달라질 수 있다. |
| 28 | 사진/동영상 전환 | | 탭하여 사진과 동영상 촬영 모드 사이를 전환한다. |
| 29 | 셔터/녹화 버튼 | | 사진을 촬영하거나 녹화를 시작/중지하려면 누른다. 또한 사용자는 조종기에서 셔터 또는 녹화 버튼을 눌러 사진을 찍거나 동영상을 녹화할 수 있다. |
| 30 | 재생 | | 탭하여 재생으로 이동하여 촬영과 동시에 사진과 동영상을 미리 볼 수 있다. |
| 31 | 매개변수 설정 | | ISO, 셔터, 노출값 및 기타 매개변수를 설정하려면 누른다. |
| 32 | 지도 | | 지도를 보려면 누른다. |
| 33 | 내비게이션 디스플레이 | | 기체와 짐벌 방향, 장애물 회피 정보를 표시한다. |
| 34 | FPV 카메라/짐벌 카메라 미리보기 | | • 짐벌과 카메라가 없는 경우 : 기체는 FPV 카메라를 통해 동영상 이미지를 전송할 수 있다.<br>• 싱글 짐벌과 카메라를 가진 경우 : 기체는 FPV 카메라와 2개의 카메라를 통해 이미지를 전송할 수 있으며, 두 뷰를 표시할 수 있다.<br>• 듀얼 짐벌과 카메라를 가진 경우 : 기체는 FPV 카메라와 2개의 카메라를 통해 이미지를 전송할 수 있다. 뷰를 선택하려면 (아이콘)을 누른다.<br>• 트리플 짐벌과 카메라를 가진 경우 : 기체를 FPV 카메라와 3개의 카메라를 통해 이미지를 전송할 수 있다. 뷰를 선택하려면 (아이콘)을 누른다. |

## 비행 데이터 표시 모드 화면

화면을 보면서 비행 조종을 하는 모드에서는 [그림 2-31]과 같은 비행데이터 표시 모드 화면이 나타난다.

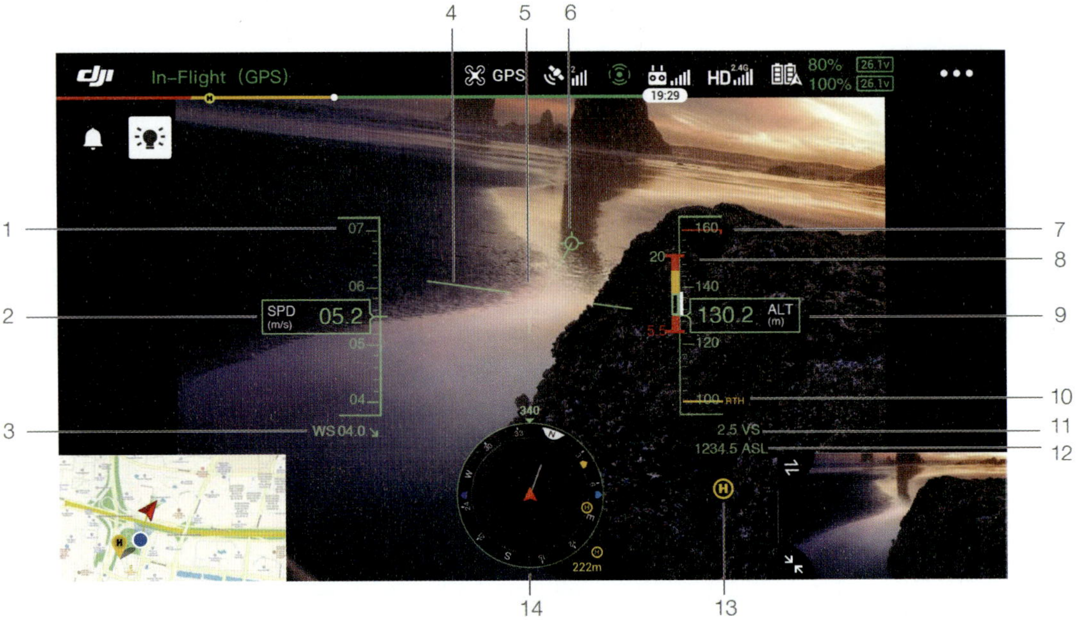


[그림 2-31] DJI 원격통제화면 설명 : 비행표시뷰[14]

[그림 2-31]에 표시한 각 메뉴에 대한 설명은 다음과 같다.

1. 속도 휠
2. 수평 속도
3. 풍속 및 방향. 풍향은 절대 좌표계에 표시되는 상대적인 기체의 방향이다. 북에서 남으로, 위에서 아래로, 서쪽에서 동쪽으로, 왼쪽에서 오른쪽으로 표시된다.
4. 인공 수평의 : 기체의 자세를 반영하며, 기체의 경사각과 반대이다.
5. 비행 방향 표시기 : 항상 카메라뷰의 중앙에 있다.
6. 비행 경로 벡터 : 기체가 비행할 위치이다.
7. 높이 한계를 표시한다.
8. 수직 장애물 표시기 : 수직 장애물 정보를 표시한다. 기체 위나 아래에 장애물이 있을 경우, 흰색 선이 기체가 2s 후에 도달할 수 있는 위치를 표시한다. 비행 안전사고를 방지하기 위해 장애물의 높이와 비교하기 위해 사용할 수도 있다.

14 출처 : DJI 매트릭스 300RTK 운용자 매뉴얼

9. 비행 고도 : 이륙 지점과 기체 사이의 상대 고도를 표시한다.

10. RTH 높이를 표시한다.

11. 수직 속도 : 기체 상승 또는 하강의 수직 속도를 표시한다.

12. 절대 고도 : 기체의 절대 고도를 표시한다.

13. 홈포인트

14. 내비게이션 디스플레이 : 기체와 짐벌 방향, 장애물 회피 정보를 표시한다.

**〈기체와 짐벌 방향〉**

a. 기체 : 기체가 회전할 때 내비게이션 디스플레이가 회전한다.

b. 기체 수평 속도 벡터 : 기체 방향과 속도를 표시한다.

c. 기체 방향 : 기체의 현재 방향을 표시한다. 표시된 각도는 북쪽(북쪽을 0도로 가정)에서 기체 앞부분 방향까지 시계 방향으로 계산된다.

d. 기체에 장착된 3개의 짐벌 방향 : 기체에 상대적인 짐벌의 방향을 실시간으로 볼 수 있다. 짐벌이 회전하면 아이콘도 따라서 회전한다.

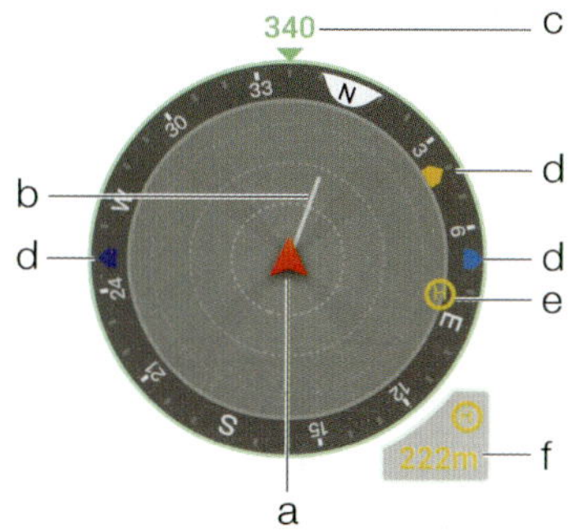


[그림 2-32] 내비게이션 디스플레이

e. 홈포인트 방향 : 기체에 상대적인 홈 포지션을 표시한다. 홈포인트 거리가 16m를 초과할 경우, 홈포인트는 내비게이션 디스플레이의 가장자리에 놓인다.

f. 홈포인트 거리 : 홈포인트와 기체 사이의 수평 거리를 표시한다.

SECTION

# 2.3 데이터링크의 구성과 전파 사용

드론시스템을 운용하려면 비행체와 원격통제장비를 연결하는 매개체가 필요하다. 이 매개체 역할을 하는 것이 무선 데이터링크이다. 드론에 사용되는 데이터링크의 주파수 대역과 장비 구성에 대해 자세히 알아보자.

## 2.3.1 무선통신 개요

무선통신(또는 전파통신, radio communication)이란, 전자기파를 매개체로 하여 차량 리모콘과 같이 수 미터에서 우주 통신에 이르는 수십만 킬로미터까지 신호를 전달하는 통신 방법이다. 즉, 일반 소리나 정보데이터를 고주파와 합성하여 전파신호로 변경해서 매개체인 전파를 통해 전송하고, 수신 측에서 받은 전파신호를 처리하여 다시 원래의 소리나 정보데이터로 바꾸는 방법을 말한다. 최근에는 이 매개체로 적외선, 가시광선, 레이저, 초음파 등 다양한 대역과 방법이 사용되고 있다.

### 주파수와 대역

#### 주파수

주파수는 1초 동안 발생하는 진동 또는 떨림을 수치로 표시한 것이며, 단위로 헤르츠(Hz)를 사용한다. 사람이 낼 수 있는 소리는 최저 87Hz에서 최고 1,200Hz이고, 사람이 들을 수 있는 소리는 15~20,000Hz의 주파수로 측정되며 이를 가청주파수(audio frequency)라 한다. 1Hz의 신호가 갖는 전파의 길이를 파장이라 하고, 주파수 수치의 차이를 대역이라 한다. 주파수는 대역에 따라 특성이 다르다.

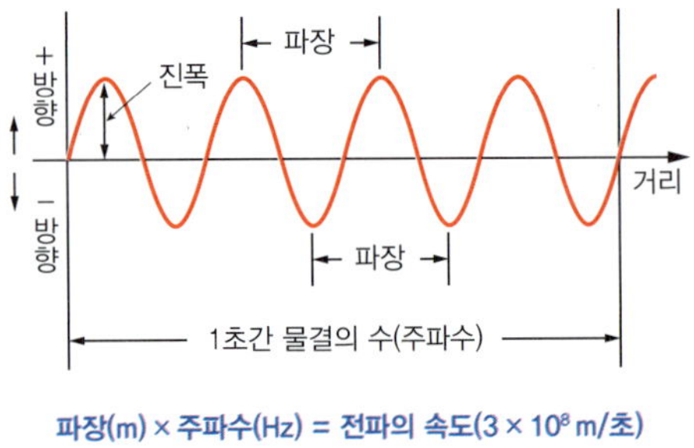


$$f = \frac{1}{T} \qquad \lambda = \frac{C}{f}$$

$f$ : 주파수(frequency)
$T$ : 주신호의 주기(period)
$\lambda$ : 파장(wavelength)
$C$ : 빛의 속도($3 \times 10^8$ m/초)

[그림 2-33] 전파의 주파수와 파장

### 주파수 대역과 특성

주파수는 파장에 반비례한다. 낮은 주파수 대역은 속도가 느린 대신 파장이 길어서 장애물을 만나면 굴곡되어 상대적으로 장애물 후면의 먼 거리까지 도달할 수 있다. 반면, 주파수가 높으면 대량의 정보를 한꺼번에 실어서 전송할 수 있다는 장점이 있지만, 직진성이 강해지면서 장애물을 만나면 반사되어 후면에는 전파가 도달하지 못하는 음영구역이 만들어진다. 결국, 이러한 전파가 도달할 수 있는 전파가시선(LOS; Line of Sight)을 확보해야 한다. 이와 같은 이유로 원거리까지 도달하는 것이 중요한 항공/선박 항로 안내용은 FM, VHF, UHF 등의 낮은 주파수 대역을 사용하고, 대용량의 정보 전달이 중요한 이동통신 및 무선 랜, 무인항공기 RF 통신 등은 1GHz 이상의 고주파 대역 전파를 많이 사용한다.

## 전파가시선

무인항공기를 운용하려면 지상통제장비에서 비행체까지 통신을 유지하기 위해 고주파 대역을 사용해야 하기 때문에 [그림 2-34]처럼 필수적으로 전파가시선(LOS)을 유지해야 한다. 일 대 일 또는 일 대 다 방식으로 연결되는 무인기에서 사용되는 GHz 대역의 전파는 장애물 및 지형에 따라 전파 도달 가능 지역이 제한된다. 즉, 장애물에 의해 가려지는 지역은 음영지역으로 전파가시선이 제한되고, 이 구역으로 비행체가 진입할 경우 통신두절 현상이 발생한다.

[그림 2-34] 무인정찰기 데이터링크 운용도

장거리 무인기의 경우, 지구 타원체의 곡률에 의해 통신장비 및 비행체 운용 고도별 통달 거리 제한이 발생한다. 계산된 예시 거리는 [표 2-3]과 같으며, 이와 같은 상황을 고려한다면 지상통신장비 안테나의 설치 고도는 가급적 높은 것이 좋다.

[표 2-3] 무인기 데이터링크 가시선에 따른 거리 분석

| GDT와 비행체 간 거리 (km) | 가시선 유지를 위한 최소 GDT 안테나 고도별 비행고도(AGL, m ) | | |
|---|---|---|---|
| | 3m | 15m | 35m |
| 100km | 2,286m | 1,890m | 1,676m |
| 80km | 1,524m | 1,372m | 1,067m |
| 60km | 1,006m | 914m | 549m |
| 40km | 457m | 457m | 213m |
| 20km | 227m | 152m | 46m |

## 주파수 자원의 한정

1990년대 UAV 단계에서 탑재임무장비에서 수집되는 영상정보를 실시간으로 지상통제장비로 전송하면서 대용량 전송의 필요성이 대두되었다. 이에 따라 C-band 대역의 고주파 대역 주파수를 100km 이상까지 전송할 수 있는 고주파를 사용할 수 있게 되었다. 하지만 이러한 고주파 대역의 주파수는 기존에 이미 대부분 사용되고 있었기 때문에 사전에 분배되지 않은 무인항공기용으로 사용 승인을 받기 위해서는 관계 기관들과 많은 협의와 조정을 해야 했고, 추가적으로 같은 대역을 사용하기도 곤란한 상황이 되었다. 2000년대에 들어서며 무인정찰기 수가 증가하자 가용 주파수 자원의 한계로 인해 추가 주파수를 확보할 필요성이 생겼다. 따라서 신규 개발되는 장비들은 15GHz 이상의 Ku-band 대역 장비를 사용하는 방향으로 진행되고 있다.

이러한 주파수 자원의 한계와 통신장비 대수의 폭발적 증가에 대응하기 위한 기술적인 방안이 필요하다. 즉, 같은 주파수 대역을 나눠서 동시에 사용 가능한 대수를 늘려야 한다. 주파수분할다중화(FDMA), 시간분할다중화(TDMA), 코드분할다중화(CDMA) 방식과 같은 통신링크 다중화가 이러한 목적으로 개발되는 방안들이다.

(a) 주파수분할다중화(FDMA) (b) 시간분할다중화(TDMA) (c) 코드분할 다중화(CDMA)

[그림 2-35] 통신 링크 다중화 방법

## 2.3.2 무인항공기용 데이터링크 장비

높은 신뢰성을 요구하는 군용 무인항공기의 데이터링크는 [그림 2-36]과 같이 주/보조 통신장비로 동시에 구성하여 전체 시스템의 신뢰성을 향상시키고 있다. 데이터링크 장비 구성은 크게 탑재통신장비, 지상통신장비로 구분된다.

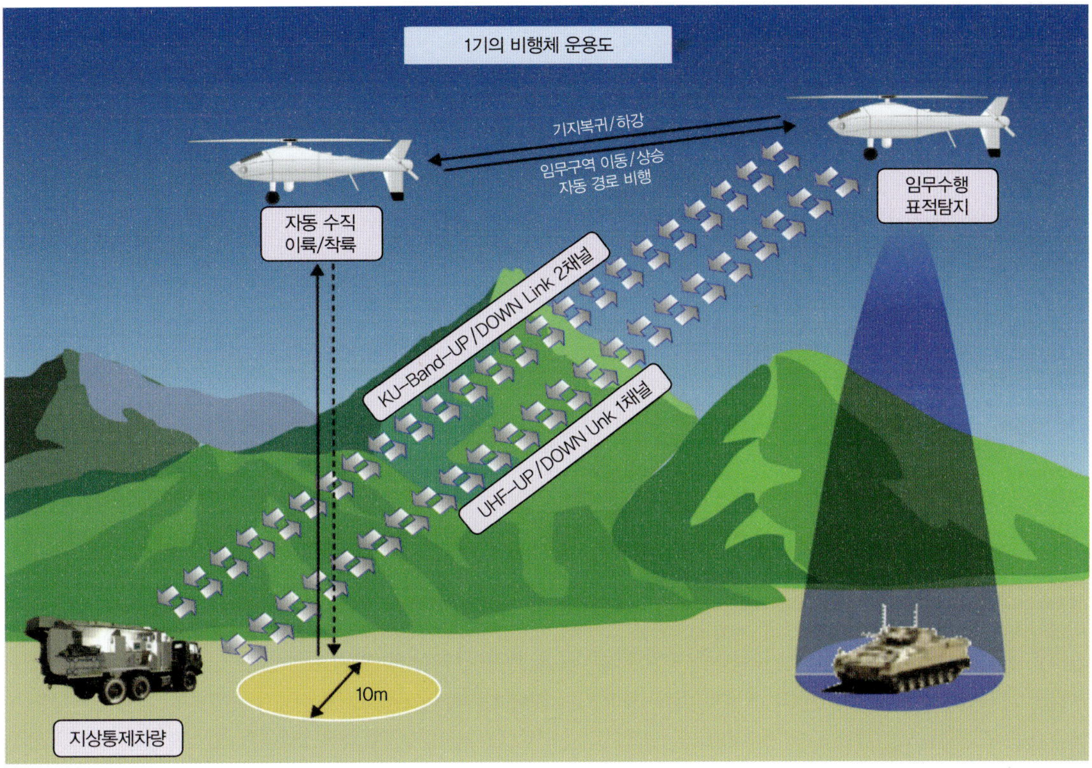


[그림 2-36] 무인항공기의 데이터링크 운용

### 무인정찰기 데이터링크 시스템 구성

무인항공기용 통신장비, 즉 데이터링크 시스템들은 통상 비행체나 지상통제장비에 포함되어 있어 그 일부로 간주되다 보니 중요성에 대한 인식이 약해질 우려가 있다. 그렇지만 데이터링크 시스템은 무인항공기의 운용 거리 성능을 좌우하면서 실시간 데이터 제공을 가능하게 하는 중요한 장비이다.

#### 탑재통신장비

탑재통신장비(ADT; Airborne Data Terminal)는 주통신장비, 주통신안테나, 보조통신장비, 보조통신안테나, 트랜스폰더 등으로 구성되어 있다.

### 지상통신장비

지상통신장비(GDT; Ground Data Terminal)는 주통신장비, 주통신안테나, 보조통신장비, 보조통신안테나, 암화화장비 등으로 구성되어 있다.

## 무인항공기용 전파 사용

무인항공기용 주파수는 제어용(지상, 위성)과 임무용으로 구분되어 사용될 수 있으나, 통상 같은 채널에 제어데이터와 임무데이터가 같이 전송된다. 이러한 주파수 대역은 초기 RPV 단계에서는 FM, UHF 등의 대역으로 비행체만 조종할 수 있었다. 하지만 영상정보를 실시간으로 지상통제소로 전송하는 UAV 단계에 접어들면서 4~5GHz 대역의 C-band가 많이 사용되어 왔다. 주파수 자원의 한계에 따라 최근에는 [그림 2-37]과 같이 위성데이터링크로 사용하는 12GHz 이상인 Ku-band 대역의 활용 방향으로 개발이 진행되고 있다.

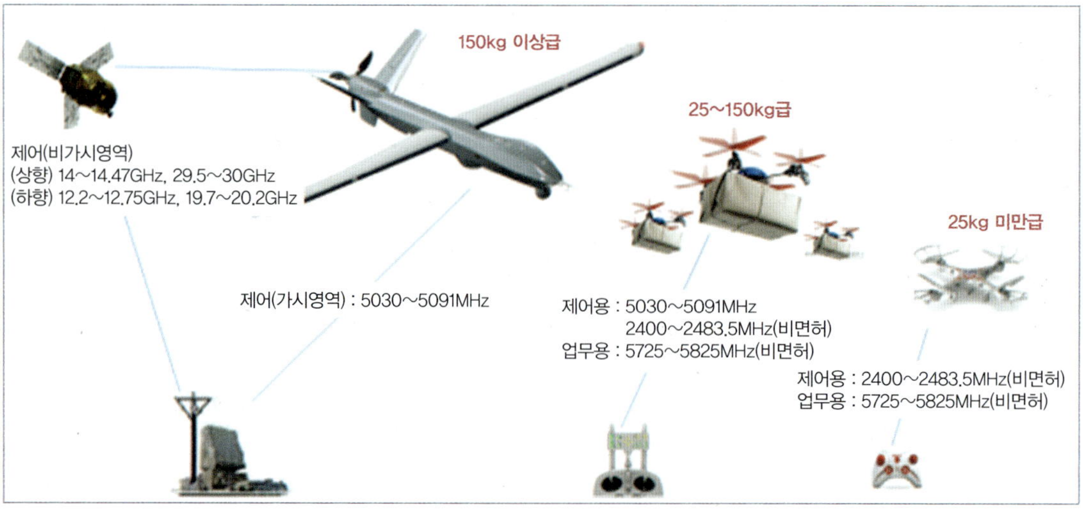


[그림 2-37] 무인기 용도별 주파수 이용 대역[15]

## 무인항공기 전용 주파수 지정

### 국제 무인기의 주파수 사용

기존의 취미용 모형항공기 조종주파수가 FM 72MHz에서 ISM 밴드의 2.4GHz와 5.8GHz를 사용하는 방향으로 전환되면서 같은 주파수 대역을 동시에 사용하는 무인멀티콥터가 수백 대로 증가하였다. 멀티콥터에 카메라를 장착하고 그 영상데이터를 조종주파수에 얹어 사용함에 따라 이에 대한 불법성 여부와 허용 여부가 대다수 국가의 고민거리가 되었다.

15 출처 : 미래창조과학부, ICT 융합 신산업 활성화를 위한 무인항공기 주파수 공급, 2016년.

무인항공기 사용이 증가함에 따라, ITU-R 12차 회의에서는 무인항공기 전용의 제어용 주파수를 5,030~5,091MHz에 분배(2012년)하기로 의결했다. 국내에서도 이를 준용하여 추가 분배를 시행했다. 하지만 임무용 주파수의 경우 ITU가 아닌 각 국가에서 자국의 전파 이용 상황에 맞추어 주파수를 분배하고 있다. 국내 과기정보부에서는 무인기 주파수연구반을 구성하여 검토 결과를 내고 이를 글로벌스타에서 재확인하였으며, [그림 2-38]과 같이 추가적으로 5,091~5,150MHz 주파수 확보 방안을 진행하였다.

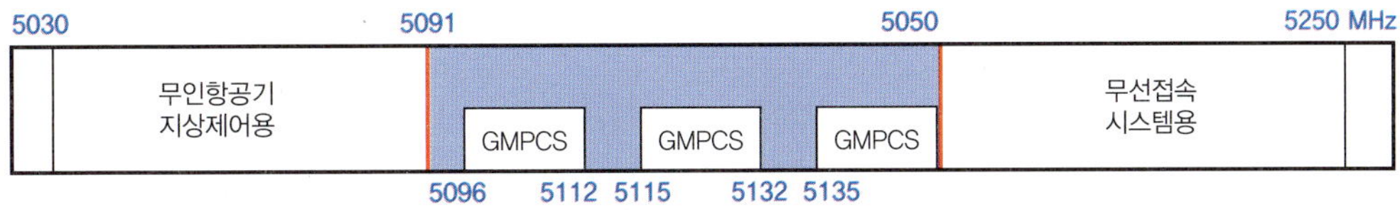


[그림 2-38] 5091~5150MHz 주파수 확보 방안

또한 소형 레저용 무인기의 임무용 주파수 수요가 폭증함에 따라 5GHz 비면허 대역 100MHz 폭(5,650~5,725MHz 및 5,825~5,850MHz)을 추가 공급하였다(2016년 10월). 이에 따라 WiFi 기반의 임무용으로도 사용 가능한 주파수 5개 채널[16]을 추가 확보 공급함으로써 전파간섭 저감화를 통한 안전 운용 환경이 조성되었다.

한편, ITU-R WRC-15차 회의에서 무인기용 주파수 수요의 증가에 대응하여 3지역 무인항공기 위성제어용으로 [그림 2-39]와 같이 국제 분배된 주파수 2.52GHz 폭에 대한 국내 주파수 분배를 추진하였다(2016년10월).[17]

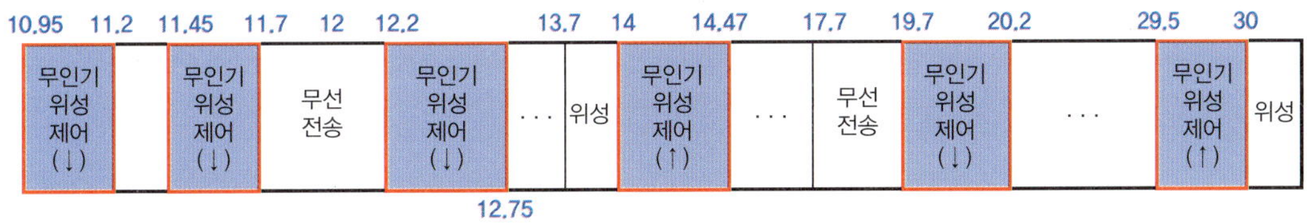


[그림 2-39] 무인항공기 주파수 공급대역

## 멀티콥터 활성화에 따른 주파수 사용

최근 출시되는 상용 및 산업용 드론들은 주로 [표 2-4]와 같이 2.4GHz 및 5.8GHz ISM 대역을 사용하고 있다. 이 IMS 대역은 사용자들이 접근하기 쉬운데, 이미 리모컨 등 다양한 종류의 송수신기가 개발되어 있어 이를 응용한 통신장비를 저렴하게 개발하는 것이 다른 주파수 대역을 이용하는 것보다 상대적으로 쉽고, 별도의 주파수 사용 승인 등을 받지 않아도 되기 때문이다. 이러한 이유로 기존 드론 제조업체

16 5650~5670MHz, 5670~5690MHz, 5690~5710MHz, 5710~5730MHz, 5815~5835MHz

17 위성제어용 2.52GHz 폭(10.95~11.2GHz, 11.45~11.7GHz, 12.2~12.75GHz, 19.7~20.2GHz, 14~14.47GHz, 29.5~30.0GHz)

들이 이 대역의 송수신 장비들을 저렴하게 수급하여 드론에 접목해서 장비들을 완성했다. 관계 당국에서는 처음엔 불법이었던 ISM 대역 사용을 드론산업 육성 차원에서 양성화하고 있다. 기본적으로 이 대역을 이용하는 비면허 무선기기는 타 무선국에 유해한 간섭을 야기하지 않고, 다른 무선기기로부터 오는 유해한 간섭을 용인하는 조건으로 사용할 수 있다.

또한 2.4GHz 및 5.8GHz 대역은 국민 대다수가 사용하는 WiFi로도 널리 사용되고 있어, 도심 지역에서 드론을 운용하거나 다수의 드론을 동시 운용하는 경우 드론–WiFi, 드론–드론 간의 전파 혼선으로 드론이 추락하는 등의 안전사고 발생 우려가 있다. 이에 따라 무인항공기에 비면허 무선기기를 탑재하는 경우, 전파 간섭에 의한 안전사고 발생 가능성을 최소화하기 위해 당국에서는 2.4GHz 대역은 제어용, 5.8GHz 대역은 영상전송용으로 사용할 것을 권장하고 있으나, 실제로 이 두 가지를 구분해서 제작되는 드론은 극히 드물다. 대신 이러한 간섭 요인을 최소화하기 위해 호핑 방식의 송수신 모듈을 이용하는 것이 일반화되어 있다.

국내에서는 상용 멀티콥터들이 사용하고 있는 ISM 밴드(2.4GHz와 5.8GHz)를 허용해주는 방향으로 제도가 개선되었으나, 출력 제한은 유지하고 있다. 2021년에 기존 제한에 맞춰 제작되지 않은 중국 DJI사의 장비들이 무더기로 KC 인증 부적합 판정을 받아 사용 중단 상황이 발생하기도 했다.

[표 2-4] 국내외 무인기 주파수 및 출력 기준 비교[18]

<table>
<tr><th colspan="3">구분</th><th colspan="2">주파수</th><th>유럽</th><th>미국</th><th>일본</th><th>한국</th></tr>
<tr><td rowspan="2">비면허 대역</td><td colspan="2" rowspan="2">제어용 및 임무용</td><td rowspan="2">2.4GHz/5.8GHz 대역 등</td><td>분배폭(MHz)</td><td>233.5</td><td>259.5</td><td>88.5</td><td>183.5(→283.5)</td></tr>
<tr><td>최대출력(W)</td><td>0.1</td><td>4</td><td>0.6</td><td>1</td></tr>
<tr><td rowspan="5">전용 대역</td><td rowspan="3">제어용</td><td rowspan="2">지상</td><td rowspan="2">5GHz 대역</td><td>분배폭(MHz)</td><td>61</td><td>61</td><td>61</td><td>61</td></tr>
<tr><td>최대출력(W)</td><td colspan="4">10</td></tr>
<tr><td>위성</td><td>–</td><td>분배폭(MHz)</td><td>–</td><td>–</td><td>–</td><td>0(→2520)</td></tr>
<tr><td colspan="2" rowspan="2">임무용</td><td rowspan="2">5GHz 대역</td><td>분배폭(MHz)</td><td>–</td><td>–</td><td>–</td><td>0(→59)</td></tr>
<tr><td>최대출력(W)</td><td>–</td><td>–</td><td>–</td><td>– (→1)</td></tr>
<tr><td colspan="5">총 분배폭(MHz)</td><td>294.5</td><td>320.5</td><td>149.5</td><td>244.5(→2923.5)</td></tr>
</table>

18 출처 : 미래창조과학부, ICT 융합 신산업 활성화를 위한 무인항공기 주파수 공급, 2016.

[표 2-5] 무인항공기 주파수 공급 현황

| 구분 | 분배 현황 | 추가 공급 | 최대출력 | 합계 |
|---|---|---|---|---|
| 제어용 | 2400~2483.5MHz | – | 10mW/MHz | 총 2923.5MHz 폭 |
| | 5030~5091MHz | – | 10W | |
| | – | 11/12/14/19/29GHz<br>(2520MHz 폭) | 52W | |
| 임무용 | – | 5091~5150MHz | 1W | |
| | | 5650~5725MHz | 10mW/MHz | |
| | 5725~5825MHz | | 10mW/MHz | |
| | | 5825~5850MHz | 10mW/MHz | |
| 계 | 244.5MHz 폭 | 2679MHz 폭 | | |

[표 2-6] 국내 무인항공기 주파수 및 출력 허용 기준 종합

| 구분 | 주파수대역 또는 중심주파수 | 대역폭 | 출력 | | 특이 사항 | 비고 |
|---|---|---|---|---|---|---|
| | | | 안테나 공급전력 | 안테나 이득 | | |
| 1 | 40.715MHz, 40.735MHz, 40.755MHz, 40.775MHz, 40.795MHz, 40.815MHz, 40.835MHz, 40.855MHz, 40.875MHz, 40.895MHz, 40.915MHz, 40.935MHz, 40.955MHz, 40.975MHz, 40.995MHz, 72.630MHz, 72.650MHz, 72.670MHz, 72.690MHz, 72.710MHz, 72.730MHz, 72.750MHz, 72.770MHz, 72.790MHz, 72.810MHz, 72.830MHz, 72.850MHz, 72.870MHz, 72.890MHz, 72.910MHz, 72.930MHz, 72.950MHz, 72.970MHz, 72.990MHz | 20KHz 이내 | 10mV/m 이하 @ 10m<br>≒−46.92dBm erp<br>≒0.02μW erp | | 무선조정용 (상공용) | 비면허** |
| 2 | 13.552~13.568MHz<br>26.958~27.282MHz<br>40.656~40.704MHz | 지정 주파수 범위 내 | | | 무선조정용 (완구조정기, 원격조정장치) | 비면허** |
| 3 | 2400~2483.5MHz | 무선설비규칙 참조 | 10mW/MHz, 6dBi (최대 1W***) | | 무선데이터 통신시스템용 | 비면허** |
| 4 | 5030~5091MHz | 1.1MHz 이내 | 10W | | 지상제어 | 허가용* (실험국) |
| 5 | 5091~5150MHz | 20MHz 이내 | | | 임무용 | 허가용* (실험국) |
| 6 | 5650~5850MHz | 80MHz 이내 | 10mW/MHz, 6dBi (최대 1W***) | | 무선데이터 통신시스템용 | 비면허** |
| 7 | 10.95~11.2GHz, 11.45~11.7GHz, 12.2~12.75GHz, 19.7~20.2GHz, 14~14.47GHz, 29.5~30.0GHz | | | | 위성제어 | 허가용* (실험국) |

- 무인항공기에 비면허 무선기기를 탑재하는 경우 전파 간섭에 의한 안전사고 발생 가능성 최소화를 위하여 2.4GHz 대역은 제어용, 5.8GHz 대역은 영상전송용으로 사용 권장
- 아울러 433.05~434.79MHz 대역은 유럽의 ISM 대역, 902~928MHz 대역은 미주 지역의 ISM 대역으로 국내에서는 ISM 대역에 해당되지 않아 이 주파수 대역을 이용한 무인항공기는 국내에서 운용될 수 없음

※ 433.05~434.79MHz 대역은 아마추어무선과 타이어공기압 측정, 902~928MHz 대역은 이동통신(904~915MHz)과 IoT(917~923.5MHz) 등의 용도로 이용되고 있음

SECTION 2.4

# 탑재임무장비의 종류와 원리

수억에서 수천억 원에 이르는 무인기 시스템들을 운용하는 데는 그만한 목적이 있다. 즉 임무를 수행하기 위함인데, 이를 위해 탑재임무장비가 필요하다. 탑재임무장비는 정찰감시를 위한 광학카메라로부터 시작해서, 이후 전자광학(EO), 열화상(IR)이 주류가 되었다. 2000년대 이후에는 경량의 고성능 레이더 장비들이 늘어나면서 레이더장비(SAR)들과 다양한 종류의 임무장비들이 추가되고 있다.

## 2.4.1 무인기용 탑재임무장비의 종류

무인기용 탑재임무장비(payload)는 전자광학(EO; Electro Optic) 및 적외선(IR; Infra-Red) 카메라, 대구경합성레이더(SAR; Synthetic Aperture Radar), 거리측정기(LRF; Laser Ranger Finder), 레이저목표지시기(LTD; Laser Target Designator), 라이다(Lidar; Light Detection and Ranging), 지상이동표적지시기(GMTI; Ground Moving Target Indicator) 등 활용도에 따라 더욱 다양해지고 있다. 보통은 EO/IR/LRF/LTD 등이 한 뭉치(한 덩어리 장비)로 같이 구성된다.

### 단거리 무인정찰기 이상에서 사용되는 탑재임무장비

[그림 1-10]에서 운용 거리가 약 300km 이내인 무인항공기들을 단거리 무인기로 분류하고 있는데, 군용의 사단급에서 군단급 무인정찰기들이 대개 이에 속한다. [표 2-7]은 대표적인 단거리 무인정찰기용 탑재임무장비의 종류를 나타낸 것이다.

[표 2-7] 단거리 무인기용 탑재임무장비

| | | POP 300 | MX-10 | Star SAFIRE 380HDc | MOSP 3000 | MX-15HDi | Star SAFIRE 380HD |
|---|---|---|---|---|---|---|---|
| 성능(탐지/인지)<br>• 3×6m 차량<br>• 고도 3km | 주간 | 15km/7km | 22.5km/11km | 35.5km/21.4km | 39km/30km | 45km/30km | 45km/30km(?) |
| | 야간 | 7km/5km | 23.5km/8km | 20km/7.3km | 30km/25km | 32km/17km | 35km/20km(?) |
| 크기(직경/높이) | | 260mm/380mm | 260mm/360mm | 380mm/450m | 350mm/555mm | 400mm/480m | 380mm/475m |
| 무게 | | 16.3kg | 16.8kg | 23kg | 32kg | 45kg | 43kg |
| 제조사 | | 이스라엘 IAI | 캐나다 WESCAM | 미국 FLIR | 이스라엘 IAI | 캐나다 WESCAM | 미국 FLIR |

| | POP 300 | MX-10 | Star SAFIRE 380HDc | MOSP 3000 | MX-15HDi | Star SAFIRE 380HD |
|---|---|---|---|---|---|---|
| 장착기종 | RQ-2 Pioneer<br>RQ-7 Shadow | Camcopter<br>S-100 | - | Hunter,Heron | General<br>Atomic<br>GNAT-750 | 헬기 |
| 운용자 | US Army | 대한민국 해군 | - | 이스라엘 방위군 | US Army,<br>USAF | 대한민국<br>경찰청 |
| 비고(Option) | LRF/LP 등 | LRF/LP 등 | LRF/LP/SWIR<br>등 | LRF/LP 등 | LRF/LP 등 | LRF/LP/<br>SWIR 등 |
| 사진 |  |  |  |  | 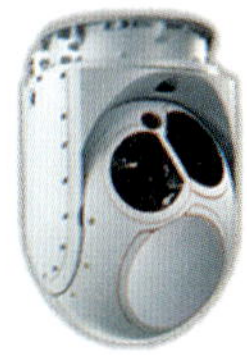 |  |

[그림 2-40]은 캠콥터 무인헬기에 EO/RI 카메라가 탑재된 모습이다. 여기에는 [표 2-7]의 MX-10 장비가 탑재되어 있다.

[그림 2-40] 드론안전기술(Schiebel) 캠콥터 S-100 탑재장비

[그림 2-41]은 캐나다 Wescam 사의 유인기 및 무인기에 탑재되는 EO/RI 카메라 종류이다. 이 카메라들은 이미 고성능의 무인정찰기 및 유인항공기 등에 탑재되어 운용되고 있다.

(a) MX-20 : 고고도, 장거리 지속 감시

(b) MX-15/15D : 중고도 은밀 감시, SAR와 지속 표적 지시기

(c) MX-10 : 저고도, 경량, SAR와 전술 감시

[그림 2-41] L3-WESCAM 사의 EO/IR 카메라들

[그림 2-42]는 FLIR 사의 유인기 및 무인기에 탑재되는 EO/IR 카메라 종류이다. 17년 이상 3,500대 이상의 장비들이 상용화되었는데, 현장에서 고성능의 무인정찰기 및 유인항공기 등에 탑재되어 운용되고 있다.

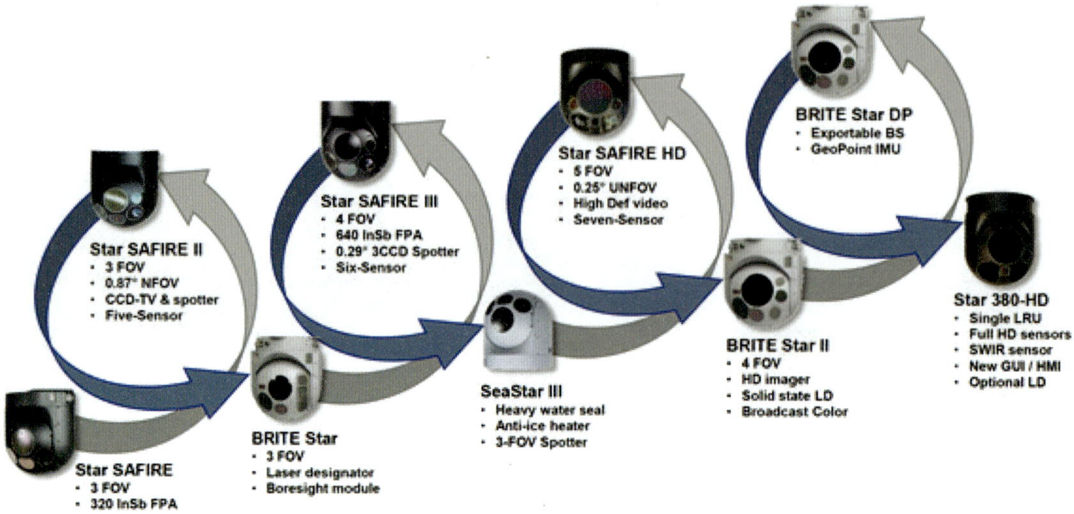


[그림 2-42] FLIR 사의 EO/IR 카메라 장비

통상적인 EO/IR 시스템의 구성은 [그림 2-43]과 같이 기본 짐벌카메라 터렛과 함께 모니터, 리코더, 서치라이트, 레이터, 미션컴퓨터, 마이크로 데이터링크, 핸드컨트롤러, GPS 안테나, 키네틱 운동 전자장치 등으로 구성된다.

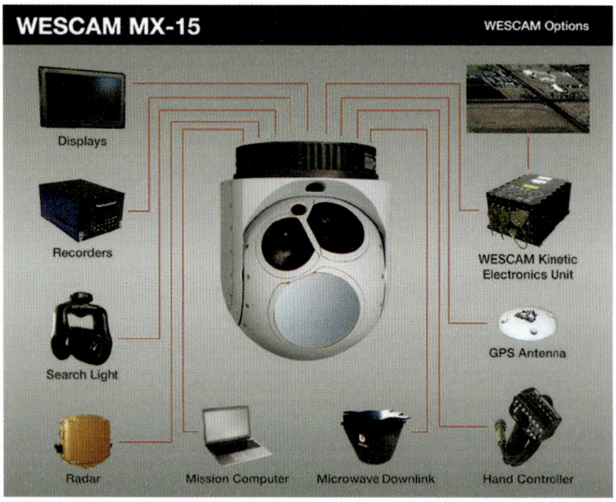


[그림 2-43] Wescam EO/IR 장비의 시스템 구성[19]

19 출처 : https://www.l3harris.com/, Wescam product datasheet

## 멀티콥터 및 미니급 소형 무인정찰기 탑재임무장비

2010년대 중반 이후 중국 DJI 사의 상용 멀티콥터들을 비롯해 다양한 드론 기종이 등장하면서 4K급 이상의 고성능 소형 짐벌카메라가 다양하게 개발·출시되었다. 이것들은 주로 드론의 기본장비로 장착되어 동시 판매가 진행되고 있다. 한편, 산업용 드론들이 출시되면서 EO 카메라와 IR 카메라가 같이 탑재된 카메라들이 다수 개발되어 사용되고 있다. [그림 2-44]는 중국 DJI 사의 메트릭스 210 산업용 드론에 EO/IR 탑재장비가 장착된 모습이다.

[그림 2-44] 무인멀티콥터 짐벌카메라 장착, M210

[그림 2-45]는 산업용 멀티콥터에 탑재된 카메라로 촬영된 영상들이다.

(a) EO 영상 (b) IR 영상

[그림 2-45] 탑재임무장비의 EO/IR 영상

기본 탑재되어 출시되는 멀티콥터용 짐벌카메라 외에 [그림 2-46]과 같은 다양한 소형 짐벌카메라들이 개발되어 선택의 폭이 넓어지고 있다.

[그림 2-46] ViewPro 멀티콥터용 짐벌 카메라, 중국[20]

[그림 2-47]은 소형 짐벌카메라를 탑재한 멀티콥터형 드론의 운영 개념도이다.

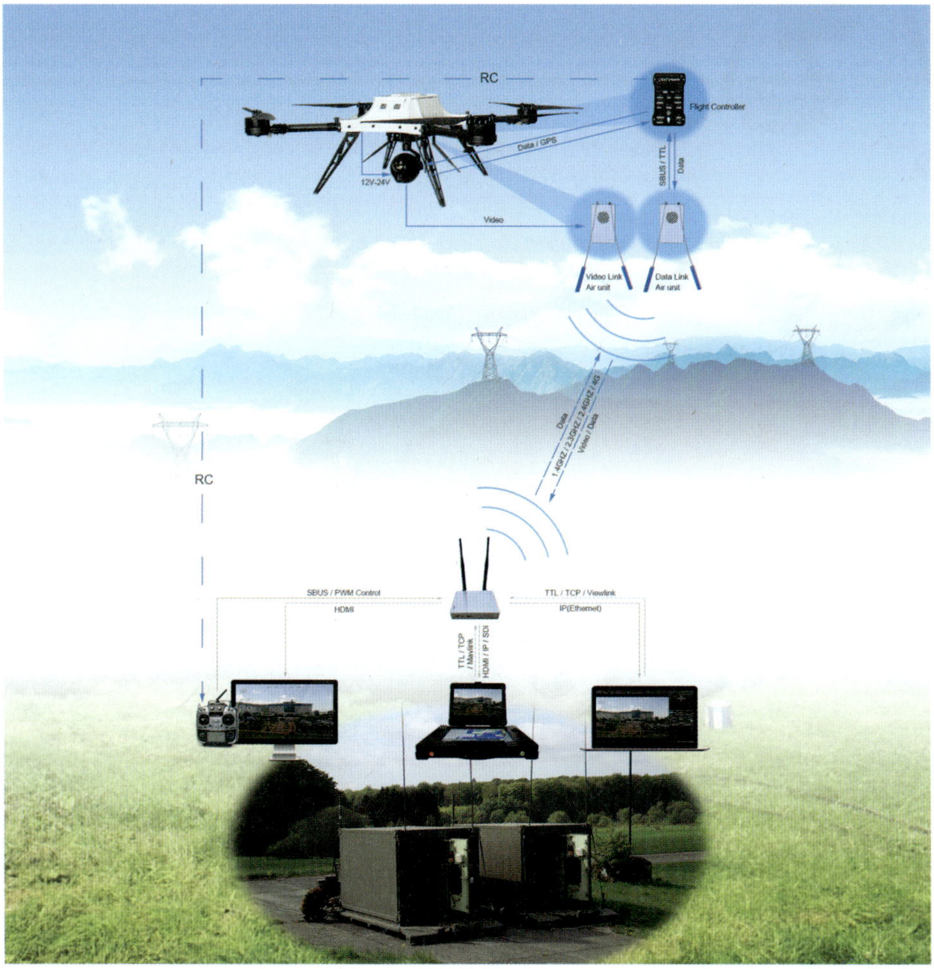


[그림 2-47] ViewPro 짐벌카메라 운영 개념도[21]

---

20 출처 : www.viewprotech.com

21 출처 : www.viewprotech.com

## 2.4.2 정찰감시용 탑재임무장비의 주요 기술 구성

정찰감시용 장비인 EO/IR 카메라는 빛에너지를 전기에너지로 변환한 후 다시 사람이 볼 수 있는 가시광선 이미지로 표출해주는 시스템이다. 이 시스템의 주요 기술 구성에 대해 알아보자.

### 기본 기술 구성

EO/IR 카메라 시스템은 크게 광학계, 검출기, 영상처리기 등으로 구성된다. 이에 따른 주요 기술은 체계종합 기술, 광학계 기술, 신호검출·측정 기술, 신호수신·분석·처리 기술, 방진/안정화 짐벌 기술 등으로 구성된다.

#### 체계종합 기술

체계종합 기술은 EO/IR 체계를 항공기·차량 등의 플랫폼에 탑재하기 위한 요구조건 분석, 성능·운용 설계, 기능분석·할당, 환경/성능예측·모의를 위한 기술이다.

#### 광학계 기술

광학계 기술은 고해상도 카메라와 고성능 광학계를 사용해 물체를 관측·추적하는 고분해능 광학계를 소형화·경량화·안정화하여 설계하고 제작하는 기술이다. [그림 2-48]은 전자기파 스펙트럼에서 파장대를 설명한 것이다. 열상카메라에 주로 사용되는 파장대는 적외선 외에 근적외선, 단파장 적외선 등이다.

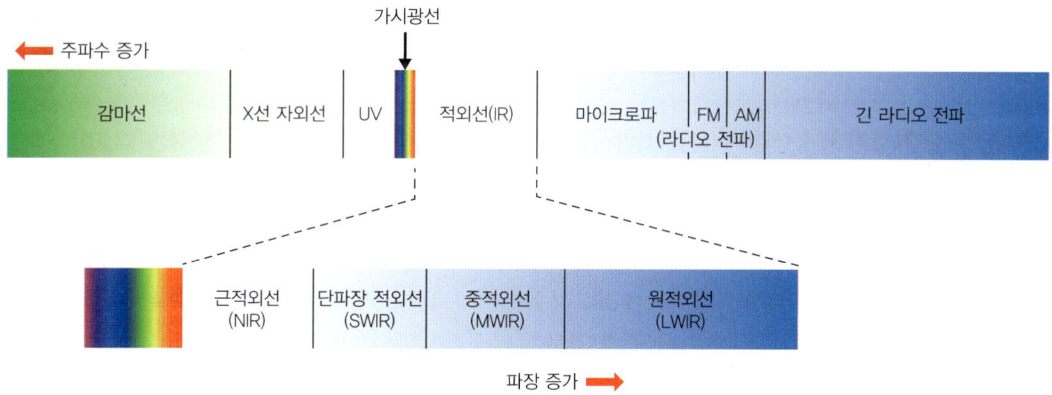


[그림 2-48] 전자기파 스펙트럼

#### 신호검출·측정 기술

신호검출·측정 기술은 EO/IR 검출기를 이용하여 빛 에너지를 전기적 신호로 변환하고 미약한 신호를 저잡음 영상정보로 가공하는 기술이다. [그림 2-49]와 같이, 열적외선 카메라의 경우 피사체의 발열이

IR 카메라 렌즈 detector에서 빛으로 수집되면 detector 모듈에서 전기적 신호로 변환하고, 이것을 컴퓨터에서 이미지화하는 작업의 순으로 진행된다.

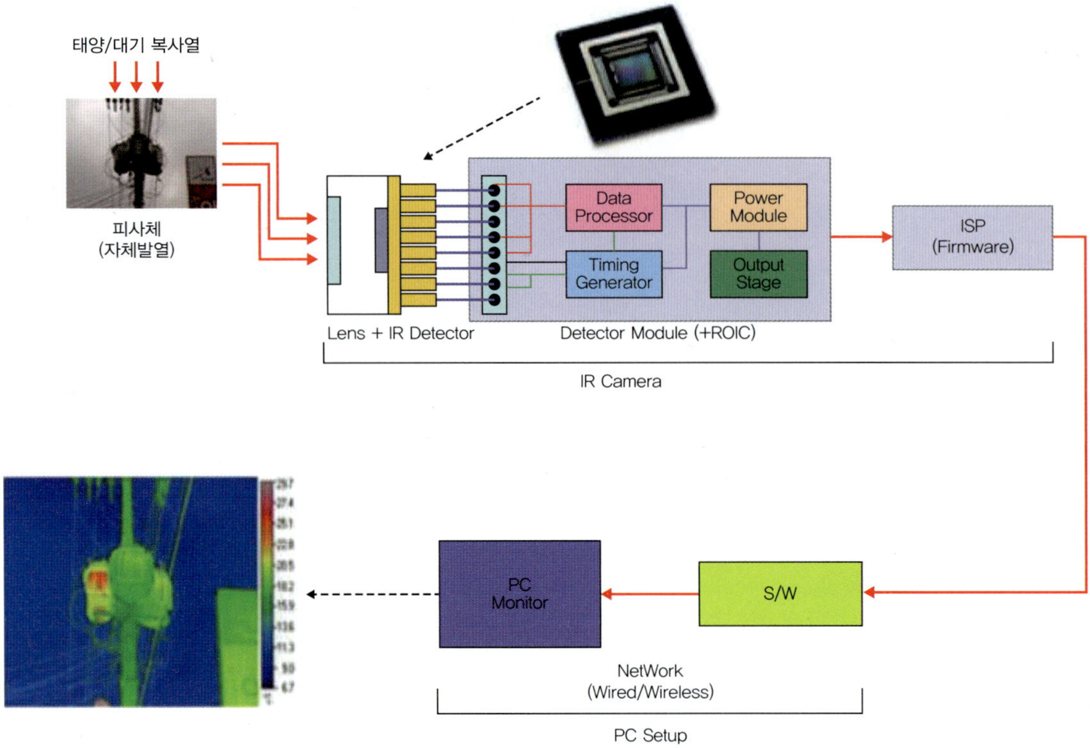


[그림 2-49] 열적외선 카메라의 원리[22]

## 신호수신·분석·처리기술

신호수신·분석·처리기술은 수집된 영상데이터를 전송, 수신자료 처리/저장, 판독/분석하는 기술이다.

## 방진/안정화 짐벌 기술

방진/안정화 짐벌 기술은 비행체의 동력장치, 양력/추력발생 장치, 외기 영향 등에 의해 비행 간에 발생하는 진동과 흔들림을 분석하고 대응하여 촬영 영상이 안정화될 수 있게 하는 기술이다. [그림 2-50]에서 볼 수 있듯이 방진 시스템은 외부 항공기에 의한 진동을 격리시킴과 동시에 내부 진동도 격리시켜야 한다.

---

22 출처 : 정병조, 장성환, 『열적외선 이미지를 이용한 영상 처리』, 한국산학기술학회논문지, 2009

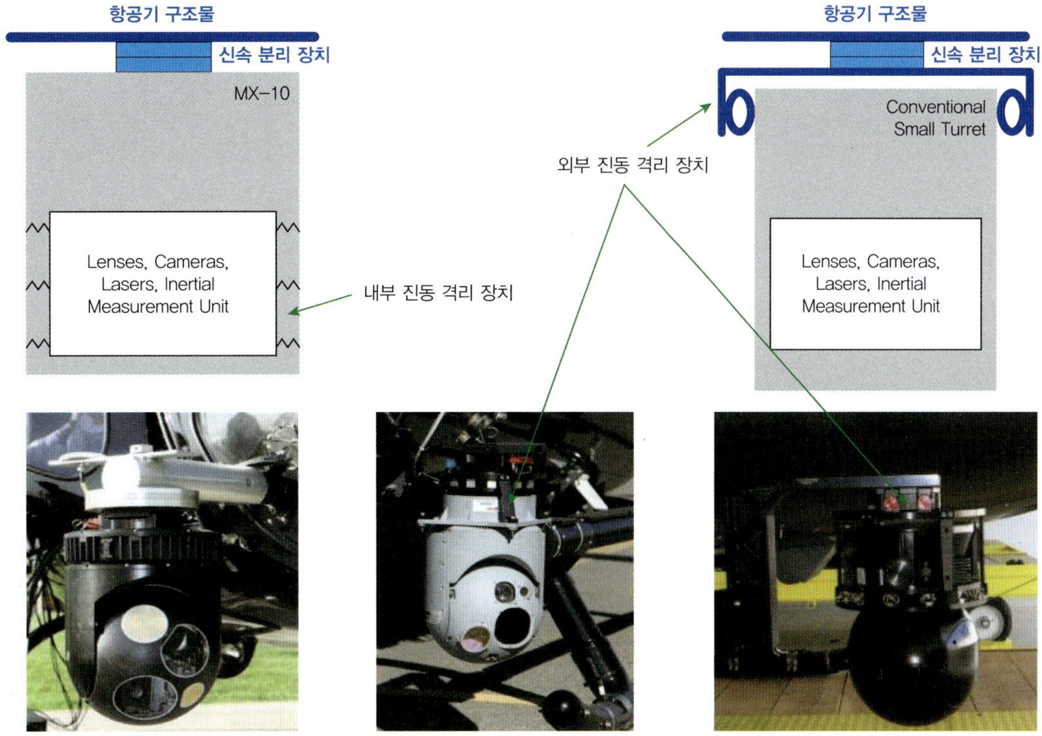


[그림 2-50] 탑재임무장비 카메라 짐벌의 방진 시스템 구성[23]

## SWIR 카메라를 사용한 악기상 극복

사물 자체에서 방출되는 중적외선(MWIR; Mid-Wave Infrared) 및 원적외선(LWIR; Long-Wave Infrared) 빛과 달리 단파장적외선(SWIR; Short-Wave Infrared)은 사물로부터 광자(photons)가 반사되고 흡수되는 가시광선(visual light)과 유사하다. 이는 더 높은 해상도가 필요한 이미지 처리에 우수한 대조(contrast)를 제공한다. 따라서 이 SWIR 카메라를 사용하면 안개나 구름 등의 악기상에 의한 장애를 상당 부분 극복할 수 있다. [그림 2-51]에서 NIR은 근적외선이고, SWIR은 이 근적외선의 한 부분 파장이다.

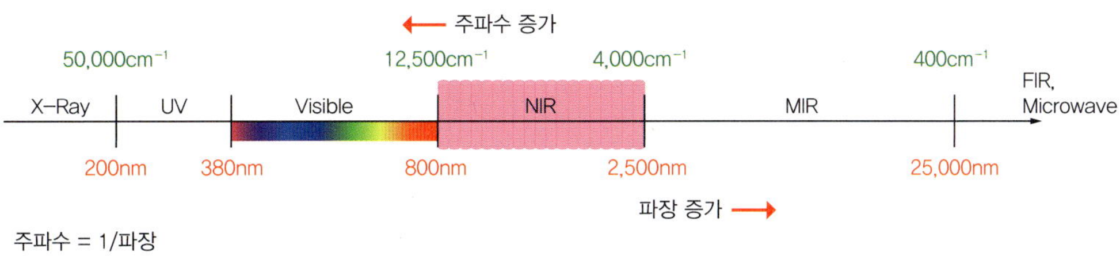


[그림 2-51] 근적외선 대역의 파장과 주파수[24]

---

23 출처 : https://www.l3harris.com/, Wescam product datasheet

24 출처 : https://www.ssi.shimadzu.com/products/uv-vis-spectrophotometers/faqs/light-and-theory.html

## 2.4.3 정찰감시용 탑재임무장비의 구성 및 기능

정찰감시용 EO/IR 카메라는 일반적으로 다양한 기능을 복합적으로 탑재하고 있다. 여기서는 이 카메라 장비에 포함되는 구성품과 기능에 대해서 알아보자.

### EO/IR 카메라 장비의 구성과 성능

EO/IR 카메라 장비는 정찰감시용으로 가장 많이 사용되는 임무장비로 [그림 2-52(a)]와 같은 장비들로 구성된다. 즉, 기능적인 장비로 주간 EO 카메라부, 열상 IR 카메라부, 레이저 거리측정기, 레이저 표적 지시기, 자동추적기 등이 있고, 위치와 기울기를 측정하는 센서 장비들로 GPS 수신기, 관성측정센서 등이 있다.

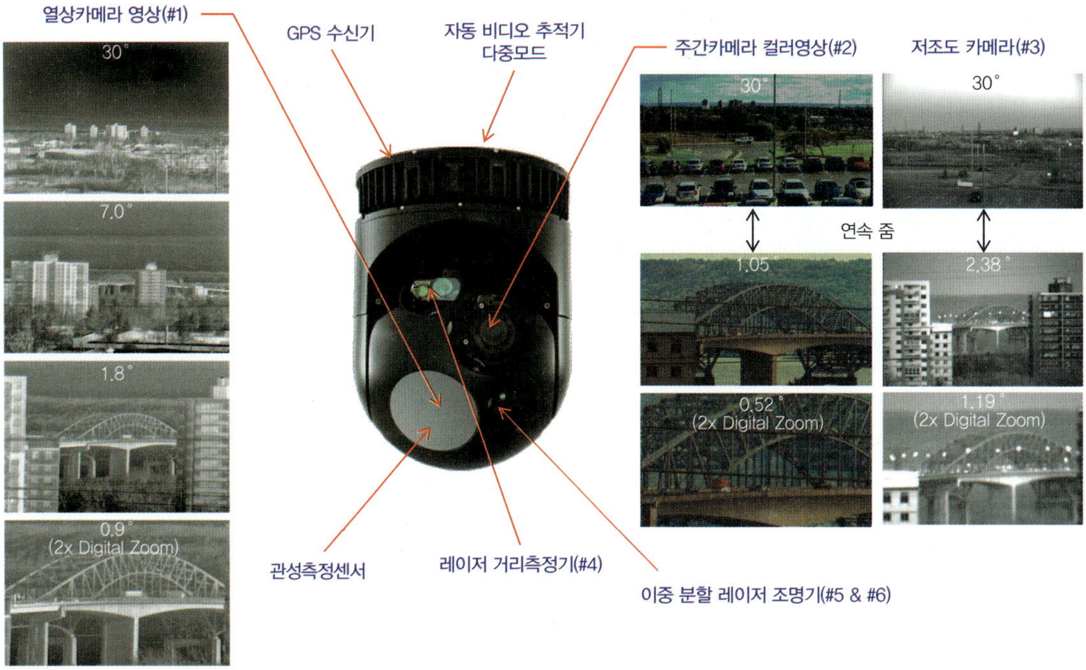


(a) 기본 기능 구성

광시계(Wide FOV) 30° × 24.2° | 중시계(Medium FOV) 7.04° × 5.64° | 협시계(Narrow FOV) 1.83° × 1.47°

광시계(Wide FOV) 20.9° × 15.7° | 중시계(Medium FOV) | 협시계(Narrow FOV) 1.18° × 0.88°

(b) 카메라 영상

[그림 2-52] EO/IR 시스템 기능 구성, Wescam MX-10[25]

카메라 장비의 성능은 통상 [표 2-8]과 같이 탐지·인지·식별거리가 구성 장비별로 제시된다. 여기서 대상 물체는 NATO 기준인 3m×3m 크기의 차량이나 전차가 해당한다. 탐지는 물체 유무를 판단할 수 있을 정도를 의미하며, 인지는 그 물체가 차량인지, 전차인지, 승용차인지 등을 알 수 있을 정도를 의미하고, 식별은 그 차량의 모델을 알 수 있을 정도를 의미한다.

[표 2-8] EO/IR 카메라 성능 도표 양식

| 구분 | 거리 성능(km) | | |
|---|---|---|---|
| | EO 카메라(EO camera)<br>: 주간(day-time) | EO 카메라(EO camera)<br>: 야간 만월 시(full moon at night-time) | IR 카메라<br>(Infra-Red camera) |
| 탐지거리 | | | |
| 인지거리 | | | |
| 식별거리 | | | |

## 전자광학(EO) 카메라

정찰용 무인기 시스템의 탑재임무장비는 [그림 2-53]과 같이 화면에 다양한 정보를 동시에 보여준다. EO 영상은 주간에 사용되며 주로 컬러화면으로 구성되는데, 이 화면에는 기본적인 비행체나 표적 좌표, 표적으로부터의 고도 및 거리, 촬영 시간, 부각 등이 동시에 표시된다. EO 영상은 안개, 구름, 우천 등의 악기상에 취약하여 촬영한 영상으로 표적을 판독하는 데 한계가 있다. 영상은 컬러나 흑백으로 전환할

25 출처 : 박장환의 무인항공기센터, www.uavcenter.com

수 있고 줌 기능도 갖춰져 있다. 표적 식별에는 흑백 영상이 유리한 경우가 많아 최근에는 흑백 영상 기능만 사용하기도 한다.

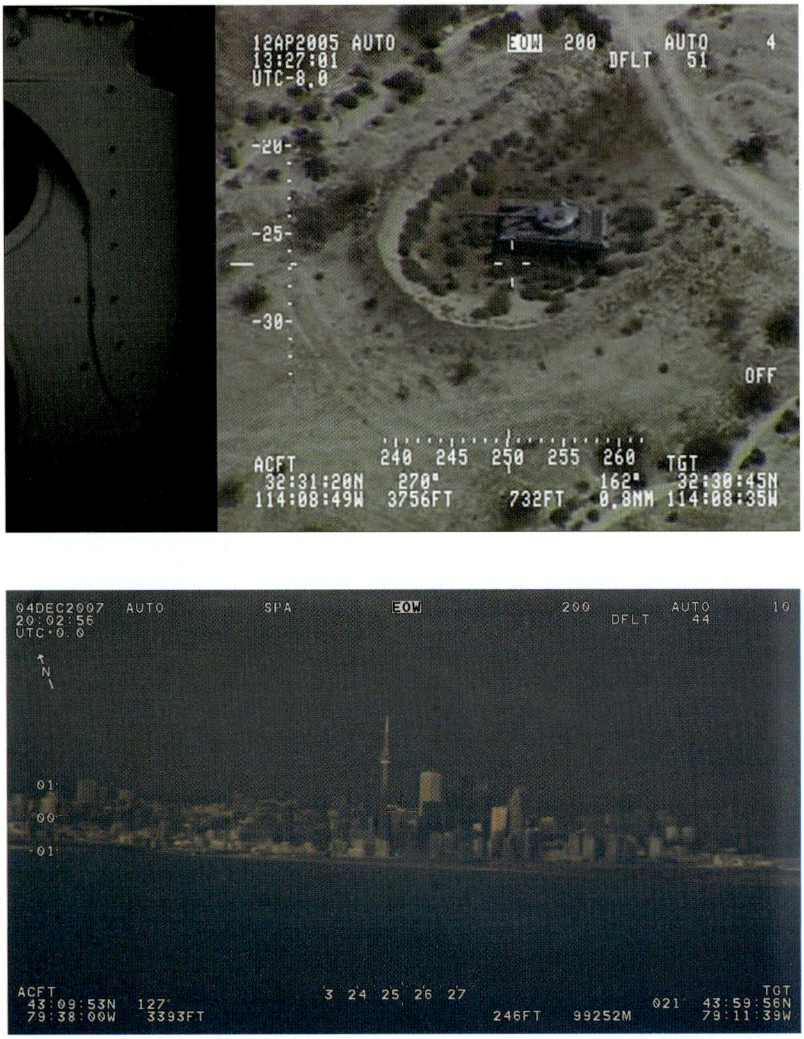


[그림 2-53] EO 영상 화면 구성

### 적외선(IR) 카메라

모든 물체는 열을 발산 또는 반사하는데, 이러한 열의 차이를 감지하는 것이 적외선(IR) 영상이다. IR 영상은 야간뿐만 아니라 주간에도 표적을 식별하기에 유용한 수단으로서, [그림 2-54]와 같이 화면에 기본적인 비행체와 표적 좌표, 표적으로부터의 고도 및 거리, 촬영 시간, 부각 등이 동시에 표시된다. IR 영상 역시 짙은 안개나 구름이 낀 악기상에 방해를 받는다.

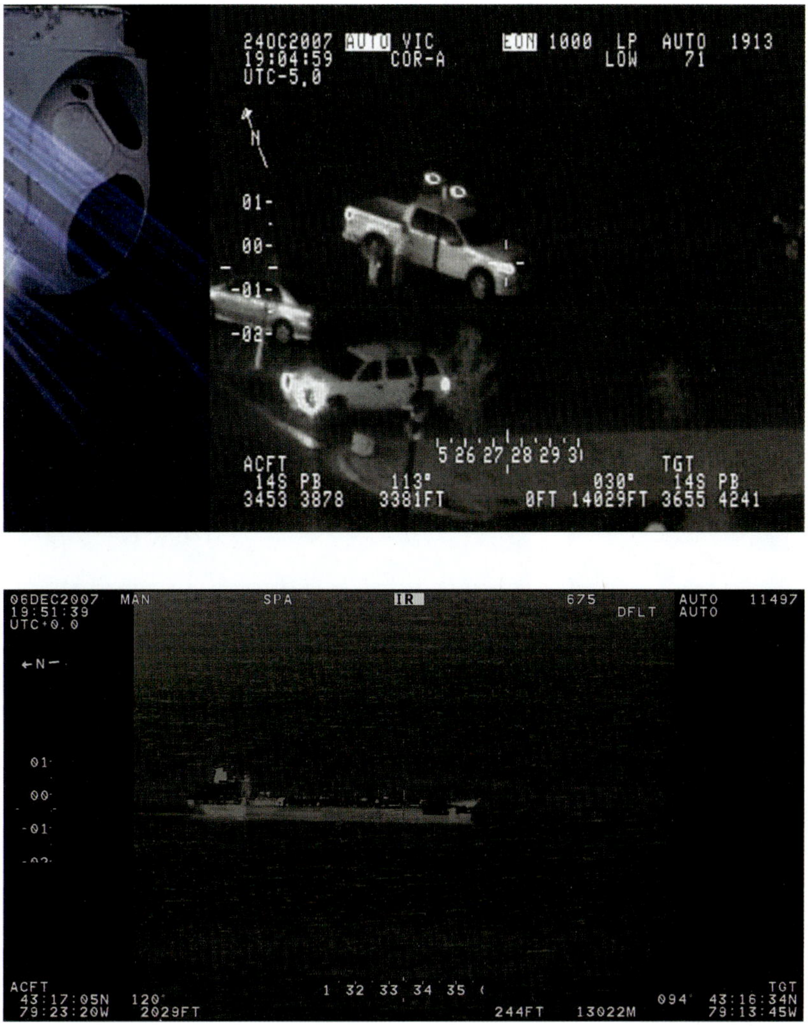


[그림 2-54] IR 수집 영상 화면 구성

## 합성개구레이더(SAR) 장비

합성개구레이더(SAR)는 지상 및 해양에 대해 공중에서 레이더파를 순차적으로 쏜 후 레이더파가 굴곡면에 반사되어 돌아오는 미세한 시간차를 처리하여 [그림 2-55(b)]와 같은 지상지형도를 만들거나 지표를 관측하는 레이더 시스템이다. 레이더를 사용하기 때문에 주간 및 야간, 악천후에도 사용할 수 있다는 장점이 있다. 1960년대부터 주로 군의 정찰용 임무장비로 개발되기 시작했으며 1980년대에 들어와서 단순한 지형 패턴만이 아닌 [그림 2-55(c)]와 같은 이동목표 추적(MTI; Moving Target Indicator) 능력을 가진 GMTI 레이더도 개발되었다.

합성개구레이더(SAR)를 장착하는 플랫폼은 특별한 제한이 없다. 초기에는 제트기(주로 전투기를 개조한 정찰기)에 한정되었으나, 최근에는 F-15K와 같은 최신형 전투기에는 비행체마다 장착되어 있다. 또한 헬리콥터, 대형 정찰기 무인정찰기 및 인공위성에도 장착되고 있다.

(a) SAR 장비 형상

(b) SAR 영상

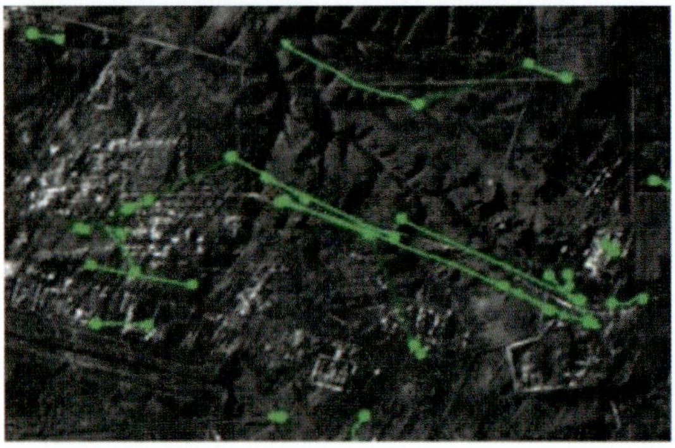

(c) GMTI(이동 표적 추적) 기능

[그림 2-55] SAR 장비 형상과 취득 영상[26]

## 2.4.4 피아식별 및 충돌방지 장비

군용 항공기의 경우 적군 항공기인지 아군 항공기인지 구분할 필요가 있다. 관제기관에서 이를 용이하게 식별할 수 있도록 해주는 장비가 피아식별장비(IFF transponder)이다. 또한 항공기들 간 상호 충돌 위험이 상존하는데, 충돌을 회피하려면 상호 위치정보를 주고받는 체계도 필요하다. 이 역할을 위해 구축된 시스템이 ADS-B(Automatic Dependent Surveillance-Broadcast)로 항공기가 위성 항법 또는 기타 센서를 통해 위치를 파악하고 주기적으로 방송하여 추적할 수 있도록 하는 감시 기술이다. 이에 대해서 자세히 알아보자.

26 출처 : IAI Eltar SAR brochure, https://www.iai.co.il

## 피아식별장비(IFF Transponder)[27]

### 트랜스폰더 원리와 기능

트랜스폰더(transponder)는 영어 TRANSmitter(송신기)와 resPONDER(응답기)를 합성하여 만든 용어로서, 수신된 전기신호를 중계 송신하거나 수신 신호에 어떠한 응답을 돌려주는 기기를 총칭한다. 이렇게 신호를 수신하고 응답하는 기능을 이용하여 항공기에서 상대 비행 물체를 식별해 공중 충돌을 방지하는 충돌방지 시스템의 일부이다. 여기에 더해 군용항공기에서는 보안코드 모드를 추가하여 피아식별 기능까지 포함해 운용하고 있다. [표 2-9]는 대표적인 항공기나 드론에 장착하는 소형 트랜스폰더들로서 모드 5 기능까지 가능하다.

[표 2-9] 무인항공기용 트랜스폰더 장비

| 제작사 | 모델 | 사진 | 비고 |
|---|---|---|---|
| BAE Systems<br>(영국) | AN/DPX-7 축소형<br>차세대 모델 | 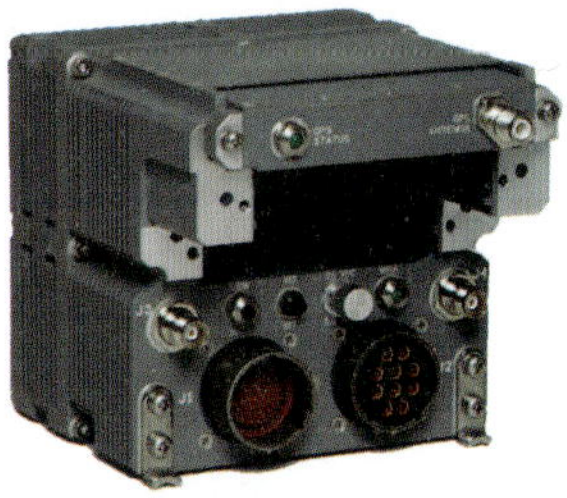 | Mode 5 제공 |
| Sagetech<br>(미국) | Mk-XIIB IFF<br>transponder |  | 소형 무인기용 |
| THALES<br>(프랑스) | TSC 20XX Family |  | 대형, 6.8kg |

27 IFF Transponder : Identification friend and or foe Transponder

## 기본 장비 구성

트랜스폰더는 [그림 2-56]과 같이 기본적으로 조종석에서 조종사가 조작하는 판넬과 주 장비, 안테나, 케이블 등으로 구성된다.

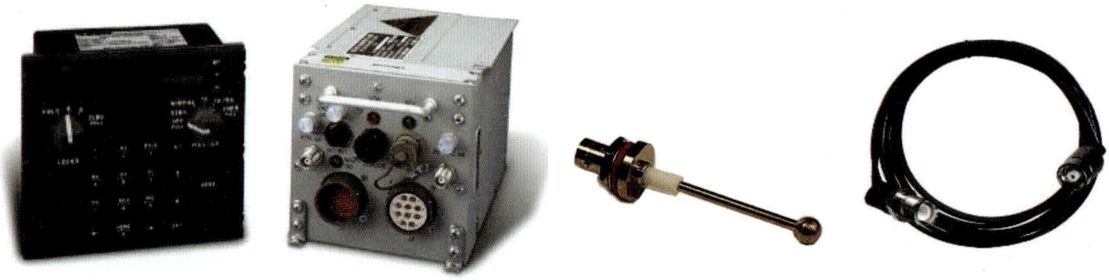

조종석 판넬 　 주 장비 　 안테나 　 케이블/브라켓 외

[그림 2-56] 무인항공기용 트랜스폰더 장비 구성

## 트랜스폰더 모드

항공기에서는 [표 2-10]과 같이 여러 가지 모드를 사용하여 트랜스폰더를 운용한다. ICAO 규정에 따르면 민간 항공기는 Mode A, C와 S를 사용하게 되어 있다. 모드 A는 기본적으로 4 디지트 코드로, ATC 관제사가 무선으로 할당해 주는 0에서 7 사이의 8개 숫자 중에서 조종사가 선택하여 설정하는 방식으로 항공기를 식별한다. 모드 C는 압력 고도를 포함하여 전송함으로써 ATC에서 자동으로 항공기 고도를 식별한다. 모드 S는 요청 동작으로 시작되고, 요청 신호가 요구한 특정한 정보를 제공할 수 있다. 모드 A와 C의 경우, 타 항공기의 요청 신호를 받는 모든 항공기가 응답하지만, 모드 S의 경우 개별적인 주소로 응답할 수 있다. 현대 ATC 시스템에서 [그림 2-57]과 같은 레이더 스크린 위에 데이터가 항공기 위치와 관련된 택 또는 라벨 형태의 알파벳 문자가 등장한다.

[표 2-10] 트랜스폰더 장비의 모드 구성

| 군용 모드 | 민간 모드 | 설명 |
|---|---|---|
| 1 | | 2개 숫자, 5비트 미션 코드(군 전용, 조종석에서 선택함) |
| 2 | | 4개 숫자, 8진 부대 코드(군 전용, 특정 항공기 타입에 따라 지상 또는 조종석에서 선택함) |
| 3 | A | 4개 숫자, 8진 항공기 식별 코드(관제사가 할당해 주는 대로 조종석에서 선택하는, 일명 Squawk code. 모드 3/A는 모드 C와 조합하여 고도 정보도 같이 제공함) |
| | C | 항공기의 기압고도를 제공. 통상 모드 3/A와 조합하여 운용됨(모드 3 A/C, 군과 민간) |
| 4 | | 3파장의 응답 신호를 제공. 암호화되어 있어 약간의 지연이 발생함(군 전용) |
| 5 | | 암호화된 보안 버전의 모드 S와 ADS-B와 GPS 위치 정보를 제공함(군 전용) |
| S | S | 각 항공기는 고정된 24비트 고유 주소를 부여받은 호출 신호를 선택적 다중 정보 포맷으로 제공함 |

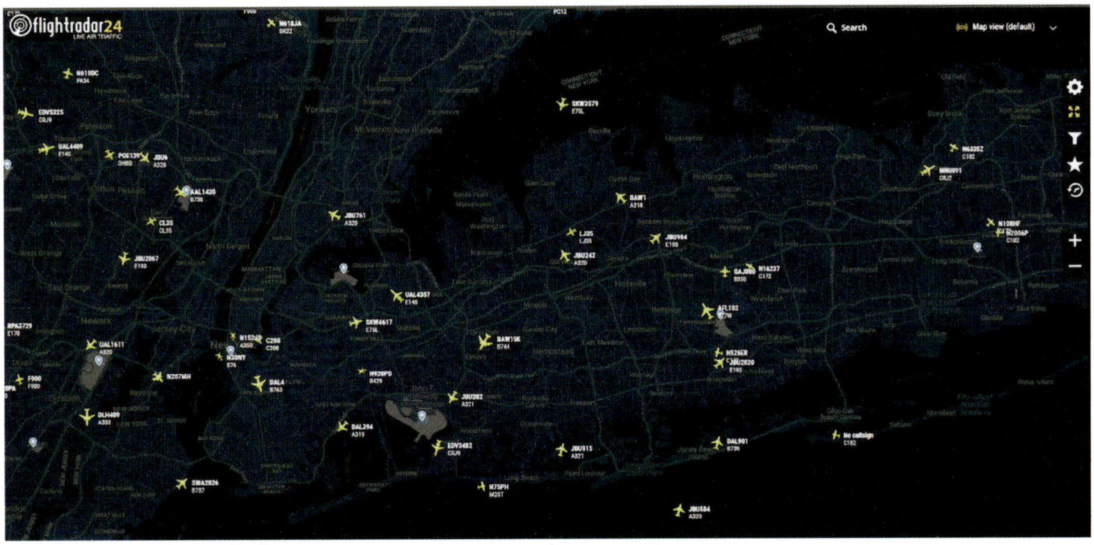


[그림 2-57] ATC 레이더 스크린[28]

## 충돌방지 시스템

유인-유인, 유인-무인, 무인-무인 항공기 간의 충돌방지를 위한 시스템이 필요하다. 이러한 충돌방지 시스템으로 ADS-B 시스템을 응용한 기술을 살펴보자.

### ADS-B를 활용한 충돌방지 통신시스템

[그림 2-58]과 [그림 2-59]는 유인-무인 항공기 또는 무인-무인 항공기 간의 충돌방지를 위한 통신시스템을 도식화한 것이다. 유인-무인 항공기 통신시스템의 무인항공기가 갖는 통신시스템을 이용하여 무인-무인 항공기의 통신시스템을 상호 연동할 수 있다.

소정의 정보 교환이 가능한 유인-무인 항공기 또는 무인-무인 항공기 간의 충돌방지 통신시스템을 구축할 필요가 있다. 이를 통해 근접한 항공기 일정의 식별정보 및 운행정보(고도, 속도 등)를 유인항공기와 무인항공기 또는 무인항공기와 무인항공기가 상호 수득할 수 있다. 수득한 근접 항공기 정보를 이용하여 유인항공기 조종사 및 무인항공기 조종사가 충돌 위험을 회피하여 항공기를 조종할 수 있는 효과가 있다.

28 출처 : AeroLive UK (https://www.youtube.com/watch?v=1zqmQ1OUlmY)

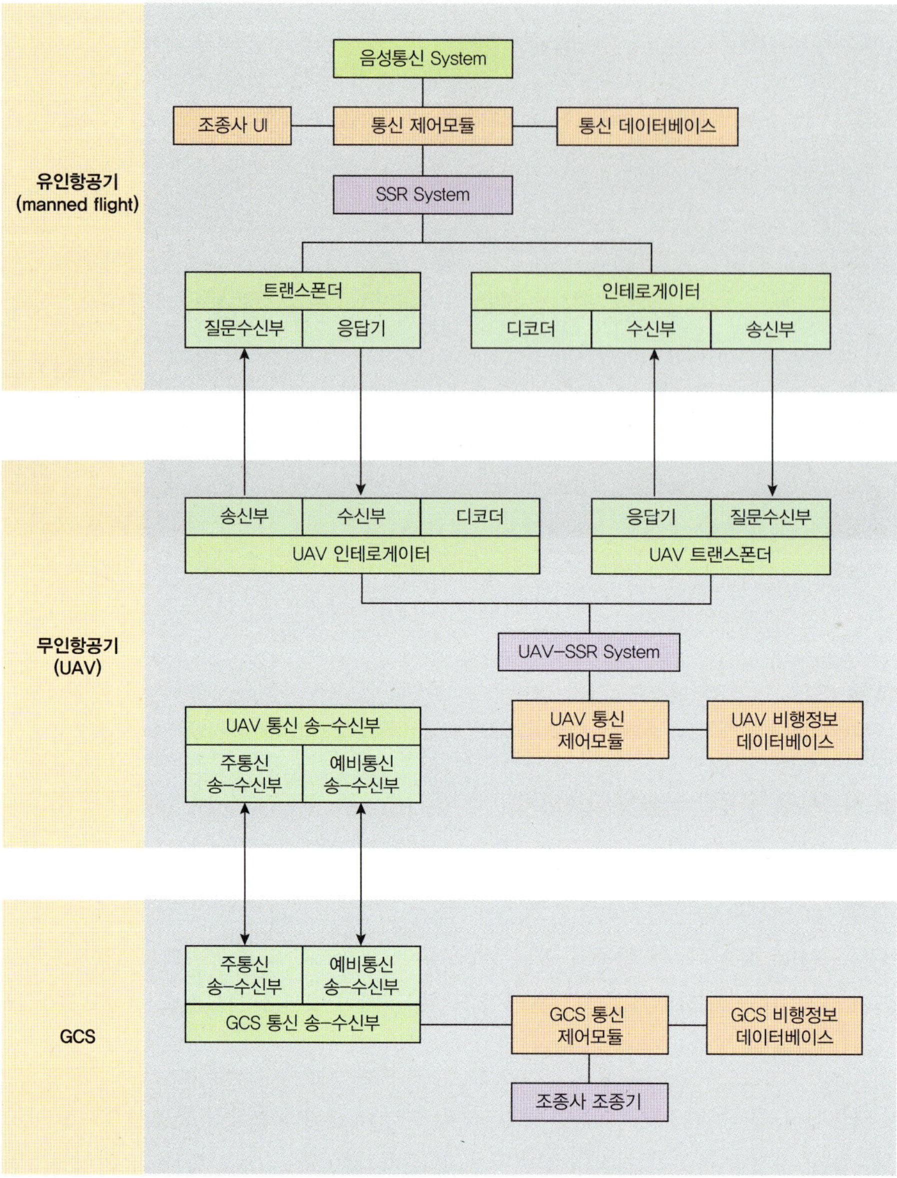


[그림 2-58] 유인-무인-무인 항공기 간 충돌방지 통신시스템[29]

29 출처 : 박장환, 특허등록 10-1098387. 항공기 충돌방지 통신시스템, 2011

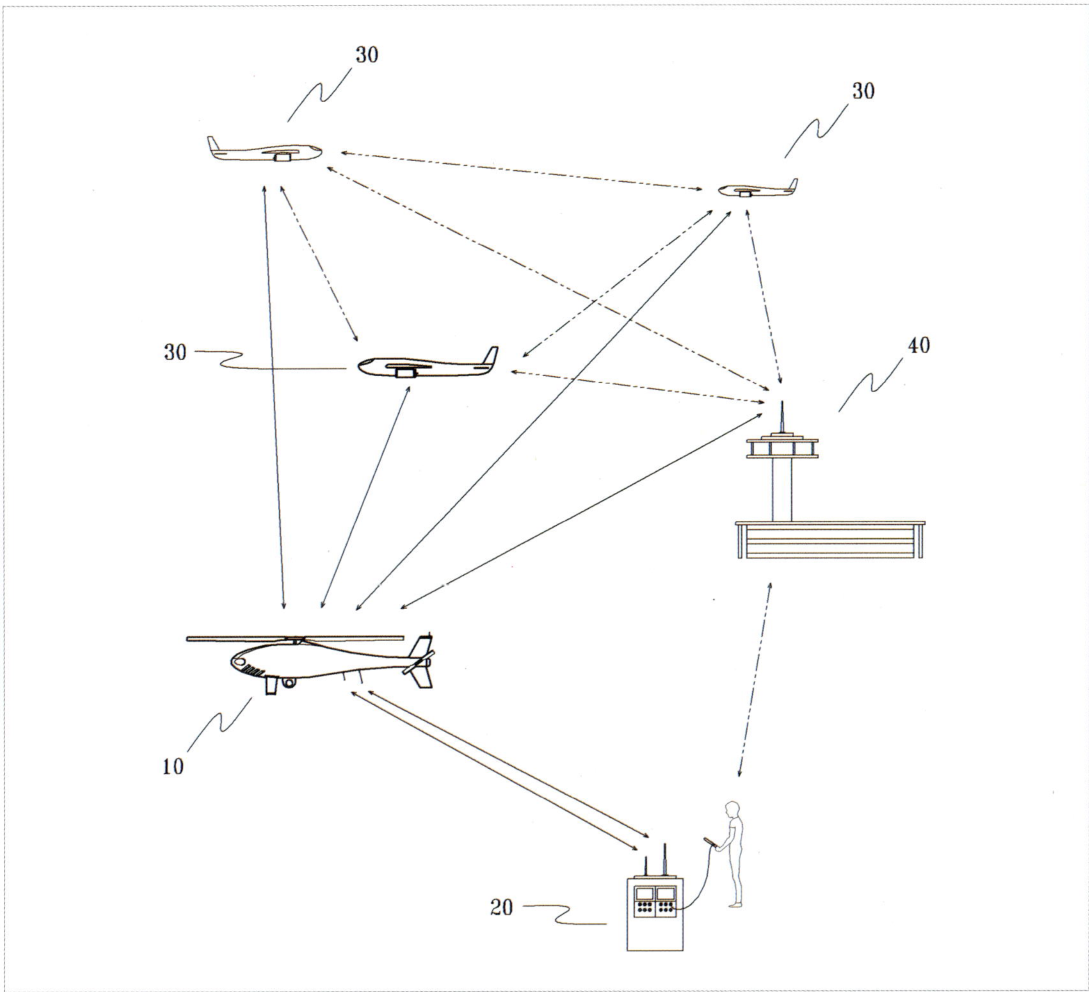


10 : 무인항공기, 30 : 유인항공기, 40 : 관제기관, 20 : 원격통제소

[그림 2-59] 유인-무인-무인 항공기 간 충돌방지 통신시스템 개념도[30]

## 무인항공기 충돌방지 및 위치식별을 위한 음성관제 시스템 및 음성관제

[그림 2-60]과 [그림 2-61]은 무인항공기 조종사가 위치한 원격통제소에서 무인항공기(UAV) 시스템의 UAV 음성통신 중계 시스템을 통해 ATC[31]에 위치한 관제사와 음성통신을 하는 시스템 구성이다. 이를 통해 항공교통관제소와 무인항공기 간 통신이 가능해져 무인-유인 항공기 또는 무인-무인 항공기 간 충돌을 방지할 수 있다.

30 출처 : 박장환, 특허등록 10-1098387, 항공기 충돌방지 통신시스템, 2011

31 ATC : air traffic control

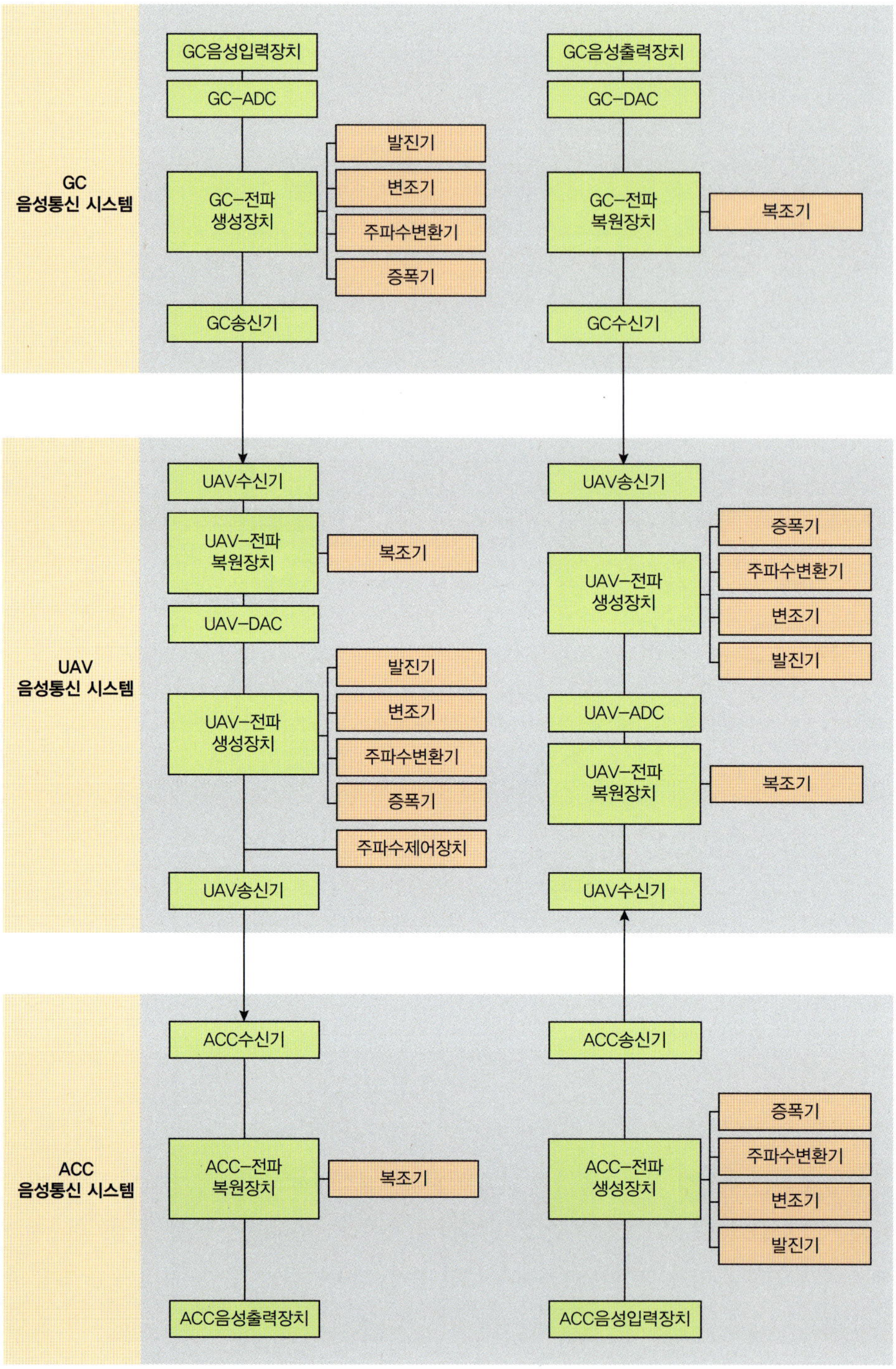


[그림 2-60] 무인항공기 음성관제 시스템[32]

32 출처 : 박장환, 특허등록 10-119175. 무인항공기 충돌방지 및 위치식별을 위한 음성관제 시스템 및 음성관제 방법, 2012

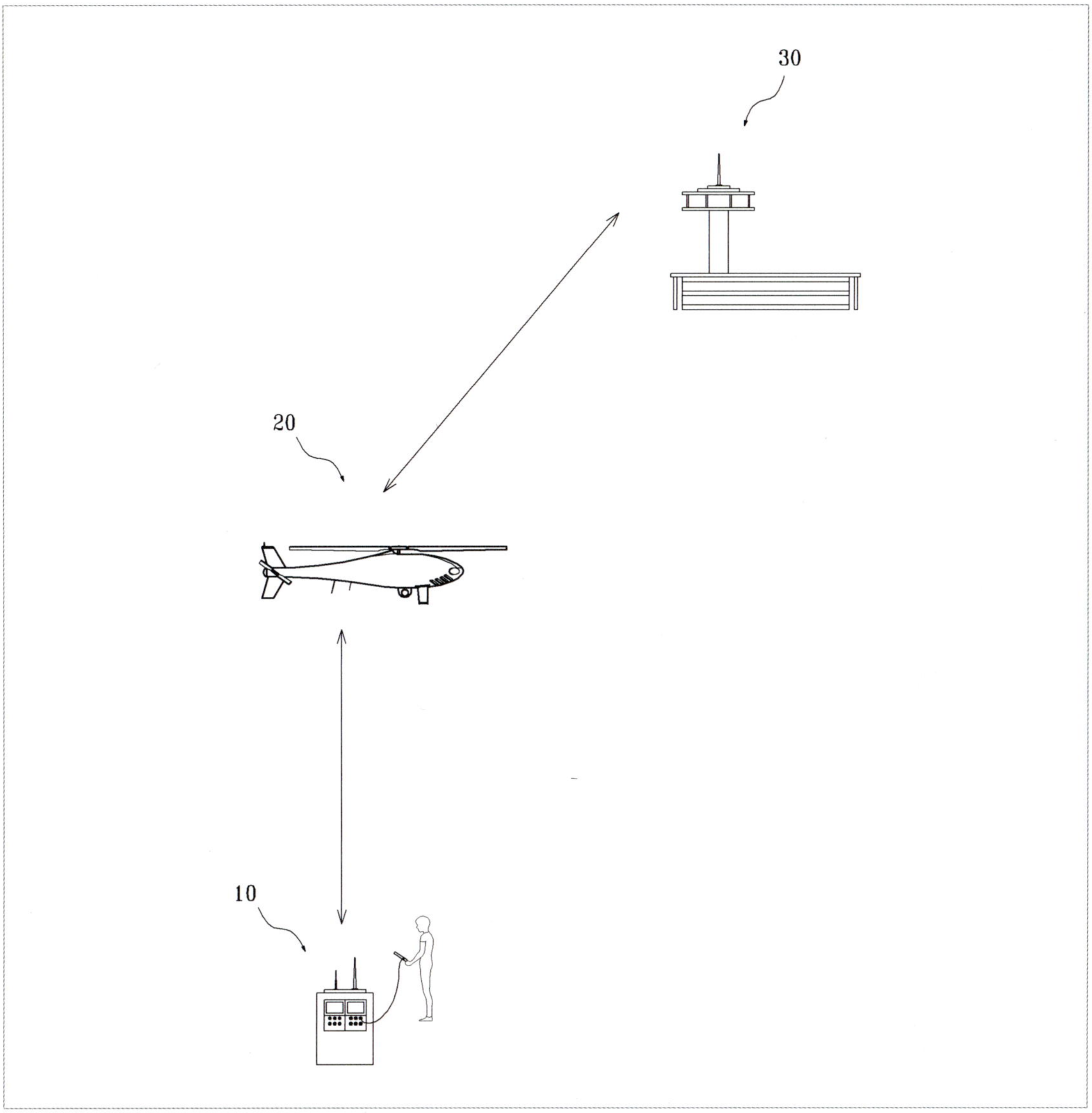


20 : 무인항공기, 30 : 관제기관, 10 : 원격통제소

[그림 2-61] 무인항공기 음성관제 시스템 개념도[33]

33 출처 : 박장환, 특허등록 10-119175, 무인항공기 충돌방지 및 위치식별을 위한 음성관제 시스템 및 음성관제 방법, 2012

## SECTION 2.5 지원요소의 구성과 원리

군에서는 지원요소를 종합군수지원(ILS; Integrated Logistic Support) 또는 후속군수지원이란 항목으로 분류해 지원장비와 교범류, 인력, 교육 분야 등 전반적인 시스템을 운영유지하는 데 필요한 사항들을 종합적으로 다룬다. 반면, 민간에서는 상대적으로 간단하게 구성하여 지원하고 있다.

### 2.5.1 지원장비의 구성

드론의 지원장비에는 [그림 2-62]와 같이 장비 운반차량, 발전기, UPS, 시험장비, 훈련장비, 정비장비, 교범류 등이 포함된다.

<table>
<tr><th colspan="2">구분</th><th colspan="6">지상지원장비 일반 구성</th><th>비고</th></tr>
<tr><td rowspan="3">고정익</td><td rowspan="2">내용</td><td></td><td></td><td></td><td></td><td></td><td></td><td rowspan="3">• 비행체계<br>• 탑재능력 감소</td></tr>
<tr><td>지휘통제차량</td><td>UAV 운반차량 : 3</td><td>연료보급차량</td><td>정비차량</td><td>회수장비 및 인원</td><td>발사장비</td></tr>
<tr><td>설명</td><td colspan="6">• 임무 수행을 지원하기 위한 다양한 지상장비와 인원이 소요된다.</td></tr>
<tr><td rowspan="3">회전익</td><td rowspan="2">내용</td><td colspan="2"></td><td colspan="2"></td><td colspan="2"></td><td rowspan="3">• 획득비 절감<br>• 운영 유지비 절감</td></tr>
<tr><td colspan="2">통합형 지휘통제차량 : 2</td><td colspan="2">UAV 운반 및 이동정비 : 2</td><td colspan="2">지상중계차량</td></tr>
<tr><td>설명</td><td colspan="6">• 지상지원장비 및 운용요원 감소<br>• 획득비 절감<br>• 교육훈련 감소<br>※ 통합형 지휘통제 및 UAV 운반차량 운용</td></tr>
</table>

운영/정비 교범

(휴대형) 전자 교범

전자 LS 교범 프로그램 소프트웨어

전자 정비/LS 지원장비 프로그램 소프트웨어

훈련

[그림 2-62] 지원장비 구성

## 2.5.2 운용인력의 구성

운용인력은 외부조종사, 내부조종사, 탑재장비 운용자, 정비/지원요원, 지휘/통제관 등으로 구성된다. 통상 부수장비가 적은 회전익에서 인력소요가 적으며, 멀티콥터의 경우 더 적은 인력으로 운용이 가능하다. 최근에는 자동이착륙 기술이 발전함에 따라 고정익 무인항공기의 경우에도 내부조종사만으로 전체 비행임무를 수행할 수 있도록 개발되고 있어서 외부조종사 교육 소요도 줄어들고, 이착륙 간의 문제 발생 소지도 감소되었다.

[표 2-11] 고정익/회전익 UAV 운용요원 비교(단거리 이하 무인정찰기)

| 구분 | 인원수/교육기간 | | 기종 | | 증감 | 비고 |
|---|---|---|---|---|---|---|
| | | | 고정익 UAV | 회전익 UAV | | |
| 인력 소요 | 운용 인원 | 외부조종사(EP) | 2 | 3 | −3 | 이착륙 자동화에 따른 내외부 조종사 통합 |
| | | 내부조종사(IP) | 2 | | | |
| | | 탑재장비 운용 | 2 | | | |
| | 정비요원(MT/ET) | | 3 | 2 | −1 | 이착륙 장비 요원 불필요 |
| | 소계 | | 9 | 5 | −4 | |
| 교육 훈련 | 운용요원 | | 16~20주 | 10주 | −6~10주 | |
| | 정비요원 | | 16~20주 | 10주 | −6~10주 | |

## 2.5.3 무인멀티콥터 지원장비

무인멀티콥터는 주로 배터리를 이용한 전동시스템이나 엔진을 돌려 전력을 생산해서 사용하는 하이브리드시스템을 동력장치로 쓴다. 이러한 무인멀티콥터의 지원장비로 충전기는 필수이다. 그리고 용도에 따라 소독/방역 보조장비가 추가된다.

### 충전기

전동시스템이 대부분인 무인멀티콥터에서 가장 중요한 지원장비는 배터리 충전기이다. 그동안 인증된 충전기가 없다 보니, 여러 개의 커넥터를 다는 불편함을 감수하며 6셀 배터리를 많이 사용해 왔다. 또한 각 셀의 전압을 일정하게 유지해 주는 밸런싱 기능이 없거나, 있더라도 적절하게 성능이 유지되지 않아서 배터리 사용 불가 상태가 되는 경우가 많았다. 최근 12셀을 다중으로 충전할 수 있는 충전기가 출시됨에 따라 [그림 2-63]과 같은 간편하고 성능 좋은 12셀 스마트배터리의 사용량이 점차 늘어나고 있다.

[그림 2-63] 10채널 스마트 밸런스 충전기, 드론안전기술/EV-PEAK

## 소독/방역용 장비

2020년 이후 코로나-19 사태가 발생함에 따라 실외의 넓은 지역에 대한 방역용 드론 활용의 중요성이 커지고 있다. 이 용도로 드론에 장착되는 분무기가 제작·사용되고 있다. 기존에 액제를 고르게 살포하는 드론을 개조하여 [그림 2-64(a)]와 같은 가루 살포용 드론이나 [그림 2-64(b)]와 같은 연막 살포용 드론으로도 활용도를 넓혀가고 있다.

(a) 가루 살포용 드론

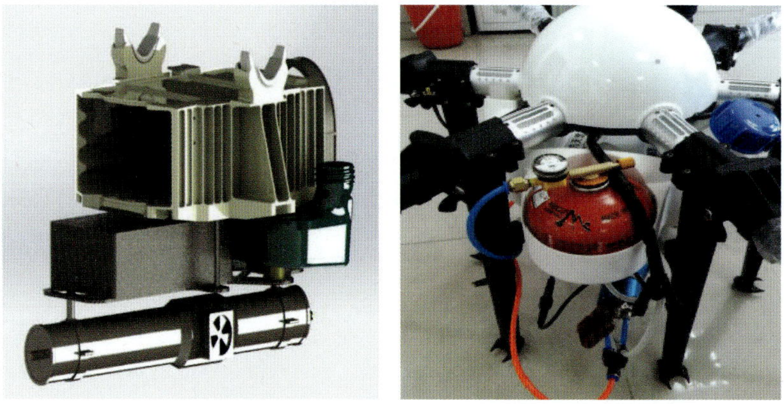

(b) 연막 분무기와 연막 분무기를 장착한 드론

[그림 2-64] 방역용 드론, 드론안전기술/TTA

## RTK/충돌방지/고도 유지 시스템

정밀한 방제의 필요성이 증대함에 따라 RTK를 이용한 자동방제가 현실화되고 있다. 공간정보 기술이 발전함에 따라 이처럼 정밀한 공간정보 데이터를 이용한 자동방제가 점차 보편화되면서 [그림 2-65]와 같이 지적도만 입력하면 그 지번에 대한 방제를 자동으로 진행하는 지적도 방제드론 시스템이 개발되어 활용되고 있다. 또한 사고의 대부분인 지상 장애물의 충돌을 예방하고, 고도가 일정하지 않은 경사 지역에서 일정 고도를 유지하며 비행하는 시스템도 농업용으로 사용되고 있다.

(a) RTK 지적도 방제 시스템

(b) 장애물 충돌 방지 장치

(c) 자동 고도 유지 시스템

[그림 2-65] 정밀 자동방제용 RTK 지적도 방제 시스템

CHAPTER 02 연습문제

**2.1** 비행체의 기본 계통 구성에 대해 서술하시오. (2.1)

**2.2** 무인비행기 기체 구성에 대해 설명하시오. (2.1.1)

**2.3** 무인헬리콥터 기체 구성에 대해 설명하시오. (2.1.1)

**2.4** 무인멀티콥터 기체 구성에 대해 설명하시오. (2.1.1)

**2.5** 고정익 비행기의 조종면 종류에 대해 서술하시오. (2.1.1)

**2.6** 회전익 헬리콥터의 조종간 종류에 대해 서술하시오. (2.1.1)

**2.7** 헬리콥터에서 직선운동을 회전면에 전달해주는 장치는 무엇인가? (2.1.1)

**2.8** 무인멀티콥터에서 브러시리스 모터의 속도를 조절하는 장치는 무엇인가? (2.1.1)

**2.9** 헬리콥터와 멀티콥터의 토크를 상쇄시키는 방법의 차이에 대해 설명하시오. (2.1.1)

**2.10** 왕복엔진의 2행정과 4행정의 차이에 대해 설명하시오. (2.1.2)

**2.11** 로터리 엔진의 기본 구조에 대해 설명하시오. (2.1.2)

**2.12** 로터리 엔진의 장단점에 대해 설명하시오. (2.1.2)

**2.13** 전동모터 중 AC모터와 DC 모터의 장단점에 대해 설명하시오. (2.1.2)

**2.14** 전동모터 중 브러시 DC 모터와 브러시리스 DC 모터의 장단점에 대해 설명하시오. (2.1.2)

**2.15** 2차 전지의 메모리효과에 대해 설명하시오. (2.1.2)

**2.16** 리튬폴리머 배터리의 관리상 주의사항에 대해 설명하시오. (2.1.2)

**2.17** 비행제어시스템에서 필요한 데이터들과 이를 수집하는 센서 종류를 연결하여 설명하시오. (2.1.2)

**2.18** 중고도 이상급의 무인기에서 제트추진엔진을 사용하는 이유는 무엇인가? (2.1.2)

**2.19** 브러시리스 DC 모터가 반영구적으로 사용될 수 있다고 하는데, 그러기 위해서 반드시 주기적으로 점검하고 교체해야 하는 구성품은 무엇인가? (2.1.2)

**2.20** 1차 전지와 2차 전지의 차이점을 설명하시오. (2.1.2)

**2.21** 2차 전지의 재료에 따른 종류에 대해 서술하시오. (2.1.2)

**2.22** Li-Po 배터리의 표기에서 6S/1P의 의미를 설명하시오. (2.1.2)

**2.23** 6S 배터리의 기준 전압은 얼마인가? (2.1.2)

**2.24** 리튬폴리머 배터리를 장기간 저장할 때 조치해야 할 사항을 설명하시오. (2.1.2)

**2.25** 원격통제시스템의 내부 구성에 대해 서술하시오. (2.1.2)

**2.26** 비행제어시스템의 구성과 작동 원리에 대해 설명하시오. (2.1.3)

**2.27** 원격통제장비의 시스템 구성에 대해 설명하시오. (2.2.1)

**2.28** 원격통제장비의 비행자료 표시부에 대해 설명하시오. (2.2.2)

**2.29** 원격통제장비의 통제명령 입력부에 대해 설명하시오. (2.2.2)

**2.30** 같은 주파수 대역을 나눠서 동시에 사용 가능한 대수를 늘리는 방법에 대해 설명하시오. (2.3.1)

**2.31** 전파가시선(line of sight)에 대해 설명하시오. (2.3.1)

**2.32** 2.4GHz와 5.8GHz 대역의 가용 전파 출력은 얼마인가? (2.3.1)

**2.33** ITU 회의를 통해서 국제적으로 무인기용 주파수로 분배된 대역들에 대해 설명하시오. (2.3.2)

**2.34** 무인기용 탑재임무장비들의 종류에 대해 서술하시오. (2.4.1)

**2.35** 정찰감시용 탑재임무장비의 주요 기술 종류에 대해 서술하시오. (2.4.2)

**2.36** SWIR 카메라에 대해 설명하시오. (2.4.2)

**2.37** 탐지거리, 인지거리, 식별거리의 구분에 대해 설명하시오. (2.4.3)

**2.38** 합성개구레이더(SAR)의 작동 원리에 대해 간단히 서술하시오. (2.4.3)

**2.39** ICAO 규정에 따른 트랜스폰더 Mode A, C, S에 대해 설명하시오. (2.4.4)

**2.40** 무인멀티콥터의 지원장비에는 어떤 것이 있는가? (2.5.3)

CHAPTER

**03**

# 드론 개발/제작 기초



**학습목표**

- 군의 일반적인 무기체계 획득 절차를 설명할 수 있다.
- 무인항공(드론) 시스템의 기술구조에 대해 설명할 수 있다.
- 무인항공 시스템 비행체의 성능 계산을 할 수 있다.
- 자동비행제어시스템에 대해 설명할 수 있다.

SECTION 3.1
# 군의 무기체계 획득 절차

일반적인 장비에 있어, 군의 장비 도입 절차는 까다로우며 정형화되어 있다. 통상 많은 업체가 군의 장비 도입 절차에 대한 이해 없이 방산 사업에 뛰어들다 보니, 대부분 소요제기 초기 단계에서 곧 큰 사업이 발주될 것으로 기대하다가 10년 이상 걸리는 본 사업에 진입하기도 전에 지쳐 포기하거나 사업을 종료하는 경우가 많다. 여기서는 군의 장비 도입 절차를 조금이나마 이해할 수 있도록 간략히 설명하고자 한다.

## 3.1.1 소요제기 및 결정 절차

군에서는 필요한 장비들을 도입하기 전에 소요제기 및 결정 단계를 거친다. [그림 3-1]에서 보는 바와 같이 소요군, 즉 육·해·공군 또는 병과별로 전투발전 업무 절차에 따라 작전 및 운영 개념이 변경되면 그에 해당하는 장비들에 대한 소요제기 절차에 들어간다. 각 군 교육사에서 소요제안서가 만들어지면 각 군 참모총장의 결재 절차까지 거쳐 소요제기서가 만들어진다. 통상 업체들이 소요군과 접촉하면서 장비 시연이나 설명회, 협의 등을 진행하는 때가 이러한 개념 연구부터 소요제기서가 만들어지는 단계이다. 즉, 이 단계에서는 어떤 실제적인 사업이 진행되지 않는다.

이후 합동참모본부에서 상당 기간의 심의 의결 후 합참의장 결재 절차까지 통과되면 소요가 결정된다. 이때가 중기계획이 수립되는 시점으로 이후로 최소 5년 이상의 기간이 지나야 개발 사업이 시작될 수 있다. 따라서 방산 무기체계 도입 사업에 참여하는 기업들은 방산 사업에 대한 군의 설명이나 시연에서부터 본 사업이 시작되기까지 10년 가까운 시간이 소요됨을 이해하고 이에 대비해야 한다.

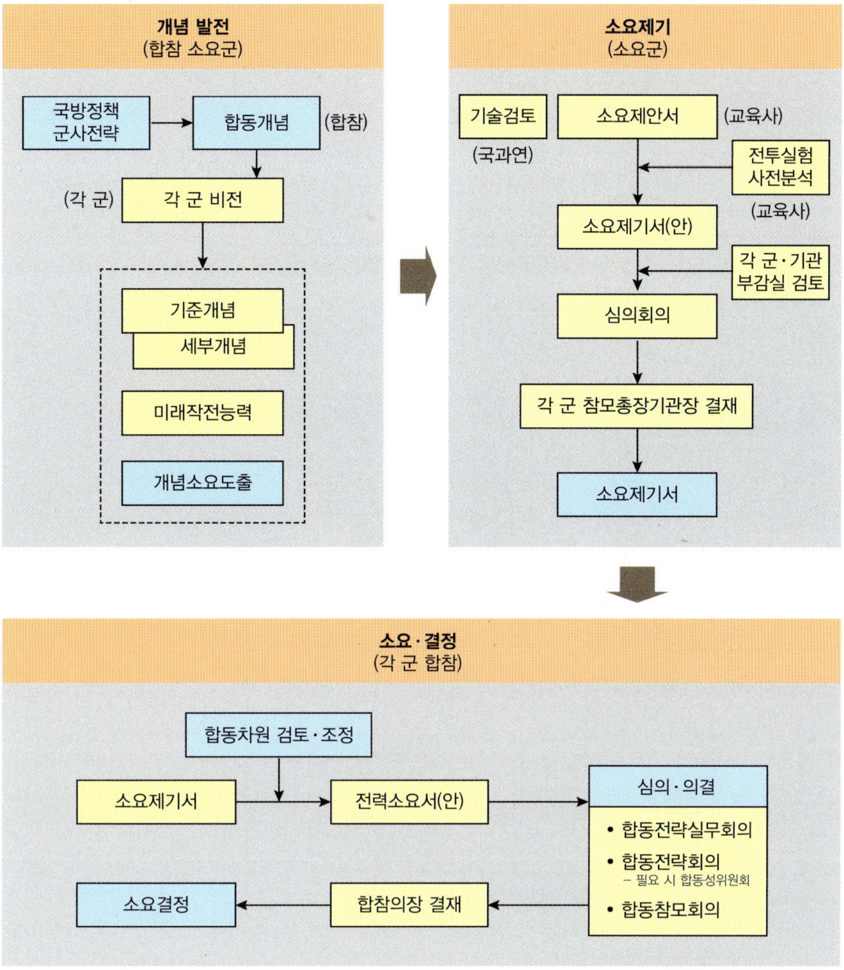


[그림 3-1] 군의 무기체계 소요결정 절차[1]

## 3.1.2 무기체계 획득 절차

[그림 3-2]에서 볼 수 있듯이, 합참에서 소요가 결정된다는 것은 장·중기 전력소요가 결정되는 것으로 이때부터 실제 장비 도입 절차가 시작됨을 의미한다. 선행연구를 통해 만들어진 보고서를 바탕으로 사업 추진 기본전략을 수립하고, 연구개발과 구매의 방법 중 하나를 결정하여 사업을 진행한다. 여기서 말하는 '중기'란 해당 장비를 5년 후에 도입하는 것을 의미한다.

1 출처 : 국방부, 『국방전력발전업무 훈령』, 별표3 국방전력발전업무 절차도, 2021년.

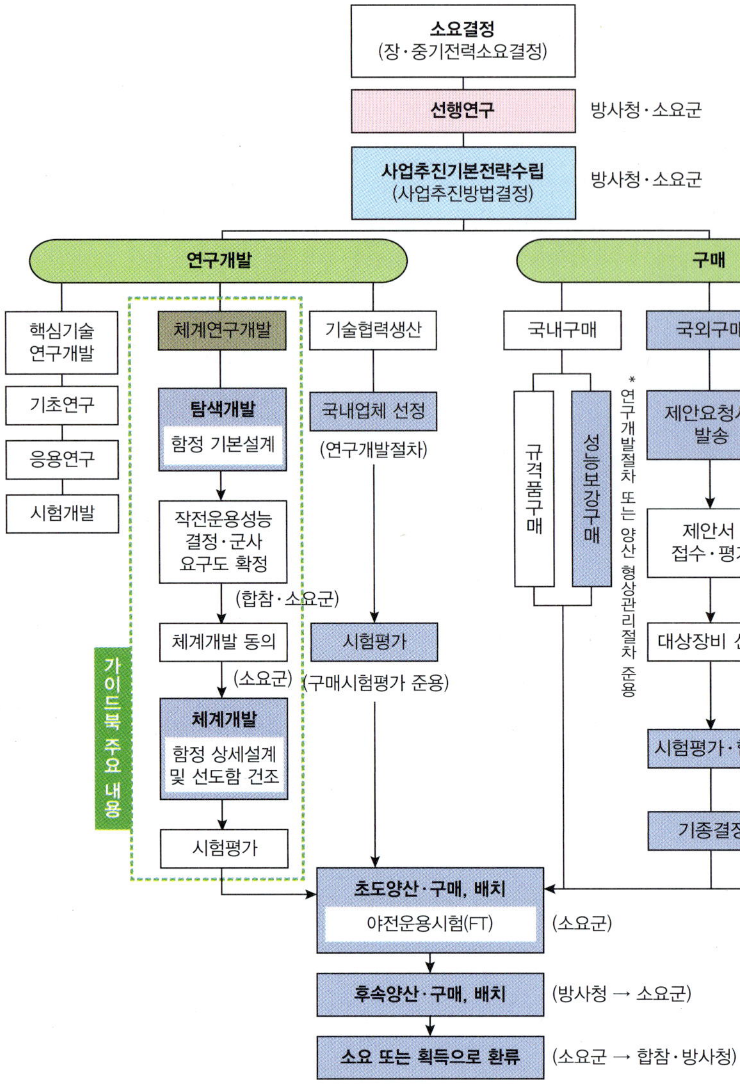


[그림 3-2] 군의 무기체계 획득 절차[2]

## 3.1.3 무기체계 연구개발 절차

우리나라 군의 무기체계 개발 절차는 [그림 3-3]과 같이 소요가 제기되면 여러 가지 논의를 거쳐 최종 소요결정된다. [그림 3-2]와 같이 이 소요를 실행하고 예산에 반영하기 위해 선행연구를 통한 사업추진 기초 문서를 작성하고 이 문서를 바탕으로 사업추진 기본전략을 수립한다. 이 전략에 따라 장비 도입사업이 연구개발될지 구매로 추진될지 여부가 결정된다. 사업추진 기본전략이 연구개발로 결정되면, 이후 실제 탐색개발과 체계개발의 절차로 진행된다. [그림 3-3]은 체계개발 단계 진행까지의 절차를 요약한 것이다.

2 출처 : 『국방기술품질원, 무기체계 연구개발단계 품질관리 기술지원 가이드북』, 2020년

**소요제기**

- **소요제기 기관**
  - □ 국방부 □ 합참
  - □ 각군 및 해병대
  - □ 방위사업청
  - □ 국직부대 및 합동부대
- **소요제기 대상**
  - □ 신규 무기체계
  - □ 무기체계 편제보충 소요
  - □ 수명연장을 포함한 무기체계 성능개량
  - □ 무기체계 연구개발 관련 핵심기술 소요 등

▼

**소요결정**

- 합참은 소요제기기관에서 제출한 소요제기서를 검토하여 단위전력의 합동성, 완전성, 통합성, 상호운용성, 소요의 우선순위 및 대체 무기 체계의 도태·조정 개념 등을 고려하여 보완하고 전력소요서(안)를 작성
- 합참은 합동전략실무회의, 합동전략회의, 합동참모회의 심의·의결 후 합참의장의 결재를 받아 소요를 결정

▼

**선행연구**

- **선행연구 내용**
  - □ 연구개발의 가능성 □ 소요분석 □ 국방과학기술 수준
  - □ 방위산업 육성 효과 □ 경제적 타당성 및 비용대효과분석
  - □ 전 수명주기 동안의 비용분석 등

▼

**사업추진 기본전략수립**

- **사업추진기본전략(안) 포함사항**
  - □ 획득목표, 연도별 편성계획을 포함한 사업예산, 추진경위 등 사업현황
  - □ 필요성, 운용개념 등 획득논리
  - □ 획득성능 □ 연구개발 또는 구매로의 사업추진 목표 및 방침

▼

**체계연구개발 (탐색개발)**

- **시제품 제작·시험 등을 통해 개발된 기술을 입증**
  - □ 체계요구조건 검토 □ 기술성숙도 평가 □ 운용성 확인
  - □ 작전운용성능 결정 □ 진화적 연구개발전략 수립
  - □ 체계개발 일정과 소요비용 산출 □ 예비시험평가기본계획서 작성 등

▼

**체계연구개발 (체계개발)**

- **설계·시제품제작·시험평가를 통해 양산할 수 있는 무기체계를 개발하는 단계**
  - □ 핵심부품·구성품으로부터 완성체계 설계
  - □ 개발시험 평가 및 운용시험 평가
  - □ 국방규격화·목록화 등 □ 제조성숙도 평가

[그림 3-3] 군의 무기체계 연구개발 절차[3]

---

3 출처 : 『국방기술품질원, 무기체계 연구개발단계 품질관리 기술지원 가이드북』, 2020년

SECTION

# 3.2 무인항공(드론) 시스템의 기술구조

무인항공기(드론) 시스템 관련 기술 분야는 광범위하다. 크게 비행체와 비행제어를 다루는 항공 관련 분야, 데이터통신을 다루는 통신 관련 분야, 항공전자 및 지상통제 시스템을 다루는 전기전자 분야, 탑재임무장비에 따른 광학 분야, 농업 분야, 레이더 분야, 공간정보 항공측량 분야 등 다양한 활용 분야가 포함된다.

[그림 3-4]는 구체적인 드론 기술구조를 나타낸다. 크게 드론 체계설계/통합기술, 비행체 제작 기술, 원격통제 시스템 기술, 통신/데이터링크 기술, 탑재임무장비 기술, 종합군수지원 기술로 분류해 볼 수 있다.

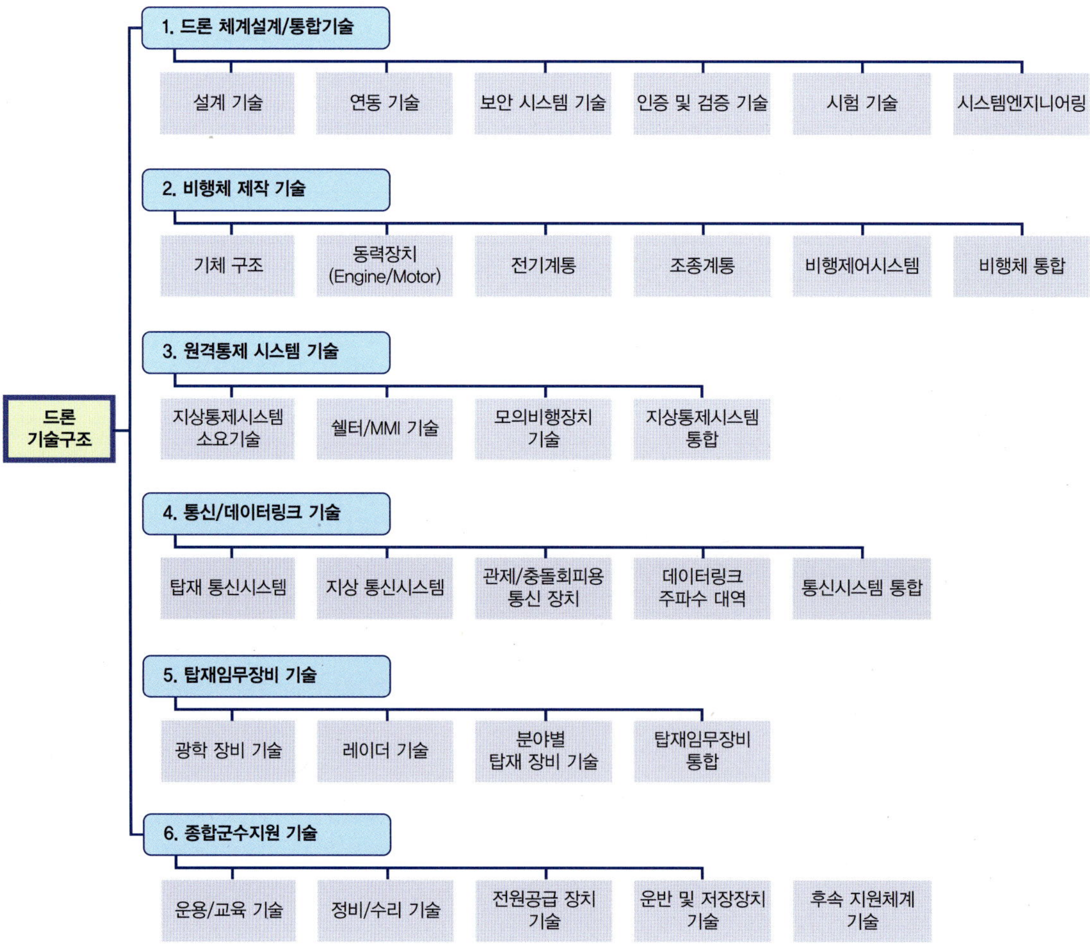


[그림 3-4] 드론 기술구조 총괄 도표

## 3.2.1 드론 체계설계/통합기술

드론 체계설계/통합기술은 [그림 3-5]와 같이 설계 기술, 연동 기술, 보안 시스템 기술, 인증 및 검증 기술, 시험 기술, 시스템엔지니어링 등으로 나뉘며, 각각 하위의 세부 기술로 구성된다.

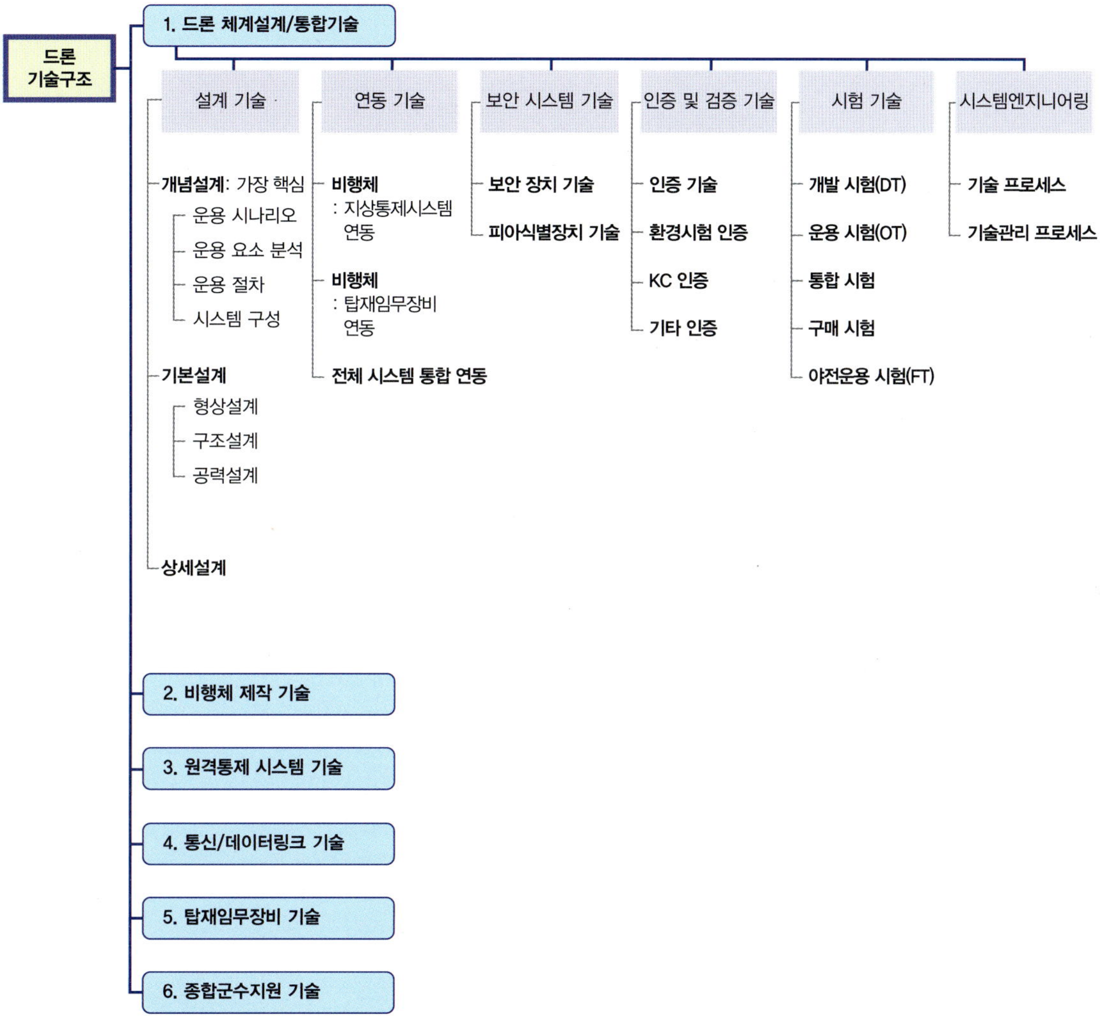


[그림 3-5] 드론 체계설계/통합기술

드론시스템 설계는 [그림 3-6]과 같은 절차로 진행된다. 새로운 장비는 수요자의 요구를 분석하여 개념 연구 → 개념 설계 단계(Conceptual Design Phase) → 기본 설계 단계(Preliminary Design Phase) → 상세 설계 단계(Detailed Design Phase) → 제작 및 시험비행 단계(Manufacturing & Testing Phase) → 생산 단계(Production and Construction Phase)로 진행된다. 생산이 완료된 후 사용자에 의해 운영 유지(Operation and Maintenance Phase)와 폐기 단계(Phaseout and Disposal)로 마무리된다.

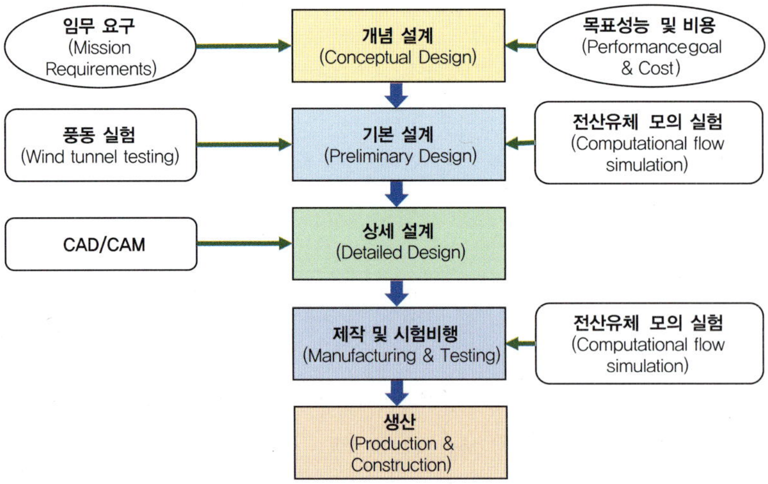


[그림 3-6] 설계 절차

통상적으로 항공기 개발 시, [그림 3-7]과 같이 탐색개발(exploratory development) 과정에서 개념 설계와 기본 설계를 진행하고, 체계개발(full scale development) 과정에서 상세 설계, 시제기(prototype) 제작 및 개발시험(Development test flight)을 실시한다. 그 후 양산개발(mess-production development) 과정에서 양산모델로 개발하여 생산하게 된다.

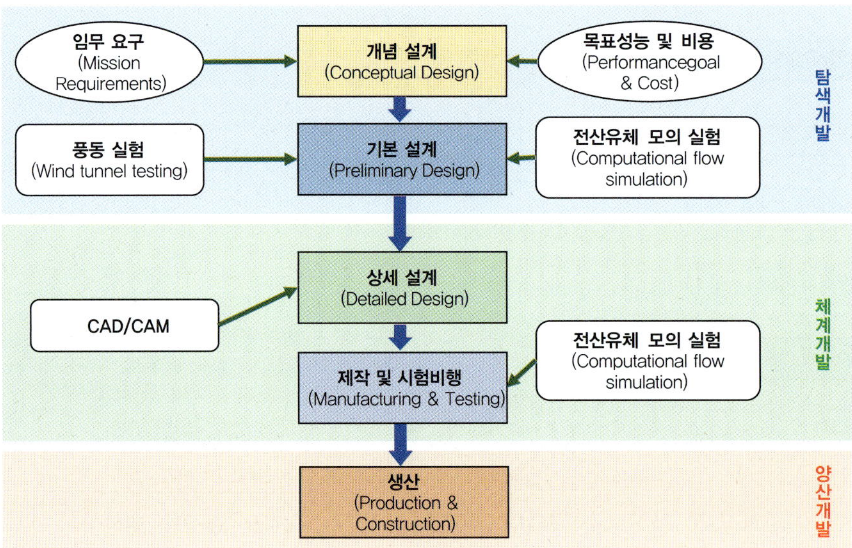


[그림 3-7] 항공기 개발 절차

[그림 3-8]은 항공기 개념 설계 과정을 나타낸다. 새로운 항공 시스템을 개발하려면 초기 요구사항 분석, 상세한 개념 연구, 개념 설계를 통한 운용 개념을 설정하는 것이 무엇보다도 중요하다. 이에 따라 시스템의 개념 설계, 기본 설계 및 상세 설계, 생산 운용의 방향과 비용이 크게 변화되기 때문이다.

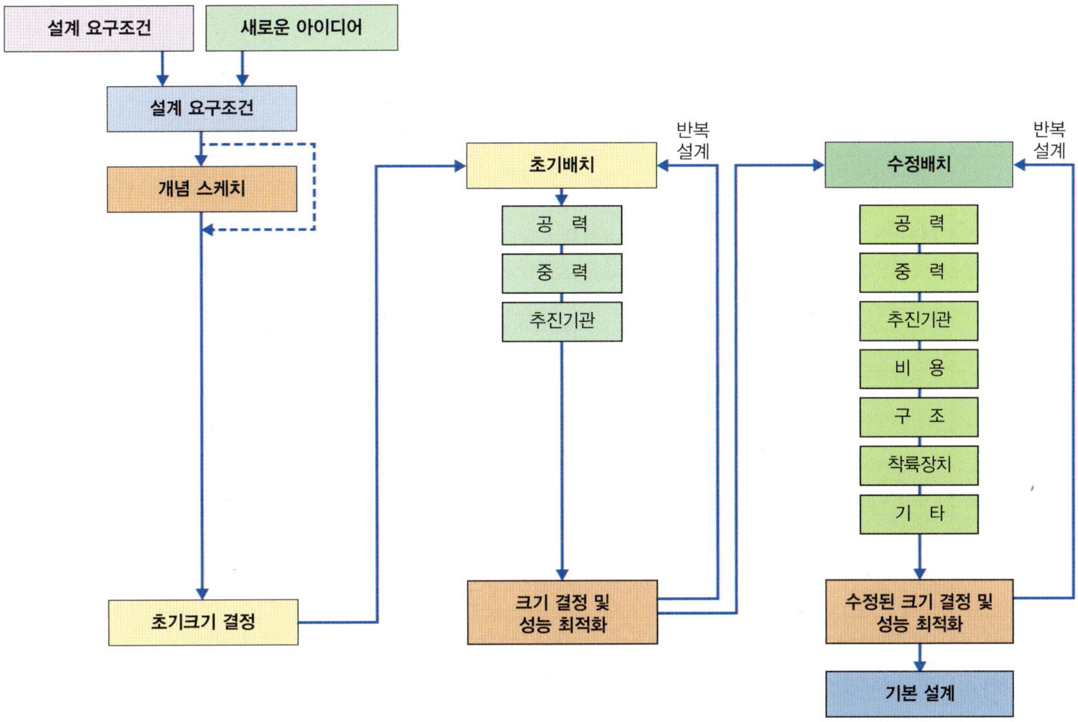


[그림 3-8] 항공기 개념 설계 과정

## 3.2.2 비행체 제작 기술

개념 연구를 통해 시스템의 운영요구사항들이 설정되고 개념 설계가 완료되면 운영 개념서를 작성하고, 이에 따라 기본 설계, 상세 설계 및 제작과정을 진행한다. 여기서는 가장 복잡한 시스템인 무인헬리콥터 시스템을 예시로 설명한다.

[그림 3-9]와 같이 정찰용 드론의 기체는 메인 동체, 착륙장치, 주날개와 꼬리날개, 수직/수평 안정판 등으로 구성되어 있으며, 각 부분은 정비와 저장이 용이하도록 유기적인 체계로 장착된다. 동력장치는 주로 중앙동체 전면부에 장착되어 있으며 동력발생 장치, 동력안정화 장치, 동력전달계통, 연료계통, 냉각계통, 오일계통 등이 있다. 여기에 더하여 전기계통과 조종계통이 있고, 비행제어시스템이 장착된다. 이러한 각 구성품들에 대한 설계·제작 기술들과 함께 비행체를 통합하고 시험하는 기술들이 비행체 제작 기술이다.

- 드론 기술구조
  - 1. 드론 체계설계/통합기술
  - 2. 비행체 제작 기술
    - 기체 구조
      - 고정익
        - 메인 동체 (main body)
        - 착륙장치 (Landing Gear)
        - 주날개 (Main wing)
        - 수평안정판 (horizontal stabilizer)
        - 수직안정판 (vertical stabilizer)
        - 기타
      - 회전익
        - 메인 동체 (main body)
        - 착륙장치 (Landing Gear)
        - 주날개 (Main wing)
        - 수평안정판 (horizontal stabilizer)
        - 수직안정판 (vertical stabilizer)
        - 기타
    - 동력장치 (Engine/Motor)
      - 동력발생 장치
        - 가스터빈엔진
        - 제트엔진
        - 왕복엔진
        - 로터리엔진
        - 전동모터/ESC
      - 동력안정화 장치
        - 가버너
        - FADEC 장치
      - 동력전달계통
        - 기어박스 (Transmission)
        - 전달 축
        - 클러치
      - 연료계통
        - 펌프
        - 라인
        - 필터
        - 혼합기
        - 저장 용기
      - 냉각계통
        - 펌프
        - 라인
        - 필터
        - 열기 방출기(Radiator)
        - 냉각팬
      - 연료계통
        - 펌프
        - 라인
        - 필터
        - 혼합기
        - 저장 용기
    - 전기계통
      - 발전기
      - 정류기
      - 전원분배기
      - 배터리
      - 충전기
      - 배선 (Wire harnes)
    - 조종계통
      - 서보엑츄에이터
      - 링키지
      - 기타
      - 서보 모터
    - 비행제어시스템
      - 센서 제작 기술
      - 센서 응용 SW 기술
      - 비행 제어 SW 기술
      - 항법 제어 SW 기술
      - GPS 장치 기술
    - 비행체 통합
      - 비행체 연동
      - 비행체 시험
      - 비행시험기술
  - 3. 원격통제 시스템 기술
  - 4. 통신/데이터링크 기술
  - 5. 탑재임무장비 기술
  - 6. 종합군수지원 기술

[그림 3-9] 비행체 제작 기술

## 3.2.3 원격통제 시스템 기술

지상/함상의 원격통제시스템은 전기전자 시스템으로서 [그림 3-10]과 같은 다양한 기능을 구현할 수 있도록 설계 및 개발된다. 비행데이터 시연 기능, 비행계획 및 조종명령 입력 기능, 시스템 상태 이상 유무 경고 기능, 디지털지도 및 연동하여 표시하는 기능이 기본적으로 갖춰져야 한다. 이에 따라 시스템을 연동하고 통합하는 기술, 암호화 기술, 운용자들의 장시간 근무에 따른 편이성을 보장하기 위한 맨머신인터페이스(MMI) 기술, 전원 안정화 및 분배 기술이 필요하다.

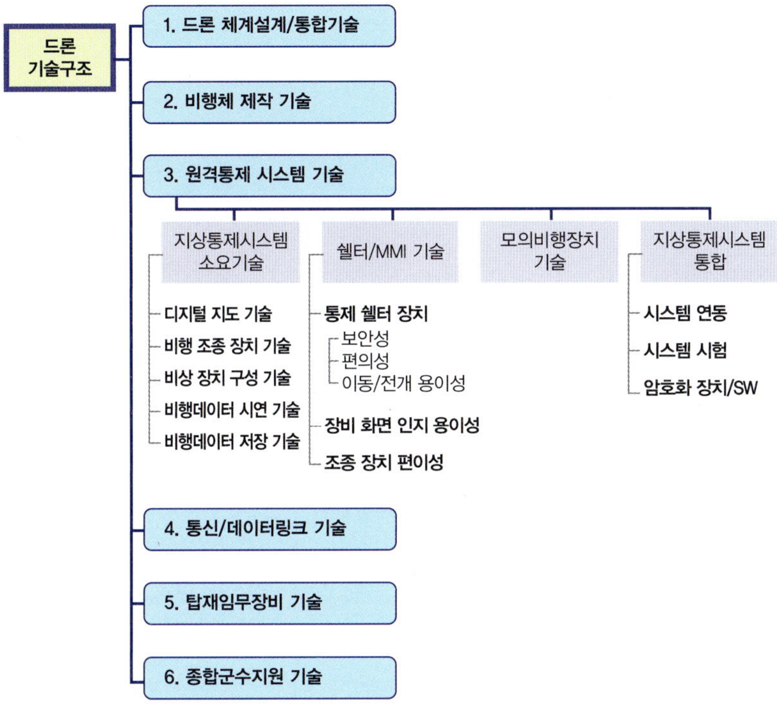


[그림 3-10] 원격통제 시스템 기술

## 3.2.4 통신/데이터링크 기술

무인기(드론) 체계의 데이터링크는 지상장비와 비행체 간 무선 데이터 통신을 통해 비행체 및 탑재 장비를 제어하고, 비행체에서 획득한 임무영상정보와 탑재장비에 대한 상태정보를 지상으로 전송하여 각종 임무를 원활히 수행할 수 있도록 지원하는 시스템이다. [그림 3-11]과 같이 무인기(드론) 체계의 데이터링크는 비행체 데이터통신장치(ADT; Airborne-Data Terminal), 지상통제장치 데이터통신장치(GCSDT; Ground Control System Data Terminal), 지상데이터중계기(GDR; Ground Data Relay system), 공중데이터중계기(ADR; Airborne Data Relay system)로 구성된다. 기타 통신장치로 관제/충돌회피용 통신장치 등이 필요하고 이러한 데이터링크들과 부가장치에 따른 주파수대역들이 필요하다.

- **비행체 데이터통신장치(ADT)** : 비행체에 탑재되어 주 데이터링크와 보조 데이터링크 연결을 지원한다.
- **지상 데이터통신장치(GDT)** : 비행체와 원격통제장치 간의 데이터링크 연결을 지원하며, 주 데이터링크의 안정적 연결을 보장하기 위해 자동추적 안테나를 사용한다. 비행체 제어 신호를 송신하고, 임무 영상자료 및 비행체 상태 자료를 최종 수신한다.
- **지상데이터중계기(GDR)/공중데이터중계기(ADR)** : 지형이나 장애물, 비행거리 등의 문제로 인해 통신 가시선이 나오지 않을 경우, 원격통제장비와 비행체를 자상에서 중계하는 지상중계기를 사용하거나 공중에서 중계하는 공중중계기를 사용한다.

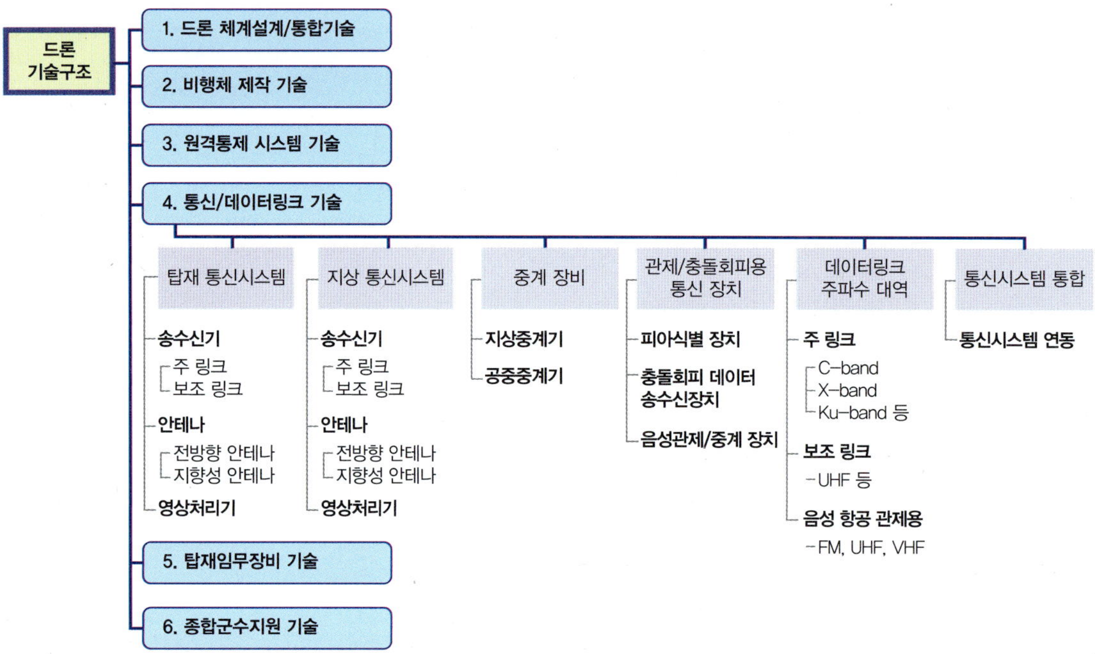


[그림 3-11] 통신/데이터링크 기술

무인기(드론) 체계에서는 UHF 대역이나 기타 대역을 보조 데이터링크로 사용한다. 이 보조 링크는 대개 주 링크에 대한 예비기능으로서 비행제어에 대한 최소 데이터를 전송하는 데 사용된다.

## 3.2.5 탑재임무장비 기술

정찰감시 목적으로 개발이 시작된 드론의 특성상 가시광선대의 전자광학 카메라(EO)와 적외선 카메라(IR)와 같이 사용되는 경우가 대부분이고, LRF 등 거리측정기 등도 기본으로 장착된다. 안개 등으로 인한 시계가 제한된 상태에서 장거리 감시 정찰을 하기 위해 합성개구레이더(SAR; Synthetic Aperture Radar)도 사용되며, 고유한 분야별 임무에 맞는 탑재장비들이 제작·장착되어 사용된다.

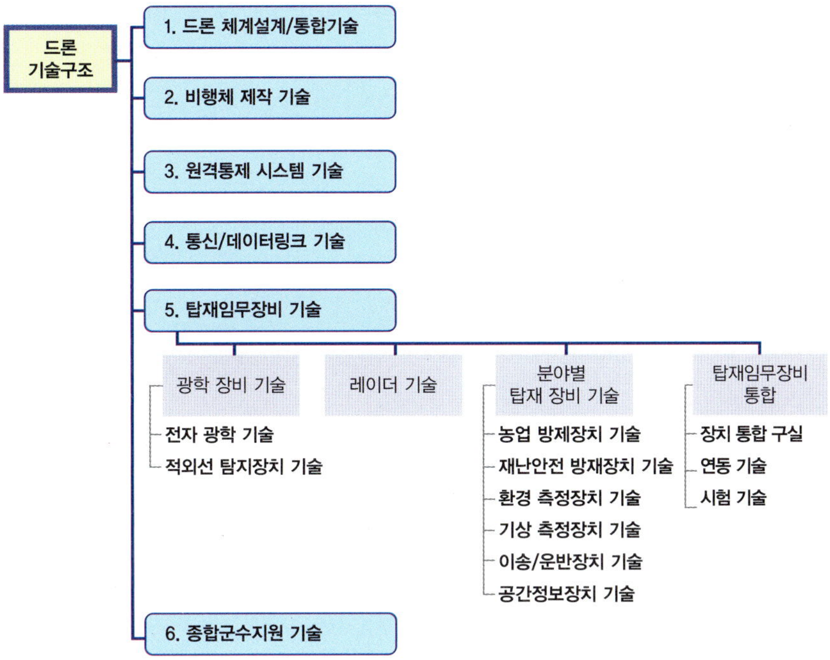


[그림 3-12] 탑재임무장비 기술

## 3.2.6 종합군수지원 기술

장비 도입과 함께 반드시 고려되어야 하는 부분이 군용장비에서 사용하는 종합군수지원 또는 종합군수지원으로 장비 운용에 필요한 제반 지원사항들을 갖추는 일이다. [그림 3-13]과 같이 운용/교육, 정비/수리, 전원공급장치, 운반 및 저장장치, 후속 지원체계 등으로 구성된다. 장비 도입 시 이러한 종합군수지원에 소요되는 비용을 반드시 같이 계획해야 한다.

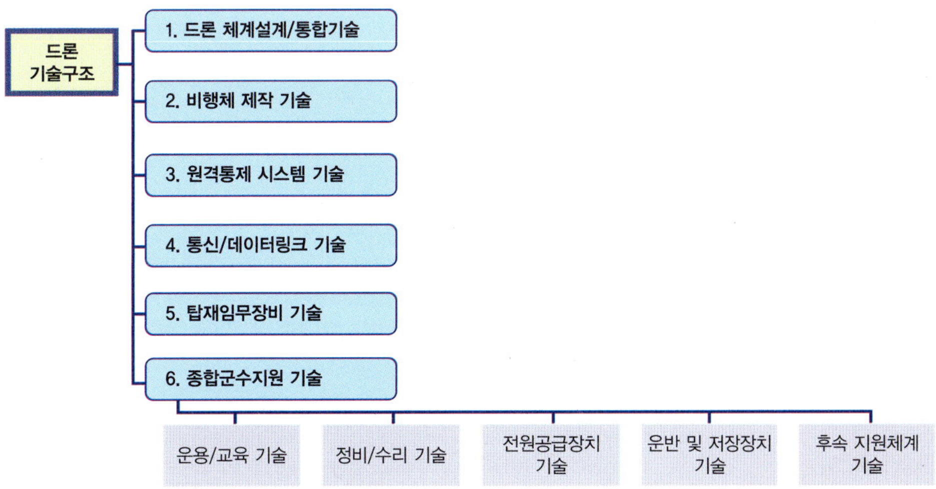


[그림 3-13] 종합군수지원 기술

종합군수지원 개발 요소들은 [표 3-1]과 같다. 이러한 요소들은 사용자 측과 공급자 측이 공동 개발해서 준비해야 한다.

[표 3-1] 종합군수지원 개발 요소

| 구분 | 항목 |
|---|---|
| 개발관리 | ILS-P |
| | LSA-P |
| | RAM-Plan |
| 분석업무 | RAM |
| | LSA |
| 요소개발 | 연구 및 설계 반영 |
| | 표준화 및 호환성 |
| | 정비계획 |
| | 지원장비 |
| | 보급지원 |
| | 군수인력 운용 |
| | 군수지원 교육 |
| | 기술교범 |
| | 포장, 취급, 저장 및 수송 |
| | 정비 및 보급 시설 |
| | 기술자료 관리 |

SECTION 3.3

# 무인항공 시스템 비행체의 성능 계산

드론을 제작하려면 비행체의 성능 계산을 먼저 시행해야 하는데, 성능 데이터를 산출하기 위해서는 많은 시간과 연구 개발비가 투입된, 다양하고 많은 실 비행시험과 그 결과에 대한 데이터가 필요하다. 성능 계산 사이트가 만들어지기 전에는, 드론을 제작할 때 시스템을 설계하고 나서 각 대상 구성품의 성능 해석을 하고, 이에 더해 각 구성품의 성능 값을 수많은 시험을 통해 확인한 후, 그 확인된 결과를 반영하여 정정한 부품들을 가지고 드론 시스템 제작에 들어가야 했다. 하지만 지금은 [표 3-2]와 [표 3-3]에서 소개하는 웹사이트를 통해 간단히 성능 데이터들을 산출하고 제작해볼 수 있어 유용하다. 국내에서는 팰콘샵이란 업체에서 운영하는 온라인을 통해 드론 성능을 산출하는 서비스를 받을 수 있고, 해외에서는 스위스의 eCalc calculator 사이트를 활용할 수 있다.

[표 3-2] 국내 드론 제작용 사양 계산기 : 팰콘샵 성능 계산기

| 구분 | URL |
|---|---|
| 드론 성능 계산 | https://www.falconshop.co.kr/shop/main/html.php?htmid=proc/dronespec.htm |
| 유튜브 동영상 | https://www.youtube.com/watch?v=w2MJG-cJ0Dk |
| 비행시간 계산 | https://www.falconshop.co.kr/shop/main/html.php?htmid=proc/flighttime.htm |
| 프로펠러 계산 | https://www.falconshop.co.kr/shop/main/html.php?htmid=proc/propsize.htm |

[표 3-3] 스위스 드론 제작용 사양 계산기 : eCalc calculator

| 구분 | URL |
|---|---|
| 드론 성능 계산 | https://www.falconshop.co.kr/shop/main/html.php?htmid=proc/dronespec.htm |
| 유튜브 동영상 | https://www.youtube.com/watch?v=w2MJG-cJ0Dk |
| 비행시간 계산 | https://www.falconshop.co.kr/shop/main/html.php?htmid=proc/flighttime.htm |
| 프로펠러 계산 | https://www.falconshop.co.kr/shop/main/html.php?htmid=proc/propsize.htm |

## 3.3.1 드론 사양 계산기

드론의 실제 성능을 산출하려면 많은 시험을 거쳐야 한다. 하지만 드론 성능 계산기를 사용하면 기존 시험 데이터들을 활용하여 간단히 계산할 수 있어 효율적으로 드론 시스템 개발하는 데 많은 도움이 된다. 이 계산기로 드론 제작용 사양 계산, 비행시간 계산, 프로펠러 계산 등을 할 수 있으며, 바로 부품들을 선

정하여 구매 예산까지 산출할 수 있어 편리하다. 이제, 멀티콥터 사양계산기의 사용법을 알아보고 각자 실습을 해보도록 한다.

## 멀티콥터형 사양 계산 및 부품 선정

[그림 3-14]의 팰콘샵 성능 계산기를 이용해 실제 성능을 산출하고, 사용 가능한 부품들을 직접 선정하여 나만의 멀티콥터를 만들어볼 수 있다. 팰콘샵 유튜브에서 설명하는 내용대로 다음 예시를 가지고 설명한다. 필요시 유튜브 동영상을 참조하며 하나씩 따라 해보기 바란다.

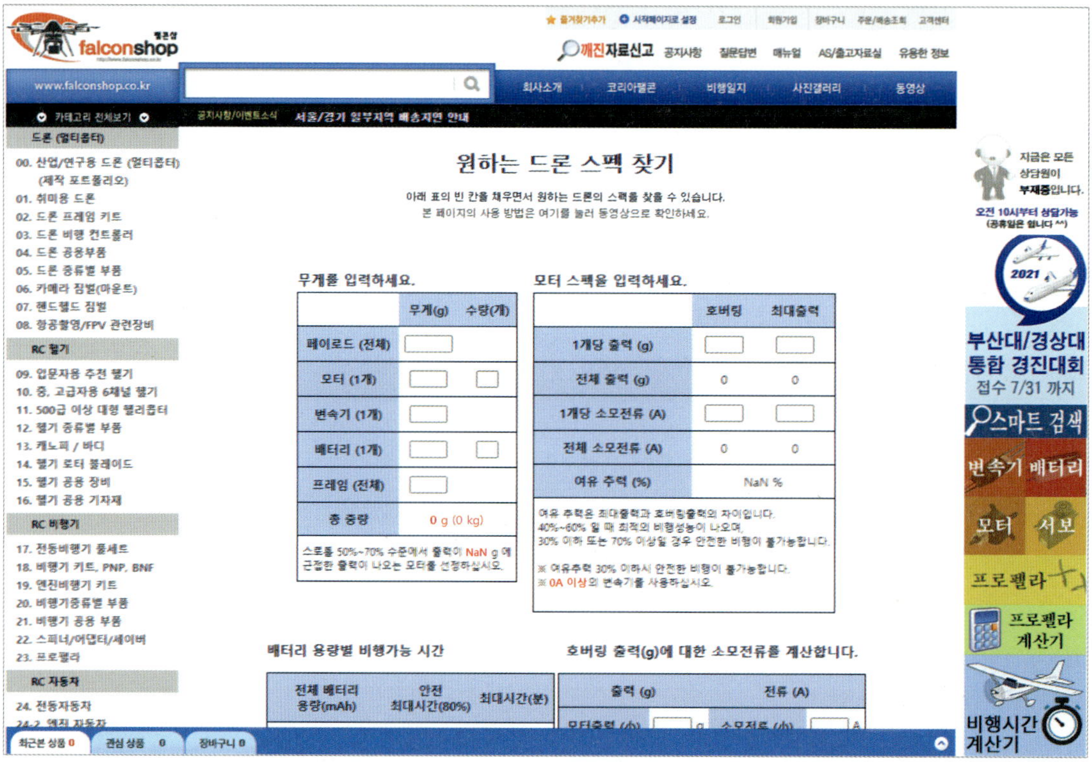


[그림 3-14] 팰콘샵 성능 계산기[4]

4 출처 : 팰콘샵 웹사이트(https://www.falconshop.co.kr/shop/main/html.php?htmid=proc/dronespec.htm)

## 예시 : 1kg 탑재하고 10분 비행하는 드론 만들기

### ❶ 중량 입력 : 패이로드, 프레임 무게 입력하여 모터의 소요 출력 산출

[그림 3-15]의 입력창에 우선 페이로드 1,000g을 입력하고, 적당한 기체를 찾아 기체 중량과 모터 개수를 입력하면 모터의 소요 출력이 산출된다.

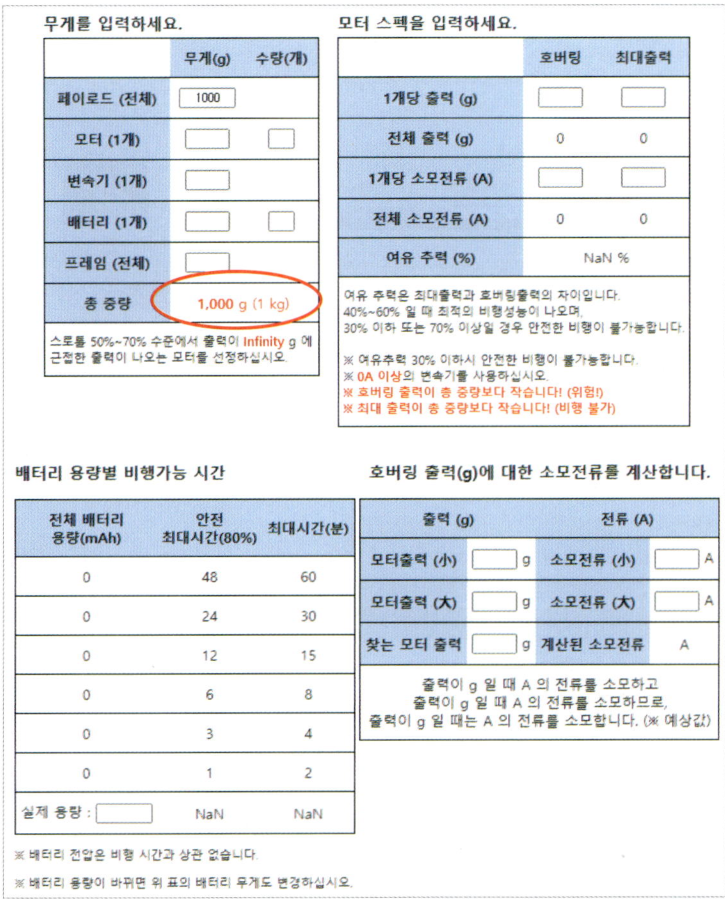


[그림 3-15] 성능 계산기 무게 입력

## ❷ 모터 선정

[그림 3-15]의 출력에 맞는 모터를 찾아야 한다. 스로틀 50~70% 수준에서 출력이 321g에 근접한 출력이 나오는 모터를 선정한다.

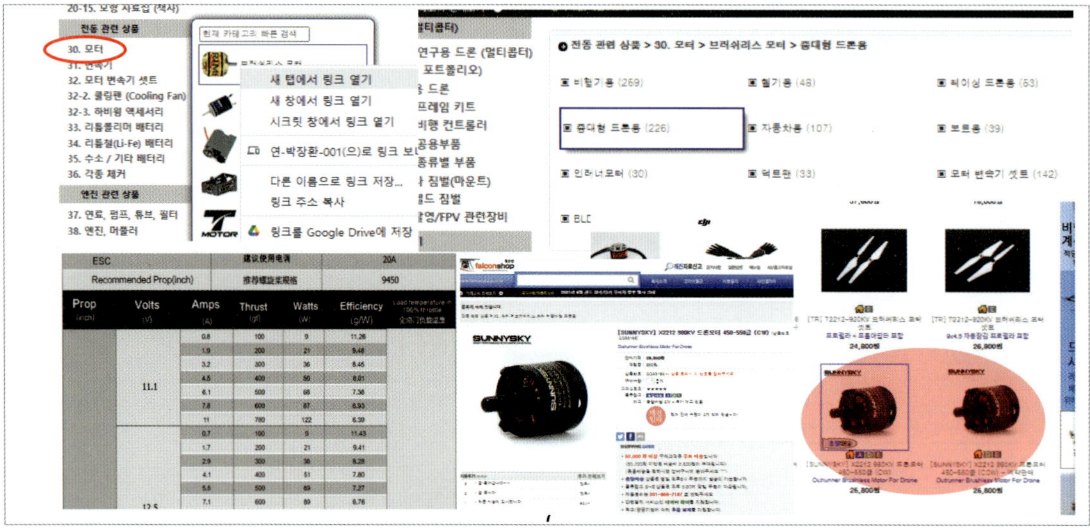


| ESC | | | 建议使用电调 | | 20A | |
|---|---|---|---|---|---|---|
| Recommended Prop(inch) | | | 推荐螺旋桨规格 | | 9450 | |
| **Prop** (inch) | **Volts** (V) | **Amps** (A) | **Thrust** (gf) | **Watts** (W) | **Efficiency** (g/W) | Load temperature in 100% throttle 全油门负载温度 |
| | 11.1 | 0.8 | 100 | 9 | 11.26 | |
| | | 1.9 | 200 | 21 | 9.48 | |
| | | 3.2 | 300 | 36 | 8.45 | |
| | | 4.5 | 400 | 50 | 8.01 | |
| | | 6.1 | 500 | 68 | 7.38 | |
| | | 7.8 | 600 | 87 | 6.93 | |
| | | 11 | 780 | 122 | 6.39 | |
| | | 0.7 | 100 | 9 | 11.43 | |
| | | 1.7 | 200 | 21 | 9.41 | |
| | | 2.9 | 300 | 36 | 8.28 | |
| | | 4.1 | 400 | 51 | 7.80 | |
| | | 5.5 | 500 | 69 | 7.27 | |

[그림 3-16] 모터 선정

### ❸ 소모전류 산출

[그림 3-16]의 모터 데이터 자료를 참조하여 [그림 3-17]의 표에 입력하고, 소모전류를 산출한다.

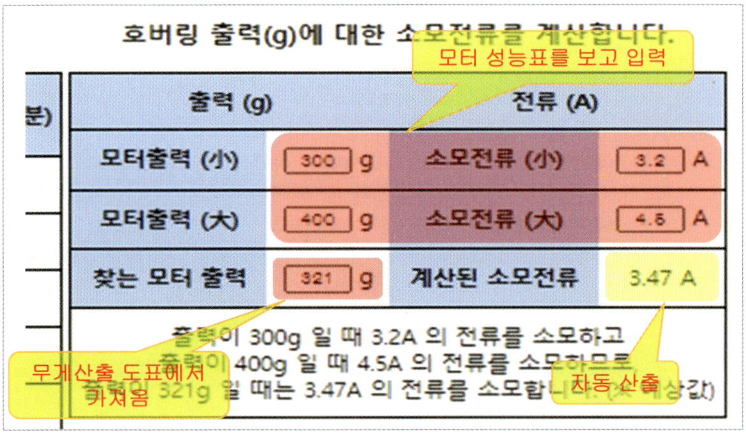


[그림 3-17] 소모전류 산출

### ❹ 여유 추력 산출

[그림 3-18]처럼 최대출력과 소모전류를 입력해서 여유 추력을 산출한다. 여유 추력은 최대출력과 호버링출력의 차이이다. 여유 추력이 40~60%일 때 최적의 비행성능이 나오며, 30% 이하 또는 70% 이상일 경우 안전한 비행이 불가능하다.

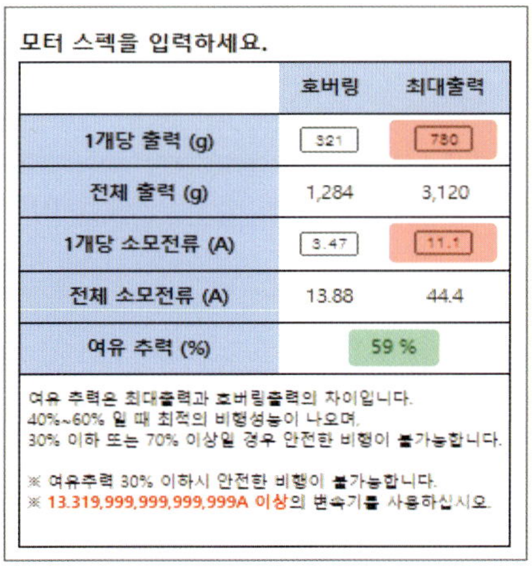


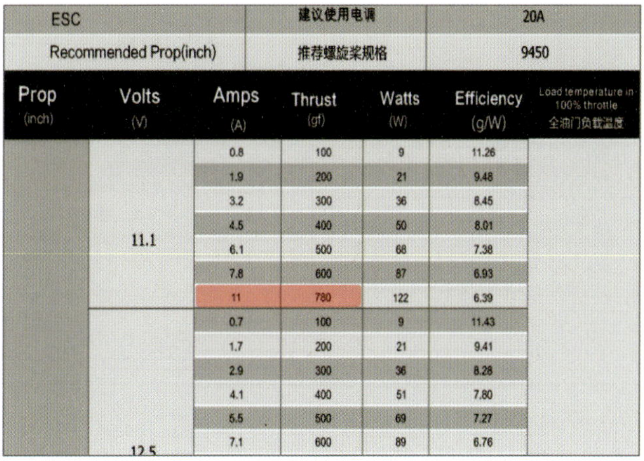

| ESC | | 建议使用电调 | | 20A | | |
|---|---|---|---|---|---|---|
| Recommended Prop(inch) | | 推荐螺旋桨规格 | | 9450 | | |
| Prop (inch) | Volts (V) | Amps (A) | Thrust (gf) | Watts (W) | Efficiency (g/W) | Load temperature in 100% throttle 全油门负载温度 |
| | 11.1 | 0.8 | 100 | 9 | 11.26 | |
| | | 1.9 | 200 | 21 | 9.48 | |
| | | 3.2 | 300 | 36 | 8.45 | |
| | | 4.5 | 400 | 50 | 8.01 | |
| | | 6.1 | 500 | 68 | 7.38 | |
| | | 7.8 | 600 | 87 | 6.93 | |
| | | 11 | 780 | 122 | 6.39 | |
| | 12.5 | 0.7 | 100 | 9 | 11.43 | |
| | | 1.7 | 200 | 21 | 9.41 | |
| | | 2.9 | 300 | 36 | 8.28 | |
| | | 4.1 | 400 | 51 | 7.80 | |
| | | 5.5 | 500 | 69 | 7.27 | |
| | | 7.1 | 600 | 89 | 6.76 | |

[그림 3-18] 1차 여유 추력 산출

## ❺ 모터 중량 입력

모터 스펙자료에서 모터 중량을 찾아 도표에 입력하면 총중량과 소요 모터출력이 다시 산출된다.

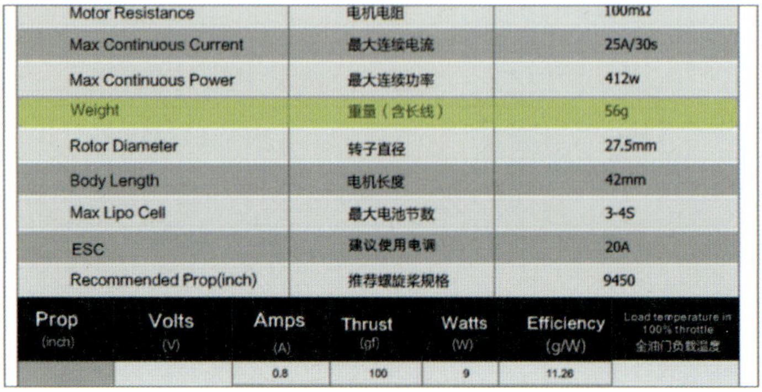


[그림 3-19] 모터 중량 입력

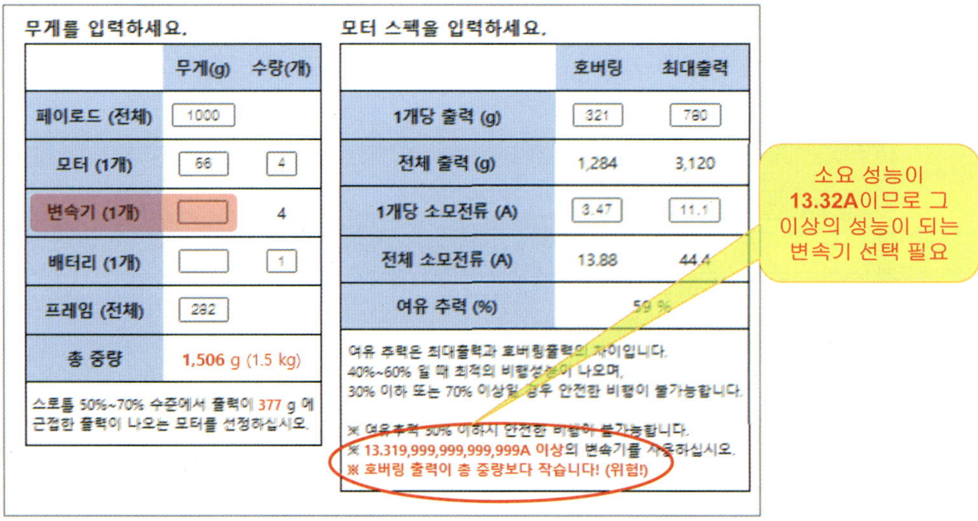


[그림 3-20] 소모전류 확인

## ❻ 변속기 선정

[그림 3-20]에서 산출된 소요전류에 맞는 변속기를 선정한다.

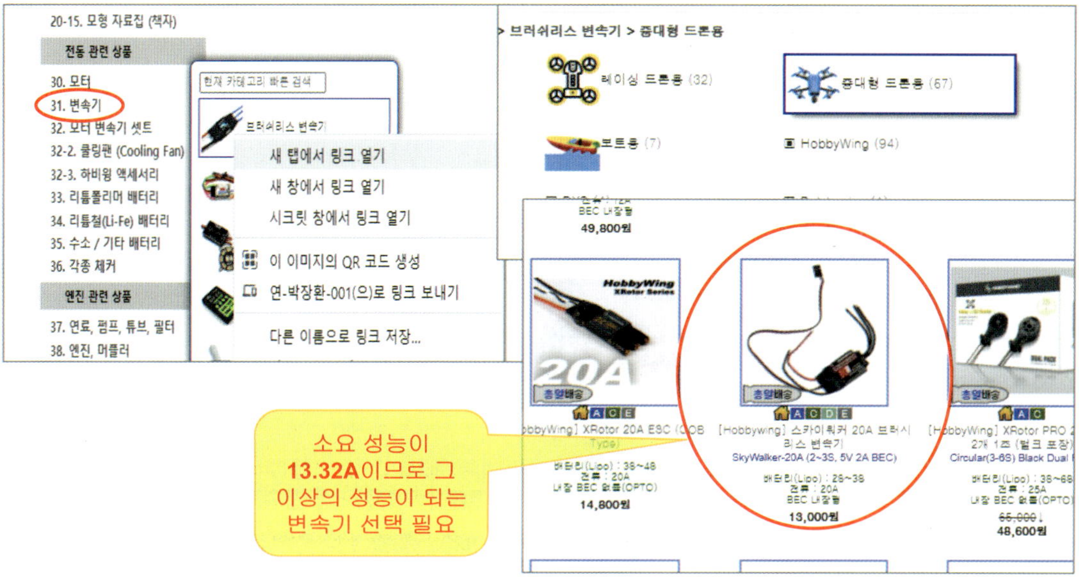


[그림 3-21] 소모전류에 맞는 변속기 선정

## ❼ 변속기 중량 입력

변속기 스펙자료에서 변속기 중량을 찾아 도표에 입력하면 총중량과 소요 모터출력이 다시 산출된다.

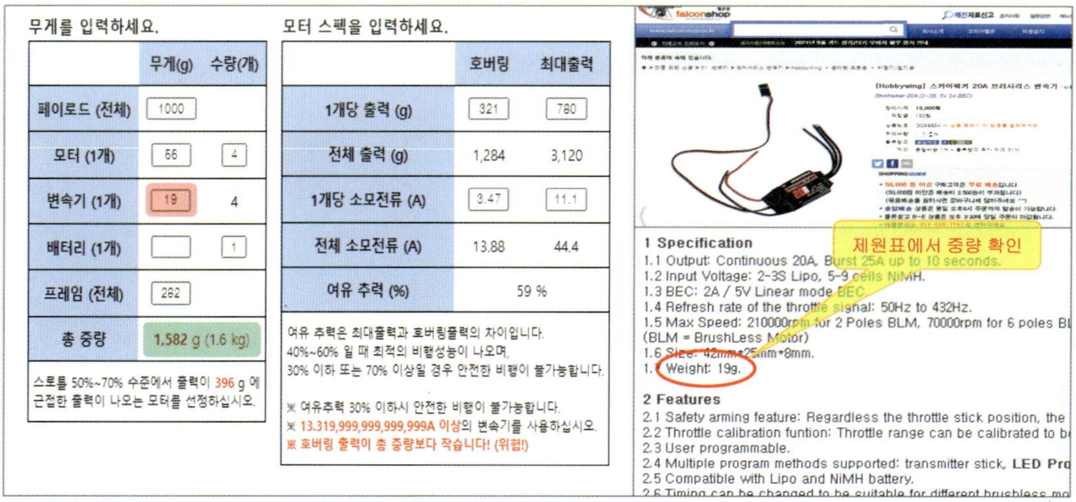


[그림 3-22] 변속기의 중량 확인

### ❽ 여유 추력 재산출

[그림 3-22]에서 산출된 모터출력을 입력하면 소모전류와 여유 추력이 재산출된다.

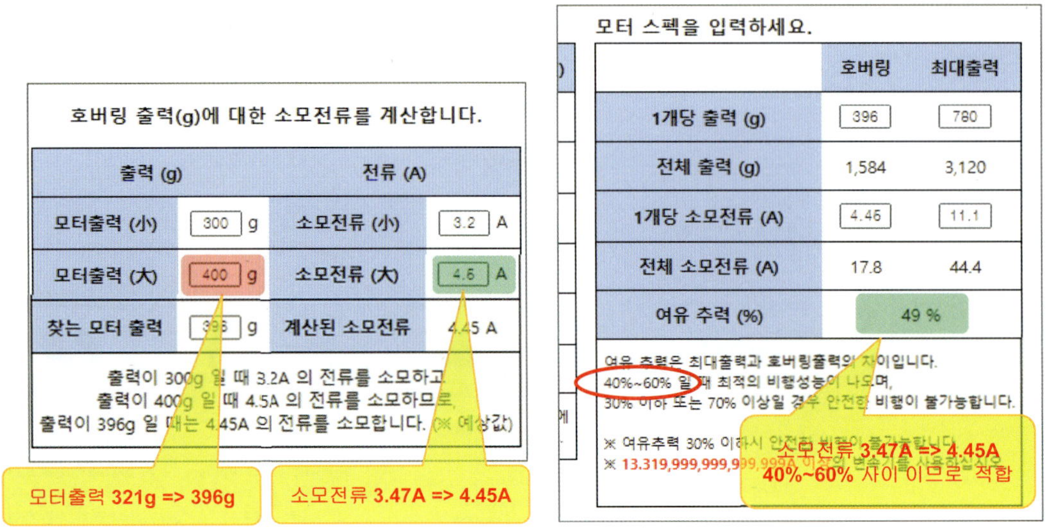


[그림 3-23] 여유 추력 재산출

### ❾ 배터리 선택

목표 비행시간에 근접하는 배터리 용량을 가지고 그 용량에 유사한 배터리를 선택한다.

[그림 3-24] 목표 비행시간에 해당하는 배터리 선택

### ⑩ 배터리 중량 입력

배터리 스펙자료에서 배터리 중량을 찾아 도표에 입력하면 총중량과 소요 모터출력이 다시 산출된다.

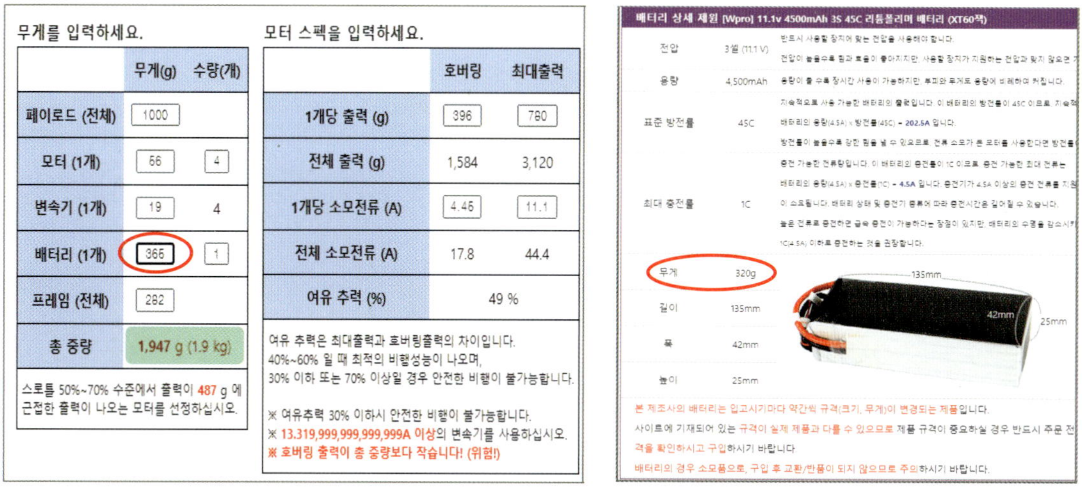


[그림 3-25] 배터리 중량을 입력하여 총중량과 소요 모터출력 산출

### ⑪ 여유 추력 재산출

모터 출력을 다시 입력하여 여유 추력을 재산출한다. 아직 30% 이하 또는 70% 이상의 범위에 들어가지 않으므로 비행이 가능하다.

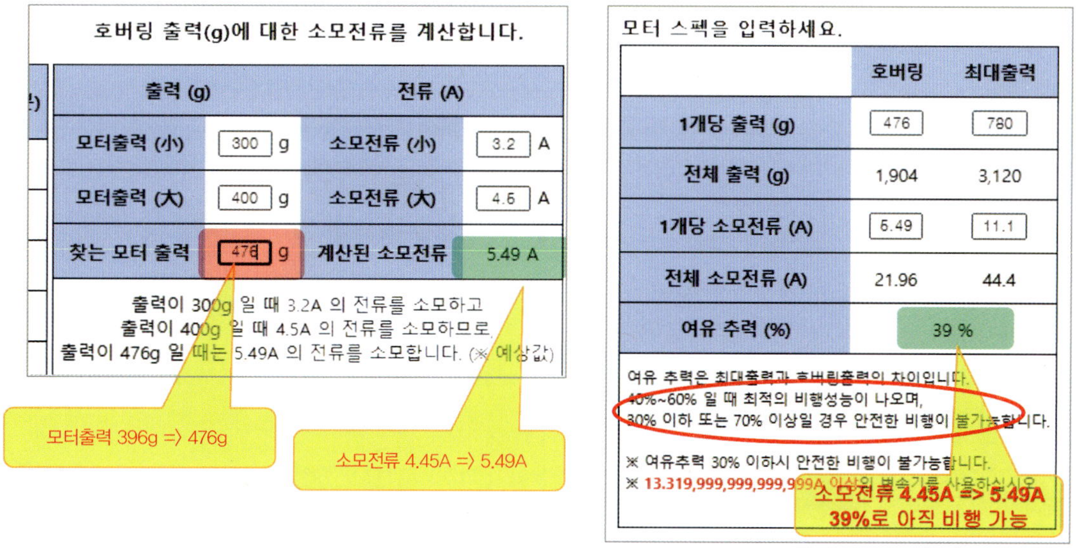


[그림 3-26] 여유 추력 재산출

### ⑫ 비행 가능 시간 산출

배터리 용량을 입력하면 비행 가능 시간이 산출된다. 여기서 10분 이상 되는 배터리 용량을 확인하여 그에 맞는 배터리를 다시 찾는다. 이 배터리의 중량과 용량을 입력한다.

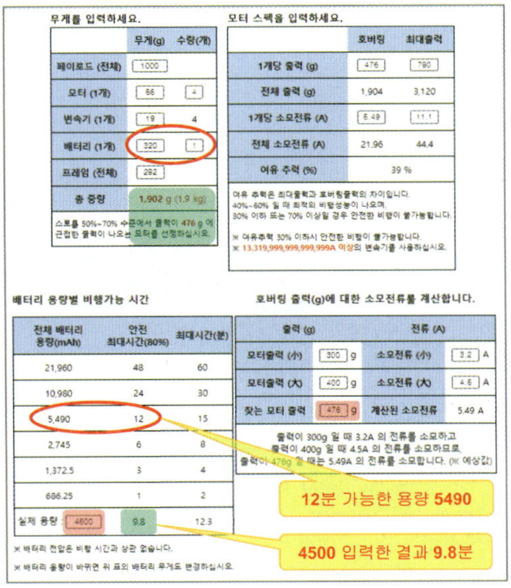


[그림 3-27] 비행 가능 시간 산출

### ⑬ 최종 비행 가능 시간 산출

새로 선정한 배터리의 최종 용량을 입력하여 안전 최대 비행시간이 목표치인 10분이 넘는지를 확인한다.

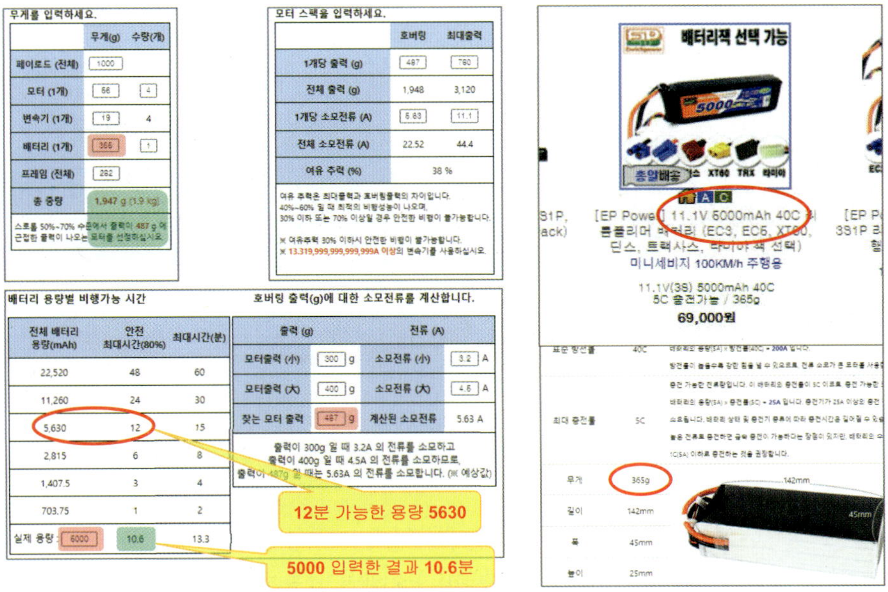


[그림 3-28] 최종 비행 가능 시간 산출

## 3.3.2 프로펠러(로터) 추력/양력 계산

비행체별로 프로펠러나 로터도 적정한 것을 선택해서 장착해야 비행이 가능하다. 이때 계산해야 할 것이 프로펠러의 추력이다. 프로펠러 추력 계산 방법을 알아보자.

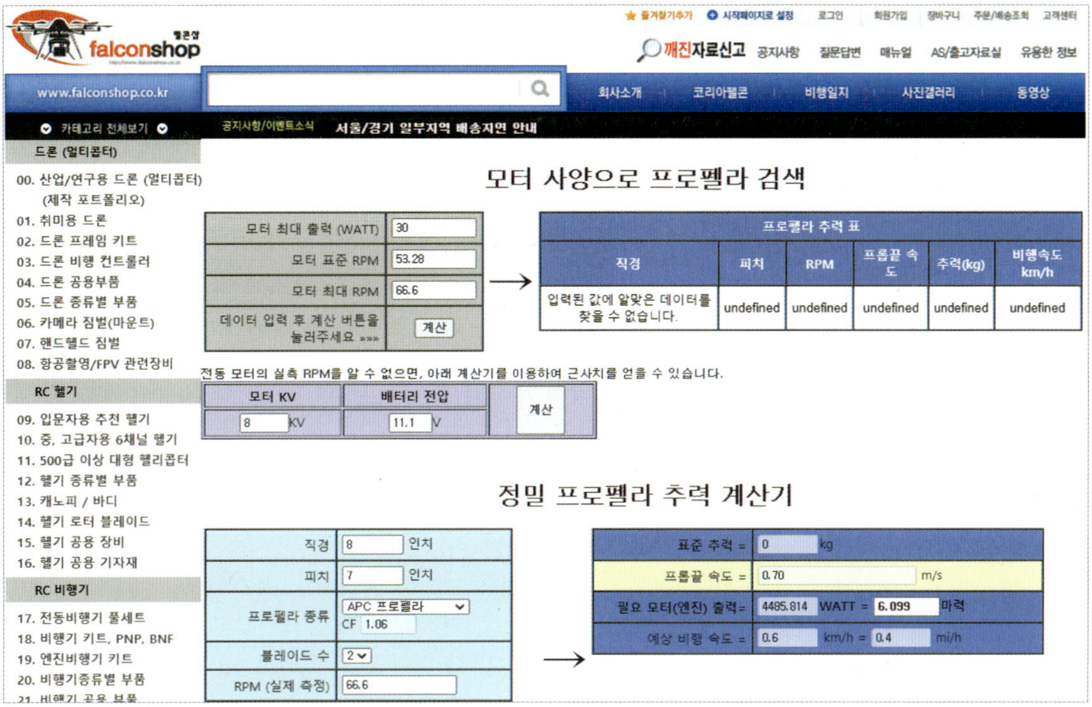


[그림 3-29] 프로펠러 추력 계산 사이트[5]

여기서는 '멀티콥터형 사양 계산 및 부품 선정' 예시인 1kg 탑재하고 10분 비행하는 드론 만들기에서 선정된 부품들을 예로 설명한다. [그림 3-28]에서 1kg을 탑재하고 10분 동안 비행하는 드론의 이륙 총중량이 1,947g으로 산출되었다. 여기에 적절한 로터를 찾기 위해서는 전동모터의 사양을 통해 로터의 추력을 산출해야 한다.

### 전동모터 분당 회전수(RPM)[6] 산출

[그림 3-16]의 과정으로 선정된 모터를 다시 확인하면 [그림 3-30]과 같다. 먼저 모터의 분당회전수를 찾아야 한다. 이것은 모터의 기본적인 제원에 나타난 kv 값과 배터리 전압을 입력하면 간단히 산출할 수 있다.

5 출처 : 팰콘샵 웹사이트(https://www.falconshop.co.kr/shop/main/html.php?htmid=proc/propsize.htm)

6 RPM : Revolutions per minute 또는 Rotate per minute

SUNNYSKY
GREAT PERFORMANCE WITH COMPETITIVE PRICE

[SUNNYSKY] X2212 980KV 드론모터 450-550급 (CW)

| Specifications | X2212 KV980 | |
|---|---|---|
| Stator Diameter | 定子外径 | 22mm |
| Stator Thickness | 定子厚度 | 12mm |
| No. of Stator Arms | 定子槽数 | 12 |
| No. of Rotor Poles | 转子极数 | 14 |
| Motor Kv | 电机KV值 | 980 |
| No-Load Current (A/10V) | 空载电流 | 0.7A |
| Motor Resistance | 电机电阻 | 100mΩ |
| Max Continuous Current | 最大连续电流 | 25A/30s |
| Max Continuous Power | 最大连续功率 | 412w |
| Weight | 重量（含长线） | 56g |
| Rotor Diameter | 转子直径 | 27.5mm |
| Body Length | 电机长度 | 42mm |
| Max Lipo Cell | 最大电池节数 | 3-4S |
| ESC | 建议使用电调 | 20A |
| Recommended Prop(inch) | 推荐螺旋桨规格 | 9450 |

| Prop (inch) | Volts (V) | Amps (A) | Thrust (gf) | Watts (W) | Efficiency (g/W) |
|---|---|---|---|---|---|
| | 11.1 | 0.8 | 100 | 9 | 11.26 |
| | | 1.9 | 200 | 21 | 9.48 |
| | | 3.2 | 300 | 36 | 8.45 |
| | | 4.5 | 400 | 50 | 8.01 |
| | | 6.1 | 500 | 68 | 7.38 |
| | | 7.8 | 600 | 87 | 6.93 |
| | | 11 | 780 | 122 | 6.39 |
| | | 0.7 | 100 | 9 | 11.43 |

[그림 3-30] 모터 제원 확인

[그림 3-30]의 제원표에서 찾은 모터의 kv 값과 장착하는 배터리의 전압을 [그림 3-31]과 같이 입력하고 계산 버튼을 누르면 모터의 RPM이 산출된다. 여기에 다시 모터 최대 출력(Watt)값을 입력하고 계산 버튼을 누르면 오른쪽의 프로펠러 추력표에 사용 가능한 프로펠러의 종류가 나온다.

| | |
|---|---|
| 모터 최대 출력 (WATT) | 122 |
| 모터 표준 RPM | 6526.8 |
| 모터 최대 RPM | 8158.5 |
| 데이터 입력 후 계산 버튼을 눌러주세요 »»» | 계산 |

→

| 프로펠라 추력 표 | | | | | |
|---|---|---|---|---|---|
| 직경 | 피치 | RPM | 프롭끝 속도 | 추력(kg) | 비행속도 km/h |
| 12 | 4 | 6652 RPM | 106 m/s | 1.12 kg | 40.6 km/h |
| 11.5 | 4 | 7041 RPM | 108 m/s | 1.05 kg | 42.9 km/h |
| 11 | 5 | 6935 RPM | 101 m/s | 0.86 kg | 52.8 km/h |
| 11 | 4.7 | 7079 RPM | 104 m/s | 0.89 kg | 50.7 km/h |
| 11 | 4 | 7470 RPM | 109 m/s | 0.99 kg | 45.5 km/h |
| 11 | 3.8 | 7599 RPM | 111 m/s | 1.03 kg | 44.0 km/h |
| 10.5 | 4.5 | 7642 RPM | 107 m/s | 0.86 kg | 52.4 km/h |
| 10 | 5 | 7875 RPM | 105 m/s | 0.75 kg | 60.0 km/h |
| 10 | 4.7 | 8039 RPM | 107 m/s | 0.79 kg | 57.6 km/h |
| 9.5 | 6 | 7935 RPM | 100 m/s | 0.62 kg | 72.6 km/h |

전동 모터의 실측 RPM을 알 수 없으면, 아래 계산기를 이용하여 근사치를 얻을 수 있습니다.

| 모터 KV | 배터리 전압 | |
|---|---|---|
| 980 KV | 11.1 V | 계산 |

[그림 3-31] 모터, 배터리 제원을 입력하여 프로펠러 추력표 검색

드론 총중량인 1,947g을 들고 비행할 때 [그림 3-31]의 과정을 통해 검색된 프로펠러 추력표에서 충분한 여유 추력 마진을 가져야 안정된 비행을 할 수 있을 것이다. 그러므로 추력값이 산출된 드론의 총중량에 해당하는, 가장 근사치의 프로펠러를 선택한다.

소요 추력 : (1947g ÷ 4개) × 여유마진 약 40% = 약 0.7kg/개

이제 추력표에서 유사한 추력을 가진 프로펠러를 선택한다.

## 정밀 프로펠러 추력 산출

[그림 3-31]의 과정을 통해 선택된 프로펠러에서 [그림 3-32(b)]처럼 프로펠러의 직경과 피치, 모터의 표준 RPM을 프로펠러 추력 계산기에 입력한다. 그러면 오른쪽에서 표준 추력, 필요 모터(엔진) 출력 등을 구할 수 있다. 이렇게 확인된 데이터 값을 다시 모터 제원표와 대조해 보면 적정한 추력값인지를 확인할 수 있다. 이제 확인된 직경과 피치값으로 멀티콥터형 프로펠러를 선택한다. 만약 해당하는 프로펠러가 없을 경우 유사한 추력값으로 다시 찾아서 프로펠러를 선택한다.

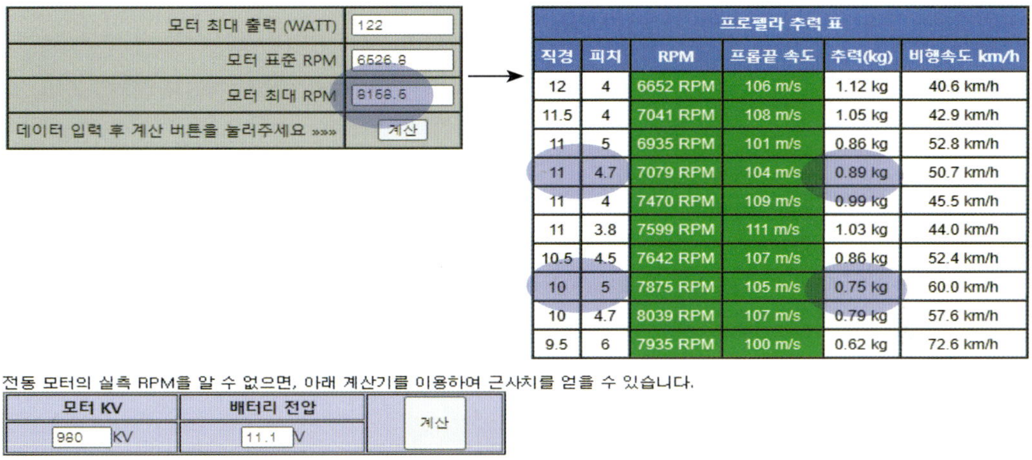


| 직경 | 피치 | RPM | 프롭끝 속도 | 추력(kg) | 비행속도 km/h |
|---|---|---|---|---|---|
| 12 | 4 | 6652 RPM | 106 m/s | 1.12 kg | 40.6 km/h |
| 11.5 | 4 | 7041 RPM | 108 m/s | 1.05 kg | 42.9 km/h |
| 11 | 5 | 6935 RPM | 101 m/s | 0.86 kg | 52.8 km/h |
| 11 | 4.7 | 7079 RPM | 104 m/s | 0.89 kg | 50.7 km/h |
| 11 | 4 | 7470 RPM | 109 m/s | 0.99 kg | 45.5 km/h |
| 11 | 3.8 | 7599 RPM | 111 m/s | 1.03 kg | 44.0 km/h |
| 10.5 | 4.5 | 7642 RPM | 107 m/s | 0.86 kg | 52.4 km/h |
| 10 | 5 | 7875 RPM | 105 m/s | 0.75 kg | 60.0 km/h |
| 10 | 4.7 | 8039 RPM | 107 m/s | 0.79 kg | 57.6 km/h |
| 9.5 | 6 | 7935 RPM | 100 m/s | 0.62 kg | 72.6 km/h |

(a) 모터 사양으로 프로펠러 검색

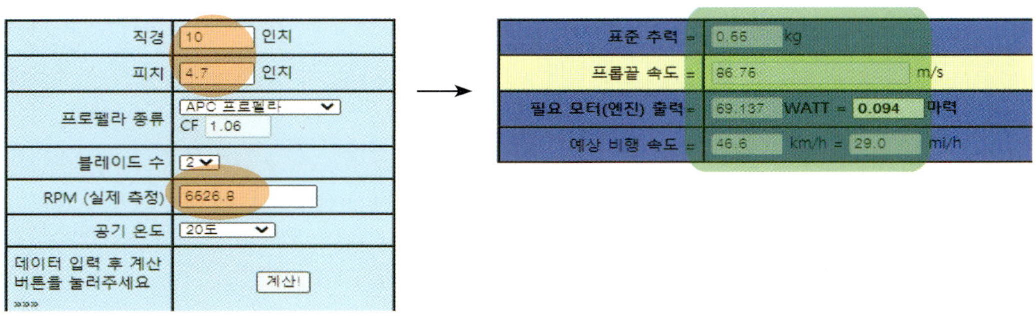


(b) 정밀 프로펠러 추력 계산기

[그림 3-32] 정밀 프로펠러 추력 계산

## 3.3.3 비행기형 드론의 사양 계산 및 부품 선정

비행기형 드론의 성능을 계산하고 그에 따른 부품들을 [그림 3-33]의 사이트를 통해서 선정해보자.

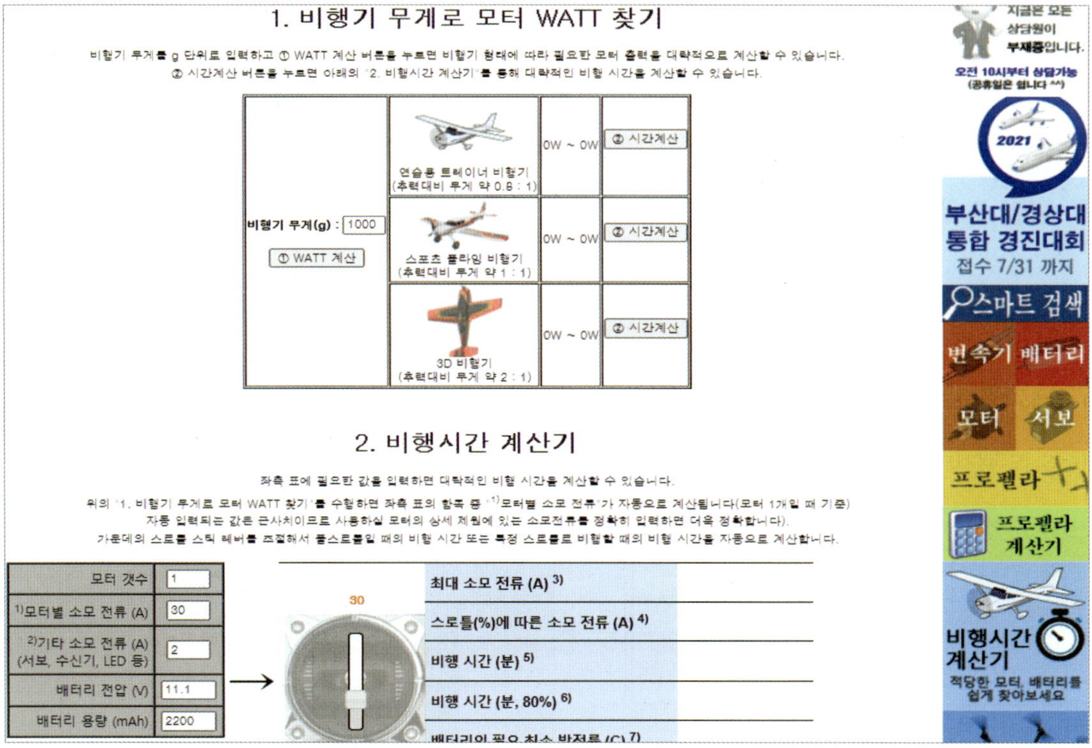


[그림 3-33] 비행기 비행시간 계산기[7]

전동 고정익 비행기의 비행시간을 산출하기 위해서는 기체 총중량, 익면하중, 모터추력 등을 산출해야 한다. 총중량을 날개 면적으로 나누면 익면하중이 된다.

### 총중량 계산

완성된 기체의 경우 기본적인 중량은 부품들의 제원표로 표시된 부분에서 확인하고, 표시가 안 되어 있는 부분들은 각 구조물의 중량을 실측해서 산출한다. 즉, 총중량은 기체, 모터, 프로펠러 등의 무게를 합한 것이다.

총중량 = 기체 + 모터 + 배터리 + 서보 + 변속기 + 기타 부자재 + 탑재임무장비

예) 총중량 = 3kg = 3000g

7 참고 동영상 : https://youtu.be/nOmDpwL1JJo

## 날개 면적 계산

날개 면적은 주익의 면적과 수평안정판(수평꼬리날개)의 면적을 합산하여 구한다.

날개 면적 : 주익의 면적 + 수평안정판 면적(가로×세로 dm)[8]

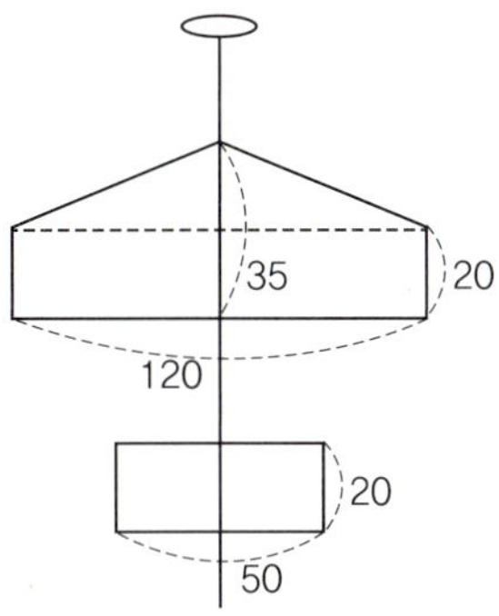


주날개 면적 = 120cm×20cm + (1/2×15cm×60cm)×2
= 12dm×2dm + (1/2×1.5dm×6dm)×2
= $24dm^2 + 9dm^2 = 33dm^2$

수평미익 면적 = 50cm×20cm = 5dm×2dm = $10dm^2$

날개 면적 = $33dm^2 + 10dm^2 = 43dm^2$

* 1dm = 0.1m = 10cm

[그림 3-34] 날개 면적 구하기 예시

## 익면하중

익면하중은 단위날개 면적당 부과되는 중량을 말한다. 이것은 총중량을 날개 면적으로 나누어서 계산한다.

익면하중 = 총중량 ÷ 날개면적

예) 익면하중 = 3000g ÷ $43dm^2$ = $70g/dm^2$

비행체 기종별로 개략적인 익면하중을 산출해 두었다. 기체 중량이 3,000g이면 다음과 같다.

- 글라이더 : $30g/dm^2$ – 추력 무게 대비 추력 0.5 : 1 (모터 추력 1.5kg)
- 트레이너 : $45g/dm^2$ – 추력 무게 대비 추력 0.7 : 1 (모터 추력 2.1kg)
- 스포츠 : $60g/dm^2$ – 추력 무게 대비 추력 1 : 1 (모터 추력 3kg)
- 전투기 : $75g/dm^2$ – 추력 무게 대비 추력 1 : 1.3 (모터 추력 3.9kg)

8 dm : deci-meter = 0.1m = 10cm

## 비행기 무게로 모터 출력 찾기

[그림 3-35]와 같이 팰콘 사이트에서 비행기 무게를 g 단위로 입력하고 ① WATT 계산 버튼을 누르면 비행기 형태에 따라 필요한 모터 출력을 대략 계산할 수 있다. ② 시간계산 버튼을 누르면 [그림 3-36]의 비행시간 계산에서 대략적인 비행시간을 산출해준다.

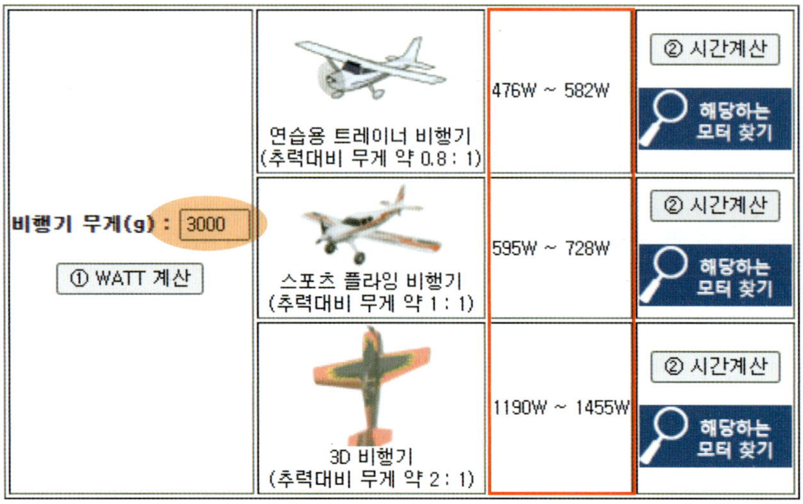


[그림 3-35] 비행기 중량으로 모터 출력 구하기

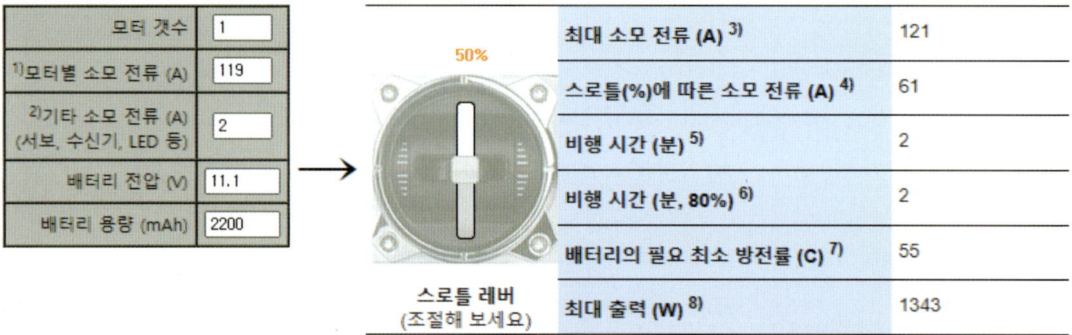


[그림 3-36] 비행시간 계산

[그림 3-36]에서 좌측 표에 필요한 값을 입력하면 대략적인 비행시간을 계산할 수 있다. [그림 3-35]에서 '비행기 무게로 모터 WATT 찾기'를 수행하면 [그림 3-36]의 좌측 표에 있는 항목 중 '모터별 소모전류'가 자동으로 계산된다(모터 1개 기준). 자동 입력되는 값은 근사치이므로 사용할 모터의 상세 제원에 있는 소모전류를 정확히 입력하면 더욱 정확한 값을 산출할 수 있다. 가운데의 스로틀 스틱 레버를 조절해서 풀 스로틀일 때의 비행시간 또는 특정 스로틀로 비행할 때의 비행시간을 자동으로 계산한다.

## 3.3.4 스위스 eCalc 성능 계산기

eCalc 웹사이트에서 멀티콥터뿐 아니라 비행기, 헬리콥터, 자동차 등 다양한 무인이동체의 성능을 산출해 볼 수 있다. 이 산출 데이터의 정확도는 +/−15% 정도로, 절대적인 정확도를 보장하지는 않더라도 상당한 수준의 노력과 비용을 줄여줄 수 있다. 언어를 한글로 선택하면 한층 쉽게 활용할 수 있다.

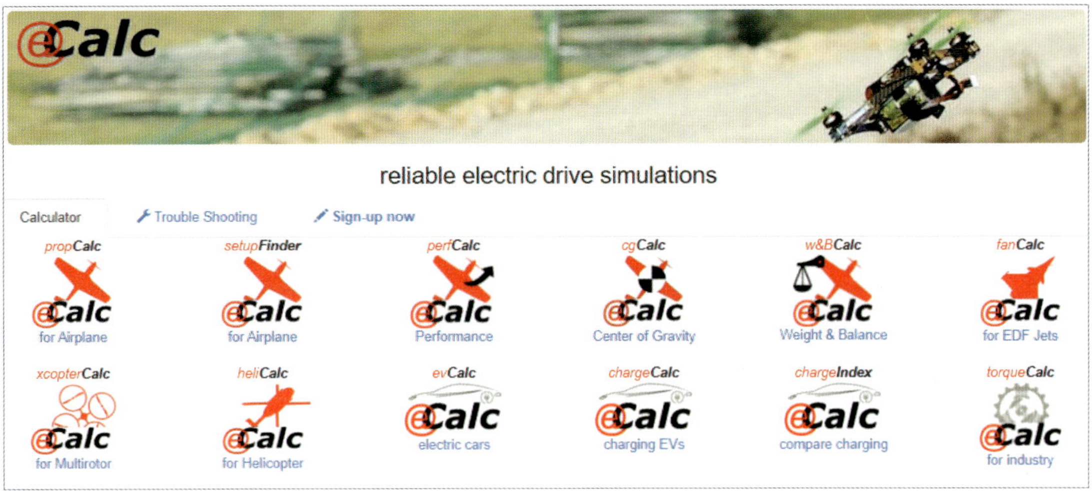


[그림 3-37] eCalc 성능 계산기[9]

### 멀티콥터 모델 성능 입력하기

eCalc 성능 계산기를 활용하여 멀티콥터의 성능을 계산해 보자. 양산 판매되고 있는 부품들의 제원 자료들을 입력하여 산출된 데이터로 비행체가 제작될 경우 그 비행체의 비행 가능성 유무를 사전에 판단해 볼 수 있다. 웹사이트(https://www.ecalc.ch)에서 먼저 기본적인 로그인 등의 절차를 거치고, 첫 페이지에서 멀티콥터를 선택한다. 기본 화면은 자료 입력부, 결과 출력부, 범위 예측기 도표, 최대 스로틀에서 모터 특성 등으로 구성되어 있다.

9 출처 : eCalc 웹사이트(https://www.ecalc.ch/)

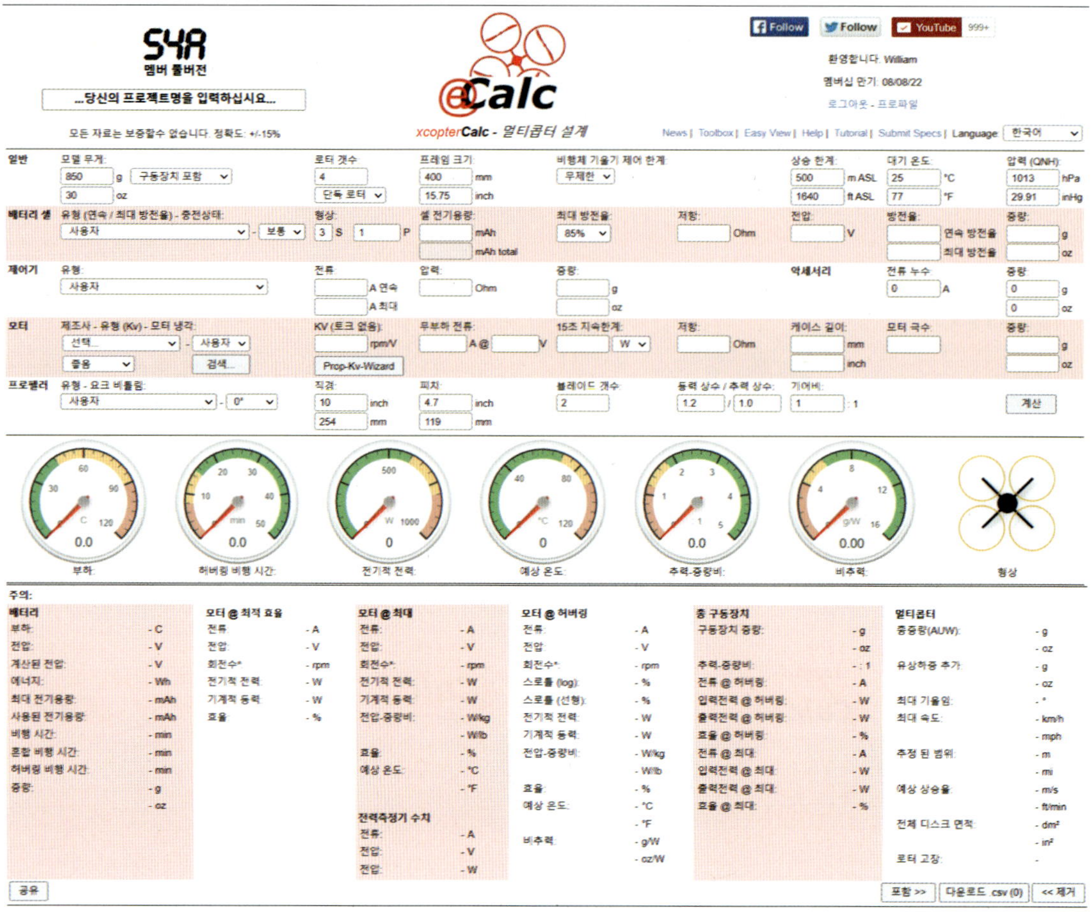
멤버 풀버전
...당신의 프로젝트명을 입력하십시요...
모든 자료는 보증할수 없습니다. 정확도: +/-15%
eCalc
xcopterCalc - 멀티콥터 설계
환영합니다 William
멤버십 만기: 08/08/22
로그아웃 - 프로파일
News | Toolbox | Easy View | Help | Tutorial | Submit Specs | Language 한국어
일반
모델 무게:
구동장치 포함
로터 갯수
단독 로터
프레임 크기
비행체 기울기 제어 한계
무제한
상승 한계
대기 온도
압력 (QNH)
배터리 셀
유형 (연속 / 최대 방전율) - 충전상태:
사용자
보통
형상
셀 전기용량
최대 방전율
저항
전압
방전율
연속 방전율
최대 방전율
중량
제어기
유형
전류
A 연속
A 최대
액세서리
전류 누수
모터
제조사 - 유형 (Kv) - 모터 냉각
선택...
좋음
검색...
KV (토크 없음)
무부하 전류
15초 지속한계
케이스 길이
모터 극수
Prop-Kv-Wizard
프로펠러
유형 - 요크 비틀림
직경
피치
블레이드 개수
동력 상수 / 추력 상수
기어비
계산
부하
허버링 비행 시간
전기적 전력
예상 온도
추력-중량비
비추력
형상
주의:
배터리
전압
계산된 전압
에너지
최대 전기용량
사용된 전기용량
비행 시간
혼합 비행 시간
허버링 비행 시간
중량
모터 @ 최적 효율
회전수*
전기적 전력
기계적 동력
효율
모터 @ 최대
전압-중량비
예상 온도
전력측정기 수치
모터 @ 허버링
스로틀 (log)
스로틀 (선형)
비추력
총 구동장치
구동장치 중량
추력-중량비
전류 @ 허버링
입력전력 @ 허버링
출력전력 @ 허버링
효율 @ 허버링
전류 @ 최대
입력전력 @ 최대
출력전력 @ 최대
효율 @ 최대
멀티콥터
총중량(AUW)
유상하중 추가
최대 기울임
최대 속도
추정 된 범위
예상 상승률
전체 디스크 면적
로터 고장
공유
포함 >>
다운로드 csv (0)
<< 제거

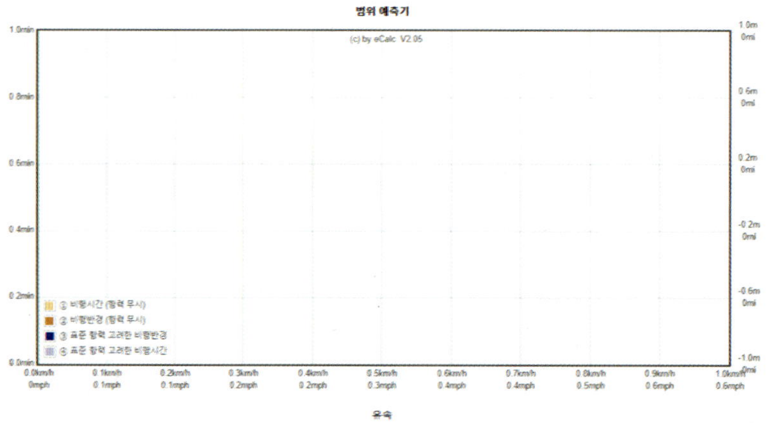
범위 예측기
(c) by eCalc V2.05
속속

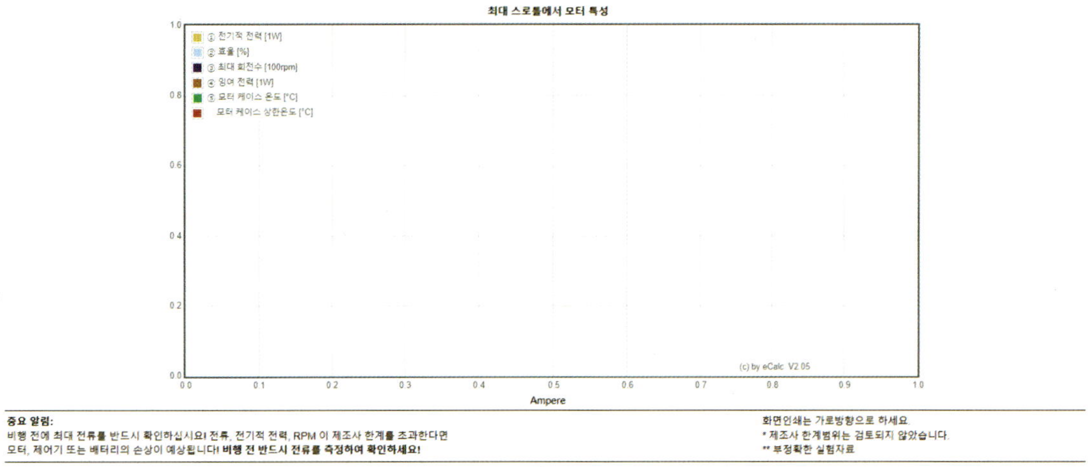


[그림 3-38] eCalc 성능 계산기 화면 구성[10]

## 기본 자료 입력

❶ 대략적인 프레임 중량을 입력한다. 이때 구동장치와 배터리 포함 중량 여부를 선택한다.

❷ 기본 기체 형태를 입력한다 : 로터 갯수, 프레임 크기, 비행체 기울기 제어 한계

❸ 기본 운용 조건을 입력한다 : 상승 한계, 대기 온도, 기압

[그림 3-39] eCalc 멀티콥터 구성품별 데이터 입력

## 배터리 자료 입력

[그림 3-39]의 창에서 사용하고자 하는 배터리 제원 자료를 입력한다. 처음에는 개략적인 것을 선택하여 입력하고, 결과 데이터를 보면서 수정해 나가야 한다.

10 출처 : eCalc 웹사이트(https://www.ecalc.ch/)

### 제어기(변속기) 자료 입력

[그림 3-39]의 창에서 사용하고자 하는 변속기 제원 자료를 입력한다. 처음에는 개략적인 것을 선택하여 입력하고, 결과 데이터를 보면서 수정해 나가야 한다.

### 모터 자료 입력

[그림 3-39]의 창에서 사용하고자 하는 모터 제원 자료를 입력한다. 처음에는 개략적인 것을 선택하여 입력하고, 결과 데이터를 보면서 수정해 나가야 한다.

### 프로펠러 자료 입력

[그림 3-39]의 창에서 사용하고자 하는 프로펠러 제원 자료를 입력한다. 처음에는 개략적인 것을 선택하여 입력하고, 결과 데이터를 보면서 수정해 나가야 한다.

## 성능산출 결과 확인

### 산출 자료 확인

[그림 3-39]에서 데이터 입력 후 우측 하단의 계산 버튼을 누르면 [그림 3-40]과 같이 결과 값이 산출된다. 계산된 성능 데이터를 보면 비행 가능 여부와 비행 성능들을 확인할 수 있다.

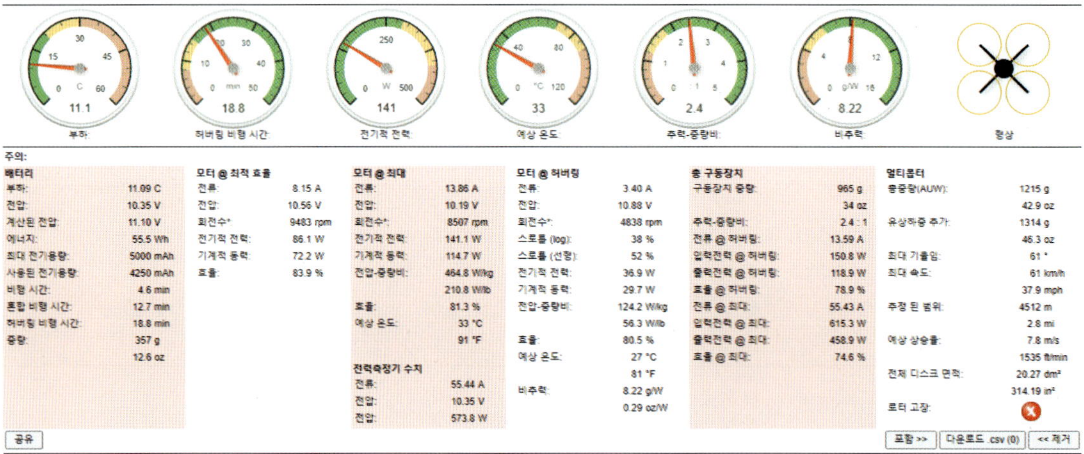


[그림 3-40] ecalc 산출 결과 확인[11]

[그림 3-39]에서 산출된 데이터를 바탕으로 [그림 3-41]과 같은 범위 예측기와 [그림 3-42]와 같은 최대 스로틀에서 모터 특성 그래프 데이터를 확인할 수 있다. [그림 3-41]에서 '비행시간, 비행반경, 표준

11 산출 결과 : 현재 전반적으로 양호한 범위에 있으면서 비행시간은 10분 이상으로 나타난다.

항력 고려한 비행반경, 표준 항력 고려한 비행시간'의 네 가지 데이터에 대한 변화 추이를 확인할 수 있다. [그림 3-42]에서는 전기적 전력, 효율, 최대 회전수, 잉여 전력, 모터 케이스 온도의 변화 추이를 확인할 수 있다.

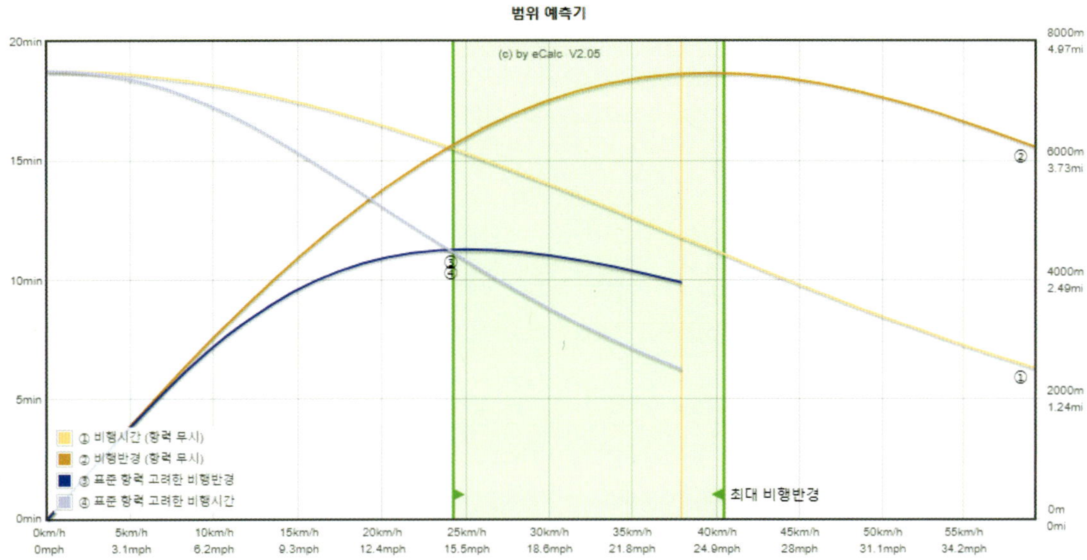


[그림 3-41] eCalc 산출 결과 확인 : 범위 예측기

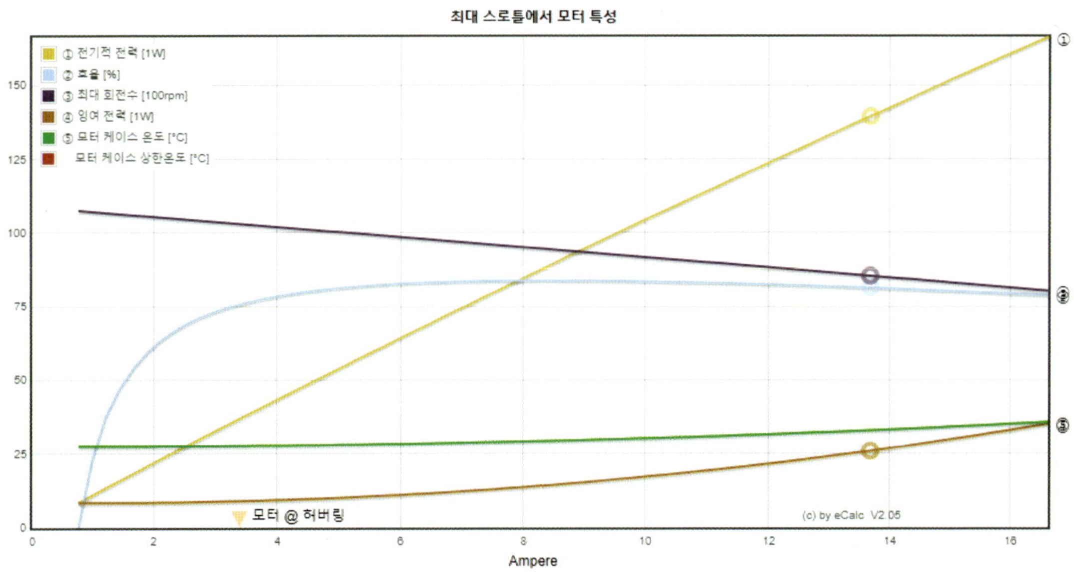


[그림 3-42] eCalc 산출 결과 확인 : 최대 스로틀 모터 특성

## 산출 자료 확인 요약

[그림 3-38]의 사이트 화면에서 상단 오른쪽에 있는 Easy View 메뉴를 누르면 [그림 3-43]의 창이 뜬다. 여기에 각 항목별 기본 데이터 값을 입력하고 하단의 계산 버튼을 누르면 [그림 3-44]와 같은 결과 값을 얻을 수 있다.

[그림 3-43] eCalc 간단 자료 입력

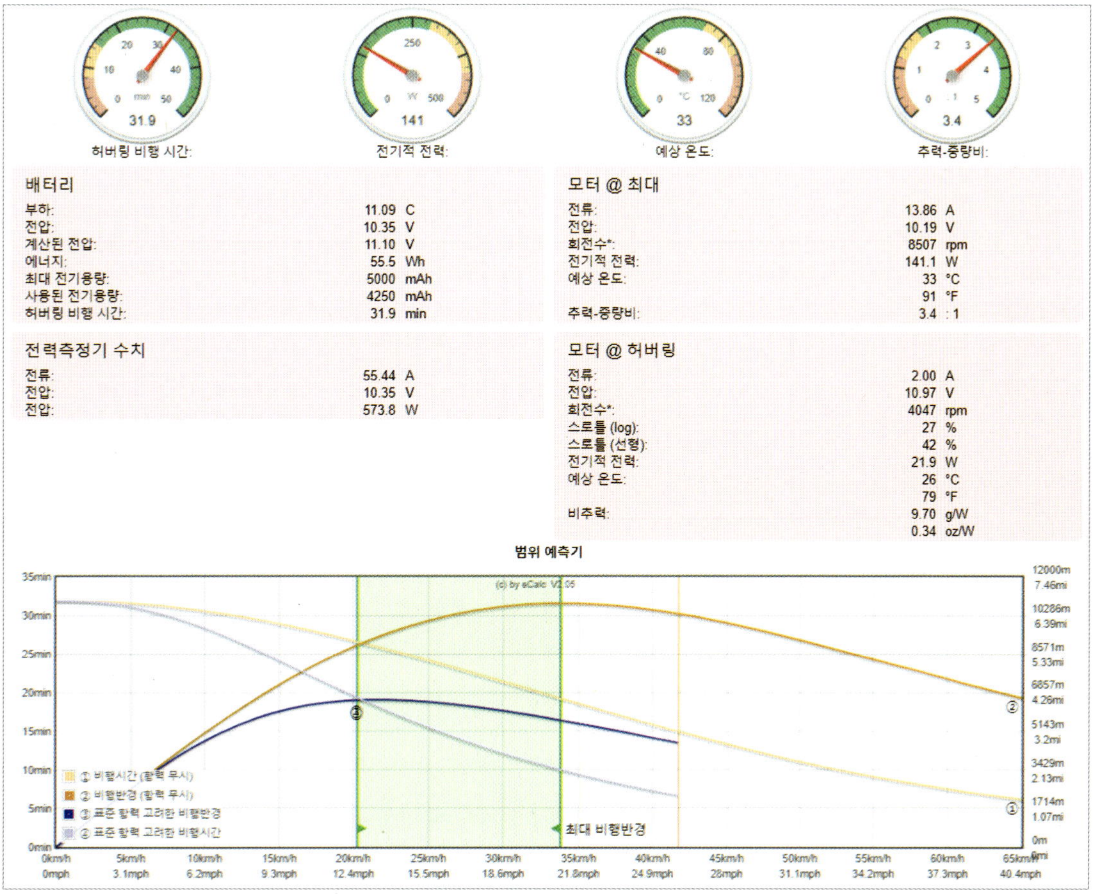


[그림 3-44] eCalc 간단 자료 입력 : 요약 결과

CHAPTER 03 연습문제

**3.1** 군의 무기체계 획득 절차 중 소요제기 절차에 대해 설명하시오. (3.1.1)

**3.2** 군에 업체의 장비를 소개하여 군에 해당 장비가 필요하다고 소요를 결정시켜 가는 과정은 무엇인가? (3.1.1)

**3.3** 소요제기서는 언제 결정되는가? (3.1.1)

**3.4** 소요 결정 과정에 대해 설명하시오. (3.1.1)

**3.5** 함참의장의 결재로 소요가 결정되면 전력화 사업이 진행되는 것은 최소 몇 년 이후인가? (3.1.1)

**3.6** 사업추진기본전략에 따라 결정되는 두 가지 사업추진 방안에 대해 서술하시오. (3.1.2)

**3.7** 무인항공기 시스템의 기술구조 여섯 가지는 무엇인가? (3.2)

**3.8** 드론 체계 설계 절차에 대해 서술하시오. (3.2.1)

**3.9** 항공기 탐색개발과 체계개발 시 진행되는 설계 작업들에 대해 설명하시오. (3.2.1)

**3.10** 항공기 개념설계 과정에 대해 설명하시오. (3.2.1)

**3.11** 정찰용 드론의 제작기술에 대해 설명하시오. (3.2.2)

**3.12** 지상/함상 원격통제시스템 관련 기술에 대해 설명하시오. (3.2.3)

**3.13** 무인기 체계의 데이터링크 관련 기술에 대해 설명하시오. (3.2.4)

**3.14** 탑재임무장비 관련 기술들에 대해 설명하시오. (3.2.5)

**3.15** 종합군수지원 개발요소들에 대해 설명하시오. (3.2.6)

### 실습과제

1. 성능계산기를 이용해서 5kg의 임무장비를 탑재하고 25분 이상 비행하는 무인멀티콥터를 설계하시오. (3.3.1)
2. 성능계산기를 이용해서 10리터의 약재를 탑재하고 25분 이상 비행하는 무인멀티콥터를 설계하시오. (3.3.1)
3. 성능계산기를 이용해서 20리터의 약재를 탑재하고 20분 이상 비행하는 무인멀티콥터를 설계하시오. (3.3.1)
4. 성능계산기를 이용해서 30리터의 약재를 탑재하고 20분 이상 비행하는 무인멀티콥터를 설계하시오. (3.3.1)
5. 성능계산기를 이용해서 주간 5km/야간 3km의 차량 표적을 인지(recognition)할 수 있는 무인멀티콥터를 설계하시오. (3.3.5)

CHAPTER

# 04

# 무인항공(드론) 정비관리



## 학습목표

- 항공기 정비에 대해 설명할 수 있다.
- 무인항공 시스템 정비관리의 특성에 대해 설명할 수 있다.
- 드론 예방정비 체계를 구분할 수 있다.
- 정비 계획 수립에 대해 설명할 수 있다.
- 드론 정비 및 교환 주기에 대해 설명할 수 있다.
- 고장 탐구와 조치를 할 수 있다.

# SECTION 4.1 항공기 정비 개요

## 4.1.1 항공기 정비의 임무 및 목적

항공기 정비란 항공기를 사용 가능 상태로 유지하고, 안전한 작동을 보장하며, 임무수행에 적합하게 준비하여 필요한 시간과 장소에 제공하는 것이다. 즉 인원, 장비, 시설물 및 정비업무 관련 정보체계 등을 효율적으로 활용하여 항공기를 수명기간 동안 최소의 비용으로 신뢰성, 가용성, 정비성을 보장하고 운용 요구사항을 충족하기 위해 최상의 가동상태를 유지하는 것이다. 이러한 항공기 정비의 목적은 감항성, 적시성, 쾌적성, 경제성을 유지하는 데 있다.

## 4.1.2 항공기 정비의 단계

항공기 정비의 가장 중요한 목적은 사고나 고장을 사전에 예방하고, 물적·인적·시간적 자원을 효율적으로 활용하기 위한 것이다. 이를 위해서 수준에 따라 단계를 나눠 진행한다.

### 부대정비

부대정비(organiztional maintenance)는 항공기 운영부대의 비행대기선에서 항공기 또는 장비를 대상으로 수행하는 정비로 점검, 재보급, 세적 윤활, 조절, 부품교환, 고장탐구 등 예방정비 단계의 정비를 말한다. 다음은 부대정비에서 실시되는 정비작업들이다.

- 항공기 비행 전, 중, 후 검사. 시간제 비행 후 검사. 최종 기회점검
- 항공기 계통의 조절 및 구성품의 장탈 교환
- 소프트웨어 입·출력 및 작동상태 점검
- 정비용 장비에 대한 점검 및 예방정비

## 야전정비

야전정비(intermediate 또는 field maintenance)는 부대정비 능력을 초과하는 정비 단계로서 고장탐구, 조절, 분해, 검사, 수리, 기능검사, 교환 및 부품 제작 등 교정정비 단계의 정비를 말한다. 다음은 야전정비에서 실시되는 정비작업들이다.

- 야전 격납고에 입고하여 항공기 구성품을 장탈한 후 수행하는 항공기 주기검사
- 수리가 요구되는 구성품에 대한 고장탐구, 분해, 기능검사, 수리, 교환, 재생 및 기능 점검
- 부대 제작 부품의 제작지원
- 인가된 범위 내의 개조, 시험, 교정 및 재생

## 창정비

창정비(depot maintenance)는 정비 개념 중 최상위의 정비 단계로서 대규모 정비시설 및 장비를 운영하며, 완전복구 및 재생 등을 다룬다. 창정비는 다음과 같은 정비작업을 수행한다.

- 항공기의 계획 창정비 및 상태분석 검사
- 항공기 기관 및 부품류 재생, 수리
- 구성품의 제작, 개조, 시험, 교정, 재생, 복구
- 항공기의 대수리 및 창급 기술지시 수행
- 항공 소프트웨어 개조, 개발 및 기술지원

## SECTION 4.2 무인항공 시스템 정비관리의 특성

항공기 정비란 비행체의 고장, 파손 및 비정상적인 상태를 회복시키는 수리와 문제 발생을 예방하기 위해 수행하는 점검 및 검사에 해당하는 예방정비를 통칭하는 말이다. 무인항공에서도 유인항공기와 마찬가지로 정비는 체계적으로 정립되고 관리되어야 한다. 무인항공 시스템 정비에는 유인항공기 정비와 공통된 부분이 존재하는 한편 무인항공 시스템만의 특징적인 부분들이 존재한다. 제작사나 군, 경찰 및 공공기관 등 산업용 드론을 대량으로 제작 및 운영하고 장비 유지관리 전담 조직을 구축하는 기관에서는 장비 특성에 맞는 정비관리 체계를 구축하여 운영할 필요가 있다.

### 항공전자장비

드론 시스템은 기본적으로 비행체와 원격통제시스템이 자동화 기능들로 운용되면서, 각종 내부 시스템들의 이상 유무를 자체 센서들을 통해 자동으로 탐지하여 운용자에게 제공한다. 항공기는 공중을 나는 비행체이나, 전체적인 시스템 구성이나 기술을 보면 항공 분야가 약 30%, 전자통신 분야가 40%, 탑재임무장비 분야가 20%, 기타 지원장비 등이 10% 정도의 비중을 차지한다. 따라서 고장 원인을 보면 외부적인 인적과실 외에 내부적인 전자시스템의 고장 발생 가능성이 크다고 할 수 있다.

### 자가 측정에 의한 고장인지

실제로 사고 비중도 인적과실을 제외한 나머지 부분 중 기계적인 고장 발생은 극소수이고, 통신시스템, 센서류, 제어시스템의 고장이나 오류가 대부분을 차지하고 있다. 이는 한편으로 시스템이 잘 구성될 경우 BIT(Built in Test) 등의 자동 자가 측정으로 사전에 고장탐지를 할 수 있는 부분이 많다는 의미이기도 하다.

### 예방정비 체계 구축 필요

무인기도 비행하는 장비이므로 일단 오류 사고가 나면 그 파급력이 크기 때문에 고장을 예방하기 위한 예방정비 체계를 갖추어야 한다. 아직까지는 대다수의 무인기가 군용장비나 농업방제용으로 사용되어 가급적 인가가 없는 지역을 비행하기 때문에 사고가 발생해도 인적 피해가 적었다. 하지만 공공용 드론이 확대 보급되고, 대형 수송용 드론 및 유인드론이 점차 늘어남에 따라 사고에 대한 신중한 대비의 필요성이 점차 커졌고, 사고를 최소화하기 위한 예방정비 체계의 구축이 필요해졌다.

SECTION
# 4.3 드론 예방정비 체계 구분

유인항공기의 경우 철저하게 정기점검을 하여 고장이 발생하기 전에 미리 계획에 따른 점검과 정비를 수행하고, 시간교환품목 관리를 통해 부품들의 교환 작업이 이루어진다. 무인항공기 시스템은 비행체의 경우 유인항공기 수준의 정비체계가 필요하지 않을 수도 있지만, 전체적으로 보면 항공, 전자, 통신, 특수분야 등이 복합되어 있으므로 더욱 복잡한 정비체계의 구축이 필요하기도 하다. 기관에서 보유하고 운용중인 장비 종류와 등급에 맞춰 적절한 예방정비 체계를 구성해서 관리해야 한다.

## 4.3.1 정비작업의 구분

정비작업은 크게 정비, 수리, 개조로 구분할 수 있다.

### 정비

정상적인 비행을 할 수 있도록 유지, 보수하는 작업이다. 각 부분의 점검과 조절, 검사 및 경미한 부품을 교환하는 작업이 여기에 해당한다.

### 수리

고장이나 사고 등에 의해 비행이 불가한 상황을 복구하기 위한 작업이다. 감항성에 영향을 미치는 기체나 부품의 수리, 수정작업 및 교환작업이 여기에 해당한다.

### 개조

기존 항공기 장비 및 부품에 대한 설계를 변형하거나 새로운 부품을 추가로 장착함으로써 감항성에 영향을 미치는 작업을 말한다.

## 4.3.2 정비 주체에 따른 정비단계

정비작업 수준은 정비 주체에 따라 4단계로 구분된다. 장비의 분야, 규모 및 운영기관 상황에 따라 2~3단계로 적절히 조정·구축하여 운영할 수 있다.

### 운용자(조종사) 정비(점검) : Operator inspection

장비를 직접 운용하는 조종사에 의해 비행 전, 비행 중, 비행 후 점검과 시험비행 등이 이루어진다.

### 사용자(부대, 운영 실무기관) 정비 : Unit maintenance

장비의 운영 실무기관에서 이루어지며, 정비 전담 관리자에 의해 수행되는 검사와 서비스 작업들을 포함한다. 25시간 검사와 50시간 검사의 준수, 동등시간 교환품목의 교체 작업이 본 단계에서 이루어진다.

### 전담기관(야전) 정비 : Intermediate maintenance

기관 내에 통합 정비를 담당하는 정비 전담조직을 운영하는 경우 이 기관에서 수행되는 정지작업들이다. 100시간 검사 이상의 항목을 실시하며, 이때 주요 부품의 교환, 서비스 작업들이 포함된다.

### 공장(창) 정비 : Factory or shop maintenance

제작사나 제작사가 지정한 전문 정비공장에서 수행되는 최상위 레벨의 정비작업을 말한다. 시스템 전체나 주요 부품의 완전 분해 정비(오버홀) 및 사고수리 작업 들을 포함한다.

## 4.3.3 운항 점검

운항 검사(line inspection)는 실제 비행에 직접 연관된 검사로 비행 전, 중, 후에 실시되는 검사들을 말한다.

### 비행 전 점검(PR; Pre-flight Check)

조종사가 당일 첫 비행을 하기 전 비행 준비상태를 육안 점검을 한다.

### 비행 점검(FL; Flight Check)

비행하는 동안 조종사는 지속적으로 비행체의 상태를 관찰하면서 조종한다. 자동비행 상태라 할지라도 조종사는 전반적인 비행 상태를 주기적·지속적으로 관찰하면서 이상 유무를 판단해야 한다.

### 비행 후 점검(PO; Postflight Check)

그날의 최종비행을 마치고 나면, 비행 중 문제가 있다고 의심된 부분들을 중심으로 점검을 실시하고, 필요시 장비 세척, 탑재물의 하역, 액체 및 기체류의 보급, 결함교정 등을 수행한다. 이러한 점검은 25시간, 50시간, 100시간, 300시간, 500시간 등의 비행시간 주기로 실시된다. 필요시 기관의 상황에 따라 기간을 정해놓고 장비들의 손상, 누설, 부품의 손실, 마모 등의 상태에 대해 추가 점검을 수행할 수 있다.

## 4.3.4 정비작업 단계

정비작업들은 다음과 같은 A Check, B Check, C Check, D Check라는 명칭으로 단계를 나누어서 진행하기도 한다. 이것은 4.3.2에 제시한 군의 작업단계와 유사한 개념이다.

### A Check

운항과 직접 관련하여 빈도가 높은 정비단계로서 내·외부 Walk Around Inspection 육안검사, 액체 및 기체류 보급, 결함교정, 내부세척, 외부세척 등을 점검하는 것이다.

### B Check

A Check의 점검사항을 포함하며, 특정 구성품의 작동점검 또는 상태점검, 액체 및 기체류의 보충을 행하는 점검이다.

### C Check

기본적으로 A, B Check의 점검사항을 포함하며, 제한된 범위 내에서 구조 및 계통의 검사, 계통 및 구성품의 작동점검, 계획된 보기 교환, Servicing 등을 행하여 항공기의 감항성을 유지하는 정비작업이다.

### D Check

인가된 점검주기 시간 한계 내에서 항공기 기체구조 점검을 주로 수행한다. 부분품의 기능점검 및 계획된 부품의 교환, 잠재적 교정과 Servicing 등 항공기의 감항성을 유지하기 위한 기체점검의 최고 단계이다.

## 4.3.5 정비 검사 방법

항공기 정비작업 시 이루어지는 검사 방법으로 육안검사, 계측, 타검, 오일 분석, 내시경 검사, 비파괴 검사 등이 있다.

### 육안검사(visual check)

돋보기와 손전등을 이용하여 부식, 변형, 마모, 균열 등을 검사할 수 있다.

### 계측(measure check)

여러 가지 측정 도구를 이용하여 전기적인 특성(저항, 전압, 전류), 기계적인 특성(최솟값 또는 최저값)과 운동의 범위 등을 측정하여 부분품을 교환하거나 조절(rigging, adjusting)해서 추이 관찰(monitoring)할 수 있는 검사 방법이다.

### 타검(tap test)

주로 복합소재(composite material)의 접착 부분에서 발생하는 분리(debonding)를 알 수 있는 검사 방법으로, 동전(coin test) 또는 작은 망치로 검사를 한다. 특별한 경우에는 점검할 부분의 소재에 따라 재질이 다른 망치(나무, 알루미늄, 철)로 검사를 실시한다. 카본이나 일부 재질의 구성품은 틀이나 판 위에 얇은 천처럼 생긴 원재료를 접착제를 이용하여 적층시켜 부품들을 만든다. 이런 부분들이 진동의 영향을 받거나 시간이 지남에 따라 불량 부분이 드러나 들뜨는 경우가 발생할 수 있다. 접착 부분을 두드려서 소리를 들어보면 불량이 발생했는지 알 수 있다.

### 오일 분석(spectrometric oil analysis program)

스펙트럼 분석기(spectrum analyzer)로 오일에 함유된 금속의 종류와 양을 측정하는 검사 방법이다. 기어들이 뭉쳐 있는 보기류 부분이나 엔진 실린더 같이 금속 부분들이 맞닿아 있는 부분들은 미세하게 갈리는 부분이 발생할 수 있다. 이런 부분에는 윤활제인 오일을 주유하는데, 이 오일들을 주기적으로 분석하여 이상 유무를 확인하는 방법이다.

### 내시경 검사(borescope inspection)

분해하기 곤란한 부분품의 내부를 내시경을 통해 결함을 찾아내는 검사 방법이다.

## 비파괴 검사(NDI; nondestructive inspection)

부분품의 파괴 없이 균열(crack)을 찾아내는 방법 중 한 가지로, 진동이 많은 부분(착륙장치, 엔진 마운트 등)에 요구되는 경우가 많다. 비파괴 검사는 다음과 같은 방법으로 진행한다.

- **형상 침투 검사**(liquid penetrant inspection) : 침투액을 바르고 현상액를 뿌려서 조명(자외선 또는 백열등)으로 균열 여부를 확인하는 방법이다.
- **자성 입자 검사**(magnetic particle inspection) : 자성(磁性) 재료에 결함이 있는 경우, 그 때문에 생기는 자기적(磁氣的) 변형을 이용하여 자성 재료 표면이나 표면 바로 밑의 균열을 확인하는 방법이다.
- **와전류 검사**(eddy current inspection) : 고주파 전류를 흘려 부분품의 검사 부위에 와전류를 발생시키고, 결함(균열)에 의하여 와전류의 분포 상태가 변화하는 것을 감지하는 검사 방법이다.
- **초음파 검사**(ultrasonic inspection) : 초음파를 피검사체에 보내 그 음향적 성질을 이용하여 결함의 유무를 조사하는 검사 방법이다.
- **방사선 검사**(radiographic inspection) : x-ray를 이용하여 검사 부위의 결함 유무를 조사하는 검사 방법이다.

[표 4-1]은 비파괴 검사의 방법별 장단점을 정리한 것이다.

[표 4-1] 비파괴 검사의 장단점 요약[1]

| 방법 | 장점 | 단점 |
|---|---|---|
| 시각<br>(visual) | • 저비용<br>• 유대 간단<br>• 즉각적 결과 확인<br>• 최소의 훈련<br>• 최소의 용품 | • 표면 결함(discontinuities)만 탐지<br>• 일반적으로 큰 결함 탐지<br>• 긁힘(scratches)을 결함으로 판정 |
| 침투성 염료<br>(penetrant dye) | • 휴대 가능<br>• 저비용<br>• 매우 작은 결함도 검출<br>• 30분 이내 검사 완료<br>• 최소한의 검사 가능 | • 표면 결함만 탐지<br>• 거칠거나 다공성 표면의 시험은 곤란<br>• 검사 부품의 마감재 및 실란트 제거 등 준비 필요<br>• 높은 청결도 필요<br>• 필요한 결과에 대한 직접적인 유안 감지 |
| 자성 입자<br>(magnetic partcle) | • 휴대 가능<br>• 저비용<br>• 작은 결함도 검출<br>• 즉각적 결과 확인<br>• 중간 정도의 검사 기능<br>• 표면 결함만 탐지<br>• 상대적으로 빠른 검사 | • 거친 표면은 시험에 방해가 됨<br>• 부품 준비 필요(마감재 및 실란트 제거 등)<br>• 강자성 부품에 적용<br>• 시험 후 부품 탈자 작업 |

1 출처 : 『항공기 정비 일반(개정판)』, 국토교통부

| 방법 | 장점 | 단점 |
|---|---|---|
| 와전류<br>(eddy current) | • 휴대 가능<br>• 표면과 표면 결함 검사<br>• 적정 검사 시간<br>• 즉각적 결과 확인<br>• 작은 결함도 탐지<br>• 굵기에도 민감함 | • Probe가 검사 표면에 접근할 수 있어야 함<br>• 거친 표면은 시험에 방해가 됨<br>• 전기 전도성 검사체에 적용<br>• 검사 기능 및 훈련 필요<br>• 넓은 구역은 검사 시간 소요 |
| 초음파<br>(ultrasonic) | • 휴대 가능<br>• 저비용<br>• 작은 결함도 검출<br>• 즉각적 결과 확인<br>• 검사체 준비가 거의 필요 없음<br>• 검사 물체와 두께가 광범위함 | • Probe가 검사 표면에 접근할 수 있어야 함<br>• 거친 표면은 시험에 방해가 됨<br>• 고도의 결함 검출 및 해석 능력과 경험 필요<br>• 결함의 깊이는 나타나지 않음 |
| X-ray 방사선<br>(X-ray radiography) | • 표면 및 내부 결함 감지<br>• 숨겨진 곳도 검사할 수 있음<br>• 영구적 기록 획득<br>• 검사체 준비가 최소 | • 방사선 안전 위험<br>• 고비용, 느린 프로세스<br>• 고도의 결함 검출 및 해석 능력과 경험 필요<br>• 결함의 깊이는 나타나지 않음 |
| 동위원소 방사선<br>(isotope radiography) | • 휴대 가능<br>• X-ray보다 낮은 비용<br>• 표면 및 내부 결함 감지<br>• 숨겨진 곳도 검사할 수 있음<br>• 영구적 기록 획득<br>• 검사체 준비가 최소 | • 동위원소 안전 위험<br>• 방사선 동위원소 취급 관련 법 준수<br>• 고도의 결함 검출 및 해석 능력과 경험이 필요<br>• 결함의 깊이는 나타나지 않음 |

## 4.3.6 정비공장의 작업

정비공장 작업(factory or shop repair)은 정비의 최상위 단계로서 벤치 체크, 수리, 부분품의 오버홀, 기체 오버홀 등의 작업들을 진행한다.

### 벤치 체크(bench check)

정비 숍(shop)의 벤치(bench)에서 부품 또는 구성품의 사용 가능 여부 또는 수정, 수리, 오버홀이 필요한지의 여부를 결정하기 위해 행하는 기능점검으로 사용시간이 '0'으로 환원되지는 않는다.[2] 즉 수리나 오버홀 작업 정도를 파악하기 위해 전체적인 사전 검사를 진행하는 작업이다.

2 모든 항공기는 비행시간을 기반으로 관리된다. 여기서 각 단계별 정비를 할 때마다 그 다음 번 정비단계로의 예상 시간이 0으로 설정된다. 즉 48시간이 도래해서 50시간 점검을 한 경우, 다음 정비까지 시간을 0으로 설정하게 된다. 그러나 모든 작업이 이에 해당하지는 않는다. TBO(Time Before Overhaul) 1,000시간인 부품이나 비행체의 비행시간이 1,000시간에 도래한 경우, 수리나 오버홀이라는 수리 작업을 거치면 다시 사용 가능시간을 1,000시간으로 설정한다.

## 수리(repair)

벤치 체크의 결과, 고장 또는 불만족한 부분을 정비 또는 손질(service)을 통해 그 기능을 복구하는 작업으로 수리된 부품의 사용시간을 '0'으로 환원할 수 있다.

## 부분품의 오버홀(part overhaul)

공장정비에 있어 최고 단계의 정비에 해당한다. 제작회사의 수리 방법에 따라 분해, 세척, 검사, 구성품의 교환 수리, 조립, 기능시험의 전 과정을 수행한다. 오버홀에 의해서 그 부품의 사용시간을 '0'으로 환원할 수 있다.

## 기체 오버홀(aircraft overhaul)

잠재적인 결함을 발견하고 이를 정비함은 물론 장기적으로 유효한 예방정비를 수행함으로써 고장의 요인을 제거하여 항공기의 감항성을 유지하는 것이 주목적이다.

SECTION
# 4.4 정비 계획 수립

모든 항공장비의 정비계획은 기종별로 수립되어 그 계획에 따라 진행된다. 정비계획을 세울 때는 정비체계를 수립하고, 계통이나 구성품별 정비작업 계획을 작성한다. 엔진이나 미션 같은 시간교환 품목들의 경우 부품별로 관리계획을 추가 구성할 필요가 있다.

## 4.4.1 정비체계 수립

정비를 수행하기 위한 체계로 정비조직을 구성하고, 수행 개념을 수립한다.

### 정비조직 구성

장비 운영 기관에서는 정비 수준별 책임 주체를 구성하여 정비 조직을 구성하고 조직별 정비 수행 및 협조, 정보 교환 체계를 구성한다. [표 4-2]는 해군의 무인정찰기 운용을 위한 정비조직 구성의 예이다. 해군의 경우 함정이 부대이므로 부대정비는 함상(shipboard)의 갑판(flight deck)에서 이루어지며, 큰 함정이라면 야전정비도 함상(shipboard)의 격납고(hanger)에서 이루어진다. 창정비는 제작사에서 이루어진다.

[표 4-2] 드론 장비의 정비 체계 구성 사례

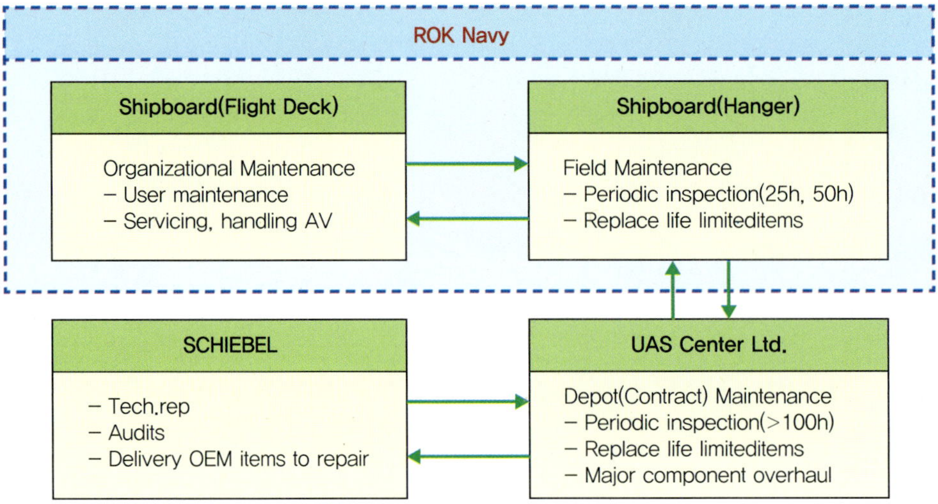

- **사용자(부대, 운영자) 정비** : 장비의 운영 실무기관에서 이루어지며, 부대정비 자격증(level Ⅰ)을 보유한 조종사 및 정비사가 수행한다. 이는 비행 전 검사와 준비사항을 포함한 운영자 검사를 지칭한다.
- **야전정비** : 장비의 운영 함상에 위치한 격납고 내에서 실시되며 야전정비 자격자(level Ⅱ)에 의해 시행된다. 100시간 이내 수준과 동등 시간 교환품목의 교체 작업이 본 단계에서 이루어진다.
- **창정비** : 정비계약서식에 입각하여 한국 내 정비시행사가 실시한다. 500시간 검사 이상의 항목을 실시하며, 여기에는 주요 부품의 분해 정비(오버홀)가 포함된다.

## 정비 개념 구성

드론의 정비 개념으로는 [표 4-3]처럼 정비 수준을 고려하여 주기별 정비작업을 구분한다. 운영자정비로는 A, B, C1 check를 수행하고 50시간까지 점검을 진행한다. 야전정비로는 C2 check로 매 100시간마다 점검을 진행하고, 창정비로는 C3, C4, D check를 진행하며 매 500시간, 1,000시간, 2,000시간마다 진행한다.

[표 4-3] 정비 조직 및 수행 업무의 구분 사례[3]

| 수준 | 책임 주체 | 주요 정비 임무 요약 | 정비작업 구분 | 주기 |
|---|---|---|---|---|
| 운영자정비<br>Level I | 운영자 | • 사용자 정비수준에서의 예방정비<br>• 비행 준비 및 Servicing<br>• 지상 취급 및 소제 | A, B, C1 check | A Check<br>최초 12.5시간 |
| | | | | B Check<br>매 25시간 |
| | | | | C1 Check<br>매 50시간 |
| 야전정비<br>Level II | 운영 부대 | • 일부 주기 정비<br>• 시한품목(TBO) 교체<br>• LRU[3]의 교체 | C2 check | C2 Check<br>매 100시간 |
| 창정비<br>Level III | 정비시행 회사<br>(외주) | • 일부 주기 정비<br>• 시한품목(TBR) 교체<br>• 주요 부품의 분해 정비(오버홀)<br>• 생산자 생산특수품목의 배송 | C3, C4, D check | C3 Check<br>매 500시간(3년) |
| | | | | C4 Check<br>매 1,000시간(6.2년) |
| | | | | D Check<br>매 2,000시간(12.5년) |

3 LRU : Line Replaceable Unit, 항공 정비 숍에서 교체해야 되는 부품

## 4.4.2 세부 정비작업 계획 설정

4.4.1과 같이 정비 개념이 설정되면 다음 단계로 [표 4-4]와 같은 일일 점검 항목 및 검사 인원 소요와 [표 4-5]와 같은 주기 검사 항목 및 정비 인시[4] 등의 세부적인 정비작업 계획을 설정한다.

[표 4-4] 일(매)일 점검 항목 및 검사 인원 소요

| 수준 | 정비 항목 | 정비사 수 | 공수[5] | 비고 |
|---|---|---|---|---|
| 운영정비 | 일일 최초 비행 전 점검 | 1 PCU 조종사, 1 정비사(Level II) | 1 | 운영자 점검 |
| 운영정비 | 최초 비행 점검 | 0 | 0 | BIT |

[표 4-5] 주기 검사 항목 및 정비 인시(예 : 100kg급 정찰용 무인헬리콥터)

| 수준 | 주기검사 | 주기 | 점검 항목 | 정비사 수 | 공수 | 비고 |
|---|---|---|---|---|---|---|
| 부대정비 | A check | 최초<br>12.5시간 | • 점화플러그 점검<br>• 기어박스 오일량 점검 | (1) 정비사<br>Level I | 1 | 운영자 부대(함) |
| | B check | 매 25시간<br>(6주) | • 스파크플러그 교체<br>• 후미익 베어링 교체 | (1) 정비사<br>Level I | 3 | 운영자 부대(함) |
| | C1 check | 매 50시간<br>(12주) | • B check 수행<br>• 로드엔드 M3 교체<br>• 로터시스템 점검 | (2) 정비사<br>Level I | 8 | 운영자 부대(함) |
| 야전정비 | C2 check | 매 100시간<br>(7.5개월) | • C1 check 수행<br>• 엔진오버홀<br>• 로터블레이드 교체<br>• 로터시스템 점검<br>• 연료펌프 교체 | (2) 정비사<br>Level II | 20 | 외주 정비 |
| 창정비 | C3 check | 매 500시간<br>(3년) | • C2 check 수행<br>• 메인로터 헤드 오버홀<br>• 테일로터 헤드 오버홀<br>• 배터리 모듈 오버홀<br>• 프리휠 교체 | (2) 정비사<br>Level III | 45 | 외주 정비 |
| | C4 check | 매 1,000시간<br>(6.2년) | • C3 check 수행<br>• 서보액츄에이터 교체<br>• 메인기어박스 검사<br>• 테일기어박스 검사 | (2) 정비사<br>Level III | 46 | |
| | D check | 매 2,000시간<br>(12.5년) | • C4 check 수행<br>• 연료 호스 교체<br>• 냉각수 호스 교체 | (2) 정비사<br>Level III | 50 | |

4 인시 : MH(Man Hour), 어떤 정비작업에 드는 소요시간으로 한 사람이 투입되어 완료되는 시간으로 환산한다.

5 공수 : 정비작업에 소요되는 인력 소요. 인시(MH) 단위로 기재한다.

## 4.4.3 무인정찰기 부품별 계획

군용 무인정찰기의 경우 [표 4-6]과 같이 각 부품별로 세부적인 정비 계획을 세워 관리를 진행한다.

[표 4-6] 산업용 무인멀티콥터 정비/교환 주기표 예시

| 부 품 명 | 내 용 | | | | | | | | | 인시수 및 정비단계 | | | 비 고 |
|---|---|---|---|---|---|---|---|---|---|---|---|---|---|
| | 점검 | 장탈 | 교환 | 수리 | 검사 | 정렬 | 분해 | 오버홀 | 교정 | OM | FM | DM | |
| **Unmanned Helicopter** | | | | | | | | | | | | | |
| **Aerial Vehicle** | | | | | | | | | | | | | |
| **Fuselage** | | | | | | | | | | | | | |
| **Nose Fuselage** | | | | | | | | | | | | | |
| **Nose Fuselage Body, Complete** | x | x | x | x | x | | | | | 0.1<br>0.2<br>0.2 | 0.1<br>0.2 | 0.5<br>N/A<br>0.5 | |
| **Nose Frame Assembly** | x | | x | x | x | | | | | 0.1 | 0.1 | 0.5<br>N/A<br>0.5 | |
| **O-Ring, Viton (Nose Frame Assy)** | | | x | | | | | | | | 0.1 | | |
| **O-Ring, Viton; 185x4 (Battery Module Mount)** | | | x | | | | | | | | 0.1 | | |
| **Center Fuselage** | | | | | | | | | | | | | |
| **Center Fuselage Body, Complete** | x | | | | | | | | | 0.1 | 0.1 | | |
| **E-Box Separator, Top** | | x | x | x | | | | | | | 0.2<br>0.1 | | |
| **E-Box Separator, Middle** | | x | x | x | | | | | | | | | |
| **E-Box Separator, Bottom** | | x | x | x | | | | | | | 0.2<br>0.1 | | |
| **Vibration Mount** | | x | x | | | | | | | | 0.5<br>0.1 | | |
| **Tail Fuselage** | | | | | | | | | | | | | |
| **Tail Fuselage Body, Complete** | x | x | x | x | x | | | | | 0.1<br>0.2 | 0.1<br>0.2 | 0.5<br>N/A<br>0.5 | |
| **Lids** | | | | | | | | | | | | | |

SECTION 4.5

# 드론 정비 및 교환 주기

항공기 운항에 따른 진동이나 열화현상 등의 피로가 누적되면, 어느 단계에서 금속 부분에 물러짐, 균열, 휨, 꺾임 또는 부러지는 현상이 나타나고, 그로 인해 항공기 전체가 운항할 수 없는 상태가 되거나 사고로 이어질 수 있다. 정비 및 교환 주기는 항공기의 운항 불가 상황이나 사고를 예방하기 위해 일정 운항시간이나 기간이 도래하면 의무적으로 교체나 오버홀 작업을 수행하도록 제작사에서 규정하는 의무사항이다.

## 4.5.1 드론 정비/교환 주기

[표 4-7]은 농업용 무인헬리콥터의 부품 점검 및 교환 주기에 대한 예시의 일부분이다.

**[표 4-7]** 농업용 무인헬리콥터 부품 점검/교환 주기 예시

서비스 설명 : √ = 검사, S = 분해검사와 서비스, X = 부품 교환, A = 조절, C = 세척, T = 조임, L = 주유

| 구분 | 부품명 | 지정된 주기 | 검사 내용 | 작업 |
|---|---|---|---|---|
| 엔진 (점화장치) | 점화 코일 | | 회로 단선(또는 단락)을 점검한다. 코어 배선이 뽑혔는지 육안검사를 하고, 접지 터미널과 커플러 균열을 점검한다. | √ |
| | 스파크 플러그 캡 | | 회로 단선(또는 단락)을 점검한다. 금속과 플라스틱 간의 연결부 풀림, 나사 부분의 부식과 캡의 조임을 점검하기 위해 캡을 제거한다. | A |
| | 스파크 플러그 | 매년 | 부품을 교환한다. 전극 마모, 간격과 카본 침전을 육안검사한다. | X |
| | 디콤푸레셔 | | 밸브 작동 로드가 600~1,000g이내인지 점검하고, 케이블이 자유롭게 움직이도록 조절한다. | √ |
| 엔진 (냉각장치) | 라디에이터 | | 코어의 막힘, 변형과 불결함을 육안검사한다. | √ |
| | 라디에이터 캡 | | 캡을 제거하고 캡실에서 파편을 제거한다. 밸브 개방압력을 점검한다. | √ |
| | 리커버리 탱크 | | 냉각수의 누수가 없는지 점검한다(캡 또는 호스 연결부). | √ |
| | 냉각수 | | 부동액을 적정 수준으로 부어 냉각장치를 다시 채운다. | L |
| | 워터 펌프 | | 접합면의 냉각수 누수를 육안검사한다. 드레인에서 100시간 동안 약 10cc의 미세한 누수는 정상이다. | √ |
| 엔진 (시동장치) | 시동기 접지 | | 시동기 접지의 다른 부품과 접촉, 클램프가 확실히 고정되었는지 육안검사한다. 터미널이 부식되지 않았는지 점검하기 위해 볼트를 제거한다. | A |
| | 시동 모터/링 기어 | | 이빨 마모 정도를 육안검사한다. | S |
| | 링 기어 리테이닝 너트 | | 링 기어(로터 어셈블리) 리테이닝 너트의 조임토큐 70Nm를 점검한다. | T |

| 구분 | 부품명 | 지정된 주기 | 검사 내용 | 작업 |
|---|---|---|---|---|
| 엔진<br>(연료 장치) | 연료 필터(탱크 입구) | | 제거 후 청소. 메쉬가 막히거나 더럽혀지지 않았는지 점검한다. | √ |
| | 연료 필터(펌프 전) | | 제거 후 청소. 메쉬가 막히거나 더럽혀지지 않았는지 점검한다. | √ |
| | (연료 탱크) | 필요시 | 내부에 찌꺼기가 없는지 점검한다. 내부에 찌꺼기가 있다면, 이를 제거하고 탱크를 청소한다. | C |
| | 연료 펌프 베큠 호스 | | 베큠 호스 둘을 모두 제거하고, 청소를 위해 송풍기를 사용한다. | C |

## 4.5.2 무인멀티콥터 표준 정비/교환 주기

[표 4-8]은 2014년부터 무인멀티콥터 운용 및 정비, 교육 데이터를 바탕으로 한 표준 정비/교환 주기를 정리한 것이다. 적용 대상은 농업용 및 공공용 등의 산업용 드론으로 대략 자중 10kg 정도를 초과하는 무인멀티콥터이다. 실질적으로는 최대이륙중량 25kg을 초과하는 드론의 경우 항공안전기술원의 안전성 인증 검사를 수검해야 하므로, 이를 위해서는 정비 주기에 따른 점검 및 기록 유지가 필요하다.

[표 4-8] 산업용 무인멀티콥터 정비/교환 주기

| 멀티콥터 주요부품 표준 정비/교환 주기 (v1.3) | 2021.12. TTA / 드론안전기술 |
|---|---|

- SR: Stacus Replacement item 상태교환
- TBO: Replacement by time 시간교환

- 30~50시간: 주간~월간정비 (운영자)
- 100~300: 연간정비 (지정 정비센터, Shop)
- 500~1000시간: 오버홀 (제작사/지정 정비공장)

O : Operator replacement 운용자 교환
S : Maintenance Shop replacement 정비샵 교환
D : Depot(factory) Replacement 공장 교환

| Name명칭 | Replacement condition 교환 조건 | Overhaul (Shop/Depot) | Yearly Inspection (Shop) | Check (Operator) | Maintenance Level 정비단계 (O/S/D) | Remarks (비고) |
|---|---|---|---|---|---|---|
| Airframe 동체 | SR | 3년 | 1년 | 100Hour | S | 파손 여부 |
| Boom 붐 | SR | 3년 | 1년 | 100Hour | S | 파손 여부 |
| Landing Gear 착륙장치 | SR | 3년 | 1년 | 100Hour | O | 파손 여부 |
| Rotor 로터 | SR | 3년 | 1년 | 100Hour | O | 파손 여부, 조임 상태 |
| BLDC Motor 모터 | SR | 3년 | 1년 | 100Hour | S | 파손, 베어링, 청결 |
| ESC 모터변속기 | TBO / SR | 3년 또는 5000시간 | 1년 or 1000시간 | 100Hour | S | 과열, 청결 |
| Battery 배터리 | SR | 3년 | 1년 | 100Hour | O | 부풀음, 충전율 70% 못 미침 여부 |
| FC 비행제어컴퓨터 | SR | 3년 또는 5000시간 | 1년 | 100Hour | S | 고장, 기능 이상, SW 업데이트 |
| GPS module, GPS 안테나/수신기 모듈 | SR | 3년 | 1년 or 1000시간 | 100Hour | S | 고장, 기능 이상, SW 업데이트 |
| IMU 모듈, 관성측정센서 | SR | 3년 | 1년 or 1000시간 | 100Hour | S | 고장, 기능 이상, SW 업데이트 |

| Convertor 변압기 | TBO / SR | 3년 또는 5000시간 | 1년 or 1000시간 | 100Hour | S | 출력 이상 |
|---|---|---|---|---|---|---|
| Wire Haness /Connector 배선/커넥터 | SR | 3년 | 1년 | 100Hour | S | 과열, 단선 |
| Charger 충전기 | SR | 3년 | 1년 | 100Hour | S/D | 바란싱 충전 여부 |
| Controller 조종기 | SR | 3년 | 1년 | 100Hour | S/D | 안테나, 스틱 포텐셜미터, 출력통달거리 200미터 이상 |
| Water pump 펌프 | SR | 3년 | 1년 | 100Hour | S | 펌프 작동상태 |
| Chemical Tank 약제통 | SR | 3년 | 1년 | 100Hour | O | 파손, 청결 |
| Nozzle 노즐 | SR | 3년 | 1년 | 100Hour | O | 노즐팁, 고무패킹 |

[표 4-9]는 일반적인 산업용 무인멀티콥터를 정비한 후 점검 수행 절차를 요약한 내용이다. 이 부분만 적절히 수행하고 문제가 없을 경우, 기본 시스템에 문제는 없다고 봐도 무난할 것이다.

[표 4-9] 무인 멀티콥터 점검 수행 절차

| 비행제어시스템 부분 | |
|---|---|
| 시험 도구 | 리모콘 수신기 한 세트, 주 배터리 1개, 비행 제어용 배터리 1개, 변속기 4개와 모터 4개 |
| 실내, 로터 제거 상태 | 1. 위에서 언급한 부품이 올바르게 연결되고 IMU를 수평으로 놓을 것<br>2. 모터 고정<br>3. 전원을 연결하고 상태를 잠금 해제하고 부품에 발열이 있는지 확인(일부 부품 발열이 있는 경우 교체), 발열 없음이면 비행 모드 스위치를 전환하고 해당 LED 조명 표시 확인<br>4. 4개 모터의 회전 속도가 거의 같은지 확인하기 위해 잠금 해제<br>5. 다른 모드에서 스로틀 레버를 밀어 올려 모터가 회전 속도를 증가시키는지 확인하고 스로틀 레버가 40% 위치에서 비행체 기울였을 때 우측 또는 좌측에서 모터 속도가 증가 또는 감소하는지 확인 |
| 실외, 로터 장착 상태 | 1. 장애물이 없는 개활지에서 위의 부품과 IMU를 수평으로 장착<br>2. 모터가 잘 고정되었지 확인<br>3. 전원을 연결하고 잠금 해제 상태에서 모든 모드에서 3개의 빨간색 LED 표시등과 모드 LED를 확인(테스트된 GPS 신호가 없으면 초기화가 완료되지 않았음을 의미함)<br>4. 약 20초 정도 기다리면 적색 LED 램프가 감소하고 적색 LED 램프가 아닌 모드 램프만 점등 |
| 기체 | |
| 시험 도구 | 수평계 |
| 드론 기체 구조물 | 1. 균열, 파손, 설치가 정확하고 방향 오류가 없는지 확인<br>2. 모든 볼트와 너트 등 조임쇠들이 제대로 고정되었는지 확인 |
| 모터 | 1. 부하 없이 회전이 원활<br>2. 모터가 수평계와 수평을 유지하는지 확인 |
| 변속기 | 1. 변속기나 조종기를 변경할 때 변속기 캘리브레이션을 수행해야 함 |
| 로터 | 1. 균열 및 파손 없음<br>2. 방향 오류 또는 잘못된 설치 없음<br>3. 고정 나사가 잘 고정되었는지 확인 |

| 송수신기 | |
|---|---|
| 송신기 | 1. 조종기의 배터리 용량 충분<br>2. 매월 지상 통달 거리가 200미터 이상인지 확인<br>3. 매개변수 및 설정이 올바른지 확인 |
| 수신기 | 1. 각 채널 연결 단자의 부식 또는 느슨함이 없음<br>2. 매월 지상 통달 거리가 200미터 이상인지 확인 |
| **살포 장치** | |
| 액제 펌프 | 1. 물을 제대로 펌핑하여 노즐이 10L 약품을 마칠 때까지 살포 시간이 5분 30초에서 6분 정도 |
| 노즐과 노즐 캡 | 1. 균열, 파손, 누출<br>2. 잘 고정됨 |
| 노즐 필터 | 1. 균열, 파손, 부식 |
| 노즐 | 1. 균열, 파손, 부식<br>2. 팬 유형 수막이 균일한 경우 마모, 차단 기능 |
| 호스 | 1. 노화 부식, 마모, 주름이 있는 경우 |
| 호스 연결 부분 | 1. 노화, 부식, 마모, 누출이 있는 경우 |
| **배터리와 충전기** | |
| 배터리와 충전기 | 1. 부풀어 오름 여부<br>2. 사용 후 전압이 너무 낮음 여부 |
| 비행제어 배터리 | 1. 부풀어 오름 여부<br>2. 사용 후 전압이 너무 낮음 여부 |
| 충전기 | 1. 충전 시스템이 제대로 작동 여부 |

SECTION
# 4.6 고장 탐구와 조치

항공장비들을 운용하다 보면 크고 작은 고장이 발생하여 그로 인한 이상 증상이 발생할 때가 있다. 이러한 증상을 보고 바로 어떤 부분의 고장 유무를 판단하려면 많은 경험과 노하우가 필요하다. 운용 중에 나타나는 이상 증상들을 분석하여 고장 부위를 찾아가는 것을 고장탐구라 한다. 여기서는 드론에서의 고장 탐구 절차와 증상에 대한 조치 방법들을 알아본다.

## 4.6.1 고장 탐구 절차

통상적인 항공기의 고장 수리는 감항성 확보와 가동률 향상을 위해 정확성과 신속성이 요구되므로, 표준화된 절차에 따라 수행되어야 한다. 무인기의 경우 원격통제장비에 이상 증상들이 표시되나 이것만으로는 정확한 고장 원인을 진단하기 어려운 경우가 많다. 아래는 무인기의 고장 탐구 절차의 주요 내용이다.

### 고장 보고 자료 검토 및 분석

고장이 발견되면 시점, 상황, 내용 등을 확인하고, 관련 자료와 교범들을 참고하여 보고서를 작성한다. 장비검사관(또는 선임정비사)은 이 보고서와 자료를 바탕으로 분석을 실시한다. 드론의 비행제어시스템에는 대개 비행로그를 저장하는 기능들이 포함되어 있어서 고장이나 사고가 발생하면 이를 다운로드하여 분석한다. 그러면 이상증상의 원인을 대부분 파악할 수 있다. 하지만 이 로그데이터를 분석하기 위해서는 많은 경험이 필요하고 비행원리, 제어시스템과 전체 시스템의 작동원리에 대한 깊고 폭넓은 지식을 갖추어야 한다. 이에 대해서는 차후 별도의 기회에 다루기로 한다.

- 보고서 분석(발생 시점, 고장 발생 상황, 고장 내용)
- 비행 데이터 파일 확인 및 분석
- 이전 정비 및 비행 기록 검토
- 과거 유사 사례 조치사항
- 관련 교범(MM, FIM, SRM 등)
- 관련 제작사 기술 회보(SB, SL, SIL 등)
- 필요시 조종사 및 정비사 진술서
- 반복 결함의 경우 그간 정비사가 작업한 내용

### 고장 원인 규명

정확한 고장 원인을 파악하는 일은 그 상황이 재발되는 것을 방지하기 위해 반드시 필요하며 매우 중요하다. 보고된 내용을 바탕으로 충분한 검토와 분석을 통해 고장의 정확한 원인을 진단한다.

- 항공기, 엔진 및 부품의 불량
- 정비사 작업 또는 조종사 조작 오류
- 관련 정비도서의 오류
- 원인 불명

## 4.6.2 수리 방법 강구

항공기 고장 양상에 따라 신속하게 적절한 수리 방법을 찾아야 한다. 일반적인 고장 수리는 제작사에서 제공한 매뉴얼을 보고 진행할 수 있지만, 원인을 알 수 없는 고장이 발생했다면 제작사의 기술지원이 필요할 수도 있다. 결함 자재는 교체하고, 작업 방법에 문제가 있는 경우라면 방법을 수정하여 수리 진행 방법을 결정해야 한다.

### 결함 부품 교체

고장탐구 결과 부품이나 자재에 결함이 있는 경우라면 항공기 결함 메시지와 교범상의 결함 해당 내용을 확인하고, 정비교범의 절차에 따라 교체한다.

- 항공기에서 결함 메시지를 확인한다.
- 고장 구분 교범(FIM)에서 결함 메시지와 관련한 부품 결함을 확인한다.
- 정비교범(MM)에 따라 결함 부품을 교체한다.

### 작업 방법 수정(반복 결함인 경우 등)

결함사항이 반복적으로 발생한다면 그 원인이 부품 결함보다 작업 방식의 문제일 수 있다. 이 경우에는 수리 방법 변경을 검토하여 진행한다.

- 기존 작업 방법을 확인한다.
- 작업 방법 및 절차를 변경하거나 추가한다.
- 다음과 같은 경우 수리 방법을 개발한다.
  (i) 정비도서(MM 및 FIM) 등으로 고장 원인을 확인할 수 없거나, 일반적인 방법으로 수리가 곤란한 경우(대수리 또는 대개조 등의 작업 필요)

(ii) 제작사 기술지원(필요시 인원 및 자재 포함)이 필요한 경우

(iii) 특정 작업을 위한 수리 방법 및 절차 개발이 요구되는 경우

### 수리 방법 결정

수리를 해보지 않은 증상이나 부품의 경우 협의를 통해 수리 방법을 결정하거나, 제작사의 기술지원을 받아 방법을 결정한다.

- 관련 부서 및 담당자 회의를 통해 수리 방법을 결정한다.
- 필요시 제작사 기술지원(기술 자료, 인원 및 자재 등)을 요청한다.

## 4.6.3 드론의 경고 표시

GCS가 없는 산업용 무인멀티콥터는 조종자가 비행체를 눈으로 보고 조종하는데, 이때 비행체의 이상 유무를 표시하는 것은 경고등밖에 없다. 이 경고등의 표시 방법에 대해 알아보자.

### 산업용 드론 고장 경고 표시

모든 드론은 나름대로 시스템 경고 표시를 가지고 있으며, 대부분 기종별로 유사한 경고 시스템을 갖추고 있다. [표 4-10]은 농업용 드론의 고장 상황별 LED 경고 점등 방식을 나타낸다.

[표 4-10] TTA/드론안전기술 마징가 드론 경고등 표시[6]

| 비행모드 표시 | 표시등 상태 | | 우선순위 |
|---|---|---|---|
| 자세(안정, 높이 일정) | ● | 녹색 1번 깜박임 | 낮음 |
| GPS 모드(각도, 속도) | ●● | 녹색 2번 깜박임 | 낮음 |
| AB 모드 | ●●● | 녹색 3번 깜박임 | 낮음 |
| **GPS 표시** | **표시등 상태** | | **우선순위** |
| GPS 미연결/GPS 수신이 없을 경우 | ●●● | 빨간색 3번 깜박임 | 낮음 |
| GPS 신호가 낮을 경우 | ●● | 빨간색 2번 깜박임 | 낮음 |
| GPS 신호가 중간일 경우 | ● | 빨간색 1번 깜박임 | 낮음 |
| GPS 신호가 좋을 경우 | ○ | 빨간색 깜박임이 없음 | 낮음 |
| **저전압 경고** | **표시등 상태** | | **우선순위** |
| 1차 저전압 경고 | ●●● | 황색 3번 깜박임 | 낮음 |
| 2차 저전압 경고 | ●●●●● | 황색 연속 깜박임 | 높음 |

6 출처 : 『TTAviation M6E-X 운영자교범』, DJI

| 양면 교정 표기 | 표시등 상태 | 우선순위 |
|---|---|---|
| 수평 교정 | ● —— 황색 점등 | 중간 |
| 수직 교정 | ● —— 녹색 점등 | 중간 |
| 교정 실패 | ● —— 빨간색 점등 | 중간 |
| 교정 성공 | ●●● 빨간색, 녹색, 황색 깜박임 | 중간 |
| **가속도계 표시** | **표시등 상태** | **우선순위** |
| 교정 중 | ●●● 빨간색, 녹색, 황색 깜박임 | 중간 |
| 교정 성공 | ● —— 녹색 점등 | 중간 |
| **이상 상태 표시** | **표시등 상태** | **우선순위** |
| 조종기 제어 상실 | ●●●●● 빨간색 연속 깜박임 | 높음 |
| 나침반 영향/이상 | ●●●● 황색, 녹색 깜박임 | 높음 |
| GPS 수신/이상 | ●●●● 빨간색, 녹색 깜박임 | 높음 |
| IMU 진동/이상 | ●●●● 빨간색, 황색 깜박임 | 높음 |
| **기타 상태 표시** | **표시등 상태** | **우선순위** |
| 전원 초기화 | ●●● 빨간색, 녹색, 황색 깜박임 | 높음 |
| 잠금 해제 | ●●● 빨간색, 녹색, 황색 깜박임 | 높음 |
| 잠금 해제 실패 | ● —— 빨간색 점등 | 높음 |

## 상용 드론의 고장경고 및 조치

[표 4-11]은 항공촬영용으로 많이 사용되는 상용드론 중 매트릭스 드론의 기체 상태 표시를 나타내고, [표 4-12]는 소형 매빅 드론의 고장 경고 표시를 설명한다. [표 4-13]은 이런 항공촬영용 드론들에서 사용되는 스마트 배터리의 상태나 경고 표시에 대한 설명이다.

[표 4-11] DJI 매트릭스 드론의 고장 경고 : 기체 상태 표시기 설명[7]

| 색상 | 깜빡임/켜진 상태 유지 | 기체 상태의 설명 |
|---|---|---|
| 일반 | | |
| Ⓡ Ⓖ Ⓨ …… | 빨간색, 녹색 및 노란색 깜빡임 | 전원 켜기 및 자체 진단 테스트 |
| Ⓖ …… | 느린 녹색 깜빡임 | GNSS 포지셔닝을 사용하는 P 모드* |
| Ⓖ ×2 …… | 2회의 녹색 깜빡임 | 비전 시스템을 사용하는 P 모드* |
| Ⓖ Ⓑ …… | 교대로 녹색과 파란색 깜빡임 | RTK 기능이 활성화되고 RTK 데이터가 사용됨 |
| Ⓨ …… | 느린 노란색 깜빡임 | A 모드(GPS 및 비전 포지셔닝 없음) |
| Ⓖ …… | 빠른 녹색 깜빡임 | 장애물 감지 후 자동으로 제동 |

7 출처 : 『DJI 메트릭스 운영자교범』, DJI

| 색상 | 깜빡임/켜진 상태 유지 | 기체 상태의 설명 |
|---|---|---|
| 경고 | | |
| (Y) ······ | 빠른 노란색 깜빡임 | 조종기 신호가 끊김 |
| (R) ······ | 느린 빨간색 깜빡임 | 배터리 부족 경고 |
| (R) ······ | 빠른 빨간색 깜빡임 | 심각한 배터리 부족 경고 |
| (R) ······ | 5초 동안 빨간색 깜빡임(CSC를 수행할 때) | IMU 오류 |
| (R) —— | 빨간색 유지 | 심각한 오류 |
| (R)(Y) ······ | 빠르게 교대로 빨간색 및 노란색 깜빡임 | 콤파스 캘리브레이션 필요 |
| (R)(G) ······ | 교대로 빨간색 및 녹색 깜빡임 | RTK 기능이 활성화되지만 RTK 데이터는 이용할 수 없음 |

* 느린 녹색 깜빡임은 P 모드를 나타내며, 빠른 녹색 깜빡임은 S 모드를 나타낸다.

[표 4-12] DJI 매빅 드론의 고장 경고 : 기체 상태 표시등 상태[8]

| 색상 | | 깜빡임/켜진 상태 유지 | 기체 상태의 설명 |
|---|---|---|---|
| 정상 상태 | | | |
| (R)(G)(Y) | 빨간색, 녹색 및 노란색 교대 | 깜빡임 | 전원을 켜고 자체 진단 테스트 수행 |
| (Y) | 노란색 | 네 번 깜빡임 | 가동 모드 |
| (G) | 녹색 | 느리게 깜빡임 | GPS를 사용하는 P 모드 |
| (G) | 녹색 | 주기적으로 두 번 깜빡임 | 전방 및 하향 비전 시스템을 사용하는 P 모드 |
| (Y) | 노란색 | 느리게 깜빡임 | GPS, 전방 비전 시스템 또는 하향 비전 시스템이 없음 |
| (G) | 녹색 | 빠르게 깜빡임 | 제동 중 |
| 경고 상태 | | | |
| (Y) | 노란색 | 빠르게 깜빡임 | 조종기 신호 끊김 |
| (R) | 레드 | 느리게 깜빡임 | 배터리 부족 |
| (R) | 레드 | 빠르게 깜빡임 | 심각한 배터리 부족 |
| (R) | 레드 | 깜빡임 | IMU 오류 |
| (R) | 레드 | 켜진 상태 유지 | 심각한 오류 |
| (R)(Y) | 빨간색, 노란색 교대 | 빠르게 깜빡임 | 콤파스 캘리브레이션 필요 |

8 출처 : 『DJI 매빅 운영자교범』, DJI

[표 4-13] DJI 스마트배터리 고장 경고와 배터리 보호 메커니즘[9]

| LED1 | LED2 | LED3 | LED4 | 배터리 잔량 |
|---|---|---|---|---|
| ☼ | ☼ | ○ | ○ | 0% < 배터리 잔량 ≤ 50% |
| ☼ | ☼ | ☼ | ○ | 500% < 배터리 잔량 ≤ 75% |
| ☼ | ☼ | ☼ | ☼ | 75% < 배터리 잔량 ≤ 100% |
| ○ | ○ | ○ | ○ | 완전히 충전됨 |

| 배터리 보호 메커니즘 | | | | | |
|---|---|---|---|---|---|
| LED1 | LED2 | LED3 | LED4 | 깜빡임 패턴 | 상태 |
| ○ | ☼ | ○ | ○ | LED2가 초당 두 번 깜빡임 | 과전류 감지 |
| ○ | ☼ | ○ | ○ | LED2가 초당 세 번 깜빡임 | 합선 감지 |
| ○ | ○ | ☼ | ○ | LED3이 초당 두 번 깜빡임 | 과충전 감지 |
| ○ | ○ | ☼ | ○ | LED3이 초당 세 번 깜빡임 | 충전기 과전압 감지 |
| ○ | ○ | ○ | ☼ | LED4가 초당 두 번 깜빡임 | 충전 온도 너무 낮음 |
| ○ | ○ | ○ | ☼ | LED4가 초당 세 번 깜빡임 | 충전 온도 너무 높음 |

* 비정상적인 충전 상태로 인한 배터리 보호 표시를 배터리 LED 표시등으로 보여줄 수 있음.

## 4.6.4 무인멀티콥터 증상별 대처법

멀티콥터의 경우 대부분 LED 경고등 상태를 확인하고, 그에 해당하는 조치를 실시한다. 그 외의 경우 [표 4-14]와 같은 조치를 하면 증상이 대부분 해소될 것이다.

[표 4-14] 무인 멀티콥터 고장 증상별 대처법 요약

| 증상 | 원인 | 대처방법 | 단계 |
|---|---|---|---|
| • 드론이 비행 중 좌우로 흐름<br>• 이륙 시 한쪽으로 쏠림 | 1. 지자기 설정 미완<br>2. GPS 설치 방향이 틀어짐<br>3. IMU 수평이 안 맞음<br>4. 로터 조임 및 마모 불평등<br>5. 모터 수평이 안 맞음 | 1. MC 캘리<br>2. GPS 안테나 방향 조정<br>3. IMU 장착의 수평 맞춤<br>4. 로터 장착 조절<br>5. 모터 또는 붐 수평 조절 | O |
| 시동이 안 걸림 | 1. 조종기 시동위치 인식 불량<br>2. 비행모드 세팅 불량<br>3. 비행금지구역 내<br>4. ESC 캘리 불량 | 1. 조종기 포텐셜미터 청소/조절, 조종기 캘리브레이션 실시<br>2. 어시 S/W로 비행모드 설정 확인<br>3. Geo-fance 기능 해제/구역 이탈<br>4. ESC 캘리 수행 | O/S |

9 출처 : 『DJI 매빅 매뉴얼』, DJI

| 증상 | 원인 | 대처방법 | 단계 |
| --- | --- | --- | --- |
| 일부 로터(모터)가 돌지 않거나 비정상 속도로 회전 | 1. FC 로터/붐 방향 세팅 불량<br>2. 모터의 불량(BLDC에선 드문 경우)<br>3. IMU/MC 캘리 불량<br>4. ESC 캘리 불량<br>5. 모터 이물질 청소 불량 | 1. 어시 S/W로 로터/붐 방향(X/+) 조절<br>2. 모터를 돌려보고 비정상일 경우 교체<br>3. IMU/MC 캘리브레이션 실시<br>4. ESC 캘리 수행<br>5. 방제 등 작업 후 모터 약제 세척 철저 | O |
| ESC 경고음 및 이상 | 1. 단선, 납땜 불량<br>2. ESC 캘리 불량 | 1. 단선, 불량 납땜 수정<br>2. ESC 캘리 수행 | O/S |
| 카메라 짐벌 작동 불량 | 1. 짐벌 장착/무게중심 불량<br>2 .짐벌 캘리 불량<br>3 .단선 | 1. 짐벌 장착 상태 및 무게중심 수정<br>2. 짐벌 캘리 수행<br>3. 케이블 배선 수정 | O/S |
| 카메라 영상이 나오지 않음 | 1. 출력 모드 설정 불량(PAL/NTCL, Analog/digital 등)<br>2. 커넥터 연결 불량 | 1. 설정상태 수정<br>2. 커넥터 확인 조정 | O |
| 변속기 연소(불남) | 1. 변속기 내구연한 지남 | 1. 변속기 내구연한 확인/교체 | S |
| 기체 과다 진동 | 1. 모터, 로터 장착상태 불량<br>2. 붐이 틀어지거나 느슨해짐 | 1. 로터, 모터 재장착 또는 볼트 조임<br>2. 붐을 방향에 맞춰 고정 조임 | O |
| 카메라 영상이 끊김 | 1. 모터, 로터 등의 진동 유입(진동)<br>2. 카메라 짐벌 댐퍼 불량(진동)<br>3. 안테나 장착 위치 불량<br>4. RF 성능 저하 | 1. 모터, 로터 진동 원인 조정<br>2. 짐벌 댐퍼 교체<br>3. 기체에 가려서 통신이 끊기는 현상일 때 안테나 위치 조정 장착<br>4. RF 교체 | O/S |
| • 비행시간 짧아짐<br>• 경고가 빨리 뜸 | 1. 배터리 셀 밸런스 불량<br>2. 배터리 경고 전압 설정 불량<br>3. 겨울철 배터리 저온 상태 | 1. 셀 체크 후 밸런싱 충전기로 밸런싱 충전 실시. 가급적 밸런싱 충전기 사용<br>2. 어시 S/W로 배터리 1, 2차 경고 전압 설정 조정<br>3. 배터리 보온 대책을 강구하여 배터리 장착 | O |

CHAPTER

# 04 연습문제

**4.1** 항공기 정비의 목적에 대해 서술하시오. (4.1.1)

**4.2** 항공기 정비의 단계에 대해 설명하시오. (4.1.2)

**4.3** 항공기 정비단계 시 부대정비에서 이루어지는 작업들을 서술하시오. (4.1.2)

**4.4** 항공기 정비단계 시 야전정비에서 이루어지는 작업들을 서술하시오. (4.1.2)

**4.5** 항공기 정비단계 시 창정비에서 이루어지는 작업들을 서술하시오. (4.1.2)

**4.6** 무인항공 시스템 정비관리의 특성에 대해 설명하시오. (4.1.2)

**4.7** 무인항공 시스템 정비관리의 특성에 대해 설명하시오. (4.2)

**4.8** 정비작업의 종류에 대해 서술하시오. (4.3.1)

**4.9** 정비 주체에 따른 정비단계를 설명하시오. (4.3.2)

**4.10** 조종사에 의한 운항점검 내용에 대해 설명하시오. (4.3.3)

**4.11** 정비검사 방법의 종류를 서술하시오. (4.3.5)

**4.12** 비파괴 검사 종류에 대해 서술하시오. (4.3.5)

**4.13** 정비공장에서 진행하는 작업 내용들을 설명하시오. (4.3.6)

**4.14** 오버홀 작업 내용을 설명하시오. (4.3.6)

**4.15** 정비계획 수립에 포함되어야 할 항목들을 서술하시오. (4.4)

**4.16** 정비체계 수립에서 해야 할 내용은 무엇인가? (4.4.1)

**4.17** 정비 및 교환주기에 대해 설명하시오. (4.5)

**4.18** 무인멀티콥터 정비 점검 수행 절차에 대해 설명하시오. (4.5.2)

**4.19** 고장 탐구를 위해 검토하고 분석할 내용들을 설명하시오. (4.6.1)

**4.20** 고장발생의 주요 원인들에 대해 서술하시오. (4.6.1)

**4.21** 반복적으로 발생하는 결함의 경우 조치방법을 설명하시오. (4.6.2)

**4.22** 이상 현상별로 고장 탐구를 진행하고 상황에 맞는 조치방법을 설명하시오. (4.6.2)

## 실습과제

1. 경찰청에서 운용하는 드론의 정비 계획을 수립하시오. (4.4)

2. 국립공원관리공단에서 운용하는 드론의 정비 계획을 수립하시오. (4.4)

3. 무인멀티콥터 정비 점검을 수행하는 절차를 수행하시오. (4.5.2)

4. 고장이 발생한 드론에 대한 고장탐구를 수행하시오. (4.6)

5. 비행로그파일에 대해 분석 실습을 수행하시오. (4.6.1)

CHAPTER

# 05

# 드론 관련 인증/검증/등록



**학습목표**

- 드론 관련 규정과 규제에 대해 설명할 수 있다.
- 드론 출시를 위한 업체의 준비사항에 대해 설명할 수 있다.
- 조달청 우수물품 지정 절차를 설명할 수 있다.
- 군용장비 추가 준비사항에 대해 설명할 수 있다.

SECTION

# 5.1 드론 관련 규정과 규제

일반적으로 드론과 관련해서 항공 관련 운항규제를 먼저 생각하게 된다. 하지만 실제로는 이러한 운항 관련 규제보다 더 다양한 형태의 어려운 규제들이 증가되어 왔다. 정부에서는 규제 개혁 차원에서 규제를 줄인다고 발표해왔지만, 실제 현장에서는 2000년대 초반에 조종기 KC 인증과 비행체 안전성인증의 두 가지 정도였던 관련 규제사항이 2020년이 지나면서 항목 수가 5배 이상 늘어났고, 드론 장비를 출시하기까지 드는 관련 비용은 350만 원 정도에서 역시 5배 이상 소요되고 있는 것이 현실이다. 이러한 상황에 대한 이해 없이 드론 사업을 시작할 경우 사업 진행 과정에 큰 어려움을 겪게 되므로 이번 장에서 다루는 내용을 잘 이해할 필요가 있다.

## 5.1.1 드론 활용 분야의 확대와 규제

드론은 기본적으로 복합 시스템 장비로서 다양한 규제나 규정의 대상이 된다. 또한 항공 분야뿐 아니라 전자·통신·기계·소프트웨어 분야 등이 포함되고, 한편으로 사용 목적에 따라 광학, 농업, 공간정보, 운송 등 다양한 분야에 연관된 장비가 된다. [그림 5-1]은 드론이 활용되는 유망 분야를 요약한 것이다. 이렇게 활용 분야가 많은 것은 좋으나, 활용 분야별로 그 분야에 해당하는 규제들이 있다.

드론은 원격으로 자율 항법 장치에 의해 자동 조종되거나 반자동 조종되는 무인 비행 물체를 뜻한다. 저비용으로 넓은 지역을 실시간 모니터링하여 정보 전달이 가능한 드론은 사회 인프라, 농업, 교통물류, 보안 등 다양한 산업에서 활용되고 있으며, 정부 또한 규제 완화 기조 아래 다양한 정책적·입법적 지원을 하고 있는 추세이다. 2017년 3월 30일부터 기존 항공법을 폐지하고 항공 관련 규정을 항공안전법, 항공사업법, 공항시설법으로 나누어 실시하고 있다. 이 중 항공안전법을 개정하여 드론의 야간 비행 및 육안 밖 비행이 가능해졌으며, 공공 분야의 무인비행장치와 관련한 특례가 신설되었다. 2019년 10월에는 정부 부처 합동으로 드론 분야에 대한 선제적 규제혁파 로드맵을 발표한 바 있다. 또한 같은 해에 드론 활용의 촉진 및 기반 조성에 관한 법률이 통과되어 2020년 5월부터 시행되고 있다.

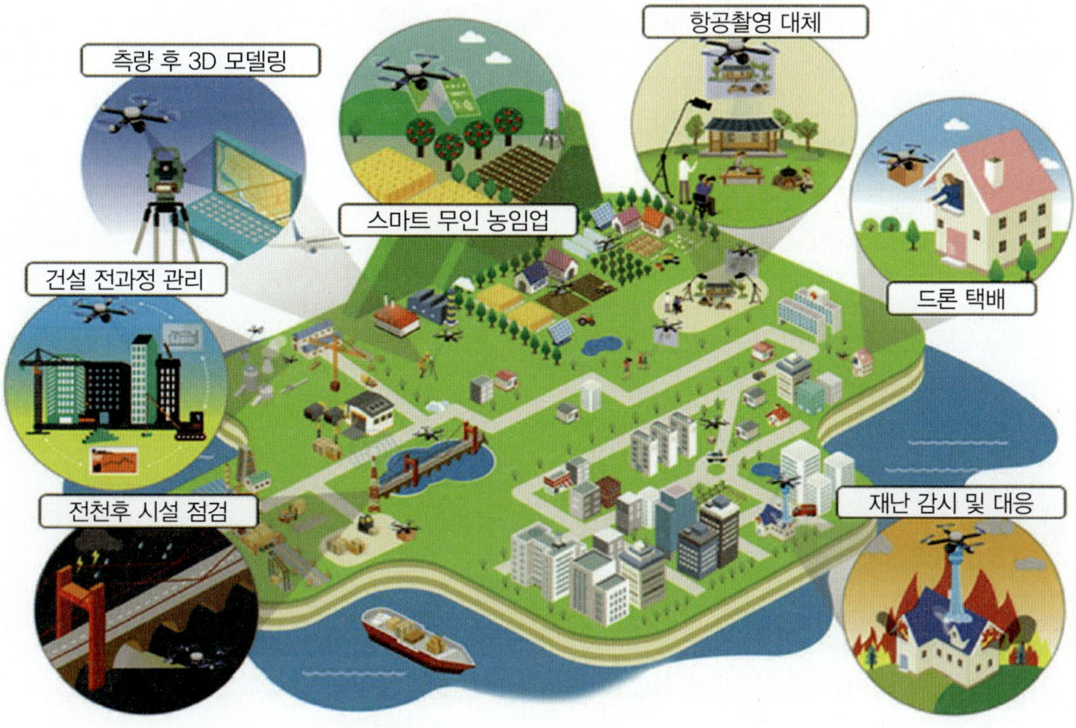


[그림 5-1] 드론 활용 유망 분야[1]

이런 규제 완화 흐름 속에서도 국내 드론 산업은 더딘 발전 양상을 보이고 있는데, 이는 그동안의 규제 개혁 정책들이 잘못된 방향, 즉 드론 운항에 대한 규제 위주로 진행되어 왔기 때문이다. 오히려 농림부의 농업실용화재단 농기계 검증, KC 인증 확대, 항공안전기술원 안정성인증 대상 장비 확대, 그리고 추가 산업부 등의 표준 재정 등 정부 부처의 하부 기관들에 의한 규제는 강화되어 왔다. 단적인 예를 들자면 2003년 무인헬기 사업을 위한 비용은 조종기 전파 KC 인증 300만 원, 비행체 안정성인증 검사 22만 원으로 진행할 수 있었지만 지금은 드론 제품 출시를 위해 KC 인증에만 1년 넘는 기간에 1천만 원 이상의 비용이 든다. 여기에 안정성인증 검사와 농기계 검정까지 진행되면 기간은 5배 이상, 비용은 7배 이상 소요되는 실정이다. 이러한 규제사항에 대해 정확한 이해를 바탕으로 사업을 진행해야 시행착오를 최소화할 수 있다.

## 항공규정상의 무인비행장치

항공법상 드론의 분류는 [그림 5-2]와 같다. 자중 150kg를 초과하는 장비는 무인항공기, 그 이하의 장비는 무인비행장치로 분류하고 무인비행장치는 다시 1~4종으로 분류한다. 그 이하는 완구로 분류하여 자유롭게 비행할 수 있다.

1 출처 : 『드론산업발전 기본계획(안)』, 2017~2026 자료집, 국토부, 2017년

<table>
<tr><th>유인</th><th colspan="3">무인</th></tr>
<tr><td>항공기<br>600kg 초과</td><td colspan="3" rowspan="2">무인항공기<br>자중 150kg 초과</td></tr>
<tr><td>총중량 600/650kg(수상기) 이하<br>경량항공기<br>자중 115kg 초과</td></tr>
<tr><td rowspan="4">초경량동력비행장치<br>자중 115kg 이하</td><td rowspan="4">무인동력비행장치<br>자중 150kg 이하</td><td>총중량 25kg 초과</td><td>1종</td></tr>
<tr><td>총중량 7kg 초과</td><td>2종</td></tr>
<tr><td>총중량 2kg 초과</td><td>3종</td></tr>
<tr><td>총중량 250g 초과</td><td>4종</td></tr>
</table>

(a) 중량별 항공기 분류 기준[2]

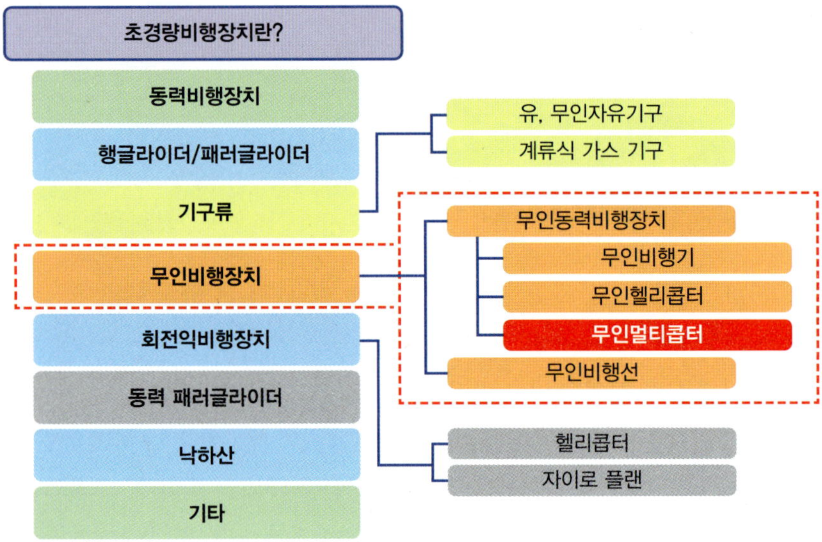


(b) 초경량비행장치 기종별 분류

[그림 5-2] 무인항공기의 분류

## 드론법(드론 활용의 촉진 및 기반 조성에 관한 법률)과 드론

드론법은 무인항공기에 대한 정의가 충분하지 못한 상황에서 산업적 측면에 초점을 맞춰 법이 만들어진 것으로 보인다. 드론 규제 관점에서 일부 산업적 지원 방안 등을 정의한 측면이 있으나 기존 항공안전법의 무인비행장치나 무인항공기 정의 조항을 그대로 원용하고 있다. 따라서 드론 이용자나 드론 사업을 구상하는 입장이라면 기존의 항공안전법과 항공사업법이 드론 관련 규제의 대부분이라는 잘못된 이해를 넘어서서 [그림 5-3]과 같은 다양한 규제들을 정확히 이해해야 한다. 각 법령을 중심으로 관련 규제를 살펴보도록 하자.

2 자중은 연료중량을 뺀 비행체 중량, 총중량은 연료(단, 전동시스템에서 배터리는 포함), 탑재장비 등을 모두 포함한 이륙 시의 비행체 성능상 최대 중량을 의미한다.

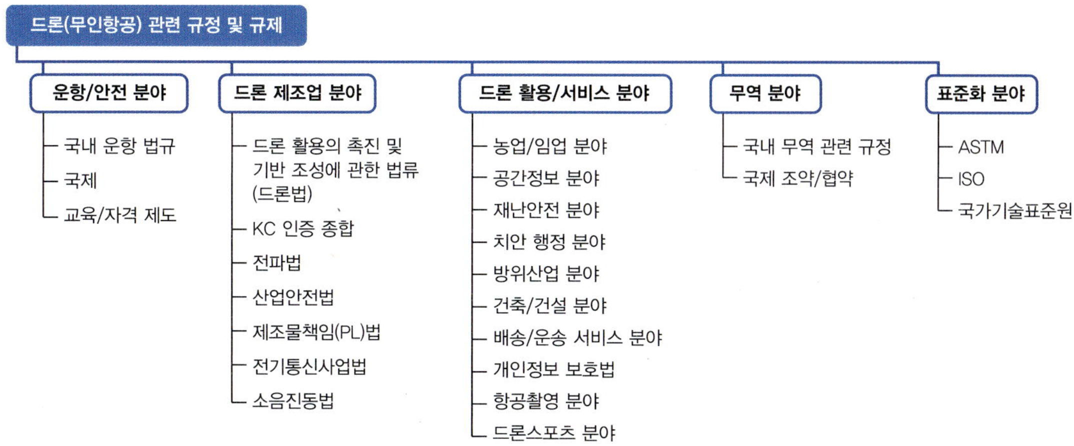


[그림 5-3] 드론 관련 법규와 규제

드론은 [그림 5-3]과 같은 다양한 법규의 규제를 받고 있으며 인증 검증 등을 거쳐야 제조 및 수입 판매가 가능하다. 현재까지 드론 제품에 대한 인증을 종합해보면 [그림 5-4]과 같다. 기타 조종기에 모니터 등이 있으면 추가 인증을 받아야 한다.

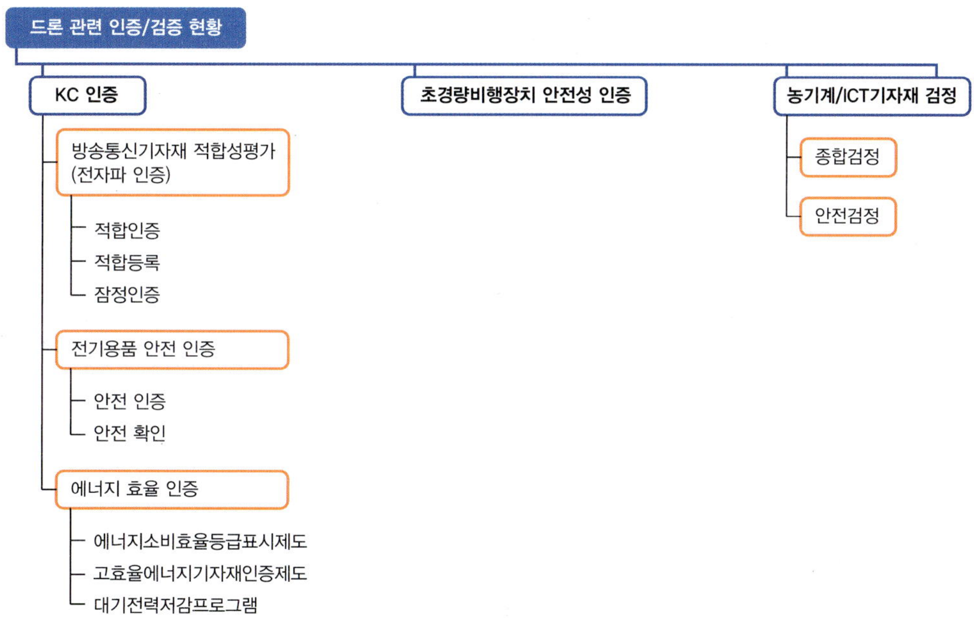


[그림 5-4] 드론 관련 인증 종합

## 5.1.2 드론 관련 KC 인증

드론 시스템은 사람이 타지 않고 무선전파를 이용하는 데이터링크를 이용해서 비행하는 비행기나 헬리콥터 모양의 비행체라 할 수 있다. 처음에는 공군기나 고사포, 미사일의 연습사격에 적기 대신 표적 구실로 사용되었으나, 점차 무선기술이 발달하면서 정찰기로 개발되어 적의 내륙 깊숙이 침투해 정찰·감시하는 용도로도 운용되고 있으며, 이제는 공격용을 비롯해 운송수단 등 다양한 용도로 발전되고 있다. 민수용은 농업방제용으로 시작해서 항공촬영, 공간정보 및 측량, 운송, 시설물 감시 등의 용도로 쓰이면서 사용자들의 안전을 위한 각종 인증과 검증이 늘어가고 있다.

### 방송통신기자재 적합성평가(전자파 인증)[3]

전파환경 및 방송통신망 등에 위해를 줄 우려가 있는 기자재와 중대한 전자파장해를 주거나 전자파로부터 정상적인 동작을 방해받을 정도의 영향을 받는 기자재를 제조 또는 판매하거나 수입하고자 하는 경우 방송통신기자재 적합성평가 및 인증이 필요하다. 드론은 무선통신을 통해 조종기로 조종되고, 드론에 장착된 카메라 등에서 취득된 영상도 무선통신을 통해 지상으로 전송된다. 따라서 드론은 구성품별로 다른 유형의 KC 인증 시험을 거쳐야 한다.

#### 관련 법규

- 전파법 제58조
- 전파법 제46조, 제47조, 제57조 2항, 전기통신기본법 제33조 2항
- 방송통신기기 시험기관의 지정 및 관리에 관한 고시(국립전파연구원 고시)
- 전자파적합측정설비의 성능검사 기준 및 절차(국립전파연구원 공고)

#### 인증 유형

- 적합인증
- 적합등록
- 잠정인증

#### 시험 항목

- EMC 시험
- 전자파 적합 시험
- 전자파 장애시험(EMI test)

3 출처 : 전파법 58조, 방송통신기자재의 적합성평가에 관한 고시(국립전파연구원고시)

- 전자파 내성시험(EMS test)
- 전자파 강도시험
- 유/무선 시험
- 성능시험

### 드론 대상 구성품

- **드론 비행체** : 드론의 경우 단방향 통신, 양방향 통신 등 통신 방식 등에 따라 시험 항목이 변경될 수 있다. 일반적으로 드론은 수신기 역할만 하는 경우가 많지만, 최근에는 양방향 통신을 통해 비행체의 상태를 모니터링하는 장비들이 늘어나고 있다. 비행체가 조종기의 신호를 받기만 하는 수신기 역할을 하는 경우 RF-EMC 검사만 받으면 된다.
- **드론 조종기 및 지상통제장비** : 조종기는 무선 기능을 통해 드론을 원격조종하는 장치로 송신 기능을 한다. 송신 기능만 하는 경우 RF/RF-EMC 시험을 받아야 한다.
- **탑재 임무 카메라** : 드론 내에 카메라가 내장되어 카메라를 통해 송신 역할도 하는 경우 RF/RF-EMC 시험을 받아야 한다. 카메라로 인해 별도의 저장 기능이 있는 경우 EMC 시험을 추가로 받아야 한다. 일반적으로 카메라에는 실시간으로 영상을 촬영·전송·저장하는 기능이 있다. 카메라가 별도의 송신 없이 SD 카드 등을 통해 영상을 저장만 하는 경우 EMC 시험만 진행된다. 무선 기능을 통해 영상을 휴대전화기 등으로 전송하는 경우 송신기로 RF/RF-EMC 시험을 받아야 한다. 무선 기능을 통해 영상을 실시간 전송 및 SD 카드를 통해 저장까지 하는 경우에는 RF/RF-EMC/EMC 시험을 모두 받아야 한다.
- **충전기** : 드론 배터리는 현재 인증이 필요 없지만, 충전기는 인증을 받아야 한다. 배터리는 적합등록으로 진행하는데, 드론에 사용되는 12셀 이상의 대용량 배터리용 충전기는 인증 절차를 진행하기가 다른 부분들에 비해 상당히 어렵다.

### 관할 기관

- 국립전파연구원
- 위탁 인증 대행 기관

## 전기용품 안전인증

### 관련 법규

- 전기용품 및 생활용품안전관리법

### 인증 유형

- 안전인증
- 안전확인

### 드론 대상 구성품

- 비행체
- 조종기
- 충전기
- 배터리(현재 한시적 면제)

드론에 사용되는 배터리는 KC 인증을 받지 않아도 된다. '전기용품 및 생활용품 안전관리법'에 따라 일반적으로 배터리는 KC 인증을 받아야 하지만 드론, RC 자동차 등에 사용되는 배터리는 KC 인증 대상에서 제외된다.

### 관할 기관

- 국가기술표준원
- 위탁 인증 대행 기관

### 시험 항목

- EMC 시험

## 에너지 효율 인증

에너지를 사용하는 기기의 효율 향상과 고효율 제품의 보급 확대를 위해 산업통상자원부와 한국에너지공단이 효율관리제도를 추진하고 있다. [그림 5-5]와 같이 에너지효율관리제도에는 에너지 소비효율 등급표시 제도, 고효율 에너지 기자재 인증제도, 대기전력저감 프로그램과 같은 3개 프로그램이 있다. 현재는 드론 전체 시스템 중에서 충전기가 이 에너지 효율 인증을 받아야 한다.

### 관련 법규

- 에너지이용합리화법
- 고효율에너지기자재 보급촉진에 관한 규정(산업통상자원부고시 제2021-68호)
- 에너지 효율관리 기자재 운용규정
- 대기전력저감 프로그램 운용규정(산업통상자원부고시 제2017-91호)

### 제도 유형

- 에너지 소비효율 등급표시 제도
- 고효율 에너지 기자재 인증제도
- 대기전력저감 프로그램

[그림 5-5] 에너지효율관리제도[4]

### 드론 대상 구성품

- 충전기

### 관할 기관

- 한국에너지관리공단

## 5.1.3 운항/안전 분야 규제현황

2000년대 초반에 국내 운항/안전 관련 규제가 많다고 생각되었으나, 실제로는 타 국가들에 비해 상대적으로 규제가 적은 편이었다. 최근 드론을 이용한 테러 등의 위험으로 인해 250g을 초과하는 모든 드론에 대한 실명제를 실시하는 등 관리 및 규제가 복잡해진 상황이다.

### 항공안전법상 드론 규제

드론에 관한 규제는 2009년 전북 임실 농업용 무인헬기 조종자 농민 사망사고를 계기로 기존 항공기 안전관리를 위한 법제에 드론을 편입시키는 방향으로 진행되면서, 우선 자중 150kg 이하의 초경량비행장

4 출처 : 한국에너지관리공단(https://eep.energy.or.kr/business_introduction/present_condition.aspx)

치 속에 무인비행장치로서 드론을 포함시켰다. 현재 항공안전법상 드론 규제로는 ① 초경량비행장치 신고의무, ② 조종자 증명, ③ 조종자 준수사항 적용, ④ 안정성인증 검사, ⑤ 비행승인 등의 의무사항 등이 있다. [표 5-1]은 이 제도에 대한 내용을 요약한 것이다.

[표 5-1] 드론 관련 운항 절차 요약

| 드론 안전 비행 절차 | | | | | | |
|---|---|---|---|---|---|---|
| 구분 | 완구용 모형비행장치 | ④종 무인비행장치 (250g 초과~2kg) | ③종 무인비행장치 (2kg 초과~7kg) | ②종 무인비행장치 (2kg 초과~7kg) | ①종 무인비행장치 (25kg 초과) | 비고 |
| 장치 신고 | 사업 : 신고<br>비사업 : X | 사업 : 신고<br>비사업 : X | 소유자 신고 | 소유자 신고 | 소유자 신고 | 한국교통안전공단 (드론관리처) |
| 사업 등록 | 사업 시 사업등록 | 사업 시 사업등록 | 사업 시 사업등록 | 사업 시 사업등록 | 사업 시 사업등록 | 지방항공청 |
| 안전성 인증 | X | X | X | X | 안전성 인증 | 항공안전기술원 |
| 조종자격 증명 | X | 온라인 교육 (한국교통안전공단 주관) | 필기 + 비행경력(6시간) | 필기 + 비행경력(10시간) + 실기시험 | 필기 + 비행경력(10시간) + 실기시험 | 한국교통안전공단 |
| 비행 승인 | 비행금지구역, 관제권에서 비행하거나 그 밖의 고도 150m 이상의 고도에서 비행 시만 승인 | | | | 초경량비행장치 전용구역(32개) 비행 시 승인 불필요(기타 승인) | 지방항공청, 국방부 |
| 항공 촬영 | 항공촬영을 하려는 경우 국방부의 별도 허가 필요 | | | | | 국방부 |
| 조종자 준수사항 | 조종자 준수사항에 따라서 비행 | | | | | |

※ 상기 기준은 자체중량 150kg 이하인 무인동력비행장치에 적용

※ 비행제한구역 및 비행금지구역, 관제권, 고도 150m 이상에서 비행 시에는 무게와 상관없이 비행 승인
최대이륙중량 25kg 초과 기체는 상시 승인 필요(단, 초경량비행장치 비행공역에서는 승인 없이 가능)

※ 비행금지구역이더라도 초, 중, 고등학교 운동장에서는 지도자의 감독 아래 교육 목적의 고도 20m 이내 비행은 가능함(**7kg 이하**).

※ 조종자격증명 응시 연령 : ④종 무인비행장치는 만 10세 이상, ③~①종은 만 14세 이상

## 조종자 준수사항 적용

단순 취미용 드론(무인비행장치)이라도 모든 조종자가 준수해야 할 안전수칙을 항공안전법으로 정하고 있고 조종자는 이를 지켜야 한다. [그림 5-6]의 조종자 준수사항은 비행장치의 무게나 용도와 관계없이 무인비행장치를 조종하는 모든 사람에게 적용된다(항공안전법 제129조).

사고나 분실에 대비해 장치에는 소유자 이름, 연락처를 기재하도록 한다.

항상 육안거리 내에서 비행한다.

야간에 비행하지 않는다.
(야간 : 일몰 후부터 일출 전까지)

사람이 많은 곳 위로는 비행을 자제한다. (인구밀집 지역 위 위험한 방식으로 비행 금지)

음주 상태에서 조종하지 않는다.

비행 중 위험한 낙하물을 투하하지 않는다.

항공 촬영 시 관할 기관의 사전 승인이 필요하다.

비행하기 전 해당 제품의 매뉴얼을 숙지한다.

전파인증을 받은 제품인지 확인한다.

[그림 5-6] 조종자 준수사항

## 초경량비행장치 안정성인증[5]

초경량비행장치 안전성인증이란 비행장치가 초경량비행장치의 비행안전을 확보하기 위한 기술상의 기준(국토교통부 고시)에 적합한지 검사하고, 비행장치의 비행안전을 확보하기 위하여 설계, 제작 및 정비 관련 기록과 비행장치의 상태 및 비행성능을 확인하는 것을 말한다.

### 관련 규정

항공안전법 제124조

5 출처 : 항공안전기술원(https://www.safeflying.kr/frontOffice/info/inspectionInfo2.do)

### 인증의 구분

안정성인증에는 다음과 같은 유형이 있다.

- **초도인증** : 국내에서 설계·제작하거나 외국에서 국내로 도입한 초경량비행장치의 안정성인증을 받기 위해 최초로 실시하는 인증
- **정기인증** : 안정성인증의 유효기간 만료일이 도래되어 새로운 안정성인증을 받기 위해 실시하는 인증
- **수시인증** : 초경량비행장치의 비행안전에 영향을 미치는 대수리 또는 대개조 후 기술 기준에 적합한지를 확인하기 위해 실시하는 인증
- **재인증** : 초도, 정기 또는 수시인증에서 기술 기준에 부적합한 사항에 대하여 정비한 후 다시 실시하는 인증

### 안정성인증의 대상

항공안전법 시행규칙 제5조 및 제305조에 따라 다음의 초경량비행장치가 안전성인증 대상에 해당된다.

- 동력비행장치(연료 제외 자체중량 115kg 이하, 1인승)
- 행글라이더, 패러글라이더 및 낙하산류(항공레저스포츠사업에 사용되는 것만 해당됨, 행글라이더와 패러글라이더는 자체중량 70kg 이하)
- 기구류(사람이 탑승하는 것만 해당됨)
- 다음 각 항목의 어느 하나에 해당하는 무인비행장치
  - (i) 무인비행기, 무인헬리콥터 또는 무인멀티콥터 중에서 최대이륙중량이 25kg을 초과하는 것(연료 제외 자체중량 150kg 이하)
  - (ii) 무인비행선 중에서 연료의 중량을 제외한 자체중량이 12kg을 초과하거나 길이가 7m를 초과하는 것(연료 제외 자체중량 180kg 이하, 길이 20m 이하)
- 회전익비행장치(연료 제외 자체중량 115kg 이하, 1인승)
- 동력패러글라이더(착륙장치가 있는 경우 연료 제외 자체중량 150kg 이하, 1인승)

### 준비 서류

안정성인증 검사의 초도 인증을 위한 준비 서류는 다음과 같다.

- 설계서 또는 설계도면 : 인증이력이 없는 형식 제출 요함
- 부품표 : 인증이력이 없는 형식 제출 요함
- 비행 및 주요 정비 현황 : 인증이력이 없는 중고기체 구입 시
- 성능검사표
- 초경량비행장치 기술 기준 이행완료 제출문 : 제작자 또는 수입자 확인 필요

- 작업 지시서
- 운용지침(운용자교범) : 인증이력이 없는 형식 제출 요함
- 정비교범 : 인증이력이 없는 형식 제출 요함
- 수입신고필증 : 해외완제기 구입 시 제출 요함
- 정비서류 : 정비주기가 도래했을 경우
- 송수신기 인가 여부를 확인할 수 있는 서류 : 인증이력이 없는 형식 제출 요함
- 성능개량을 위한 변경 항목 목록표 및 확인서 : 성능개량이 있는 경우
- 국토부 시험비행허가 결과(시험비행점검표)

### 5.1.4 농업용무인항공살포기 종합검정

2017년 항공법이 개정되고 안정성인증 검사가 총중량 25kg 초과 장비로 바뀌면서 그 이하의 방제용 장비들에 대해서는 농기계 종합검정을 실시하는 제도에 포함하여 검정을 시작했었다. 그러다가 현재는, 대부분의 방제용 드론들로 확대하여 검정을 받아야만 농기계로 등록될 수 있도록 변경되었다. 하지만 항공기에 대한 배경지식이 부족한 상태에서 검정 기준들을 만들다 보니 현실성이 없는 독소조항들이 포함되었고, 그로 인해 기형적인 검정들을 받아야 하는 상황이 지속되고 있다. 농기계로 정부지원 대상장비가 되기 위해서는 농업기계협동조합의 농기계목록에 등재되어야 하는데, 현재는 이러한 농기계 종합검정을 통과 자료로써 제출하도록 하고 있다.

#### 관련 법규

- 농업기계화 촉진법

#### 인증 유형

- 종합검정
- 안전검정

#### 드론 대상 구성품

- 비행체
- 살포장치

#### 관할 기관

- 농업기술 실용화 재단

### 시험 항목

- 구조조사
- 성능시험

  (i) 배출 성능시험

  (ii) 균일살포 성능시험

  (iii) 살포작업 성능시험

  (iv) 비행경로 자세유지 성능 및 공중정지 성능시험
- 조작 난이도시험
- 안전성시험

### 신청 시 제출 서류(농업기계화 촉진법 시행규칙 제6조제2항)

- 농업기계 종합검정신청서
- 규격 및 성능설명서
- 외관도(3각법에 의거한 기계도면)
- 사용설명서(제품 판매 시 공급되는 책자 형태로 제출)
- 축전지 및 충전기가 전기용품 안전관리법에 의한 안전인증 또는 안전확인 대상일 경우 필증 사본
- 최대이륙중량이 25kg 초과인 경우에는 항공법에 따른 초경량비행장치의 안정성인증 서류 사본
- 무선 조종기는 전파인증 필증 사본
- 신규 검정 업체일 경우에는 사업자 등록증

# SECTION 5.2 드론 출시를 위한 업체의 준비사항

드론을 개발·제조·생산하여 출시하거나 수입하여 출시하고자 하는 업체는 다음 사항들을 준비하여 출시해야 한다.

## 5.2.1 드론 기업의 제품 출시 준비

현재 드론 관련 국내 업체의 수는 2,000여 개 이상으로 알려져 있다. 이런 드론 기업들이 제품을 개발하고 시장에 출시하기 위해서, 특히 사업 성패를 좌우할 수 있는 공공기관 납품을 하기 위해서는 복잡한 준비 과정이 필요하다.

### 일반 사용자용 드론 출시 준비(관공서 공급 제외, 수입 판매 업체)

드론을 일반 사용자용으로 출시하기 위해서는 5.1.2에서 다룬 드론 관련 KC 인증을 진행해야 한다. 이에 대한 사항은 해당 부분을 참조하기 바란다.

### 관공서 공급을 위한 준비(제조업체)

관공서에서는 일정 금액 이상의 기자재를 구매할 경우 일부 예외적인 부분을 제외하면 일반적으로 조달청의 공공조달 시스템을 거치도록 되어 있다. 공공조달에는 몇 주의 시간이 소요되고 여러 서류를 준비해서 입찰 절차를 거치는 경우가 대부분인데, 이런 절차는 공기관이나 업체 모두에게 번거롭다. 이러한 어려움을 해소하기 위해 우수한 국산 제품들에 대한 등록제도가 존재한다. 조달청 마트에 조달 우수제품으로 등록되면 관공서에서는 번거로운 입찰 절차를 거칠 필요 없이 바로 선택하여 발주할 수 있고, 업체도 마찬가지로 입찰 절차 없이 판매를 늘릴 수 있으며, 담당 공무원은 복잡한 입찰서를 준비하는 번거로움을 제거할 수 있어 이 등록제도를 선호한다.

공공 조달 입찰시스템을 통해서 납품하기 위해서는 일반 사용자용 출시에 필요한 인증 사항들에 추가하여 공공조달 시스템에 등록하기 위한 절차들을 추가로 진행해야 한다. 이 절차는 시간이 많이 소요되고 행정적으로 어려운 부분들이 있어서 통상 컨설팅을 받아 진행하는 것이 오히려 비용과 시간을 절약하는 방법이기도 하다. 조달청 입찰에 응찰하기 위해서는 필수 조건으로 직접생산확인증명서를 준비해야 한다. 이것은 국산제품만 관공서에서 구매하라는 규제여서 중소제조기업에 유리한 측면이 있다. 그러나 아직 국내 제품 수준이 충분히 올라서지 않은 상황에서 성급한 제도 도입으로 인해 업체들은 우물 안 개구리 형국이 될 소지가 있다. 또한 구매 공기업은 안전성이 충분히 확보되지 않은 저급한 제품을 구매해야 하는 상황 때문에 구매해 놓고도 운용을 기피하여 결과적으로 시장 확대를 지연시키는 악순환이 이어지고 있다.

조달 우수제품 등록절차는 5.3에서 추가로 설명하기로 하고, 여기서는 조달을 통해 관공서에 납품하기 위한 절차까지 설명한다.

## 5.2.2 신규업체 인증별 준비 절차[6]

공공조달을 위해서는 조달청 나라장터에 등록되어야 한다. 다음의 내용은 등록을 위한 준비사항들이다.

### 신청 사전 준비 서류

**❶ 조직도 구성**

- 관리부, 영업부, 생산부, 품질부, 자재부
- 품질관리부 품질책임자

**❷ ISO 9001 인증(15일)**

- 제조설비/검사설비/검교정/부적합품처리규정

**❸ 공장등록증(7일)**

**❹ 중소기업확인서(1주일)**

**❺ 직접생산증명서(1개월)**

- 구비서류
- 현장심사

**❻ 특허/실용실안(4개월) : 우선심사청구**

**❼ 연구개발전담부서 신청(1개월) : 한국산업기술진흥협회**

- 최소 1명 지정
- 연구 시험설비(계측기) : 검교정
- 연구개발비 12~20% 책정(세무기장)

6 출처 : 국제기술인증원(https://blog.naver.com/juhun020505/222454368818)

❽ **KC안전인증(2개월) : KTR, KTC**

- 공장심사

❾ **KS인증(3~4개월) : 한국표준협회**

- 공장심사 + 제품시험
- 교육훈련 및 품질관리담당자 확보
- 제조설비시험·검사설비 시료 확보
- 3개월 이상의 관리 실적

❿ **제조업허가/품목허가(4개월)**

- 의약외품 등록
- 공장심사

⓫ **조달청 나라장터 등록(3개월)**

- 기업신용평가등급확인서

## 5.2.3 조달청 나라장터 등록 절차[7]

조달 입찰을 하기 위해서는 조달청의 온라인 시스템인 나라장터에 등록해야 한다. 이 등록 절차에 대해 알아보자.

### 나라장터 등록 준비 서류

중소기업확인서, 공장등록증, 직접생산확인증명서, 기업신용평가등급확인서

### 홈페이지 등록 방법

❶ **범용공인증서 발급 절차 진행 순서**

한국범용인증센터 → 범용공인인증서 신청하기 → 사업자범용공인인증서 발급 → 지문보안토큰 신청 → 신청서 출력 → 필수 서류 제출

❷ **입찰 진행에 필요한 지문토큰 등록 진행 순서**

신규이용자 등록 → 인증서 등록 → 조달청 방문 → 지문보안토큰 수령 → 인증서 복사

7 출처 : 국제기술인증원(https://blog.naver.com/juhun020505/222454368818)

❸ **중소기업자 간 경쟁제품에 해당하는 경우**

직접생산확인증명서 발급 → 경쟁입찰 참가자격등록신청 → 경쟁입찰참가자격등록증

❹ **중소기업자 간 경쟁제품에 해당하지 않는 경우**

경쟁입찰참가자격등록 신청 시 아래 서류를 제출한다. 특히 납품실적이 없는 경우 좀 더 많은 자료를 요구한다.

- 직접생산확인 자기진단표
- 직접생산확인 자체기준표(품명별)
- 납품실적증명서 등을 제출

### 조달청 나라장터 입찰참가자격등록신청 절차

❶ **홈페이지 상단의 신규이용자 등록 클릭 → 조달업체 이용자 선택**

❷ **입찰참가자격등록신청서의 작성 및 신청**

- 업체 기본 정보의 입력
- 공장 정보의 입력
- 제조물품 증명자료 입력
- 입찰대리인 정보 입력(입찰대리인을 두는 경우)

❸ **검토 및 입찰참가자격등록**

- 신청 내용에 대한 보완 여부 통보(해당 지역의 지방조달청 담당자)
- 직접생산확인 자체기준표 등 요구자료 전산 첨부
- 실적증명서 등 일부 서류 원본으로 우편 발송 요구 가능
- 최종 검토 및 경쟁입찰참가자격 등록 완료

## 5.2.4 직접생산자증명 발급 신청 절차[8]

직접생산자증명 제도는 공공기관이 중소기업 제품들에 대해 중소기업자 간 경쟁의 방법 또는 1천만 원 이상의 수의계약의 방법으로 제품조달계약을 체결하는 경우, 해당 중소기업자의 직접생산 여부를 확인하도록 의무화하는 제도이다. 이는 국내 중소기업을 육성하기 위한 정책으로, 기술 수준이 높으나 해외의 저가제품 공략에 대응해야 하는 일반 분야에서는 순기능으로 작용하고 있다. 그러나 한편으로 기술 수준이 낮은 분야에서는 우수한 외국 제품과의 경쟁을 저해함으로써 제품 질 향상을 위한 노력이 저해

8 출처 : 국제기술인증원(https://blog.naver.com/juhun020505/222454368818)

또는 지연되는 역기능을 낳기도 한다.

드론 분야에서는 국내 기술 및 부품 제조 기반이 없는 상태에서, 제도가 무리하게 진행되다 보니 실제로는 국산이 될 수 없는 제품들이 국산으로 둔갑하는 상황도 발생하고 있다. 아직 성능이 충분히 갖춰지지 않는 장비가 무리하게 도입됨에 따라 공공기관에서는 실무 운영자들의 운영 기피 현상이 발생하고 있어 결과적으로는 시장 창출 및 확산을 지연시키는 악영향을 끼치고 있다.

기업들 입장에서는 드론 관련 분야로만 연간 2조 원에 이르는 조달시장에 진입하는 일이 매출 증가 면에서 매우 중요한 부분이 될 수 있다. 공공조달의 첫 번째 관문이라 할 수 있는 직접생산자증명을 발급받기 위한 절차는 다음과 같다.

### 법적 근거

- 중소기업구매촉진 및 판로지원에 관한 법률 제9조, 제25조
- 중소기업제품 공공구매제도 운영요령(중소벤처기업부 고시)

### 진행 절차

직접생산확인을 위한 절차는 [그림 5-7]과 같다. 신청서를 작성하여 중소기업중앙회에 신청하면 실태조사 수행단이 만들어진다. 그러면 필수 확인기준 관련 서류를 준비해서 제출한다. 수수료를 납부하면 업체로 방문 실태조사가 진행되며, 최종 보완 등의 절차까지 완료되면 승인되어 확인서가 발급 결정이 된다.

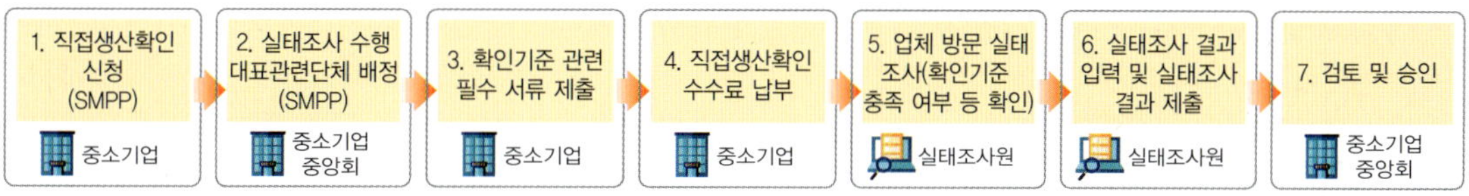


[그림 5-7] 직접생산확인 진행 절차[9]

### 직접생산확인 기준[10]

직접생산증명 현장 실사 기준은 대략 다음과 같다. 현장 실태조사 시 다음 사항들을 확인하게 된다.

#### ❶ 생산공장

- 사업자등록증명에 직접생산확인을 신청하는 제품의 관련 업종이 표기되어야 한다.
- 생산공장에 사업자등록이 되지 않은 경우에는 공장등록증명서로 갈음할 수 있다.
- 공장이 필수요건이 아닌 작업장의 개념일 경우 반드시 사업자등록이 되어야 한다.
- 공장등록증명서에는 해당 제품의 세부 확인기준에서 정한 한국표준산업분류 세세분류코드가 표기

9 출처 : 공공구매종합정보(https://www.smpp.go.kr/cst/smppInf/SelectMpel2.do)
10 출처 : 공공구매종합정보(https://www.smpp.go.kr/cst/smppInf/SelectMpel2.do)

되어야 한다.

- 임차공장의 경우 동일 장소에 타인과 동시에 공장으로 사용할 수 없다.
- 동일소재지에 복수의 공장이 있는 경우 각각의 생산공장은 격벽으로 분리되어 있어야 하고, 각각의 출입구가 있어야 하며, 생산시설과 생산인력이 독립적으로 운영되어야 한다.
- 공장면적이 $500m^2$ 미만인 소기업이 공장을 미등록한 경우에는 건축물관리대장에 해당 면적의 용도가 공장용도 또는 제1종, 제2종 근린생활시설 용도로 기재된 경우에 한하여 해당 생산공장의 사업자등록증으로 공장등록증을 갈음하며, 현장확인을 통해 제조업소 여부를 확인한다.

### ❷ 생산시설

- 구매계약서, 세금계산서, 유형자산감가상각비명세서 등을 통해 생산시설의 보유 여부를 확인함이 원칙이며, 필요시 실제 작동 여부를 해당 업체 상시근로자가 시연토록 하여 확인할 수 있다.
- 생산시설 중 검사설비의 검교정 성적서는 별도로 유효기간이 표기되지 않은 경우 1년으로 하되, 회사의 자체 규정에서 정한 교정주기를 인정한다(단, 세부품목별 허용한도 내에서 인정함).

### ❸ 생산인력

- 생산인력의 확인은 4대 보험에 가입된 인원을 대상으로 생산공장별 인원을 확인한다.
- 가족형 기업의 경우 본인, 배우자, 본인 부모, 자녀에 한하여 가족관계증명서와 동일한 국민건강보험 가입 증빙자료를 통해 확인한다.

### ❹ 생산공정

- 생산공정은 해당 업체의 작업공정도와 필요한 경우 추가로 작업공정에 대한 생산시설 시연 등을 통해 확인한다.

### ❺ 기타

- 세부품목별로 전기 사용실적, 원부자재 구입 내역, 인증서 등을 확인한다.

## 직접생산증명 신청 준비서류

직접생산증명 발급 신청을 위해 사전에 준비해서 제출해야 하는 서류는 [표 5-2]와 같다.

[표 5-2] 직접생산증명원 발급 준비서류

| 순서 | 서류 명칭 | 특이사항 | 기타 |
|---|---|---|---|
| 1 | 사업자등록증 | 생산공장에 별도의 사업자등록증명이 없는 경우에 해당 생산공장의 공장등록증명서와 해당 공장 외 타 지역(본사)의 사업자등록증명으로 갈음한다(해당공장의 '공장등록증명'과 본사 사업장의 '사업자등록증' 상의 법인번호 일치 여부 확인).<br>• 종목에 '조명기기 또는 LED 조명'이 없으면 '종목추가'를 해야 함 | 1부<br>(최근 3개월 이내) |

| 순서 | 서류 명칭 | 특이사항 | 기타 |
|---|---|---|---|
| 2 | 공장등록 증명원 | ① 해당품목(세부품목) 관련 업종 등록 유무 확인(표준산업분류)<br>• 신청 물품에 대한 표준산업분류번호가 공장등록 증명원에 등재되어 있는지 확인 후, 해당 업종 표준 산업분류 미등재 시 '추가등록 요망' | 1부<br>(최근 3개월 이내) |
| 3 | 생산설비 및 검사설비 목록 | ① 생산시설(생산, 검사설비)의 구매 또는 설치 증빙 서류 제출(계약서, 세금계산서 등)<br>② '가'항의 증빙서류가 없는 생산시설에 한해서 사진 첨부 및 '생산시설 보유 목록확인서' 제출(붙임1 첨부 양식 사용하여 작성)<br>• 생산설비 및 검사설비는 사업장에 보유한 설비에 한하여 인정함<br>• 검사 설비 및 생산설비 중 사용계약서로 대체할 수 있는 품목은 대체하도록 한다. | 각 1부 |
| 4 | 사진 자료 | ① 공장 전경, 생산시설 및 제품 사진<br>• 신청품목별 제품 사진 필요 | 1부 |
| 5 | 검사설비 교정성적서 사본 | ① 교정이 필요한 검사설비는 모든 교정을 완료시키고, 교정기간이 유효한지 확인한다.<br>• 교정 유효기간 내 것만 인정 | 각 1부 |
| 6 | 설비사용 계약서 | ① 항온항습기, 방수시험설비, 프레스와 같은 설비사용 계약서로 대체할 수 있는 검사설비 및 제조설비는 계약서로 대체한다. | 사본 1부 |
| 7 | 국민연금 사업자 가입자명부 | ① 조사일 기준 최근 3개월 평균 인원을 확인하기 위함<br>② 발급 방법 : www.nps.or.kr → 사업장민원 → 증명서 등 발급 → 사업장 가입자 명부(전체) 인쇄 | 1부<br>(최근 3개월분) |
| 8 | 원, 부자재 구입 실적 | ① 신청제품을 생산하는 데 소요되는 주요 원, 부자재 세금계산서 사본<br>• 세금계산서 1건에 여러 품목이 섞여 있는 경우 거래명세서 반드시 첨부(예시 : LED chip, Package, LENS, Heat Sink Engine, SMPS, PCB, 확산판 등) | 각 1부<br>(신청일 기준 1년 이내 실적) |
| 9 | 전기요금 납부확인서 | ① 발급 방법 : www.kepco.co.kr → 고객지원 →요금납부증명발급 → 사이버지점 신청/접수 → 전기요금 납부증명서 출력<br>(※계량기가 독립적으로 부착된 경우)<br>• 관리비에 전기요금이 포함된 경우 관리비 납부 영수증 첨부 | 1부<br>(최근 12개월분) |
| 10 | 안전인증서(KC) | ① 실내조명기구 : LED 실내조명등, LED 다운라이트<br>② 가로등기구 : LED 램프<br>③ 실외조명 : LED 가로등, LED 보안등, LED 수중등, LED 경관등, LED 터널등, LED 투광등<br>• 실내조명(①, ②)은 KC 인증 필수, 실외조명(③)은 자율 인증(필수 아님) | 사본 1부 |
| 11 | 임대차계약서 및 임대료 납입증명서 | ① 최근 3개월분 임대료 납부 세금계산서 또는 입금 통장, 인터넷뱅킹 영수증 사본 | 사본 1부<br>(최근 3개월분) |
| 12 | 확인서 | ① 확인서 1부(본사와 해당 생산공장이 다른 장소에 있는 경우 작성)<br>• 생산공장의 생산직 근무 인원을 확인하기 위한 자료 | 1부 |
| 13 | 작업지도서 | ① 생산공정에 대한 해당 제품 '자사기준' 또는 '작업표준' | 1부 |
| 14 | 카탈로그 및 지명원 | ① 사내 카탈로그 및 지명원 | 각 1부 |

## 5.2.5 공장등록증명서 발급 신청 절차[11]

직접생산확인을 받고자 하는 경우 생산공장 및 제품을 등록해야 한다. 공장등록 절차에 대해 살펴보자.

### 공장의 위치

**❶ 개별입지 : 기존 건축물의 경우**

(i) 공장건축면적이 500m² 이상인 경우에는 다음 절차를 걸치며, 공장등록이 의무이다.

- 제조시설 설치 승인 신청
- 제조시설 설치 승인
- 완료 신고

(ii) 500m² 이하인 경우에는 제조시설을 설치하고 바로 공장등록신청 절차를 거친다. 공장등록은 필요한 경우에 신청하는 것으로 의무사항은 아니다.

**❷ 계획입지 : 산업단지**

산업단지관리공단과의 입주계약을 한 후 제조시설을 설치한 후 공장설립 완료 신고를 하면 공장등록증명서를 발급받을 수 있다.

### 예외 사항

- 기존에 공장등록이 되어 있는 공간의 일부를 사용하여 공장등록을 추진하는 경우 : 기존 공장등록 면적의 변경을 통하여 공간을 확보한 후 공장등록을 추진해야 한다.
- 기존에 공장등록이 되어 있는 회사가 공장등록을 취소하지 아니하고 나간 경우 : 기존 공장등록을 취소한 후 공장등록을 추진해야 한다.

### 공통 사항

소음. 진동, 대기배출 등 환경문제가 발생한다면 이에 대한 신고필증, 허가필증을 첨부해야 한다. 담당공무원이 현장을 확인하여 사업계획서의 내용과 일치하는지 여부를 확인하며, 위반건축물이 없어야 한다.

- 공장등록신청이 가능한 곳 : 건축물대장상의 용도가 '공장' 또는 '제2종 근린생활시설(제조업소)'인 곳에서만 공장등록을 할 수 있다. 토지에 대한 이용 규제가 있을 경우 특정 업종에만 공장등록이 제한될 수도 있다.

---

11 출처 : 국제기술인증원(https://blog.naver.com/juhun020505/222454368818)

### 공장등록신청 필요한 서류

- 공장등록신청서 또는 제조시설 설치승인 신청서(500$m^2$ 이상 기존 건물의 경우)
- 사업계획서 : 사업개요, 배출시설 명세, 전력·용수 등 사용계획, 생산공정도, 공장배치도 등
- 매매/임대차계약서
- 건축물대장
- 사업자등록증 및 법인등기부등본 등

### 소요 기간

신청일로부터 7일

SECTION

# 5.3 조달청 우수물품 지정

공공기관에서 일정 금액 이상의 물품이나 장비를 구입하기 위해서는 조달청을 통해 입찰 절차를 거쳐야 한다. 이 입찰 절차는 담당자 입장에서 번거롭고 시간도 많이 소요된다. 그런데 입찰을 거치지 않고 인터넷 쇼핑몰에서 물건을 구매하는 것과 같은 방법으로 장비를 구매할 수 있는 방법이 있다. 바로 조달 우수물품으로 지정[12]된 제품을 구매하는 것이다. 조달청 우수제품 제도를 통해 구매자인 공공기관 담당자는 시간과 노력을 줄일 수 있고, 판매자 또한 입찰 절차 없이 선택된 장비들을 바로 납품할 수 있어 매우 효율적이다.

## 5.3.1 조달청 우수물품 지정 제도[13]

조달청 우수제품 제도는 조달물자의 품질 향상을 위해 1996년에 도입한 것으로, 중소기업 및 초기 중견기업이 생산한 제품 중에서 기술 및 품질이 우수한 제품을 대상으로 엄정한 평가를 통해 우수제품으로 지정하는 제도이다. 우수제품으로 지정된 제품에 대하여는 국가계약법령에 따라 계약을 체결하여 간편한 구매 절차를 통해서 각급 수요기관에 조달한다. 즉, 조달 쇼핑몰에 등록되어 수요기관에서 선택하여 바로 구매를 진행할 수 있다. 조달물자의 품질 향상과 중소·벤처·초기 중견기업의 판로를 위해 성능·기술 또는 품질이 뛰어난 물품을 '우수조달물품'으로 지정한다.

### 우수제품 제도의 시행 근거

조달청 우수제품은 「조달사업에 관한 법률」 제26조 및 동법 시행령 제30조와 『우수조달물품지정관리규정』(조달청고시)에 의하여 지정 및 관리된다.

### 우수제품 지정 대상 및 분야

중소기업 및 초기 중견기업이 생산한 물품과 소프트웨어(software)를 대상으로 적용기술이 적용된 제품을 지정한다. 전기전자, 정보통신, 기계장치, 건설환경, 화학섬유, 사무기기, 과기의료, 지능정보 등의 분야로서 적용기술과 품질소명자료는 [표 5-3]과 같다.

12 출처 : 국제기술인증원(https://blog.naver.com/juhun020505/222454368818)
13 출처 : 조달청 홈페이지(https://www.pps.go.kr/kor/content.do?key=00297)

[표 5-3] 우수조달물품 적용기술 소명자료[14]

<table>
<tr><th colspan="3">적용기술</th><th rowspan="2">품질소명자료</th></tr>
<tr><th colspan="2">적용기술 종류 및 소관</th><th>품질소명자료 제출 여부</th></tr>
<tr><td>신제품(NEP) 또는<br>신제품(NEP) 포함 제품</td><td>NEP(산업통상자원부)</td><td>생략 가능</td><td rowspan="7">• 성능인증(중소기업청)<br>• GR마크(기술표준원)<br>• GS마크(한국산업기술 시험원)<br>• 환경마크(한국환경 산업기술원)<br>• 고효율에너지 기자재인증(에너지관리공단)<br>• K마크(한국산업기술시험원)<br>• 자가품질보증(조달청)<br>• 지능형 로봇 품질인증(한국로봇산업진흥원)<br>• 보건제품 품질인증(보건산업진흥원)<br>• 신뢰성인증(산업통산자원부)<br>※ 품질소명자료를 제출하지 못하는 특별한 사정이 있다고 인정되는 경우, 우수조달물품 지정관리 규정 제3조 5항의 품질소명자료</td></tr>
<tr><td>실기술(NET) 적용 제품</td><td>산업기술혁신촉진법 등에 따라 주무부장관(주무부장관으로부터 위임받은 자를 포함)이 인증한 신기술(NEP)</td><td>품질소명자료<br>제출 대상</td></tr>
<tr><td>특허·실용신안<br>적용제품</td><td>국내 특허에 한함(특허청)</td><td>품질소명자료<br>제출 대상</td></tr>
<tr><td>저작권 등록된 GS인증 제품<br>(소프트웨어)</td><td>한국정보통신기술협회<br>한국산업기술시험원</td><td>생략 가능</td></tr>
<tr><td>연구개발사업<br>기술개발성공제품</td><td>연구개발사업<br>추진기관 및 조달청</td><td>생략 가능</td></tr>
<tr><td>혁신제품</td><td>조달청장이 구매하여<br>실증 결과 성공으로 판정</td><td>생략 가능</td></tr>
</table>

1) 신제품, 신기술제품 : 최초 인증일로부터 3년 이내(종합평가서 필요)
2) 특허제품 : 등록 후 7년 이내(특허등록원부 및 등록공보 필요)
3) 실용신안제품 : 등록 후 3년 이내(실용 신안 등록원부 및 등록공보 필요)
4) 국제(해외)특허, 출원 중인 특허실용신안은 신청 불가(심사 제외)
5) 혁신제품 : 성공판정을 받은 후로부터 3년 이내

## 지정기간

최초 지정기간은 3년이며 다음 어느 하나에 해당하는 경우에는 그 지정기간을 연장한다. 또한 중복에 해당하는 경우 최대 3년까지 연장 가능하다.

❶ 지정기간 중 수요기관 납품실적이 있는 경우 또는 연장 신청 직전 연도 총 매출액 대비 기술개발 투자비율이 8% 이상인 경우 : 1년

❷ 우수제품 지정기간 연장 신청일을 기준으로 최근 1년간(또는 3년간) 해당 우수제품과 동일품명(물품분류번호 8자리 기준)의 수출실적이 해당 우수제품의 총매출 대비 3% 이상인 경우 : 1년

※ 수출신고필증, 수출실적증명서 등 해외수출실적 증빙자료를 제출해야 하고, 해당 우수제품과 동일품명임이 반드시 확인되어야 한다.

❸ 우수제품 지정기간 연장 신청일을 기준으로 최근 3년간 해외수출 총 실적이 1천만 불 이상이거나

14 출처 : 조달청 홈페이지(https://www.pps.go.kr/kor/content.do?key=00297)

총매출 대비 30% 이상인 경우 : 1년

④ 우수제품 지정일 대비 연장 신청일을 기준으로 전체 고용인원(지정일 기준) 대비 청년고용증가인원이 3% 이상인 기업 또는 전체 고용인원 증가율이 5% 이상인 소기업 및 4% 이상인 중기업 : 1년

⑤ 제4호에 의하여 연장 또는 연장 신청을 한 경우라도 우수제품 지정일 대비 연장 신청일을 기준으로 전체 고용인원 증가율이 20% 이상이면서 [별지 제3호의 7서식]에 따른 기간 동안 고용한 신규 채용인력의 95% 이상이 정규직인 경우 : 1년

※ 지정기간이 연장된 경우, 동일한 사유로 다시 지정기간 연장 불가

※ 세부품명기준 10년 이상 장기지정업체는 지정 신청 시 심사한 종합평가 결과의 지정기간 허용범위 내에서만 연장 가능

## 5.3.2 지정 절차

조달청 우수제품으로 선정된 제품에 대한 지정기간은 지정일로부터 3년이며, 업체에서 연장 요청할 경우 제품의 품질 및 기술인증, 납품실적, 수의계약 가능 여부, 수출실적 등을 고려하여 최대 3년간 연장할 수 있다. 우수제품으로 지정된 제품에 대해서는 국가계약법령에 따라 수의계약이 가능하며 제3자단가계약 또는 총액계약을 체결하여 수요기관에 공급하고, 전시회개최, 카탈로그 발간, 조달청 인터넷 홈페이지 게재, 우수제품 소개 모바일 앱 제작·배포 등의 홍보를 지원받을 수 있다. 이렇게 우수제품으로 지정되어 판로까지 지원받은 사례는 1996년 이후 2020년 12월 말까지 5,330개 제품이 있고, 2020년도에 3조 4,948억 원의 판로지원이 이루어졌다. [표 5-4]는 조달청 우수제품 지정 절차를 요약해놓은 것이다.

[표 5-4] 우수제품 지정 절차[15]

|  |  |
|---|---|
| 지정 대상 | • 중소, 벤처기업이 생산하는 제품 중 기술과 품질이 우수한 제품<br>• 우수조달물품지정관리규정 제3조 제1항 참조 |
| 신청 | • 우수제품 지정 신청 온라인 시스템을 통해 신청 가능(신청기간 마감일까지 온라인 시스템을 통해 최종 접수된 건에 한함)<br>* 우수제품 지정 신청 온라인 시스템 접속 방법<br>① 조달청 홈페이지(https://www.pps.go.kr) → 조달업무 → 물품구매→ 우수제품 → 지정제도소개 → 우수제품지정신청)<br>② 조달청 홈페이지(www.pps.go.kr → 바로가기 → 우수제품지정신청) |
| 심사 | • 대학교수, 특허심사관, 변리사 등 분야별 전문심사위원이 엄정 심사<br>• 조달청 인터넷 홈페이지 등을 통해 신청제품 공개 후 이해관계인의 의견 사전수렴<br>• 기술 및 품질의 우수성, 벤처기업지원효과 등 종합심사 |

15 출처 : 조달청 홈페이지(https://www.pps.go.kr/kor/content.do?key=00297)

| | |
|---|---|
| 지정 | • 신청기간은 매년 말 조달청 및 나라장터 홈페이지 등을 통해 공고<br>• 지정기간 : 우수제품의 지정기간은 3년이며 해외 수출실적, 적용기술 유효 여부, 수요기관 납품실적 유무 등을 고려하여 최대 3년 연장 |
| 계약 | • 제3자단가계약 : 우수제품 지정 후 희망하는 업체가 나라장터 종합쇼핑몰에 우수제품 등록하여 판매를 원하는 경우(담당부서 : 우수제품구매과)<br>• 총액계약 : 제품의 성격에 따라 제3자단가계약을 체결하지 않은 우수제품을 구매하고자 하는 경우(담당부서 : 조달청 및 각 지방청 계약부서) |

## 5.3.3 지정 신청

신청 시기는 우수제품 지정계획에 따라 연 4회 신청 접수를 받는다.

### 신청서류

- 지정신청서 외 우수제품 지정서식 자료
- 기술소명자료 : NEP, NET 등 인증서 및 종합평가보고서, 특허/실용신안 등록원부 및 등록공보
- 품질소명자료 : 품질인증서 사본, 종합평가보고서, 시험성적서 등
- 관련 법령에 따른 형식승인자료
- 직접생산확인증명서 및 공장등록증명서
- 중소기업·소상공인 확인서
- 신용평가등급확인서

### 지정 신청

#### ❶ 신청서 접수

- 신청 방법 : 온라인 접수. 특별한 사정이 있는 경우 지방조달청 또는 (사)정부조달우수제품협회에 신청접수 가능
- 구체적인 제출기한 및 심사일정은 협회 및 조달청 홈페이지 참조

#### ❷ 신청제품의 목록화

- 우수제품 신청자는 지정 신청 전에 대상제품에 대하여 물품목록번호를 부여받은 후 신청해야 한다.
- 다만 물품목록번호를 부여받지 못한 신청제품이라도 1차 심사 대상에 포함하며, 1차 심사를 통과한 신청 제품이 물품목록번호를 부여받지 아니한 경우 2차 심사 대상에 포함하지 아니한다. 이 경우, 신청자는 물품목록번호 취득 후 2차 심사에 신청 가능하다.

**❸ 신청서류 보완**

- 제출된 서류가 누락되었거나 불명확한 경우에는 기한을 정하여 보완을 요구할 수 있으며, 보완요구 기한까지 제출되지 아니한 경우에는 당초 제출된 서류만으로 심사한다.

### 신청제품의 의견수렴

심사 대상 품목, 신청 규격서 및 1차 심사 통과 여부를 일정 기간 동안 조달청 홈페이지에 공고한다. 제출된 이해관계인의 의견은 심사 자료 및 2차 심사(계약심사협의회)에서 활용 가능하다. 제출된 의견에 대한 설명 또는 자료 등이 필요한 경우 이해관계인에게 요구할 수 있다.

## 5.3.4 지정 심사

신청이 접수되면 조달청에서는 신청 규격서에 따라 1차, 2차 심사를 진행하고, 그 통과 여부를 일정 기간 동안 조달청 홈페이지에 공고된다. 조달우수제품 인증심사에는 1차(면접심사), 2차(공장심사), 3차(종합심사)가 있으며, 1차 심사 통과 시 우수제품지정 확률은 95% 이상이다.

### 1차 심사

**❶ 일반제품, 가구제품 심사 : 관리규정 제8조 제4항 심사제품**

- 제품의 특성에 따라 일반제품, 가구제품으로 구분하여 심사
- 평가항목 및 배점
  (i) 일반제품 : 〔별지 제2호의 2서식〕 참조
  (ii) 가구제품 : 〔별지 제2호의 3서식〕 참조
- 평점은 심사위원이 평가한 최고·최저점수를 제외한 점수를 평균한 점수와 신인도 점수의 합으로 하며, 신청제품은 평점 70점 이상이어야 1차 심사를 통과한다.

※ 업체 희망 시 회차별 기술 · 품질점수 중 가장 높은 점수 적용(2019년 2월부터)

**❷ 심사 특례 : 관리규정 제8조의2 심사제품**

- 저작권 등록된 우수품질 S/W인증 제품(GS)인 경우, [별지 제2호의 4서식]에 따라 심사위원 2/3 이상이 '적절'로 평가한 경우 1차 심사에서 통과한 것으로 간주한다.
- 연구개발사업 기술개발성공제품인 경우, [별지 제2호의 4의 '가' 서식]에 따라 심사위원 2/3 이상이 '적절'로 평가한 경우 1차 심사에서 통과한 것으로 간주한다.

## 2차 심사

### ❶ 심사대상 : 1차 심사를 통과한 제품

### ❷ 심사 절차

- 구매담당부서에서 대상제품에 대한 검토와 생산현장 실태조사
- 생산현장 실태조사는 조달품질원에서 선별조사 실시하며, 신기술서비스업무심의회에서 대상제품에 대한 종합검토를 실시한다. 조달품목으로서의 타당성, 우수제품 지정요건에 부합하는 지 여부 등을 종합적으로 검토하여 우수제품 지정 여부를 결정한다. 다만, 신성장 산업제품에 대해서는 해당제품이 신성장 산업분야로서 적합하다고 판단되는 경우 이를 지정한다. 우수제품의 지정은 신청 마감일로부터 지정증서 수여까지 약 3개월이 소요된다.

## 심사·지정 제외

- 신청서류를 위조·변조하거나 허위 서류를 제출한 경우
- 조달수요가 없는 것이 명백하거나, 조달물자로서 부적합한 경우
- 우수조달물품 지정관리 규정 제5조에[16] 해당하지 않는 기업 또는 「중소기업제품 구매촉진 및 판로지원에 관한 법률」 제8조의[17] 제1항에 해당하는 기업이 생산한 제품인 경우
- 제8조 제5항에 따라 심사항목에서 제외해야 하는 적용기술이 포함된 제품인 경우
- 이미 지정을 받은 우수제품과 물품목록번호(16자리)가 동일한 제품을 신청한 경우
- 신청 제품이 이동 또는 설치·시공 과정에서 성질 또는 상태 등의 변형 가능성이 높아 우수제품으로서의 관리가 곤란한 경우
- 조달물자로 공급하기 곤란한 음·식료품류, 동·식물류, 농·수산물류, 무기·총포·화약류와 그 구성품, 유류 및 의약품(농약) 등
- 신용평가등급에 따른 경영상태 평가 결과 '부적합'인 경우
- 최초 인증일로부터 2년이 경과된 신제품·신기술 인증인 경우
- 기술심의회의 심사결과 시공, 설치 등에 관한 기술 인증인 경우
- 등록일로부터 5년이 경과된 특허인 경우
- 등록일로부터 3년이 경과된 실용신안인 경우, 국제(해외)특허, 출원 중인 특허·실용신안은 신청 불가
- 이미 지정된 우수제품에 적용된 적용기술인 경우. 다만, 기 지정된 우수제품과 세부품명이 상이한 경우는 예외로 한다.
- 동일 세부품명 기준, 4회 이상 1차 심사에서 탈락한 적용기술인 경우, 특허·실용신안 등록권리자는 법

---

16 참조 : 우수조달물품 지정관리 규정, 법령정보센터(https://law.go.kr/행정규칙/우수조달물품지정관리규정)
17 참조 : 중소기업제품 구매촉진 및 판로지원에 관한 법률(https://law.go.kr/)

인일 경우 법인명으로, 개인사업자일 경우 대표자명으로 등록되어 있어야 한다(공동권리자인 경우 약정서 제출).

### 심사 절차

❶ **신청** : 신청기간 내에 (사)정부조달우수제품협회 및 협회 중부사무소

❷ **서류보완** : 보완요청에 따른 서류보완

❸ **1차 심사** : 조달청 본청에서 PPT 심사 진행(70점 이상 합격)

❹ **현장실태조사** : 조달품질원, 각 지방청 또는 우수제품협회에서 실시

❺ **계약심의협의회** : 1차 심사 통과업체 대상으로 조달청에서 실시

- 심사비용 : 없음
- 처리기간 : 통상적으로 3개월 소요
- 인증기관 : 조달청
- 유효기간 : 지정일로부터 3년, 연장 조건에 따라 최대 3년 연장 가능

### 제출서류

우수제품 지정을 신청하기 위해서는 다음과 같은 서류를 제출해야 한다.

[표 5-5] 우수조달물 심사 제출서류[18]

| 번호 | 서류명 | 비고 |
|---|---|---|
| 1 | 우수제품지정 평가자료(별지 제1호의 1서식) | 반드시 제출 |
| 2 | 우수제품지정(연장·규격추가) 신청 서류제출 신뢰 서약서(별지 제1호의 2서식) | 반드시 제출 |
| 3 | 정보공개동의서 | 반드시 제출 |
| 4 | 우수제품지정신청서(별지 제1호의 3서식) | 반드시 제출 |
| 5 | 신청제품 목록(별지 제1호의 4서식) | |
| 6 | 제품설명서(별지 제1호의 5서식) (PDF파일로 별도 CD 제출) | 반드시 제출 |
| 7 | 주요구성품별 단가표(시스템장비에 한함) (별지 제1호의 6서식) | 반드시 제출 |
| 8 | 경제성효과(LCC) 원가분석 총괄표(원가계산서 첨부) (별지 제1호의 7서식) | |
| 9 | 신청사항 요약서(별지 제1호의 8서식) | 반드시 제출 |
| 10 | 구성대비표(별지 제1호의 9서식) | 반드시 제출 |
| 11 | 신청 모델(규격) 내역 | 반드시 제출 |
| 12 | 제품사진(별지 제1호의 10서식) (PDF파일로 별도 CD 제출) | 반드시 제출 |
| 13 | 기술·품질 소명자료 목록 (별지 제1호의 11서식) | 반드시 제출 |

18 출처 : 국제기술인증원(인증전문 컨설팅기관, https://blog.naver.com/juhun020505/222454368818)

| 번호 | 서류명 | 비고 |
|---|---|---|
| 14 | ① **기술소명자료**<br>• NEP, NET 등 인증서 사본 및 관련 종합평가보고서(인증에 적용된 특허 등의 등록증, 등록원부(등본) 및 등록공보 사본 포함)<br>• 특허, 실용신안 등록증, 등록원부(등본) 및 등록공보 사본<br>• GS인증이 적용된 저작권등록 소프트웨어 : GS인증서, 시험결과서, 프로그램 등록증 및 프로그램 등록부(최근 3개월 이내)<br>• 관련기관이 발행한 연구개발사업 관련 증서 및 평가보고서<br>② **품질소명자료**<br>• 품질 인증서 사본, 인증 관련 종합평가보고서, 공인시험기관(국가, 지자체)의 시험성적서 등<br>※ 품질보증조달물품의 경우, 현장심사보고서 제출 생략<br>③ **관련 법령에 따라 사전에 형식등록, 안전 인증, 전자파적합등록 등이 필요한 제품의 경우 관련 등록 또는 인증서 사본** | 반드시 제출 |
| 15 | 제품규격서(별지 제1호의 12서식) (PDF파일로 별도 CD 제출) | 반드시 제출 |
| 16 | 기술·성능 비교표(별지 제1호의 13서식) | 반드시 제출 |
| 17 | 약정서(별지 제1호의 14서식) | |
| 18 | 해외 진출실적(별지 제1호의 15서식) | |
| 19 | 신인도 자기평가표 및 증빙자료(별지 제1호의 16서식) | 반드시 제출 |
| 20 | ① **직접생산확인증명서** : 중소기업자 간 경쟁제품의 경우<br>② **공장등록증명서** : 일반물품의 경우<br>※ 일반물품 중소기업의 경우 사업자등록증과 건축물관리대장으로 갈음 가능하며, 제출서류는 「조달청 제조물품 직접생산확인 기준」에 따름 | 1차 심사 후 반드시 제출 |
| 21 | ① **중소기업** : 중·소기업·소상공인 확인서(공공기관 입찰 확인용)<br>② **중견기업**<br>• 조달사업법시행령 제18조 제2항 제1호의 기업<br>(i) 신청일 기준 3년 이내 중·소기업·소상공인 확인서(공공기관 입찰 확인용)<br>(ii) 신청일 기준 1개월 이내 중견기업확인서(중소기업자간 경쟁입찰 참여용)<br>(iii) 지정 신청 직전 3년 평균 연매출 증빙자료(재무제표, 손익계산서 등)<br>• 조달사업법시행령 제18조 제2항 제2호의 기업<br>(i) 지정 신청 직전 3개 사업연도 평균 매출액 증빙자료(재무제표, 손익계산서 등)<br>(ii) 신청일 기준 1개월 이내 중견기업확인서(중소기업자 간 경쟁입찰 참여용) | 반드시 제출 |
| 22 | 신용평가등급확인서(별표 2 참조) | 1차 심사 후 반드시 제출 |
| 23 | 경쟁입찰참가자격등록증 | 1차 심사 후 반드시 제출 |

※ 우수제품 신청서류 일체가 포함된 CD 제출(1매) 및 제품설명서, 제품사진, 제품규격서는 PDF파일로 별도 CD 제출(1매)

1. 제출 서류는 우수제품지정신청서 접수마감일 이전에 인정(발급)받은 건에 한하며, 접수 마감일 이후는 받지 않음(단, 동규정 제4조 제3항에 따른 보완은 가능).
2. 특허, 실용신안 등록원부는 신청서 접수일 기준 1개월 이내 발행분으로 제출.
3. 기술·품질 소명자료는 인증기관의 종합평가서 등 기술, 품질을 확인할 수 있는 자료를 함께 제출하여야 하며, 관련법령에 따라 사전에 형식등록, 안전인증, 전자파적합등록 등이 필요한 제품의 경우 반드시 관련등록 또는 인증서 사본을 제출하여야 함.

4. 중·소기업·소상공인 확인서란 「중소기업기본법」 제2조 및 「소기업 및 소상공인 지원을 위한 특별조치법 시행령」 제2조의 규정에 따른 확인서, 중견기업확인서란 「중견기업성장촉진 및 경쟁력 강화에 관한 특별법」 제25조에 따른 확인서, 여성기업 확인서란 「여성기업지원에 관한 법률 시행령」 제2조의 규정에 의거 중소기업청장(위임한 경우 포함)이 확인해준 서류임.

5. 경쟁입찰참가자격등록증은 신청 물품의 물품분류번호 8자리가 제조 물품으로 등록된 것이어야 함.

6. 품질소명자료의 품질인증 잔여기간이 우수제품지정신청서 접수마감일을 기준으로 90일 미만인 경우 품질소명자료로서 불인정함.

### 품질소명자료의 유효기간

❶ 품질인증 : 접수마감일 기준 유효한 인증

❷ 공인시험기관 시험성적서 : 신청서 접수마감일 기준 2년 이내 발급

## 5.3.5 우수조달제품 지정 준비[19]

우수조달제품으로 등록하기 위해서는 다음 사항들을 준비해 가야 한다. 준비하는 데 시간과 비용이 많이 소요되므로 충분한 시간을 들여 준비해야 한다.

**❶ 품질시스템 구축 : ISO9001인증서**

- 생산현장 실제 구현(3개월 기록 데이터)

**❷ K마크 인증 신청**

- KTL(한국산업기술시험원)
- 공장심사 + 제품시험

**❸ Q마크 신청**

- KTR(한국화학융합시험연구원)
- KTC(한국기계전기전자시험연구원)
- KCL(한국건설생활환경시험연구원)

**❹ 성능인증 신청**

- 중기청(http://www.smpp.go.kr) 산하 중소기업유통센터

**❺ 조달 우수제품 지정 신청**

- 조달청

**❻ 시설 인증 및 등록**

- 공장등록증 → 직접생산증명원 → 기업연구소 설립 → 중소기업확인서

---

19 출처 : 국제기술인증원(인증전문 컨설팅기관, https://blog.naver.com/juhun020505/222454368818)

### ❼ KC 인증

- KTR, KTC, KTL, KCL

### ❽ 성능 인증 : 중소기업유통센터

- 적합성심사 + 공장심사 + 성능검사
- 성능검사 대상제품의 규격서
- 대상제품의 시험성적서

**❾ 공장심사 준비서류 :** 공장연혁, 공장개요, 사업자등록증, 공장등록증, QC공정도, QC담당자격증, QM 추진현황, 생산 및 판매현황, 제품 재고현황, 제조(가공)설비 보유현황, 시험/검사설비 보유현황, 해당 규격 및 심사기준, 사내표준(규정, 절차서, 지침서, 작업표준 등), 내부심사, 경영검토회의자료

SECTION
# 5.4 군용장비 추가 준비사항

군용드론의 경우 일정 수준 이상의 안전성을 확보한 장비들을 도입하게 된다. 군에서는 군용 항공장비들의 안전성 확보를 위해서 감항인증이란 절차를 통해 검증된 장비들이 도입되고 운용되도록 정책적으로 진행하고 있다.

## 5.4.1 감항인증 개요

감항인증의 개념과 국내항공기의 감항절차, 외산 수입 항공기의 감항인증절차에 대해 알아보자.

### 감항인증의 개념

국내에서 제작·운용되는 600kg을 초과하는 일반항공기, 엔진, 프로펠러 및 부품들은 항공기 인증을 받아야 운용할 수 있다. 항공기 인증 시 설계/제작(design/manufacturing)단계에서 형식증명, 제작증명을 받아야 해당 항공기나 부품을 제작할 수 있고, 운용단계에서는 감항인증을 받아야 한다. 이처럼 복잡하고 까다로운 절차를 통해서 안전함을 인증받아야 사업용으로 사용할 수 있다.

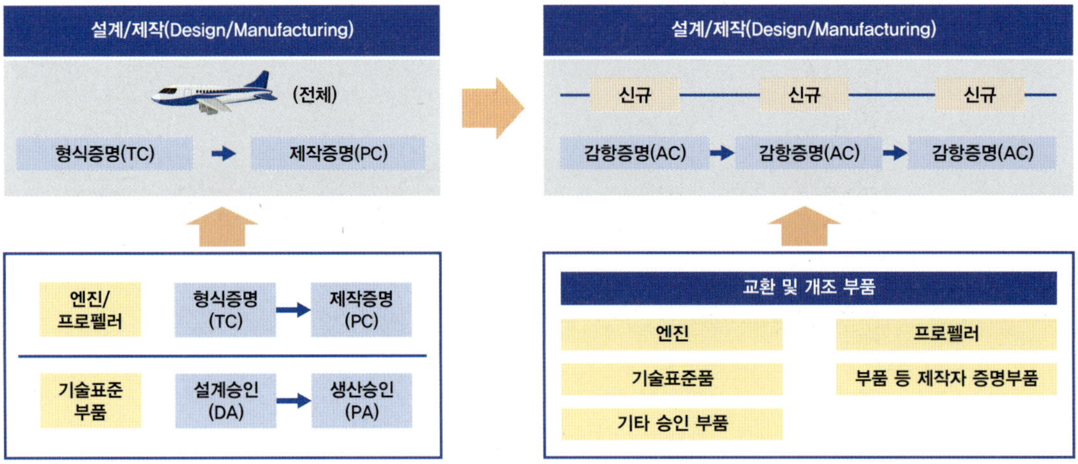


[그림 5-8] 항공기 감항인증 절차[20]

20 자료 참조 : 항공안전기술원(https://www.kiast.or.kr/kr/sub03_01_01.do)

600kg 이하의 경량항공기나 115kg 이하의 초경량항공기는 이러한 절차를 거치지 않고 간단한 안정성 인증을 받아 운용할 수 있다. 따라서 경량항공기나 초경량항공기는 충분한 안전성이 확보되지 않은 것으로서 일반항공기와 같은 사업용으로는 사용할 수 없고, 주로 자가용 위주로만 사용하게 된다.

## 국내 항공기에 대한 인증[21]

### 형식증명(TC)

형식증명(TC; Type Certification)은 항공기, 엔진, 프로펠러에 대한 형식설계(type design)가 해당 항공기기술기준(인증기준)에 적합함을 입증하는 것이다(항공안전법 제20조).

### 부가형식증명(STC)

부가형식증명(STC; Supplemental Type Certification)은 항공기, 엔진, 프로펠러의 형식설계(type design)에 대한 설계변경이 관련 규정 및 항공기기술기준에 적합함을 입증하는 것이다. 부가형식증명은 큰 범주에서 형식증명의 일부로 간주된다(항공안전법 제20조).

### 기술표준품 형식승인(TSOA)

기술표준품 형식승인(KTSOA; Korea Technical Standard Order Authorization)[22]이란 해당 품목의 감항성(airworthiness)을 확보하기 위하여 기술표준품 표준서(KTSO)의 인증요건, 해당 품목의 최소성능표준에 대한 설계승인, 제작에 대한 적합성을 평가하는 생산승인을 포함한 승인서이다(항공안전법 제27조).

### 부품등제작자증명(PMA)

부품등제작자증명(PMA; Parts Manufacturer Approvals)은 항공기, 엔진, 프로펠러의 형식설계(type design)에 해당되는 장비품 또는 부품을 제작하려는 자에 대하여 개조 및 교환 품목의 설계 및 생산을 승인하는 것이다. 부품등제작자증명의 소지자는 형식증명 항공기, 엔진, 프로펠러에 장착(교환)을 목적으로 해당 품목을 제작하여 판매할 수 있다(항공안전법 제28조).

### 제작증명(PC)

제작증명(PC; Production Certification)은 국토교통부장관이 승인한 형식설계(예: 형식증명 또는 부가형식증명)에 따라 항공기, 엔진, 프로펠러를 제작(복제)할 수 있는 기술, 설비, 인력 및 품질관리체계 등을 갖추고 있음을 증명하는 것이다(항공안전법 제22조).

21 자료 참조 : 항공안전기술원(https://www.kiast.or.kr/kr/sub03_01_01.do)

22 KTSO : Korea technical standard order, 항공기 장비품 대상으로 국토교통부가 고시한 기술표준품 기준을 충족, 인증하는 제도

### 수입 항공기 인증

#### 형식증명승인(TCV)

수입항공기형식증명승인(TCV; Type Certificates Validation)은 해외 감항당국으로부터 형식증명을 받은 항공기, 엔진, 프로펠러를 우리나라에 수출하고자 하는 제작자에 대해 해당 항공기, 엔진, 프로펠러의 형식별로 외국 정부의 형식증명이 우리나라 항공기 기술기준에 적합함을 승인하는 것으로 부가형식증명승인을 포함한다(항공안전법 제21조).

## 5.4.2 군용무인기 감항인증기준 현황[23]

군용항공기 비행안정성인증에 관한 법률이 2019년에 제정되고 [그림 5-9]와 같은 체계를 완비하면서 군용 무인항공기 감항인증의 법적 근거가 마련되었다. 이 법률에서 최대이륙중량 25kg을 초과하는 무인비행기와 무인회전익항공기를 무인항공기로 정의[24]하고 있으며, 이러한 군용 무인항공기에 대해 감항인증을 받도록 규정하고 있다.

### 법적 근거[25]

[그림 5-9]와 같이 군용 무인기에 대한 감항인증 규정으로서 군용항공기 비행안전성인증에 관한 법률, 시행령, 시행규칙과 함께 행정규칙인 군용항공기 표준감항인증기준 등을 세부적으로 규정하고 있다.

- 법률 **군용항공기 비행안전성 인증에 관한 법률** [시행 2019. 10. 24.] [법률 제16353호, 2019. 4. 23., 일부개정]
  - 시행령 **군용항공기 비행안전성 인증에 관한 법률 시행령** [시행 2019. 10. 24.] [대통령령 제30137호, 2019. 10. 22., 일부개정]
    - 시행규칙 **군용항공기 비행안전성 인증에 관한 법률 시행규칙** [시행 2019. 10. 24.] [국방부령 제999호, 2019. 10. 24., 일부개정]
    - 행정규칙
      - 고시 감항인증 기술 자료의 관리·유지에 관한 권한 위탁 기관 지정 [시행 2019. 11. 18.] [고시 제2019-10호, 2019. 11. 12., 제정]
      - 고시 군용항공기 감항인증 전문기관 지정 [시행 2017. 6. 15.] [고시 제2017-5호, 2017. 6. 15., 제정]
  - 행정규칙
    - 훈령 군용항공기 비행안전성 인증에 관한 업무규정 [시행 2020. 8. 11.] [훈령 제619호, 2020. 8. 11., 일부개정]
    - 고시 감항인증 기술 자료의 관리·유지에 관한 권한 위탁 기관 지정 [시행 2019. 11. 18.] [고시 제2019-10호, 2019. 11. 12., 제정]
    - 고시 군용항공기 감항인증 전문기관 지정 [시행 2017. 6. 15.] [고시 제2017-5호, 2017. 6. 15., 제정]
    - 고시 군용항공기 표준감항인증기준(Part 1) [시행 2021. 4. 29.] [고시 제2021-1호, 2021. 4. 29., 일부개정]
    - 고시 군용항공기 표준감항인증기준(Part 2) [시행 2021. 4. 29.] [고시 제2021-1호, 2021. 4. 29., 일부개정]
    - 고시 군용항공기 표준감항인증기준(Part 3) [시행 2021. 4. 29.] [고시 제2021-1호, 2021. 4. 29., 일부개정]

[그림 5-9] 군용항공기 비행안정성인증에 관한 규정 목록

23 출처 : 양준모, 이상철, 「군용 소형 회전익무인기 감항인즈기준에 대한 연구」, 한국항공운항학회지, Vol. 29, No. 2, Jun. 2021

24 군용항공기 비행안정성인증에 관한 법률 시행규칙, 제1조 2

25 출처 : 법령정보센터(https://www.law.go.kr)

[그림 5-9]를 보면 중량에 따라 군용항공기 표준감항인증기준 Part 1, 2, 3으로 인증기준을 분리 고시하고 있다. 이 인증기준은 민간무인기와 군용유인기의 감항인증 기준, 미군과 유럽의 항공기 및 무인기의 감항기준들로부터 도출되었다. 무인항공기의 경우 군용 중·대형무인기(150~20,000kg)는 Part 2에서 다루고, 150kg 이하의 무인항공기는 Part 3에서 다룬다.

## 군용 중 · 대형무인기(150~20,000kg)의 감항인증 : Part 2

군용항공기 표준감항인증기준(Part 2)은 유럽 EASA CS-23(과거 JAR 23)과 미 국방성 기준인 STANAG-4671로부터 유래된 감항인증 기준이다. STANAG-4671은 유럽항공안전청(EASA; European Aviation Safety Agency)의 인증 규격인 CS-23을 기반으로 미 국방부의 군용항공기 감항인증 기준인 MIL-HDBK-516B와 영국 국방부(MoD; Ministry of Defence)의 군용항공기 감항인증 기준인 DEF STAN 00-970 Part 9을 테일러링하여 만들어졌다. 이것은 군용무인기의 설계 및 제조와 관련한 감항인증 표준의 기준을 정립한 것으로서 제한되지 않은 공역에서 정상 운용할 목적인 150~20,000kg의 최대 이륙중량을 갖는 고정익 군용무인기에 대한 감항인증 요구도이다. 즉, 행정규칙 고시 Part 2는 해외 기준들을 테링러링하여 만들어진 것이다. 이 기준은 [표 5-6]의 분야들을 포함하여 서로 연관된 9개의 세부 분야로 구성되어 있다.

[표 5-6] 감항인증 세부 분야[26]

| | | UA 시스템(UA System) | | | | |
|---|---|---|---|---|---|---|
| | | 무인항공기 비행체(UA) | 명령/통제 데이터링크 | 통신 시스템 | 무인항공기 통제소 | 기타 부수 요소 |
| A | General | x | x | x | x | x |
| B | UA Flight | x | | | | |
| C | UA Structure | x | | | | x |
| D | UA Design and Construction | x | | | | x |
| E | UA Powerplant | x | | | | |
| F | Equipment | x | | | | |
| G | Operating limitations and information | x | x | x | x | x |
| H | Command and control data link Communication system | | x | x | | |
| I | UA control station | | | | x | |

※ 주의 : 1309절(표의 F 분야) 및 이들의 적합성 검증방법(MOC)은 비행체만이 아닌 전 무인항공기(UA) 시스템에 적용된다.
(Note: Paragraph 1309(in F) and its MOC.applies to the entire UA System and not only with the aerial vehicle.)

26 출처 : 군용항공기 표준감항인증기준에 관한 고시(Part 2), 개요

## 군용 소형무인기(25~150kg)의 감항인증기준 : Part 3[27]

이 기준은 또한 150kg 이하의 최대이륙중량을 갖는 무인항공기가 격리되지 않은 공간에서 비행하는 데 필요한 형식인증서(또는 이와 동등한 문서)를 획득하기 위한 필수 최소 요구도를 충족하는 방법을 규정하고 있다. 이 규정은 아래에 열거한 미군 STANAG 4671, 유럽 CS-VLA 등의 규정들을 기반으로 만들어졌다. 이 기준에서는 무인기 분류 기준에 대해 충돌에너지 개념을 적용하고 있는데, 이것은 일반인들의 상식이나 현실적인 구분 개념과 동떨어진 면이 있다. 충돌에너지를 분류 근거로 도입하는 것의 타당성은 재검토할 필요가 있다.

- STANAG 4671(UAV Systems Airworthiness Requirements for North Atlantic Treaty Organization Military UAV Systems)
- CS-VLA(Certification Specifications for Very Light Aeroplanes)
- CS-22 Amendment 1(Certification Specifications for Sailplanes And Powered Sailplanes)
- ASTM F2245-06(Standard Specification for Design and Performance of a Light Sport Airplane)
- DEF STAN 00-56(Safety Management Requirements for Defence Systems)

27 출처 : 군용항공기 표준감항인증기준에 관한 고시(Part 3), 개요

CHAPTER 05 연습문제

**5.1** 항공규정상 무인비행장치란 무엇인가? (5.1.1)

**5.2** 드론법이란 무엇을 말하는가? (5.1.1)

**5.3** 드론 제품이 거쳐야 하는 방송통신기자재 적합성평가 인증유형에는 어떤 것들이 있는가? (5.1.2)

**5.4** 드론 제품이 거쳐야 하는 방송통신기자재 적합성평가 시험 항목에는 어떤 것들이 있는가? (5.1.2)

**5.5** 드론 제품이 거쳐야 하는 전기용품 안전인증의 인증유형에는 어떤 것들이 있는가? (5.1.2)

**5.6** 드론 제품이 거쳐야 하는 전기용품 안전인증의 시험 항목에는 어떤 것들이 있는가? (5.1.2)

**5.7** 드론 제품이 거쳐야 하는 에너지 효율 인증의 제도 유형에는 어떤 것들이 있는가? (5.1.2)

**5.8** 에너지 효율 인증을 받아야 하는 드론 구성품에는 어떤 것들이 있는가? (5.1.2)

**5.9** 드론 장비를 출시하기 위해 거쳐야 하는 KC 인증 종류에 대해 서술하시오. (5.1.2)

**5.10** 드론 제품이 거쳐야 하는 방송통신기자재 적합성평가 유형에 대해 설명하시오. (5.1.2)

**5.11** KC 인증 대상 드론 구성품에 대해 설명하시오. (5.1.2)

**5.12** 전기용품 안전인증 대상 드론 구성품에 대해 설명하시오. (5.1.2)

**5.13** 조종자 준수사항에 대해 설명하시오. (5.1.3)

**5.14** 안전성인증의 종류에는 어떤 것이 있는가? (5.1.3)

**5.15** 초도인증의 대상장비에는 어떤 것들이 있는가? (5.1.3)

**5.16** 정기인증의 대상장비에는 어떤 것들이 있는가? (5.1.3)

**5.17** 수시인증의 대상장비에는 어떤 것들이 있는가? (5.1.3)

**5.18** 재인증의 대상장비에는 어떤 것들이 있는가? (5.1.3)

**5.19** 항공안전법상 드론 규제사항들에 대해 설명하시오. (5.1.3)

**5.20** 초경량비행장치 안전성인증이란 무엇인가? (5.1.3)

**5.21** 농업용무인항공살포기 종합검정이란 무엇인가? (5.1.4)

**5.22** 농업용무인항공살포기 종합검정의 시험항목에 대해 설명하시오. (5.1.4)

**5.23** 농업용무인항공살포기 종합검정 신청 시 제출 서류에 대해 서술하시오. (5.1.4)

**5.24** 직접생산자증명 발급 신청 절차에 대해 설명하시오. (5.2.2)

**5.25** 직접생산확인의 기준에서 생산공장의 기준은 무엇인가? (5.2.4)

**5.26** 직접생산확인의 기준에서 생산시설의 기준은 무엇인가? (5.2.4)

**5.27** 직접생산확인의 기준에서 생산인력의 기준은 무엇인가? (5.2.4)

**5.28** 조달청 우수물품 지정 제도란 무엇인가? (5.3.1)

**5.29** 조달청 우수물품 지정 제도 대상 및 분야에 대해 설명하시오. (5.3.1)

**5.30** 조달청 우수물품 지정 절차에 대해 설명하시오. (5.3.2)

**5.31** 조달청 우수물품 지정 신청서류에는 어떤 것들이 있는가? (5.3.3)

**5.32** 군용드론의 감항인증의 개념에 대해 설명하시오 (5.4.1)

**5.33** 국내항공기의 인증 종류에 대해 설명하시오. (5.4.1)

**5.34** 군용 중대형무인기의 감항인증이란 무엇인가? (5.4.2)

**5.35** 군용 소형무인기의 감항인증이란 무엇인가? (5.4.2)

**실습과제**

1. 업체가 공공기관에 신규 제품을 납품하기 위한 준비 절차를 진행하시오. (5.2.2)
2. 조달청 나라장터 등록 절차를 진행하시오. (5.2.2)
3. 직접생산증명 신청 준비 서류를 준비하시오. (5.2.2)

CHAPTER

# 06

# 무인멀티콥터 구성품 이해



## 학습목표

- 무인멀티콥터 기본 구성품에 대해 설명할 수 있다.
- 비행제어시스템에 대해 설명할 수 있다.
- 로터, 모터, 변속기의 구조와 원리에 대해 설명할 수 있다.
- 배터리와 충전기에 대해 설명할 수 있다.
- 통신장비의 주파수와 장비들에 대해 설명할 수 있다.
- 멀티콥터에 사용되는 케이블과 커넥터에 대해 설명할 수 있다.

# SECTION 6.1 무인멀티콥터 기체

무인멀티콥터 제작을 위한 사전 지식으로 무인멀티콥터에 사용되는 각종 부품의 종류에 대해 알아둘 필요가 있다. 무인멀티콥터 기체의 구조와 형상, 구조에 따른 종류에 대해 알아보자.

## 6.1.1 멀티콥터의 기본 구조

무인멀티콥터는 2장에서 학습한 바와 같이 다른 무인기 기체의 구성에 비해 구조가 간단하다. [그림 6-1]과 같이, 항전체계를 중심으로 볼 때 시스템 구성은 기체(frame)에 장착되는 비행제어시스템(FCS)과 여기서 나오는 PWM 명령값 신호를 3상의 전류신호로 전환하여 모터의 속도를 조절하는 전자변속기(ESC), 실제 로터(rotor)가 장착되어 회전하는 BLDC 모터(motor)로 구성된다.

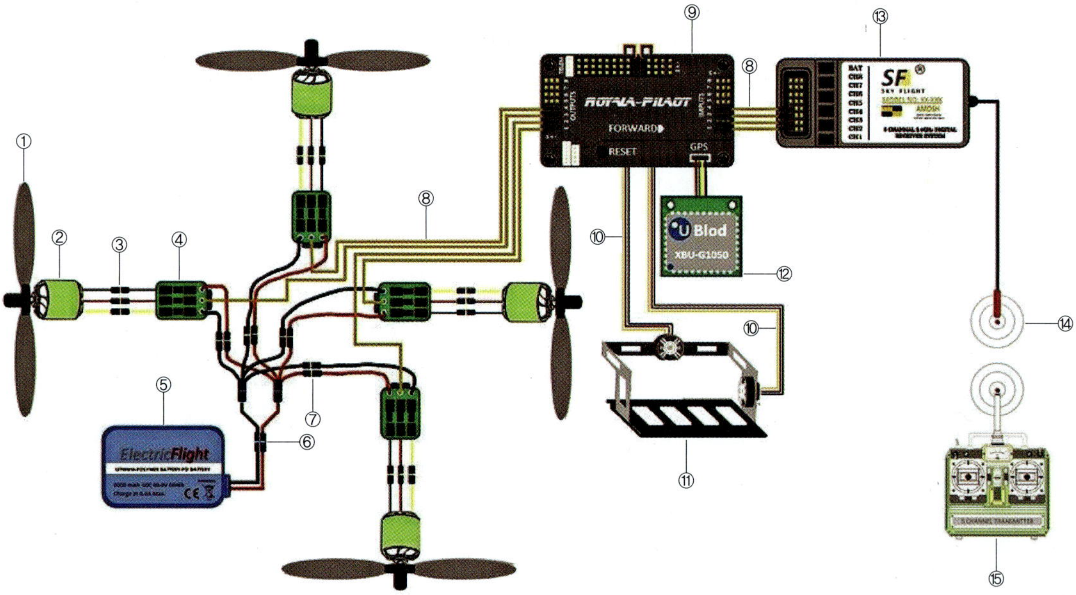


| | | | | |
|---|---|---|---|---|
| ① 로터 | ② 모터 | ③ 커넥터 | ④ 변속기 | ⑤ 배터리 |
| ⑥ 커넥터 | ⑦ 커넥터 | ⑧ 신호선 | ⑨ 비행제어장치 | ⑩ 짐벌케이블 |
| ⑪ 짐벌 | ⑫ GNSS | ⑬ 송수신기 | ⑭ 안테나 | ⑮ 조종기 |

[그림 6-1] 드론의 기본 구성도

## 6.1.2 무인멀티콥터의 로터 수에 따른 구분

기체(frame)는 주된 동체(main body)와 여기에 연결되는 다수의 붐(boom, arm)들, 지면에 닫는 착륙장치(landing gear)로 구성된다.

장착되는 로터의 수에 따라 멀티콥터를 구분한다. [그림 6-2]와 같이 로터가 3개면 트라이(Try), 4개면 쿼드(Quad), 6개면 헥사(Hexa), 8개면 옥토(Octo) 등으로 다양하게 구분되며, 이는 다시 암의 장착에 따라서 X자 구조와 +자 구조로 나뉜다.

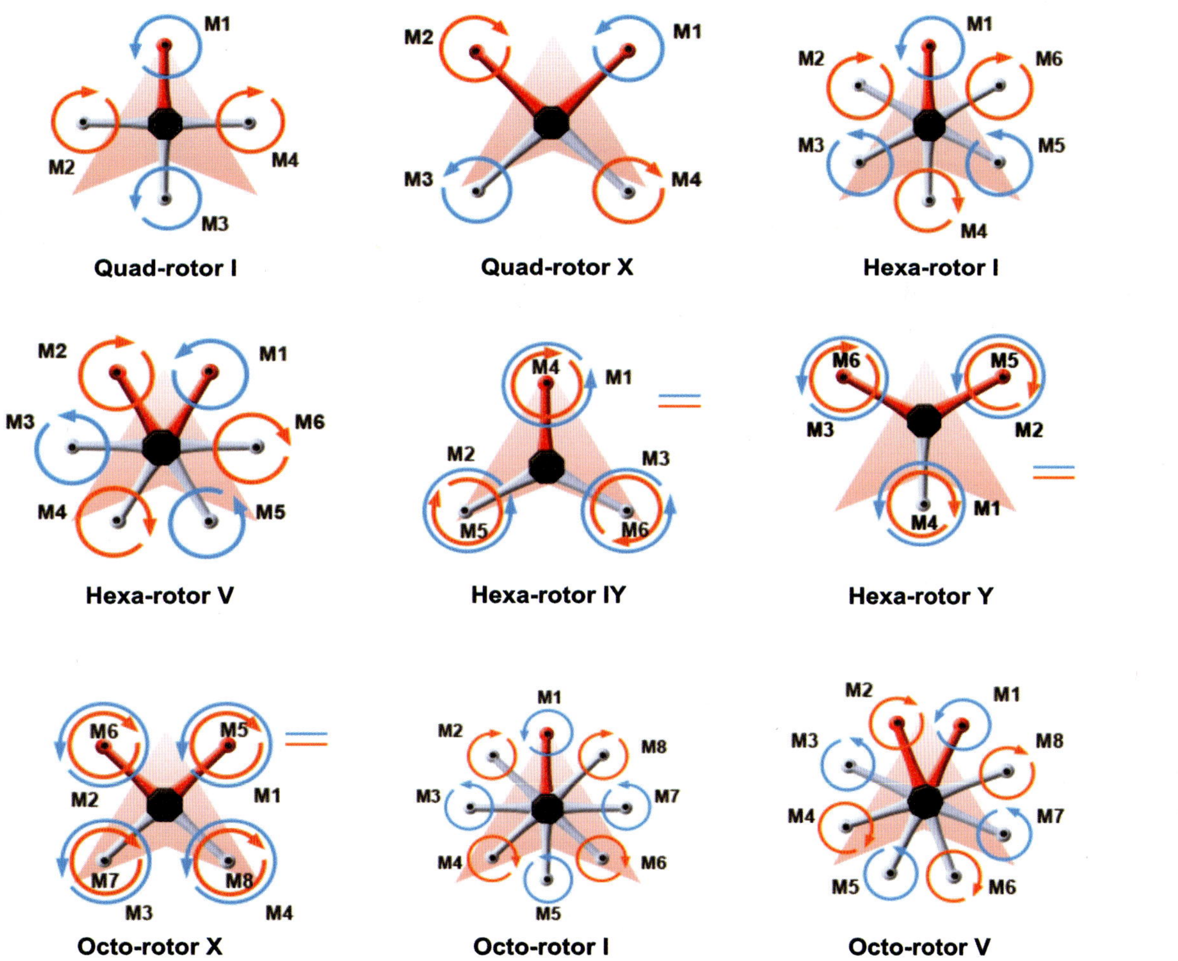


[그림 6-2] 멀티콥터 기체 암 구조[1]

1 출처 : A2 manual, https://dl.djicdn.com/downloads/a2/20170425/A2_User_Manual_V1.26_en.pdf, DJI, 2017

## 6.1.3 동체 구조에 따른 구분

무인멀티콥터는  동체(바디) 구조에 따라 바디 온 프레임 구조와 모노코크 바디 구조로 구분된다.

### 바디 온 프레임 구조

바디 온 프레임(body on frame) 구조는 프레임 바디(frame body)라는 용어로도 불린다. 이는 초창기 자동차에서 기본 뼈대가 되는 중량물 구조로 H자 프레임을 만들고 여기에 기타 구조물을 장착하여 외피를 씌운 형태를 말한다. [그림 6-3]의 드론 장비에서 보는 바와 같이 대부분의 무인헬리콥터나 멀티콥터가 이러한 형태로 제작되고 있다.

(a) 무인헬리콥터(RMAX, Yamaha-motor)

(b) 무인멀티콥터(AFox-1, Kascom)

[그림 6-3] 바디 온 프레임 구조의 무인항공기

바디 온 프레임 구조는 초기 제작되는 항공 장비들에서 많이 사용되는 방식인데, 이 구조의 장단점은 다음과 같다.

#### 장점

- 프레임 방향의 충격 흡수로 내구성이 증대된다.
- 사고 시 프레임과 바디를 쉽게 분리할 수 있어 정비성이 좋다.
- 초기 개발 및 제작이 용이하다.
- 설계 및 시제품 제작이 용이하다.

#### 단점

- 프레임에 기타 구조물을 부착하는 형태로, 부가 부착물 등으로 인해 중량이 무거워진다.
- 연료 효율이 떨어진다.
- 내부 공간 등 구조가 복잡하다.
- 제작 단가가 높다.

• 제조 시간이 오래 걸린다.

• 정비시간이 오래 걸린다.

## 모노코크 바디 구조

모노코크 바디(monocoque body) 구조는 유니바디(uni-body)라고도 불리는데, 대부분의 항공기에서 채택하고 있는 제작 방식이다. mono는 하나라는 뜻이고 coque는 껍질을 뜻하는데, [그림 6-4]의 드론 장비에서 보는 바와 같이 monocoque는 내부에 별도의 프레임 없이 외피가 뼈대 역할까지 하는 구조로 만들어지는 것을 의미한다.

(a) 무인헬리콥터(Camcopter S-100, schiebel)

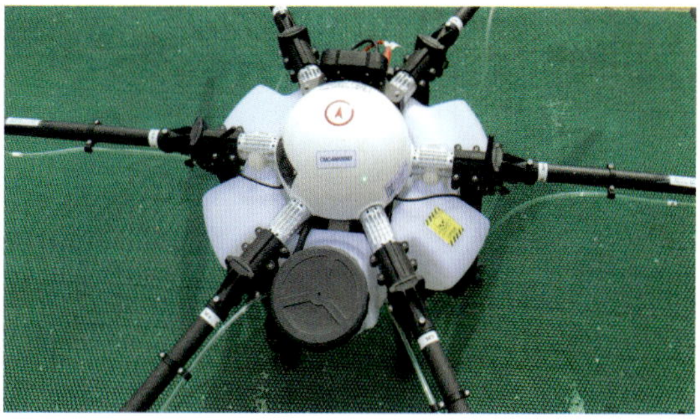

(b) 무인멀티콥터(마징가드론, TTA/드론안전기술)

[그림 6-4] 모노코크 구조의 무인항공기

모노코크 바디 구조는 양산장비의 생산에 많이 사용되는 방식으로, 이 구조의 장단점은 다음과 같다.

### 장점

• 내부 프레임이 없어서 공간 확보에 유리하다.

• 중량이 상대적으로 가볍다.

• 동급 성능에 사이즈를 작게 할 수 있다.

• 전체적인 동체 내구성이 안정적이다.

• 양산 제작 단가를 낮출 수 있다.

• 제조 시간이 절약된다.

• 바디가 깨지지 않는 한 정비가 간단하고 시간이 절약된다.

### 단점

- 초기 설계 및 시제 제작이 어렵다.
- 내부 부품 정비를 위해 전체 구조물을 분해할 필요가 있다.

## 6.1.4 프레임 재질

소재로는 대개 플라스틱, 탄소섬유(카본), 아크릴, 알루미늄, 티타늄, 목재 등이 사용된다. 완구용은 저비용으로 대규모 물량을 제작하기 위해 플라스틱을 많이 사용하고, 산업용의 큰 기체인 경우 탄소섬유나 알루미늄 등을 사용한다. 이러한 재료들을 사용하는 이유는 경량인 데다 고강도 및 고탄력의 특성을 갖기 때문이다.

SECTION
# 6.2 비행제어시스템(FCS)

3장에서 비행제어시스템의 기본 내용으로 드론의 기본적인 구성품과 원리에 대해 알아보았다. 이 내용을 바탕으로 멀티콥터에 사용되는 비행제어시스템의 종류와 원리에 대해 알아보자.

## 6.2.1 멀티콥터용 상용 비행제어시스템의 종류

2010년대 초창기에는 비행제어시스템(FCS; Flight Control System)을 개발하기가 쉽지 않아 상용 FCS를 구하기가 어려웠으나, 중국 DJI에서 소형 헬리콥터용 FCS인 Ace 시리즈를 출시하면서 저가의 상용 FCS를 구하기가 수월해졌다. 하지만 Ace 시리즈 역시 헬리콥터에 장착되었을 때 안정적으로 비행 운용하기에는 부족한 면이 많아 다양한 수정 요구가 있었다. 2015년, DJI도 결국 헬리콥터 사업을 중단하고 상대적으로 수월한 멀티콥터 사업에만 전념하게 되었다. 이후 오픈소스를 활용한 여러 업체에서 [그림 6-5]와 같은 다양한 멀티콥터용 상용 FCS를 제작하여 판매하게 되었다. 국내에서는 드론텍이 상용 FCS를 개발·출시를 하였으나 사업화에는 한계가 있었다.

2010년대까지만 해도 상용 FCS는 몇 가지 없었다. 그러다가 2015년 이후부터 다음과 같이 오픈소스를 응용한 용도별 상용 FCS들이 등장하고 있다.

- **레이싱용** : CC3D, NAZE, F4
- **레져용** : DJI NAZA-M, DJI NAZA-M V2, TAROT, APM, PIXHAWK
- **교육용** : MULTIWII, ARDUINO
- **산업용** : DJI A2, A3, N3 , PIXHAWK
- **메인칩** : 대부분 STM32(STMicroelectronics company)

[그림 6-5] 다양한 비행제어시스템

[그림 6-5]는 상용 FCS들 중에서도 멀티콥터용으로 사용 가능한 것들만 나타낸 것이다. 이 중 대표적인 제품들에 대해 좀 더 세부적으로 알아보자.

## DJI 비행제어시스템 구성

2020년 이후에 많이 사용되고 있는 DJI의 대표적인 FCS로는 [그림 6-6]에 나타낸 A2, A3가 있다. 기본 하드웨어의 구성은 FC, PMU, IMU, LED, GPS가 같으나 A3가 되면서 GPS 안테나를 3개 사용하고 있다. 물론 하드웨어와 함께 제어 성능도 업그레이드되면서 자세 모드만으로도 GPS와 같이 제자리 비행 시 흐르지 않는 성능을 보이기도 한다.

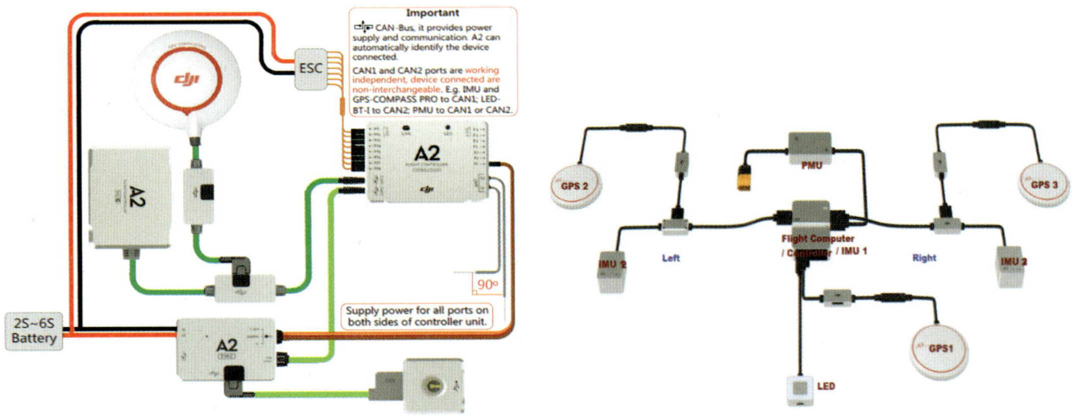


(a) DJI A2 FCS　　(b) DJI A3 FCS

[그림 6-6] DJI A2, A3 비행제어시스템 구성

## Pixhawk 비행제어시스템[2]

Pixhawk는 오픈소스 표준으로 개발된 비행제어장치로서 드론 시스템 개발을 위해 쉽게 사용할 수 있는 하드웨어 사양과 지침을 제공하도록 규정하고 있다. 이 표준은 기계 및 전기 사양의 모든 측면과 상호 운용 가능한 드론 시스템 구성 요소를 만들기 위한 지침을 제공한다. 이 표준은 Dronecode 재단에서 운영하는 Pixhawk Special Interest Group에서 개발했으며, 이후 다양한 업체들에서 다양한 자기 개발품의 형태로 응용·개발되어 출시되었고, 여러 드론 장비들에 사용되고 있다. 관심 있는 개발자는 https://www.dronecode.org/를 참고하기 바란다.

이 Fixhawk 드론 표준(DS) 문서는 다음과 같이 구성되어 있으며, 오픈소스로 독점권이 없어서 무료로 사용하거나 자체 제품 개발이 가능하다. 이 표준의 개발에 따라 [그림 6-7]과 같이 Pixhawk가 개선되어 버전업 출시가 되어왔다.[3]

- DS-001-008 : 향후 사용을 위해 예약됨
- DS-009 : Pixhawk 커넥터 표준(최신 게시 버전 0.1, 2020년 4월 24일)
- DS-010 : Pixhawk Autopilot 버스 표준(2020년 4월 14일에 최신 게시 버전 0.3)
- DS-011 : Pixhawk Autopilot v5X Standard(2020년 6월 30일에 최신 게시 버전 0.5)
- DS-012 : Pixhawk Autopilot v6X 표준(초안)
- DS-013 : Pixhawk 스마트 배터리 표준(초안)
- DS-014 : Pixhawk 페이로드 버스 표준(최신 게시 버전 0.3.0, 2021년 1월 29일)
- DS-015 : https://github.com/Dronecode/SIG-CAN-Drone
- DS-016 : Pixhawk Autopilot v6U 표준(초안)
- DS-017++ : 향후 사용을 위해 예약됨

2 출처 : https://pixhawk.org/, DroneCode foundation.
3 출처 : https://github.com/pixhawk/Pixhawk-Standards

Pixhawk 1 (3DR 제작, 단종됨)

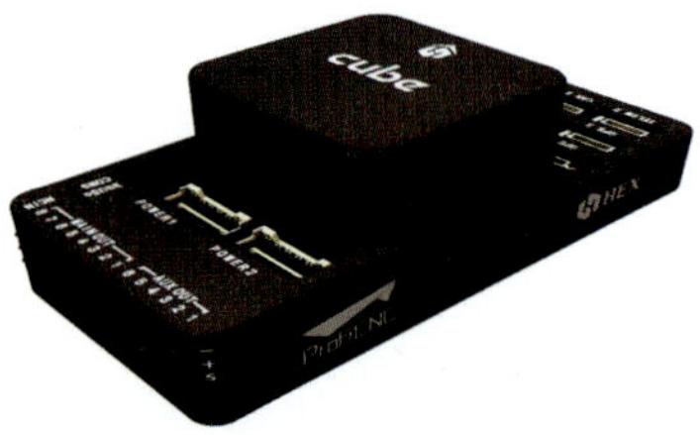

Pixhawk 1 (3DR 제작, 단종됨)

mRo Pixracer (제조: mRobotics)

Pixhawk 3 (제조: Drotek)

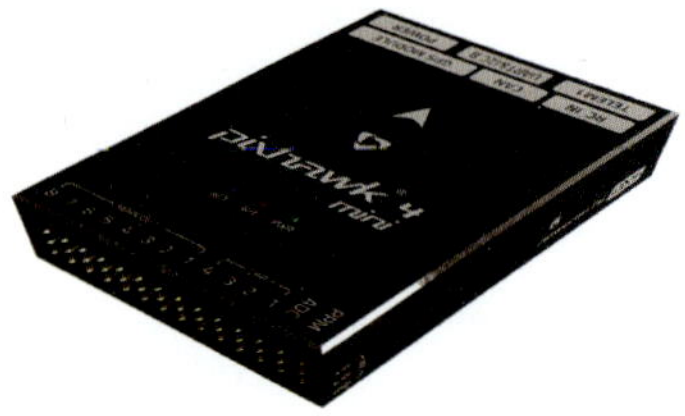

Pixhawk 4 mini (제조: Holybro)

Pixhawk 4 (제조: Holybro)

[그림 6-7] Pixhawk 제품 히스토리

Pixhawk(픽스호크)에 멀티콥터 시스템을 구성한 예는 8장의 [그림 8-24]를 참고하기 바란다.

## TTA E6 비행제어시스템

중국의 대표적인 무인기 제조회사 중 하나인 Beijing TT Aviation 사에서는 농업 방제용 드론에 [그림 6-8]과 같은 E6라는 자체 모델 FCS를 탑재했는데, 이것은 JIYI 사와 협력하여 K3Apro FCS 모델을 자체 드론에 최적화한 모델이다. JIYI 사의 FCS는 픽스호크 3 계열을 자체 모델로 개발한 것으로 보인다.

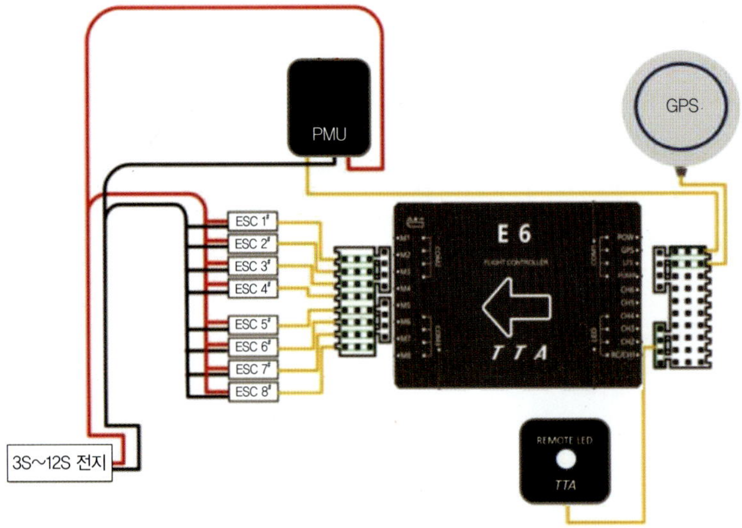


(a) FCS 구성도

| M1 | To ESC #1 | POW | To power mudule |
|---|---|---|---|
| M2 | To ESC #2 | GPS | To GPS module |
| M3 | To ESC #3 | A2 | To external deviec, such as Gimbal, landing gear, etc. |
| M4 | To ESC #4 | A1 | |
| M5 | To ESC #5 | CH6 | PWM Back Landing channel input |
| M6 | To ESC #6 | CH5 | PWM Flight Mode channel input |
| M7 | To ESC #7 | CH4 | PWM Rudder channel input |
| M8 | To ESC #8 | CH3 | PWM Throttle channel input |
| COM2 | connect and back up GPS module | CH2 | PWM Elevator channel input |
| COM3 | To OSD/Data Link | RC/CH1 | PPM, SBUS input/PWM Aileron channel input |
| | | COM1 | Parameters adjustment and firmware upgrade/ Data Link |
| | | LED | LED module |

(b) 채널 구성

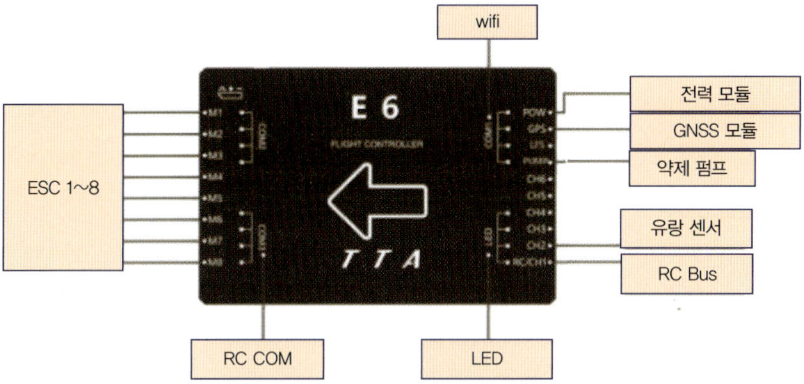


(c) 마징가용 E6 비행제어시스템 연결도

[그림 6-8] 마징가용 E6 비행제어시스템[4]

## Racing/min 드론용 비행제어시스템

레이싱 드론은 소형이다 보니 [그림 6-9]와 같이 한 기판에 대부분의 제어시스템 기능들이 다 포함되도록 만든다.

4 출처 : TTA 드론 FC 매뉴얼(저자 개인 소장)

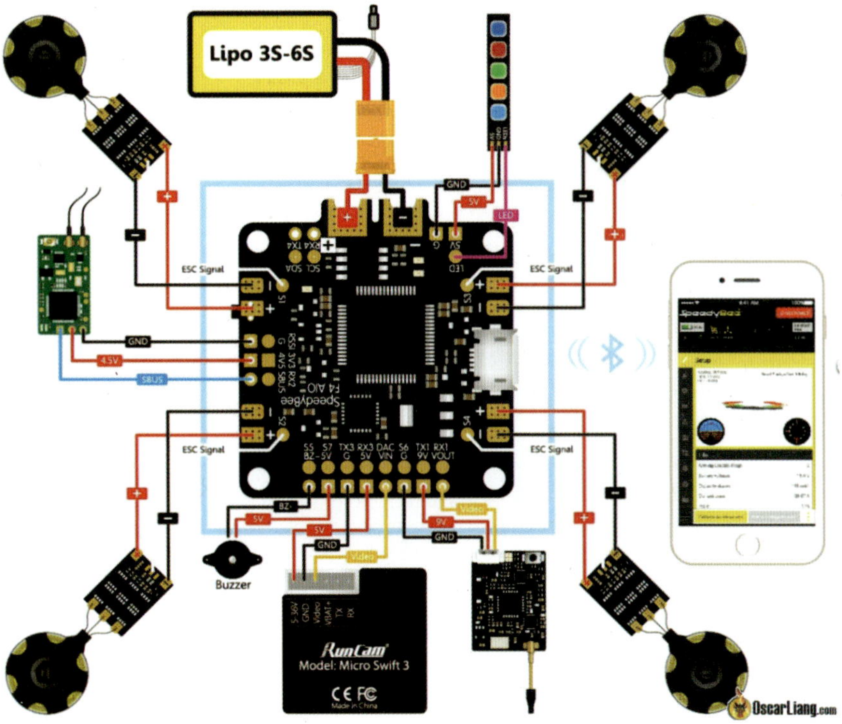


[그림 6-9] 레이싱용 드론 Flight Controller[5]

## 6.2.2 위성항법시스템(GNSS)

비행제어시스템이 자동제어를 하기 위해서는 고도, 속도, 자세, 방향, 위치를 측정하는 센서들이 필요하다. 현재 대부분의 드론은 고도, 속도, 위치 정보를 위성항법시스템(GNSS; Global Navigation Satellite System)에서 가져와 사용하고 있는데, 이는 범지구적인 측위정보 서비스 시스템으로 위성측위용 위성에서 발신한 전파를 이용하여 언제, 어디서, 누구에게나 정밀한 측위 정보를 제공한다. 그동안 이러한 위성측위 서비스는 거의 군사용으로 구축된 미국의 GPS 시스템에 의존하여 사용되거나 진행되어 왔다. 유럽과 러시아에서도 독자적인 위성측위를 구축하여 왔으나, 예산 문제로 상당히 지연되어 여전히 진행 중인 반면, 최근 중국에서는 BeiDou 시스템을 빠르게 완성하여 서비스하고 있고 점차 안정화되면서 정밀도를 높여가고 있다.

5 출처 : oscarliang.com

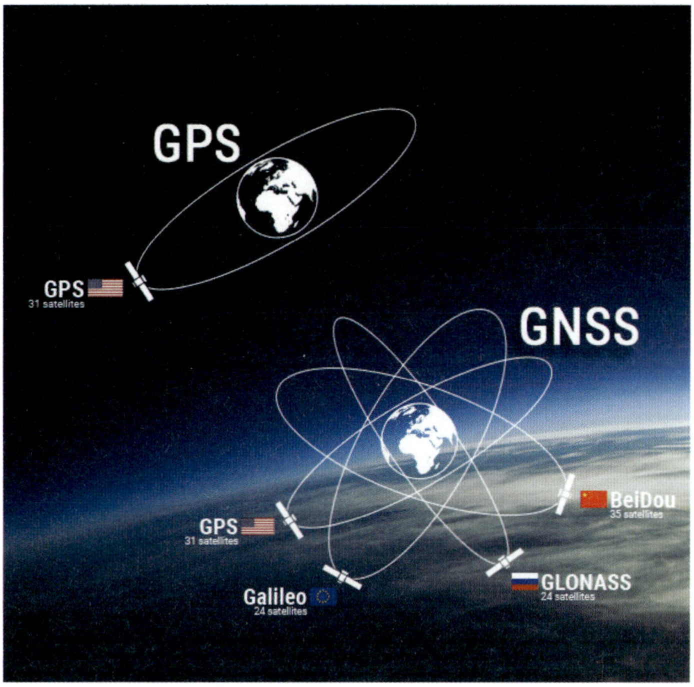


[그림 6-10] 위성항법시스템[6]

## 6.2.3 관성측정장치(IMU)

자동비행을 하기 위한 자세 정보는 관성측정장치(IMU; Inertial Measurement Unit)를 통해 산출하고 있다. 관성측정장치는 [그림 6-11]과 같이 가속도계와 자이로스코프를 조합하여 비행체의 기울어짐과 각속도를 측정해서 그 정보를 FCS에 전달하는 전자 장치이다. 관성측정장치는 하나 이상의 가속도계를 사용하여 선형 가속도를 감지하고, 하나 이상의 자이로스코프를 사용하여 회전 속도를 감지하는 방식으로 작동한다. 또한 일반적으로 무인 항공기(UAV)를 비롯한 항공기(자세 및 방향 정보 시스템)와 위성 및 착륙선을 포함한 우주선을 조종하는 데 사용되며, 최근에는 자율주행차에도 적용되고 있다.

관성측정장치는 [그림 6-11]과 같이 일반적으로 피치(Pitch), 롤(Roll), 요(Yaw, Azimuth)의 세 가지 기본 축으로 구성되고, 축당 하나의 가속도계와 자이로가 장착되며, 필요시 자력계가 포함된다. 자력계가 포함된 것을 통상 AHRS(Attitude and Heading Reference System)이라고 한다. 관성측정장치(IMU)와 AHRS의 주요 차이점은 AHRS에 온보드 처리 시스템이 추가되어 자세와 방향 정보를 제공한다는 점이다. 한편 AHRS는 대기 데이터센서와 결합되어 대기 속도, 고도 및 외부 공기 온도와 같은 추가 정보를 제공하는 '대기 데이터, 자세 및 방향 참조 시스템(ADAHRS)'을 형성할 수도 있다.

---

6 출처 : https://www.mobatime.com/article/difference-between-gnss-gps/

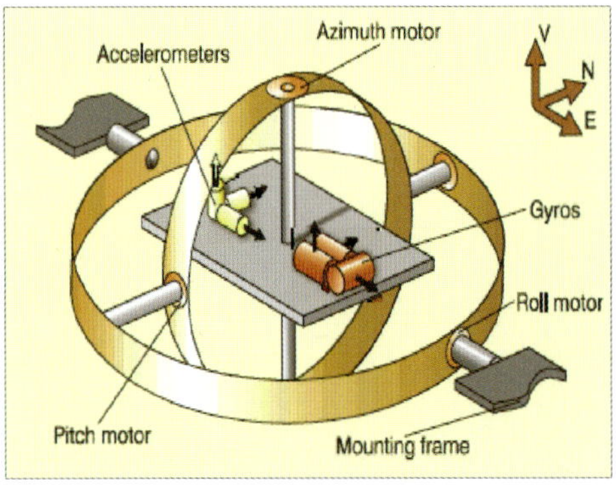


(a) 전통적인 관성측정장치(자이로)[7]

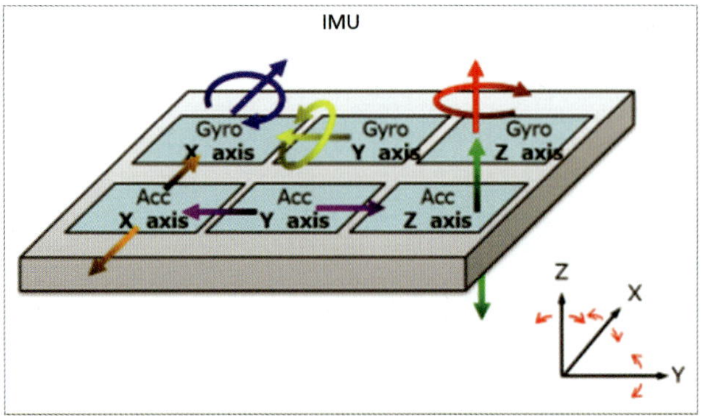


(b) MEMS 관성측정장치[8]

[그림 6-11] 관성측정장치

센서는 MEMS 기술이 발전함에 따라 [그림 6-12]와 같이 하나의 반도체 칩의 전자 센서로 만들어지고 있다. 이는 저가임에도 성능이 향상되어 드론 비행 안정화 및 성능 발전에 중요한 역할을 하고 있다. 작동원리는 Mechatronic의 영상(https://youtu.be/eqZgxR6eRjo)을 참고하기 바란다.

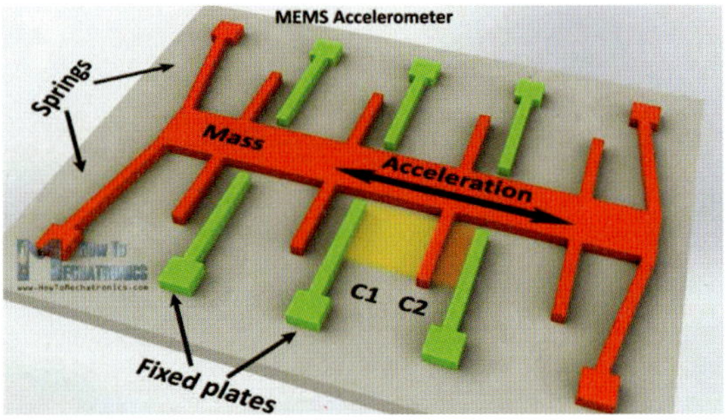


(a) MEMS 가속도센서의 원리

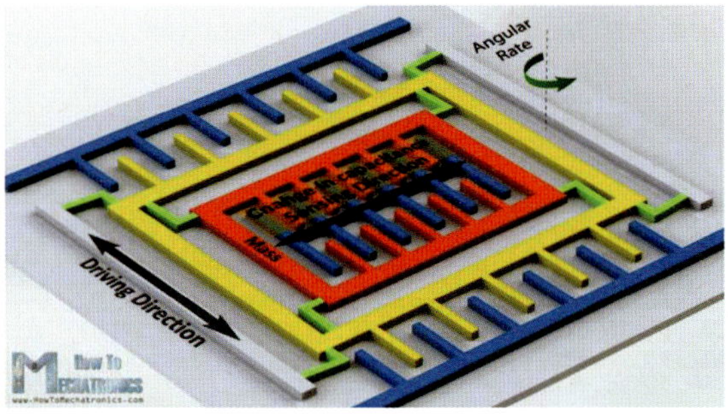


(b) MEMS 자이로 센서의 원리

[그림 6-12] MEMS 센서의 원리[9]

## 6.2.4 전원관리장치(PMU)

무인멀티콥터나 무인기의 일반적인 전기 소요 배치는 [그림 6-13]과 같다. 전원 출처인 배터리나 발전기에서 주전압이 공급되면 이 전기를 전원관리장치(PMU; Power Management Unit)에서 필요한 수요처에 맞게 변환하여 공급한다. 여기서 발전기는 엔진을 장착한 기종들이나 하이브리드 드론에 주로 사용된다.

---

7 출처 : S.A.Quadri and Othman Sidek, Error and Noise Analysis in an IMU using Kalman Filter, *International Journal of Hybrid Information Technology* Vol.7, No.3 (2014)

8 참조 : https://industrial.panasonic.com/ww/products/pt/6dof-inertial-sensor

9 출처 : howtomechatronics.com

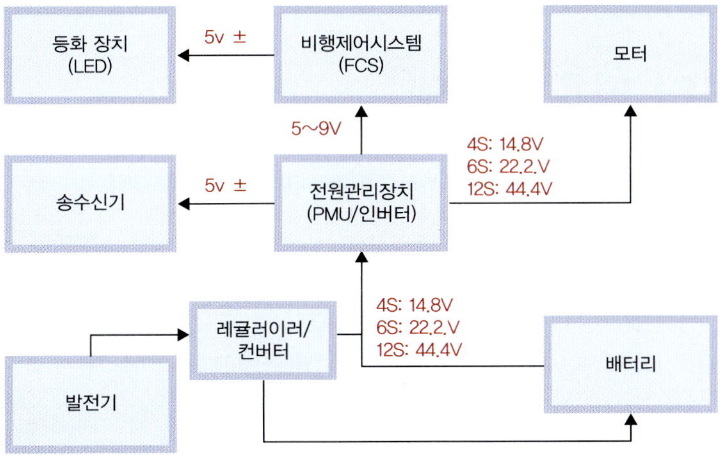


[그림 6-13] 구성품 전기 소요

# SECTION 6.3 멀티콥터 파워시스템

멀티콥터는 로터의 회전에 따라 양력과 추력이 발생되어 비행한다. 멀티콥터 비행과 관련된 파워시스템은 로터, 모터, 변속기로 구성되어 있다. 이 절에서는 이러한 파워시스템 구성품들에 대해 알아보자.

## 6.3.1 로터 또는 프로펠러

비행체의 여러 구성품 중에서 실제로 양력과 추력이 발생되는 부분이 로터이다. 이 로터의 형상과 규격 등에 대해 세부적으로 알아보자.

### 용어 정리

로터(rotor)는 프로펠러(propeller)라는 명칭으로도 많이 사용되는데, 회전익 수직이착륙기의 일종인 멀티콥터에서는 양력과 추력을 동시에 발생시키는 것에 해당하는 용어인 로터를 사용하는 것이 더 올바른 표현이다. 일부에서 가변 피치이면 로터, 고정 피치이면 프로펠러로 부른다는 설도 있으나, 프로펠러도 가변 피치를 사용하는 경우가 있으므로 로터가 더 설득력 있는 용어라 할 수 있다. 따라서 이 책에서는 좀 더 정확한 용어인 로터로 통일하여 설명한다. 로터에서 양력과 추력이 만들어지는 원리는 다음과 같다.

- **로터** : 양력과 추력을 발생시킨다.
- **프로펠러** : 추력을 발생시킨다.

### 로터의 소재와 형태

로터나 프로펠러가 목재로 제작되기도 하나, 최근에는 카본이나 플라스틱으로 많이 제작되고 있다. 딱딱한 재질일수록 양력을 받기 쉬운 반면 파손될 경우 깨짐 파편으로 인해 더 위험할 수 있다. 재질의 단단한 정도(강성)는 카본 > GF플라스틱 > 플라스틱 순으로 볼 수 있다. 로터는 형태에 따라 폴딩로터, 고정로터, 삼엽로터(레이싱) 등으로 분류되고, 밸런싱이 필요하다. 날개가 많을수록 양력(약 33%)을 더 발생시키나 전력소모가 심해진다.

### 로터 소재

- **카본** : 탄소섬유로만 제작하는 것은 경량이면서 강성이 높으나 성형이 어려워 비싸다.
- **카본복합재** : 탄소섬유복합재(FRP)는 강성이 높고 가벼워 비싸다.
- **우드** : 나무 재질로 가볍고 상대적으로 저렴하다.
- **플라스틱** : 상대적으로 무겁고 대량 제작이 용이하여 저렴하다.

### 날개 숫자와 형태

로터는 [그림 6-14]와 같이 날개 수에 따라 2엽, 3엽, 4엽 등이 있고, 날개가 항상 펼쳐져 있는 일체형과 운반의 용이성을 위해 접을 수 있도록 만들어진 접이식이 있다. 날개 수가 많을수록 양력을 많이 발생시킬 수 있다. 즉, 같은 양력이 필요할 경우 날개 수를 늘리면 사이즈를 작게 만들 수 있다.

[그림 6-14] 로터의 형상(고정식 2엽, 접이식 2엽, 3엽, 4엽)

## 로터 규격과 표시

### 로터의 방향 표시

로터에는 시계방향(CW)과 반시계방향(CCW)이 표시되어 있다. [그림 6-15(a)]를 보면 영문으로 쓰여 있는 로터의 방향을 확인할 수 있다. 또 [그림 6-15(b)]와 같이 로터의 모양을 통해 그 방향을 구분할 수 있는데, 전진방향이 두껍고 일자에 가까운 모양으로 되어 있다.

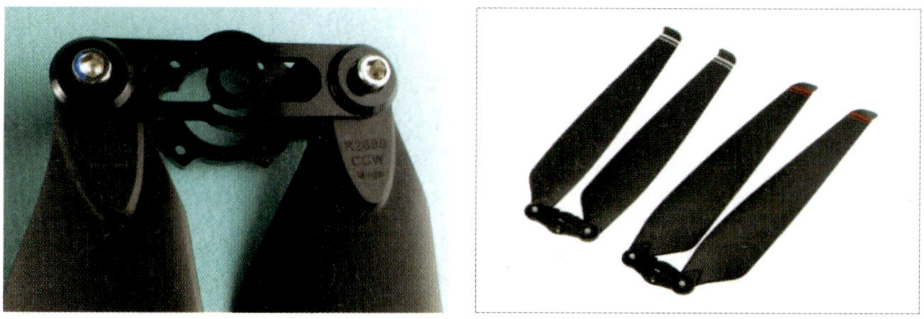

(a) 방향 글자 표시로 구분 (b) 모양으로 구분

[그림 6-15] 로터 방향 확인

### 로터 규격 표시

로터는 통상 250급(5인치), 350급(8인치), 580급(12인치), 800급(15인치) 등 다양한 사이즈로 제작된다. 로터에는 회전 방향과 함께 통상 4자리 숫자가 표시되어 있다. 예를 들어, [그림 6-15(a)]에는 '2880'이라는 숫자가 보이는데 앞의 두 자리 28은 로터의 직경, 즉 전체길이를 의미한다. 나머지 두 자리인 80은 [그림 6-16]과 같이 로터가 1회전했을 때 전진하는 거리를 나타내며, 단위는 pitch이다.

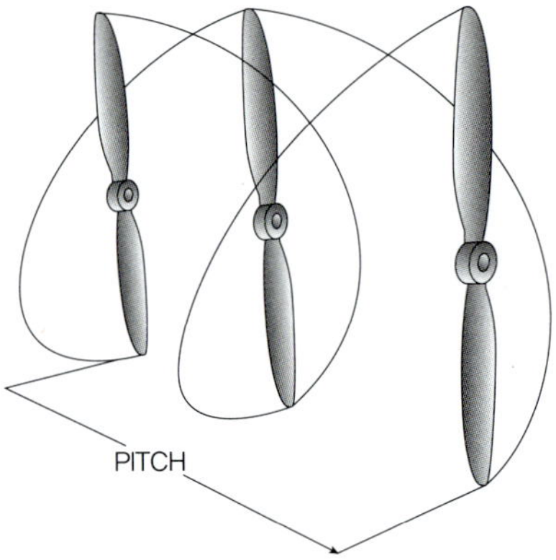


[그림 6-16] 로터 피치의 의미

### 로터의 진동

로터나 프로펠러에 불균형이 생기면 회전수에 따라 진동이나 공진현상이 발생한다. 공진은 기체 구조적 피로를 누적시켜 심할 경우 비행체가 터지는 현상이 발생하기도 하고, 적게는 센서 신호들의 왜곡을 발생시켜 비행성능을 떨어뜨리면서 다양한 시스템 문제를 유발한다. 한편 탑재장비에 이러한 진동이 전달되는 것을 방지하기 위해 방진장치를 장착하는데, 방진장치가 진동을 다 흡수하지 못할 경우 영상의 흔들림이 발생할 수도 있다. 이처럼 심각한 문제를 유발하는 진동은 엔진이나 모터에서 발생되는 것 외에 로터나 프로펠러에서도 발생되는데, 그 발생 원인에는 크게 다음 네 가지가 있다.

- **로터의 편심** : 로터의 중심이 틀어져서 전체의 균형이 맞지 않음
- **로터의 무게 불균형** : 양쪽의 무게 불균형과 각 부위별 무게가 일치하지 않음
- **로터 형상 불일치** : 양쪽의 형상이 일치하지 않음
- **전체 로터들의 불일치** : 전체 로터 간에 위 세 가지 문제가 일치되지 않음

## 6.3.2 모터

파워시스템 중 출력을 만들어내는 부분이 모터이다. 멀티콥터에 사용되는 모터의 종류와 제원에 대해 알아보자.

## 전동 모터의 종류

모터(motor)는 크게 교류(AC) 모터와 직류(DC) 모터로 구분되고, DC 모터는 다시 브러시 모터(brushed DC motor), 브러시리스 모터(BLDC; brushless DC motor)로 구분된다. 드론에서 사용되는 모터는 대부분 DC 모터이다.

### DC 브러시 모터

전기코일의 극성을 바꿔주는 역할을 하는 브러시가 내장되어 있어 작은 사이즈의 저가형으로 만들기가 용이하므로 주로 완구 등 저가형 드론을 만드는 데 사용된다. 브러시 마모 등의 이유로 내구성이 약해서 오래 사용하기 어렵다.

### DC 브러시리스(BLDC) 모터

브러시리스 모터는 브러시 대신 코일 극성을 변경시켜 주는 변속기(ESC; Electronic Speed Controller)를 추가로 연결하여 사용하는 모터이다. 브러시가 없다 보니, 상대적으로 내구성이 좋아서 장기간 사용하기에 유리하여 상용 촬영드론과 산업용 드론들에 대부분 사용되고 있다. BLDC 모터는 안쪽의 고정자(stator, 전지코일) 단이 회전하는(inner runner) 방식과 외부의 드럼이 회전하는(ou runner) 방식으로 분류된다. 모터의 구조와 원리는 4장(무인항공기 요소별 구성과 원리)을 참조하기 바란다.

## 모터 제원 보기

실제로 사용되는 모터를 선택하기 위한 제원 자료들에 대해 자세히 알아보자. 모터에는 외관이나 라벨에 2312, 5212 등과 같은 4자리 숫자와 모터상수 Kv 값[10]이 기재되어 있다. [그림 6-17]에 제시한 모터 표기의 2216에서 22는 고정자(stator)의 직경(mm)을, 16은 고정자의 길이(모터 높이)를 의미한다. 900 Kv는 하중 없이 1V의 전압을 인가했을 때의 회전수로서 여기서는 분당 900회를 회전한다는 의미이다. 여기서 Kv는 rpm 상수로서 다음 수식에서 나왔다. kV(1,000V)와는 전혀 다른 것이니 혼동하지 않기를 바란다.

$$\omega_{rpm} = K_v V$$

$\omega_{rpm}$ : 각속도(분당 회전수) [rpm]

$V$ : 전압 [V]

$Kv$ : 모터속도 상수

10 Kv : 모터속도상수 또는 역기전력 상수로서 모터 특성을 나타내는 데 사용되는 값. kV(kilo volt=1000v)와는 다른 것이다.

(a) 모터 제원 표시

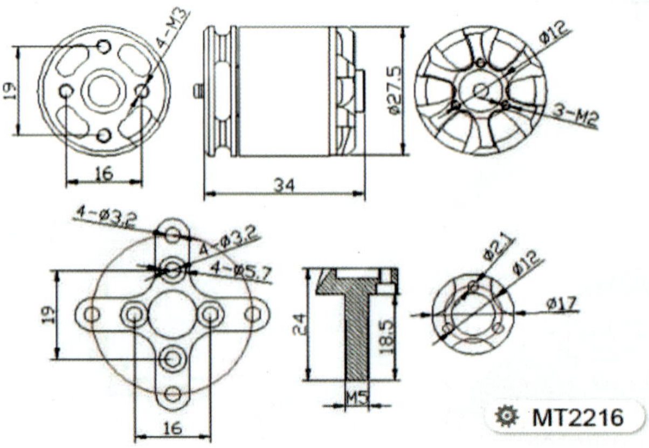


(b) 제원 수치의 내용

- 22 : 모터 코일 직경, 즉 고정자의 직경
- 16 : 모터 코일 높이, 즉 고정자의 높이
- 900Kv : 1V에서 1분당 회전수 (900 × 12V = 10,800RPM)

[그림 6-17] T-Motor MT Series MT2216-11 900Kv V2

따라서 3셀의 Li-Po 배터리를 연결할 경우 10,800RPM의 회전을 할 수 있다는 의미이다. 모터의 회전수가 높으면 비행성이 예민해지고 소비전력도 커지므로 가급적 낮은 Kv 값을 갖는 모터를 사용하는 것이 유리하다.

[그림 6-18]은 제작업체에서 제공하는 일반적인 모터의 시험 데이터 도표의 예이다. 이 도표의 활용방법은 3장에서 다룬 성능계산 절차를 참고하기 바란다.

| Item No. | Volts (V) | Prop | Throttle | Amps (A) | Watts (W) | Thrust (G) | RPM | Efficiency (G/W) | Operating temperature(℃) |
|---|---|---|---|---|---|---|---|---|---|
| MT2216 KV900 | 11.1 | T-MOTOR 10*3.3CF | 50% | 2.8 | 31 | 300 | 5200 | 9.68 | 38 |
| | | | 65% | 3.7 | 42 | 360 | 5700 | 8.57 | |
| | | | 75% | 4.7 | 53 | 420 | 6300 | 7.92 | |
| | | | 85% | 6.2 | 69 | 520 | 6900 | 7.54 | |
| | | | 100% | 7.4 | 81 | 600 | 7400 | 7.41 | |
| | | T-MOTOR 11*3.7CF | 50% | 3 | 35 | 350 | 4900 | 10.00 | 40 |
| | | | 65% | 4.4 | 50 | 420 | 5400 | 8.40 | |
| | | | 75% | 5.7 | 64 | 530 | 5900 | 8.28 | |
| | | | 85% | 7.3 | 82 | 630 | 6500 | 7.68 | |
| | | | 100% | 8.9 | 98 | 720 | 7000 | 7.35 | |
| | | T-MOTOR 12*4CF | 50% | 3.5 | 41 | 420 | 4200 | 10.24 | 43 |
| | | | 65% | 5.8 | 65 | 560 | 5000 | 8.62 | |
| | | | 75% | 7.8 | 86 | 680 | 5450 | 7.91 | |
| | | | 85% | 10 | 110 | 820 | 5900 | 7.45 | |
| | | | 100% | 12 | 129 | 920 | 6350 | 7.13 | |
| | 14.8 | T-MOTOR 9*3CF | 50% | 3.4 | 52 | 370 | 7000 | 7.12 | 46 |
| | | | 65% | 4.4 | 65 | 410 | 7800 | 6.31 | |
| | | | 75% | 5.3 | 79 | 470 | 8500 | 5.95 | |
| | | | 85% | 7.4 | 108 | 610 | 9300 | 5.65 | |
| | | | 100% | 8.5 | 126 | 700 | 10000 | 5.56 | |
| | | T-MOTOR 10*3.3CF | 50% | 4.1 | 62 | 460 | 6500 | 7.42 | 50 |
| | | | 65% | 5.6 | 84 | 570 | 7300 | 6.79 | |
| | | | 75% | 7.1 | 106 | 690 | 7900 | 6.51 | |
| | | | 85% | 9.5 | 139 | 830 | 8600 | 5.97 | |
| | | | 100% | 11.2 | 165 | 940 | 9300 | 5.70 | |

Notes:The test condition of temperature is motor surface temperature in 100% throttle while the motor run 10 min.

[그림 6-18] 스펙 보기 T-Motor MT Series MT2216-11 900Kv V2[11]

11 출처 : T-motor, https://uav-en.tmotor.com

## 6.3.3 전자변속기(ESC)

BLDC 모터별로 하나씩 장착되어 있는 전자변속기(ESC; Electronic Speed Controller)는 BLDC 모터의 속도를 조절하는 역할을 한다.

### 변속기의 종류

전자변속기로는 크게 BEC ESC(변압변속기)와 OPTO ESC(노이즈 방지 변속기)의 두 종류가 많이 사용된다. 일반적으로 이 두 가지 변속기는 외형이 유사하고, 라벨에 문구상으로만 구분되니 구매 시 주의해야 한다.

#### BEC ESC(변압변속기)

BEC ESC(변압변속기)는 [그림 6-19]의 BEC/UBEC(배터리 제거회로, battery eliminator circuit/universal battery eliminator circuit)라는 배터리로부터 입력되는 고압의 전압을 강하시켜 주는 회로가 내장된 변속기이다. BEC는 전압조정기(voltage regulator) 회로로서 일종의 전원분배기(PMU)와 유사한 역할을 한다. 이 회로는 멀티콥터 배터리가 지닌 높은 전압의 전기를 5V 등의 낮은 전압으로 변환하여 FCS나 부가 서보, 수신기 같은 저전압 장치가 구동하는 데 필요한 전기를 공급한다. 따라서 이 BEC 변속기를 사용하면 별도의 PMU 없이도 FC나 수신기를 작동시킬 수 있다.

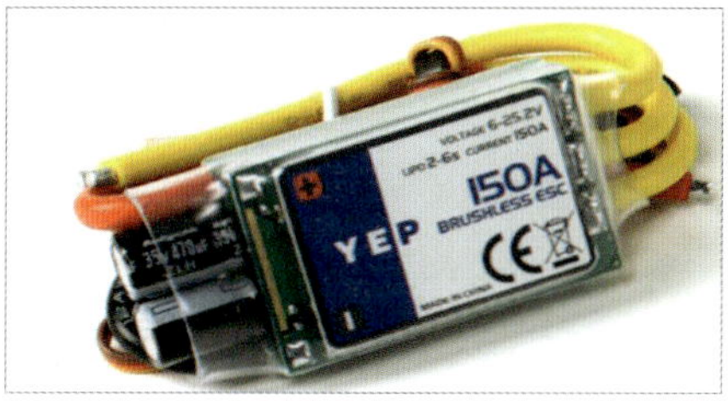


(a) BEC 변속기

(b) BEC 변속기 펼친 형상

[그림 6-19] BEC ESC

#### OPTO ESC(노이즈 방지 변속기)

[그림 6-20]은 Otpoisolator라는 전자 신호를 빛으로 전달할 수 있는 전자 회로이다. Optoisolator 안에는 약간의 간격이 있고, 한쪽엔 LED, 다른 쪽엔 광검출기(photodetector)가 달려 있다. FC에서 들어오는 입력 전자신호를 일련의 빛(flash)으로 변환하고, 이 빛을 반대편에 있는 광검출기가 감지한다. 이렇게 함으로써 전기적인 신호가 직접 전달할 때 생기는 전자 잡음(noise)를 차단하는 효과가 있다.

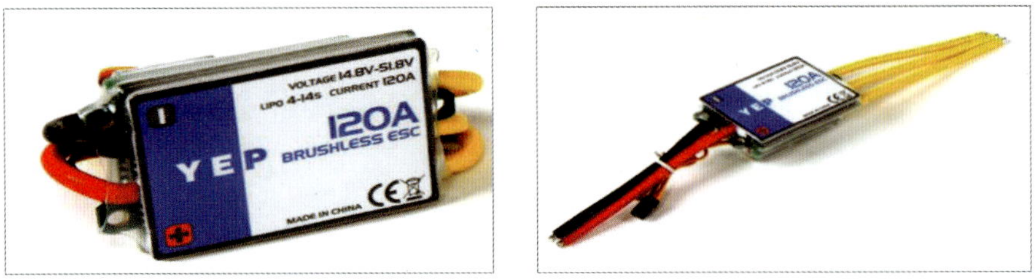


(a) Opto 변속기　　(b) Opto 변속기를 펼친 형상

[그림 6-20] Opto ESC[12]

중량이나 복잡도의 부담이 없다면 [그림 6-21]처럼 Opto ESC와 BEC를 같이 연결해서 사용하는 것이 좋다. 하지만 이렇게 할 경우 배선이 복잡해지고 부피와 무게가 상대적으로 커진다는 단점이 있다. 일반적으로 상용이나 산업용 드론에서는 이러한 노이즈를 차단하기 위해 PMU라는 부품이 전원관리 및 분배기로서 BEC 역할을 대체한다.

(a) Opto 변속기와 BEC의 연결　　(b) PMU

[그림 6-21] BEC와 PMU[13]

## 전자변속기 연결

[그림 6-22]에서 보는 것처럼 변속기와 배터리는 빨간색(+), 검은색(-)의 두 가닥 전선으로 연결되고, 이 변속기와 BLDC 모터는 세 가닥으로 연결된다. 그리고 FC나 조종기 수신기와 연결되는 신호선(ch254 커넥터)이 연결된다.

12 출처 : Hobbyking https://hobbyking.com/

13 출처 : Hobbyking https://hobbyking.com/

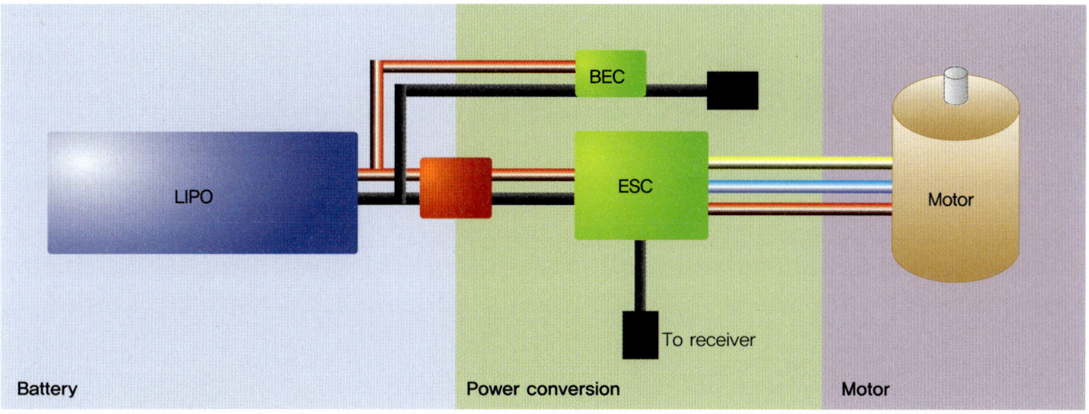


[그림 6-22] 변속기 연결도

## 변속기 캘리브레이션

변속기와 모터를 연결한 다음엔 변속기 캘리브레이션 절차가 필요하다. 이는 변속기에 모터로 입력되는 명령값의 최곳값과 최젓값을 인식시키는 것이다. 이미 드론 모델 제조사에서 완성된 상태로 테스트와 설정이 완료된 전용 ESC를 사용할 경우에는 이 절차가 불필요하다. 캘리브레이션을 수행하지 않는 경우 각각의 변속기는 최고점과 최저점을 인식하지 못해서 같은 명령값을 입력해도 모터의 속도가 다 다르거나 돌지 않는 경우가 발생한다.

캘리브레이션은 다음과 같은 절차로 진행된다.

❶ 비행체의 수신기에 변속기를 연결한다.

❷ 조종기 스로틀 스틱을 최상단에 위치시키고 배터리를 연결한 후 신호음을 확인한다.

❸ 조종기 스로틀 스틱을 최하단으로 내리고 신호음을 확인하면 캘리브레이션이 완료된다.

❹ 이어서 다른 붐들에 있는 변속기들의 캘리브레이션을 같은 방법으로 수행한다.

# SECTION 6.4 배터리와 충전기

배터리와 충전기는 드론의 핵심 부품으로, 원리적인 부분은 2장에서 다룬 무인항공기 동력시스템의 배터리 부분을 참조하기 바란다.

## 6.4.1 멀티콥터용 배터리

멀티콥터용 배터리의 용도별 종류와 제원에 대해 살펴보자.

### 드론용 배터리의 용도별 종류

드론에 사용되는 배터리는 크게 비행체에 사용되는 주 배터리와 조종기 등에 사용되는 배터리로 구분할 수 있다.

- **비행체 주 전원용** : LIPO(리튬폴리머) 배터리, 그래핀 배터리(성능 향상)
- **조종기용** : LIPO, LIFEPO4(리튬인산철-납산배터리), NI-MH(니켈수소)

주 배터리는 BMS(Battery Management System; 배터리 관리 시스템)가 없는 일반 배터리로서 셀을 직렬이나 병렬로 연결한 상태에서 비닐 팩만으로 포장한 것과 플라스틱 팩으로 보완한 것이 있고, BMS까지 장착된 스마트배터리가 있다.

(a) 일반 비닐팩 배터리 1.6A　(b) 일반 플라스틱 팩 배터리 1.0A　(c) BMS가 장착된 스마트배터리 1.6A

[그림 6-23] 배터리의 용량별 종류

## 배터리 제원의 이해

배터리에는 [그림 6-24]와 같은 라벨이 부착되어 있다. 이 라벨에는 배터리의 용량, 형태, 셀 수 등의 제원이 표시되어 있다.

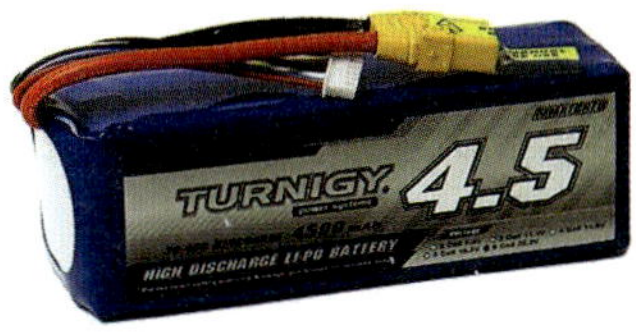


[그림 6-24] Turnigy 4500mAh 6S 30C Lipo Pack w/XT-90

[그림 6-24]의 라벨에 표시된 제원들의 의미와 계산 방법은 다음과 같다.

- **4500mAh** : 용량. 한 시간 동안 4.5A 사용 가능하다.
- **6S** : 전압. 3.7 V × 6(cell이 직렬연결) = 22.2V 정격전압 (완충전압 : 4.2 V × 6 = 25.2 V)
- **30C(current rate)** : 방전율. 방전율이 높을수록 좋지만 가격이 비싸다. 충전율도 높은 것이 좋다.

  (i) 방전율 = 최대방출전류(Ampere)/{1시간 동안, 완전 충전된 배터리를 완전방전시킬 때의 평균방출전류(Ampere)} = 최대 방출 전류(Ampere)/{전하량/1시간}

  (ii) 30C = 최대방출전류(Ampere)/(4.5Ah/1h) = 최대방출전류/4.5A

  ∴ 최대방출전류 = 30*4.5A = 135A

- **XT-90** : XT-90 전원 연결 커넥터

## 배터리 셀 구조

리튬-폴리머 배터리는 3.7V의 기준 전압으로 이루어진 셀들을 [그림 6-25]와 같이 조합하여 구성한다.

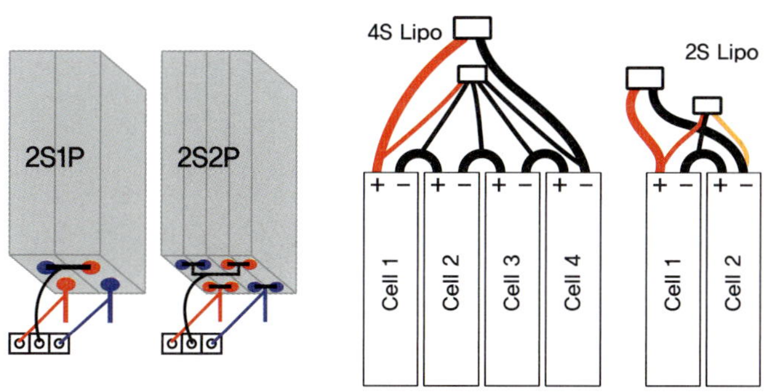


(a) 2셀 직렬과 2셀 병렬연결 예시 (b) 4셀과 2셀 배터리 연결도

[그림 6-25] 배터리 셀의 연결 구조

2S2P 구조는 2개의 셀이 직렬로 연결되고 직렬로 연결된 2묶음이 다시 병렬로 연결된 구조이다. 병렬구조로 만드는 이유는 충전 시간을 줄이기 위해서인데, 최근에는 고성능 충전기들이 개발되면서 12셀, 14셀 등의 여러 셀을 직렬로 한꺼번에 연결해서 사용하는 배터리들이 늘어나고 있다.

### 배터리 소모 곡선

일반적으로 드론에서 많이 사용되는 리튬폴리머 배터리(Li-Po battery)는 [그림 6-26]과 같은 형태로 소모된다. 일정 시간까지는 용량이 줄어드는 속도가 완만하다가 갑자기 급속도로 줄어든다. 따라서 비행 중에 경고가 점등되면 되도록 빨리 착륙시켜야 사고를 예방할 수 있다. 또한 배터리를 10일 이상 장기 저장할 때는 이 현상 때문에 통상 용량이 60~70% 정도 되도록 방전시킨 상태에서 보관해야 한다.

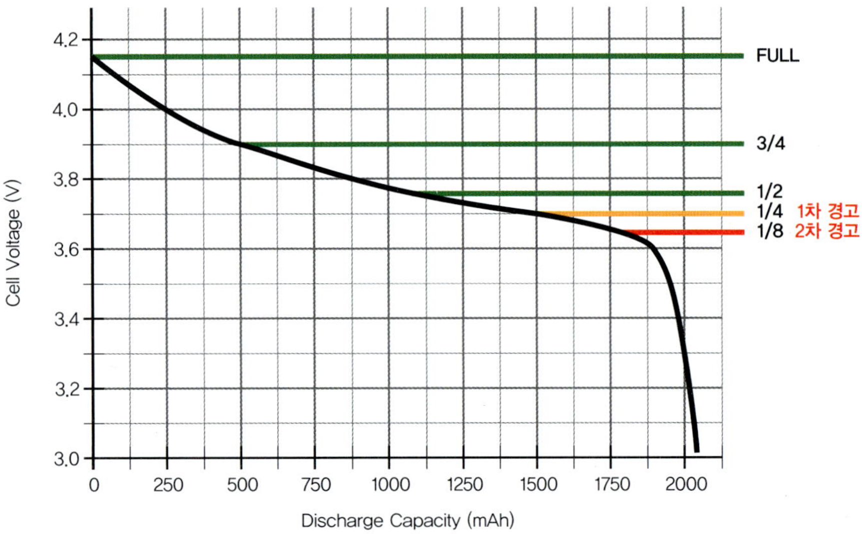


[그림 6-26] 리튬폴리머 배터리의 시간-용량 도표

## 6.4.2 배터리 충전기

배터리 충전기는 전류를 흐르게 하여 전기화학 전지에 저장하기 위해 저장된 화학에너지로 변환하는 전기를 제공하는 장치이다. 충전 방식은 충전 중인 배터리의 크기와 유형에 따라 다르다. 일부 배터리 유형은 과충전(즉, 배터리가 완전히 충전된 후에도 계속 충전됨)에 대한 내성이 높으며 배터리 유형에 따라 정전압원 또는 정전류원에 연결하여 재충전할 수 있다. 이러한 유형의 단순 충전기는 충전 주기가 끝나면 수동으로 분리해야 한다. 다른 배터리 유형은 과충전, 손상(용량 감소, 수명 단축), 과열 또는 폭발을 견딜 수 없으므로 충전이 완료되어야 할 때 타이머를 사용하여 차단한다. 충전기에는 충전 전류 및 전압을 안전하게 조정하고 충전 상태를 결정하며 충전 종료 시 차단하기 위해 온도 또는 전압 감지 회로와 마이크로프로세서 컨트롤러가 설치되는 경우도 있다.

완속 배터리 충전기는 충전을 완료하는 데 몇 시간이 걸릴 수 있다. 고속 충전기는 대부분의 용량을 훨씬 빠르게 복원할 수 있지만, 배터리 유형이 허용할 수 있는 것보다 더 많은 양을 충전할 수 있다. 이러한 배터리는 과충전으로부터 배터리를 보호하기 위해 배터리를 능동적으로 모니터링해야 한다.

## 충전기의 종류

충전기는 다음과 같은 다양한 형태의 충전 기능을 갖추고 있는데, 이러한 기능들 중 적합한 기능을 모아 충전기를 생산한다. 드론에 주로 사용하는 것은 3단 충전기와 스마트 충전기이다.

- 3단 충전기 : 단순 충전기, 고속 충전기, 세류 충전기
- 유도 전원 충전기
- 스마트 충전기
- 모션 전원 충전기
- 펄스 충전기
- 태양열 충전기
- 타이머 기반 충전기
- USB 기반 충전기

## 스마트 충전기

[그림 6-27(a)]는 각 셀별 상태 모니터링을 위한 통합 디스플레이가 있는 대용량 드론 배터리용 스마트 충전기의 예이다. 스마트 충전기는 배터리 상태에 반응하고 그에 따라 충전 매개변수를 수정할 수 있는 반면, 대부분의 일반 충전기는 고정 저항을 통해 일정한 전압으로 충전한다. 배터리의 자체 모니터링과 컨트롤 회로를 가지고 있는 스마트 배터리에는 스마트 충전기가 필요하다. 일부 스마트 충전기는 내부 전자 장치가 없는 일반 배터리도 충전할 수 있다.

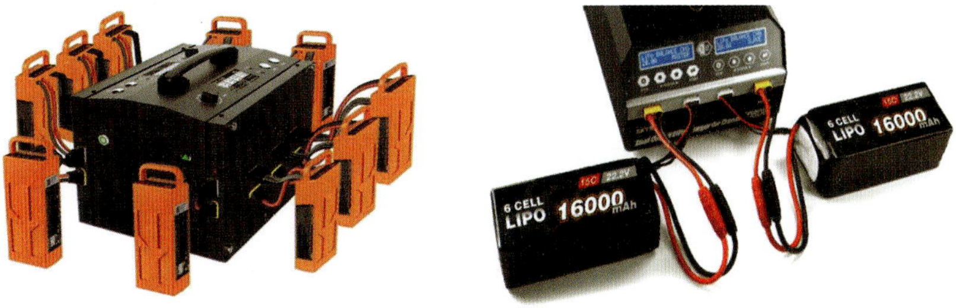


(a) EV-PEAK, U5 10구용 스마트 충전기 (b) 다간 2구용 단순 충전기

[그림 6-27] 충전기 종류

스마트 충전기의 출력 전류는 배터리 상태에 따라 다르다. 지능형 충전기는 배터리의 전압, 온도, 충전 시간을 모니터링하여 최적의 충전 전류를 결정하거나 충전을 종료할 수 있다. Ni-Cd 및 NiMH 배터리의 경우 배터리가 완전히 충전될 때까지 충전 과정에서 배터리 전압이 천천히 증가한다. 그 후 전압이 감소하여 지능형 충전기에 배터리가 완전히 충전되었음을 나타낸다. 그런데 지능형 충전기조차도 배터리가 이미 완전히 충전되었음을 감지하지 못하고 계속 충전할 수 있다. 즉 배터리가 과충전될 수 있다. 많은 지능형 충전기는 과충전을 방지하기 위해 다양한 차단 시스템을 사용한다. 일반적인 스마트 충전기는 1시간 이내에 최대 용량의 약 85%까지 배터리를 급속 충전한 다음 세류 충전으로 전환한다. 이 경우 배터리를 최대 용량으로 충전하는 데 몇 시간이 걸릴 수 있다.

## 6.4.3 전기장치(모터, 배터리, 충전기) 성능 계산

[그림 6-28]은 RC 자동차 성능계산 사이트(https://scriptasylum.com/rc_speed/index.html)의 화면을 나타낸 것으로, 이 사이트에서 모터, 배터리, 충전기 등에 대한 성능을 산출해볼 수 있다.

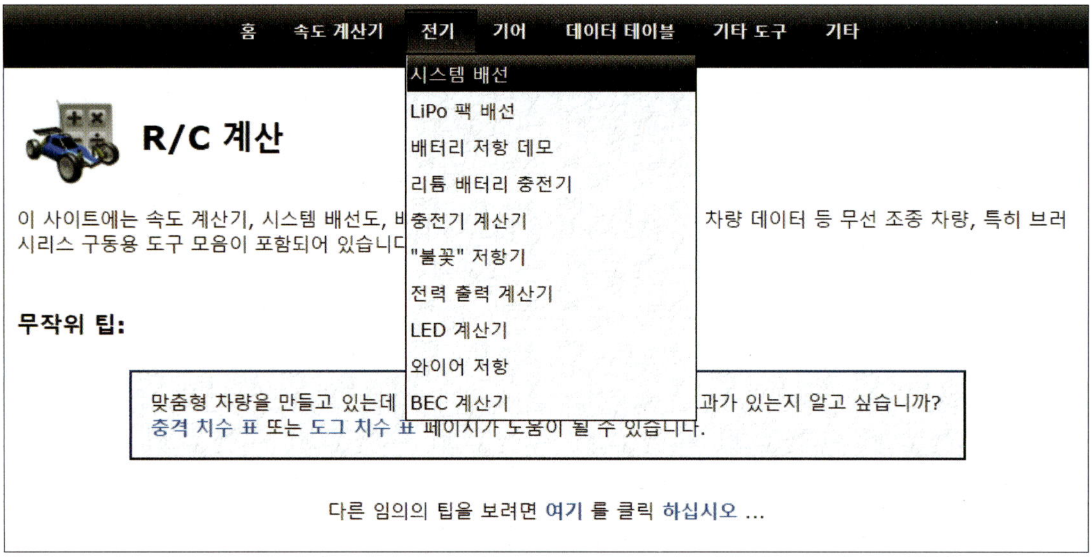


[그림 6-28] 전기장치 성능 계산 사이트[14]

### 시스템 배선 연습

사이트를 통해서 [그림 6-29]와 같이 드론시스템의 전기 배선 연결을 다양하게 모의 연습해볼 수 있다.

14 출처 : RC 자동차 성능계산 사이트(https://scriptasylum.com/rc_speed/index.html)

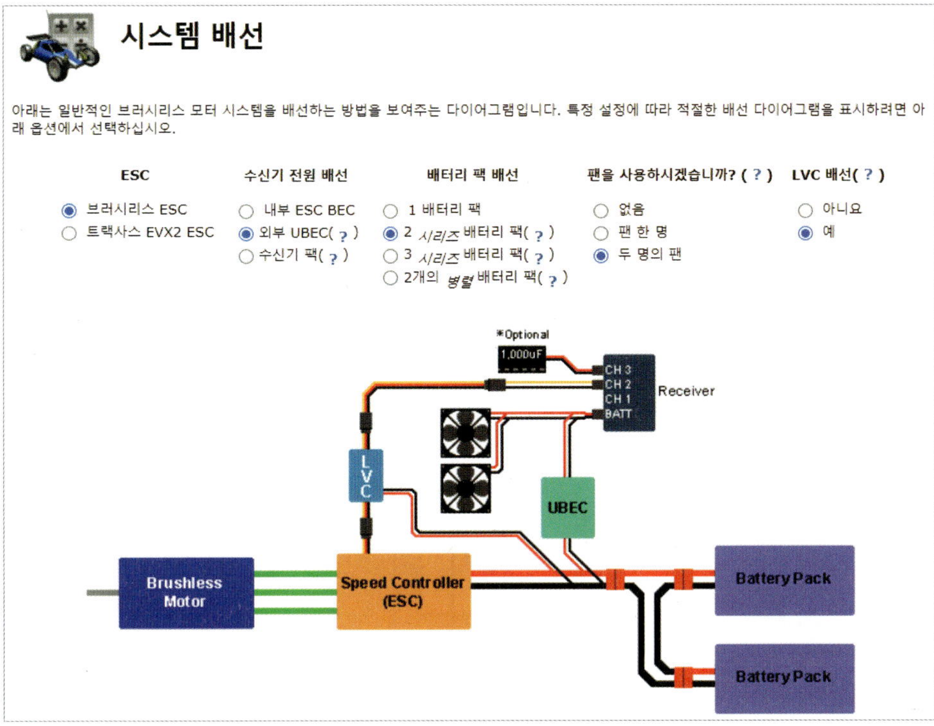


[그림 6-29] 시스템 배선 연습

## 리튬폴리머 배터리 팩 배선 모의

같은 사이트에서 [그림 6-30]과 같이 드론용 배터리를 모의 연결하여 다양한 형태의 직렬과 병렬로 배터리 구성을 연습해볼 수 있다.

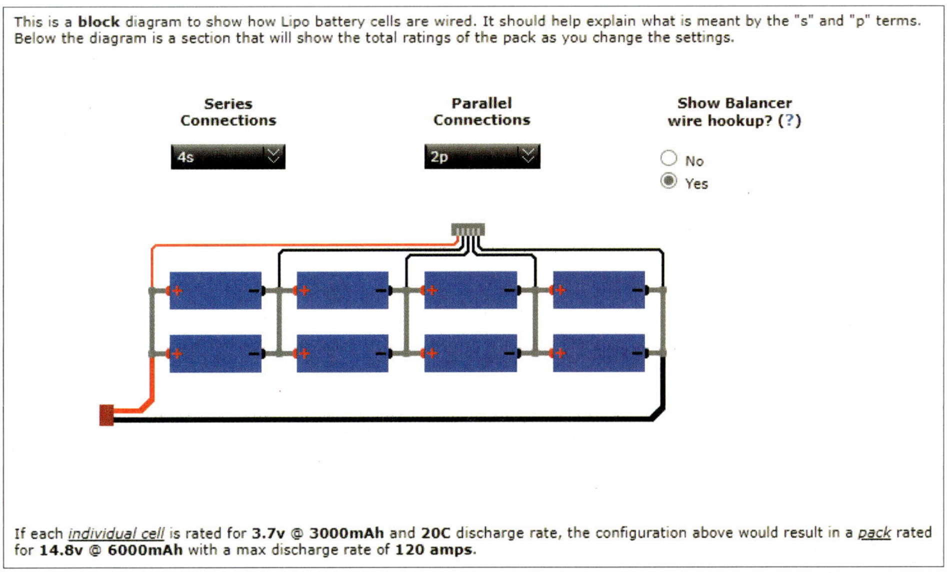


[그림 6-30] 배터리 팩 배선 모의-4S/2P

## 배터리 셀 배선 모의

[그림 6-31]은 6셀 배터리의 직렬연결 화면이다.

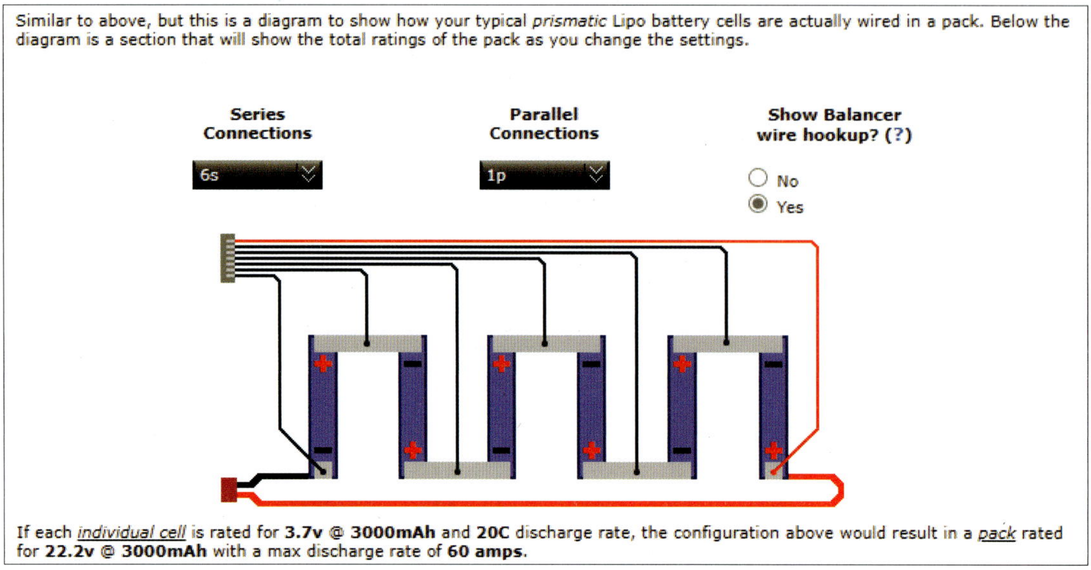


[그림 6-31] 배터리 셀 배선 모의-6S/1P

## 배터리 팩 배선 모의

[그림 6-32]는 3셀 배터리의 직렬연결 화면이다.

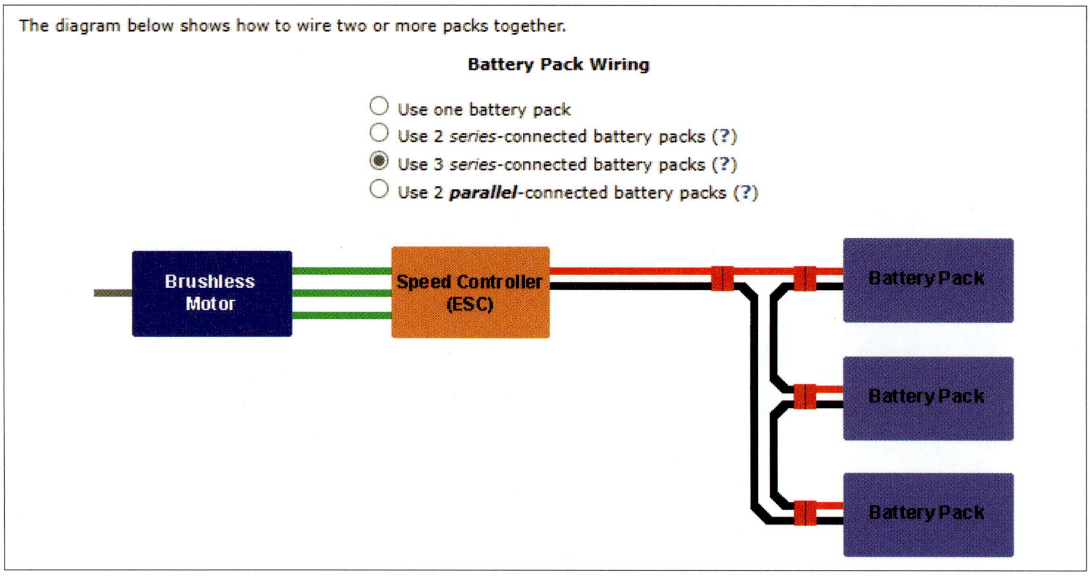


[그림 6-32] 배터리 팩 배선 모의 - 3S/1P

### 배터리 팩의 개별 셀 전압 측정 방법

같은 사이트를 통해서 [그림 6-33]과 같이 새로운 배터리를 구성할 때 셀과 전압들을 사전에 시험해볼 수 있다.

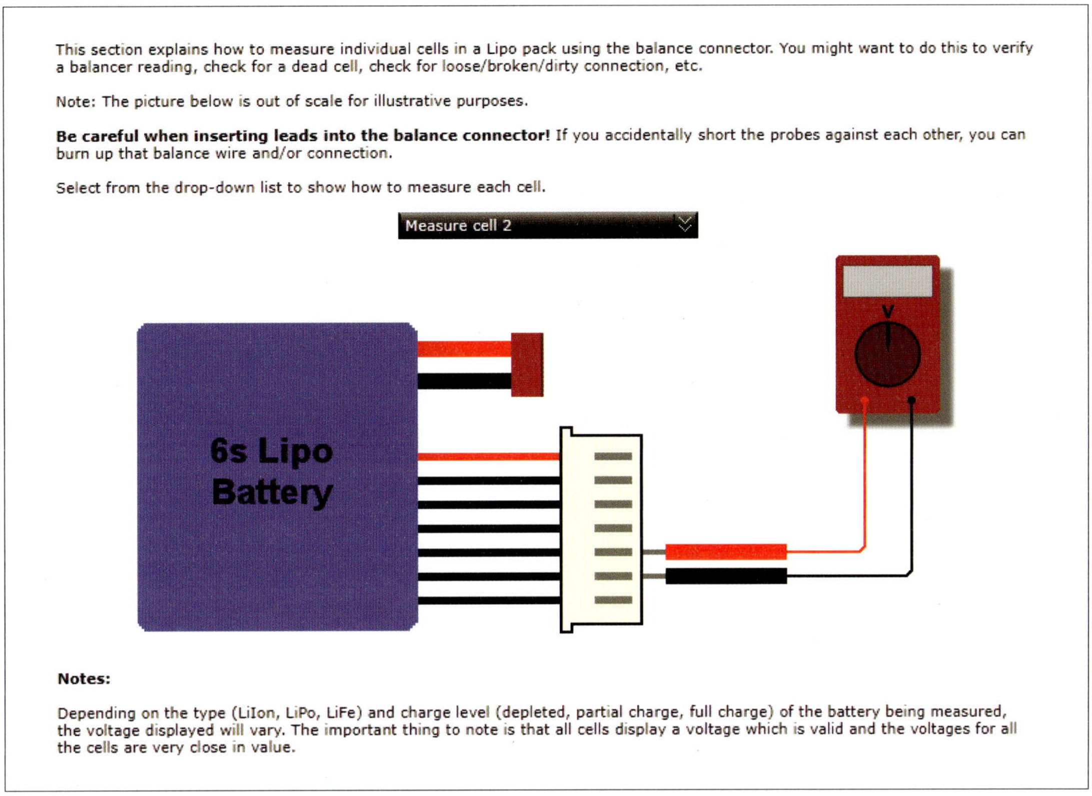

This section explains how to measure individual cells in a Lipo pack using the balance connector. You might want to do this to verify a balancer reading, check for a dead cell, check for loose/broken/dirty connection, etc.

Note: The picture below is out of scale for illustrative purposes.

**Be careful when inserting leads into the balance connector!** If you accidentally short the probes against each other, you can burn up that balance wire and/or connection.

Select from the drop-down list to show how to measure each cell.



**Notes:**

Depending on the type (LiIon, LiPo, LiFe) and charge level (depleted, partial charge, full charge) of the battery being measured, the voltage displayed will vary. The important thing to note is that all cells display a voltage which is valid and the voltages for all the cells are very close in value.

[그림 6-33] 배터리 팩 개별 셀 전압 측정 방법

### 배터리 팩의 밸런스 커넥터 연결

같은 사이트에서 [그림 6-34]와 같이 밸런스 커넥터를 이용하여 병렬연결된 여러 배터리를 동시에 충전하는 방법을 사전에 시험해볼 수 있다.

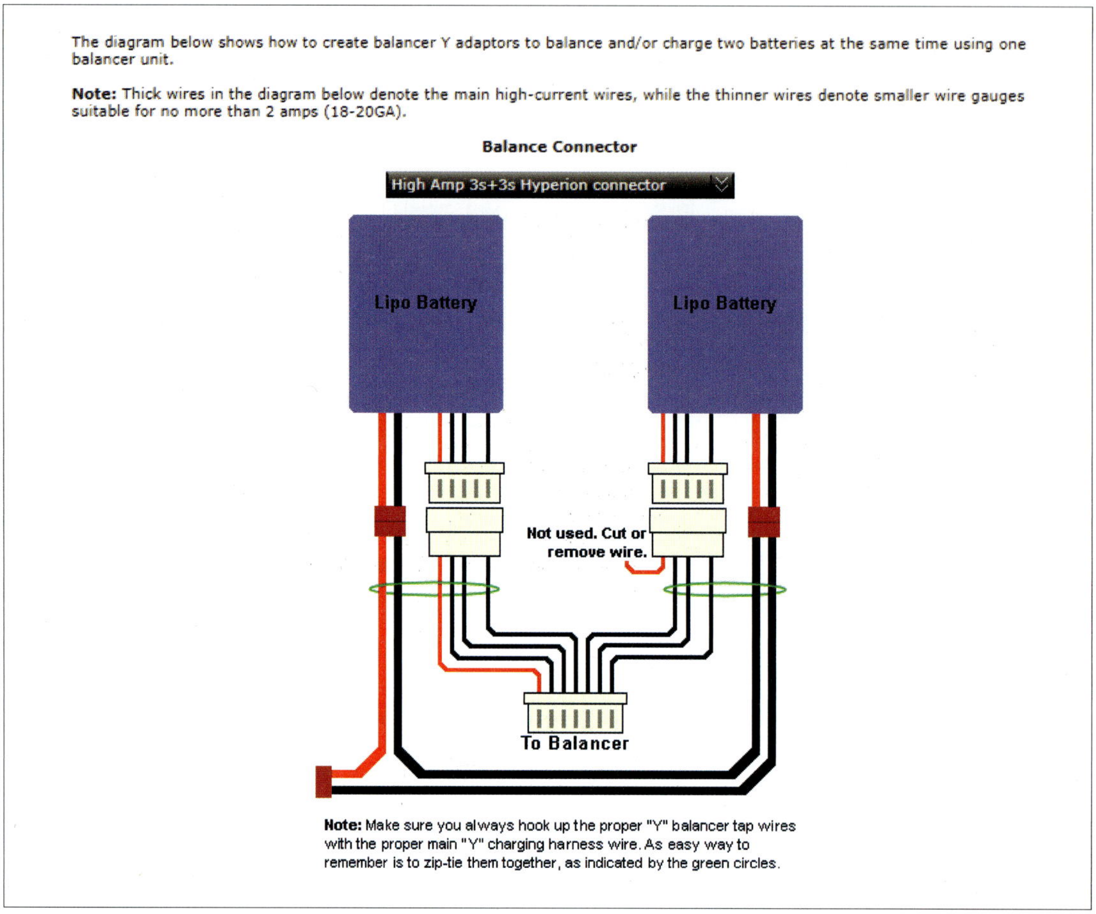


[그림 6-34] 배터리 팩의 밸런스 커넥터 연결

## 충전기 계산기

같은 사이트에서 [그림 6-35]와 같이 충전기에 필요한 전력 구성에 대해 모의해볼 수 있다.

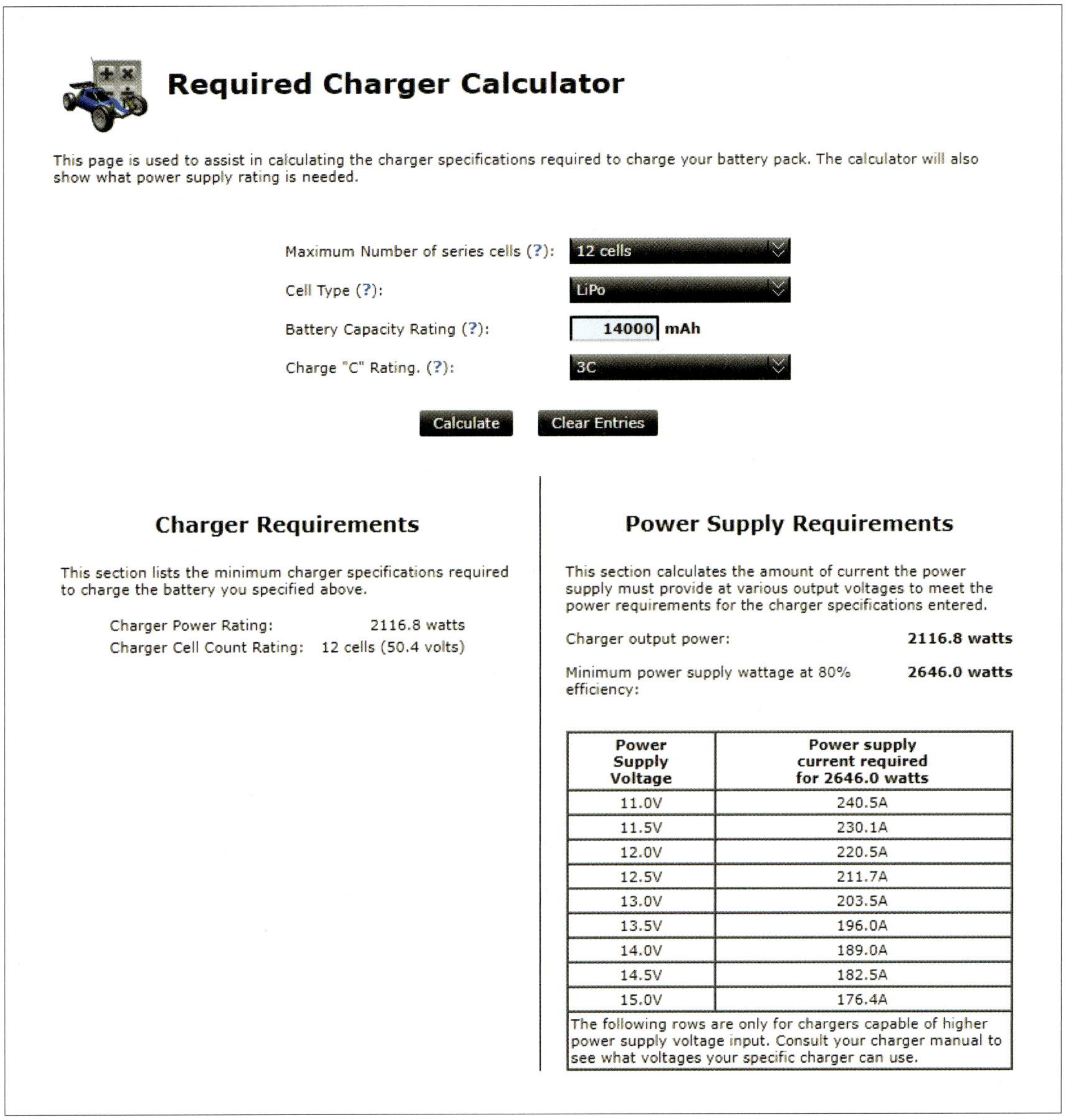

### Required Charger Calculator

This page is used to assist in calculating the charger specifications required to charge your battery pack. The calculator will also show what power supply rating is needed.

Maximum Number of series cells (?): 12 cells

Cell Type (?): LiPo

Battery Capacity Rating (?): 14000 mAh

Charge "C" Rating. (?): 3C

Calculate | Clear Entries

#### Charger Requirements

This section lists the minimum charger specifications required to charge the battery you specified above.

Charger Power Rating: 2116.8 watts

Charger Cell Count Rating: 12 cells (50.4 volts)

#### Power Supply Requirements

This section calculates the amount of current the power supply must provide at various output voltages to meet the power requirements for the charger specifications entered.

Charger output power: **2116.8 watts**

Minimum power supply wattage at 80% efficiency: **2646.0 watts**

| Power Supply Voltage | Power supply current required for 2646.0 watts |
|---|---|
| 11.0V | 240.5A |
| 11.5V | 230.1A |
| 12.0V | 220.5A |
| 12.5V | 211.7A |
| 13.0V | 203.5A |
| 13.5V | 196.0A |
| 14.0V | 189.0A |
| 14.5V | 182.5A |
| 15.0V | 176.4A |
| The following rows are only for chargers capable of higher power supply voltage input. Consult your charger manual to see what voltages your specific charger can use. | |

[그림 6-35] 충전기 계산기

이외에도 LED 등 다양한 전동시스템 성능이나 배선, 구조 등을 모의해볼 수 있다.

## 6.4.4 리튬폴리머 배터리 사용 시 주의사항

리튬폴리머 배터리는 조금만 주의해서 관리하면 매일 수십 번씩 비행을 하며 사용해도 2년 이상 무난히 사용할 수 있다. 하지만 잘못 관리하면, 한 번만 사용해도 못 쓰게 되는 경우가 발생할 수 있다. 리튬폴리머 배터리 사용 시 주의사항은 다음과 같다.

- 과충전(전해질 증기 발생), 과열, 과방전, 충격을 금지한다.
- 장기 보관 시 완충상태에서는 보관 금지, 60~70%(3.7V)로 보관한다.
- 너무 낮은 전압(3.6V 이하)까지 사용하지 않는다.
- 셀당 완충 전압은 4.2V이고, 완전방전 전압은 2.8V이다.
- 완충 상태에서 온도에 따라 과충전이 될 수 있고, 저전압 전압에서 온도가 내려가면 완전 방전 상태가 될 수 있다.
- 별도의 보관함(가급적 단열이 되는 보관 박스)에 넣어 보관한다.
- 사용 완료 후 폐기할 때에는 [그림 6-36]과 같이 소금물에 담가서 완전히 방전시킨다.

[그림 6-36] 배터리 폐기

SECTION
# 6.5 통신장비

무인기에서 통신장비 역시 핵심 부품이다. 통신장비의 원리적인 부분은 2장에서 다룬 데이터링크 구성과 전파 사용 부분을 참조하기 바란다. 여기서는 멀티콥터에서 사용되는 조종기와 송수신기, 무선장치와 유선 연결 케이블에 대해 알아보자.

## 6.5.1 조종기(RC)

조종기(RC; Remote Controller)는 지상에서 조종자가 비행체를 조종하는 도구로, 통상 수신기와 같이 세트로 구매하지만 별도로 구매할 수도 있다. 조종기는 몇 가지 조종 채널을 가지고 있는가에 따라 성능이 좌우된다고 할 수 있다. 하나의 채널은 비행체에서 한 가지 기능을 조절할 수 있음을 의미하므로 채널이 많을수록 비행체에 더 많은 기능을 부여할 수 있다.

### 조종기 형태

[그림 6-37(a)]의 조종기들은 기본적인 가시권 운용 조종기이고, [그림 6-37(b)]는 자동 경로비행 등에 쓰는 원격통제용 어플을 사용할 수 있는 조종기 타입이다. 비가시권 원격운용이나 자동방제 비행을 위해서는 [그림 6-37(b)]와 같은 형태의 조종기를 사용해야 한다.

(a) 가시권 운용 조종기 (b) 자동비행/원격운용 통제용 조종기

[그림 6-37] 가시권용 조정기와 비가시권 가능 조종기

한편 대부분 조종기와 수신기는 단방향 형태로서 조종기는 명령값을 보내는 송신기가 되고, 비행체에 장착되는 수신기는 이 조종기로부터 받은 명령값을 비행체의 제어시스템에 전달한다. 그런데 비행체의 상태나 탑재된 임무장비들이 수집하는 데이터를 지상으로 보내기 위해서는 단순 수신기가 아닌, 송신과 수신이 동시에 가능한 송수신기가 탑재되어야 하고, 조종기에도 송수신 기능을 동시에 할 수 있는 양방향 통신 기능이 포함되어야 한다. 그렇지 않으면 별도의 송신기를 비행체에 탑재하고 이를 수신하는 수신장치를 지상국에 장착해서 비행체와 영상데이터를 수신하여 이를 모니터에서 볼 수 있도록 구성하는 장치를 구비해야 한다. 만일 이러한 지상국에서 비행체를 통제하는 기능까지 구비한다면 이것이 곧 지상통제 장비가 되는 것이다.

## 조종기 모드

조종기에는 [그림 6-38]과 같은 형태의 네 가지 모드가 있다. 모드 1, 2는 주로 서구권에서 사용되고, 모드 3, 4는 주로 유럽 동구권에서 사용되고 있다.

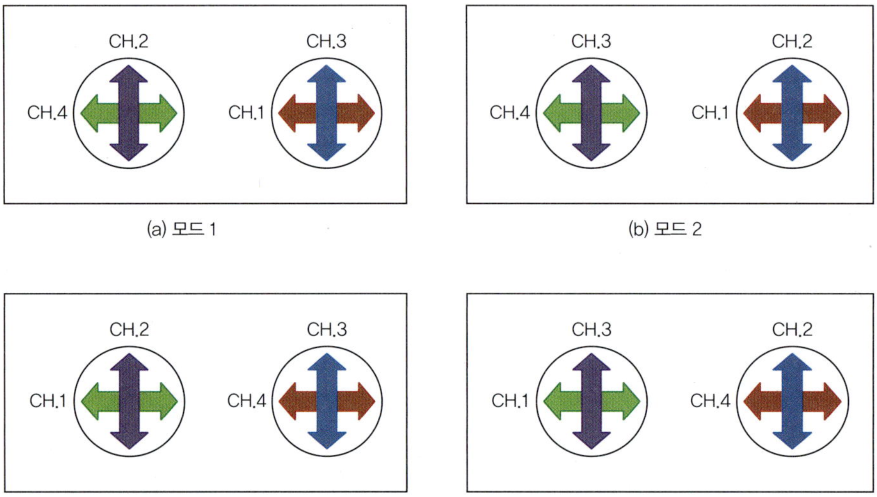


(a) 모드 1　(b) 모드 2

(c) 모드 3　(d) 모드 4

- CH1 : Roll(좌/우 기동) 조종, Aileron(Cyclic)
- CH2 : Pitch(전/후 기동) 조종, Elevator(Cyclic)
- CH3 : Up/Down(상승/하강 기동) 조종, Throttle(Collective, Power, Engine)
- CH4 : Yaw(좌/우 선회) 조종, Rudder(Pedal)

[그림 6-38] 조종 모드

취미용 조종기 분야를 보면, 영국과 일본 등에서는 [그림 6-39(a)]와 같은 배치의 모드 1이 사용되고, 유럽과 미국에서는 [그림 6-39(b)]와 같은 배치의 모드 2가 주로 사용되고 있다. 최근 멀티콥터에서는 국가와 상관없이 대부분 모드 2가 사용된다.

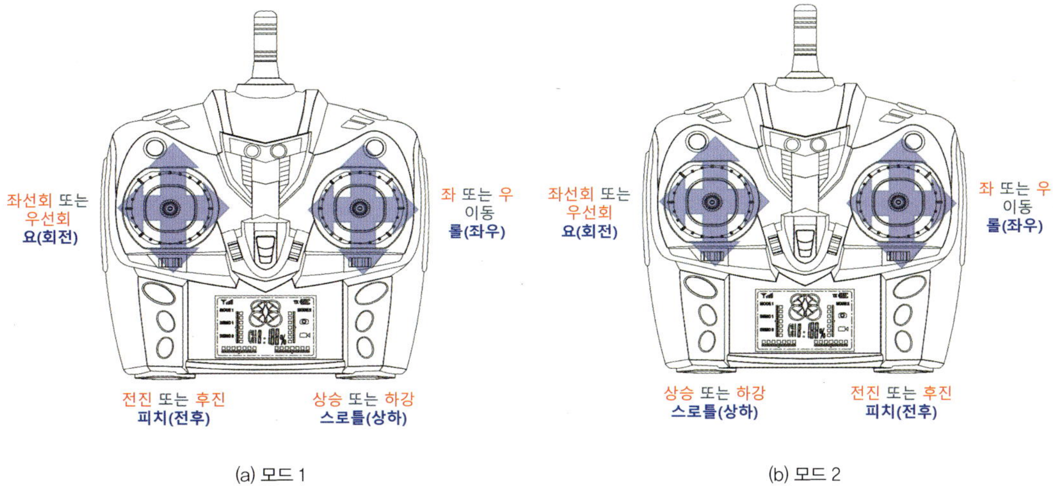


[그림 6-39] 조종 모드 1, 2

## 6.5.2 송수신기

조종기와 비행체에 탑재되는 통신장비는 단방향과 양방향으로 구분할 수 있다. 단순히 조종기에서 명령신호를 보내고 비행체에서 그 명령신호를 수신만 하는 것은 단방향 송수신기(transmitter/receiver) 방식이고, 비행체와 임무장비의 명령정보나 상태정보를 주고받는 것은 양방향 송/수신기 방식이다.

### 통신 프로토콜

드론 조종에 주로 사용되는 통신 프로토콜에는 PWM/PPM 등이 있으나, 최근에는 SBUS 형식이 많이 사용된다. 통신 프로토콜에 대한 설명은 다음과 같다.

- **PWM(Pulse Width Modulation)** : 채널별로 신호선(+, −, signal)을 사용하는 통신 프로토콜이다.
- **PPM(Pulse Position Modulation)** : 최대 8개의 채널을 하나의 신호선만 사용하여 제어하는 통신 프로토콜이다.
- **SBUS(Serial Bus)** : Futaba 사에서 개발한 최대 18개 채널을 하나의 신호선으로 제어하는 통신 프로토콜로 PPM보다 반응속도가 빠르다.

### 송수신기 간 거리와 신호 세기

[그림 6-40]에서 볼 수 있듯이, 무선 송신기로부터 거리가 2배가 되면 무선신호가 커버하는 면적이 2차원으로 증가하여 동일한 신호가 영역의 4배에 걸쳐 확산한다. 즉, 송신기로부터 거리를 2배로 늘리면 신호 강도가 4만큼 감소하는 것이다.

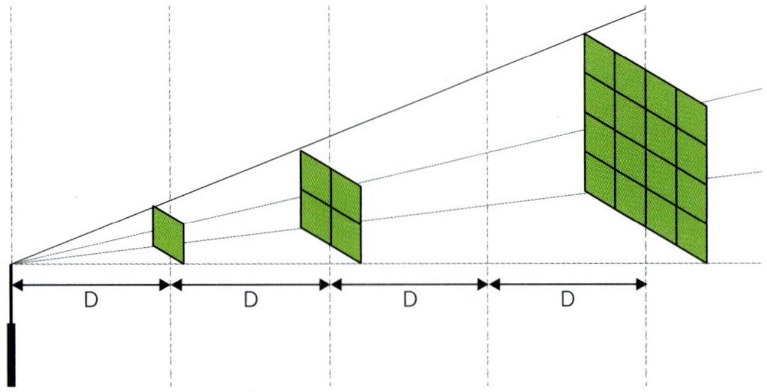


[그림 6-40] 송수신기 거리와 전파 세기의 상관관계[15]

## 6.5.3 유선 통신 연결

통신 및 데이터 전송에서 직렬통신은 몇 개의 와이어나 버스를 통해 시간에 따라 순차적으로 데이터를 전송하는 것을 의미한다. 이것은 동시에 많은 전선을 통해 데이터가 전송될 수 있는 병렬통신과 대조된다. 직렬통신 시스템은 비교적 먼 거리에 데이터를 전송하도록 설계되었다. 직렬통신과 병렬통신을 비교하면 [표 6-1]과 같다.

[표 6-1] 직렬통신과 병렬통신의 비교

| | 직렬통신 | 병렬통신 |
|---|---|---|
| 데이터 전송 | 1비트씩 전송 | 여러 비트를 동시 전송 |
| 라인 | 데이터를 전송하기 위해 하나의 라인이 필요 | 'n'개의 비트를 전송하기 위해 'n'개의 라인이 필요 |
| 속도 | 통신 속도가 느릴 수 있으나 보완(프로토콜 등의 개선 방식을 채택)을 통해 더 빠름 | 통신 속도가 빠름 |
| 비용 | 저렴함 | 비쌈 |
| 통신거리 | 장거리 통신에서 선호함 | 근거리 통신에 사용함 |
| 사례 | 각종 제어장비 통신에 사용 | 컴퓨터 내부장치 간 통신, CPU와 HDD/메모리 간 통신 |
| 환경 | 실시간 작은 데이터 처리 | 많은 양의 데이터 처리 |

병렬통신 방식과 직렬통신 방식은 [그림 6-41]과 같다. 즉 병렬통신은 수신부와 송신부가 다 대 다로 각 1비트씩 전송되고, 직렬통신은 1 대 1 연결로서 한 라인에 여러 비트를 동시에 순차전달하게 된다.

15 출처 : Howard Loewen, MicroPilot

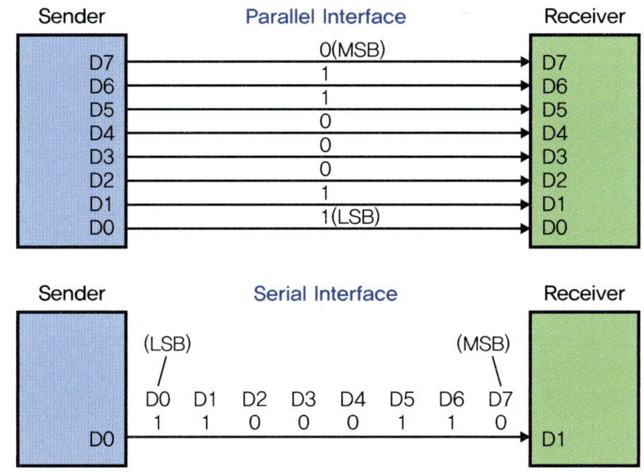


(a) 직렬통신과 병렬통신의 차이

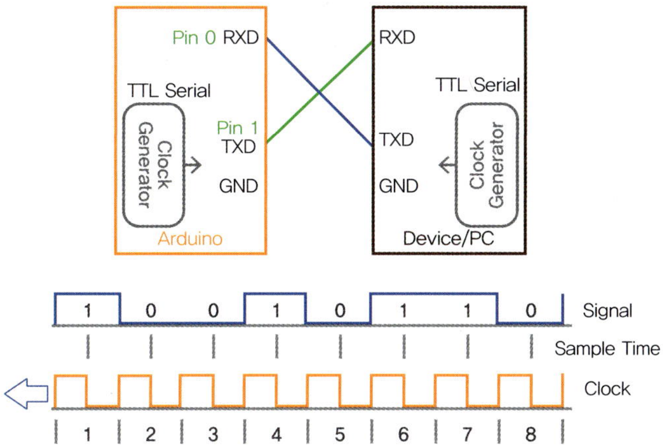


(b) 직렬통신 블록다이어그램

[그림 6-41] 직렬과 병렬 통신[16]

드론 설계 프로세스의 기본 단계 중 하나는 다양한 장치를 선택하는 것이다. 예를 들어 카메라, 레이저, 자력계 등과 같은 장치는 비행체의 기능과 성능을 결정한다. 여기서 자동비행장치와 이러한 다양한 장치들과의 통신 구조는 임무 수행, 신뢰성 증대, 비용 최적화에 중요한 영향을 끼친다. 군용 드론에서 민간 상용 드론에 이르기까지 드론의 다양한 기능을 수행하기 위해 탑재된 다양한 장비들은 유선을 통해 연결되고 데이터를 주고받게 된다. [그림 6-42]와 같이 자동비행장치와 다양한 탑재 장치들은 여러 가지 통신 방식 및 포트의 구성으로 연결된다.

16 출처 : https://ardupilot.org

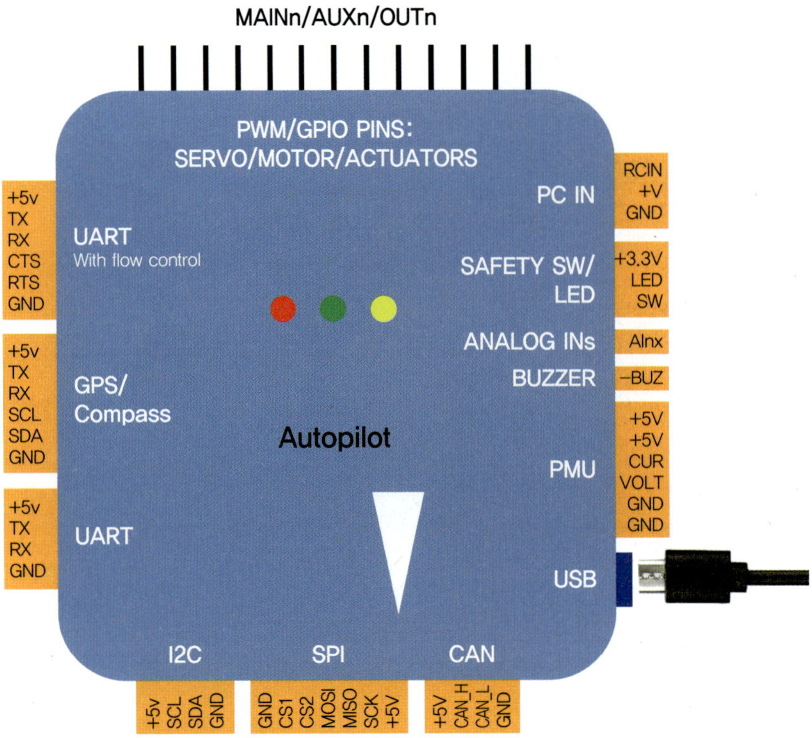


[그림 6-42] Adupilot FC 통신 포트 구성도[17]

## PWM

PWM 포트는 서보 모터와 같은 장치를 제어하기 위해 마이크로 컨트롤러를 제공하는 사인파 또는 정사각형과 같은 디지털 신호를 사용한다. PWM 신호의 펄스 폭에 따라 회전 방향, 속도, 위치와 같은 매개변수를 나타낼 수 있다.

## RS232, RS422, RS485 직렬(시리얼) 통신

PWM보다 더 복잡한 포트 드론에 사용되는 방식에는 몇 가지가 있다. RS232, RS422, RS485와 같은 직렬 포트는 각각 동시에 연결된 허용 장치 수와 속도 및 전송 거리를 개선하기 위해 만들어졌다. RS232는 2개의 장치만 연결할 수 있고, RS422는 1개의 송신기와 최대 10개의 수신기에 대해 단방향 연결(한 방향)을 허용한다. RS485는 양방향 반이중 연결로 모든 방향으로 통신할 수 있지만 한 번에 하나의 장치로 전송할 수 있다. 만일 2가닥 또는 양방향 전이중화로 연결되었으면 여러 개를 동시 전송할 수 있으며, 4가닥 배선인 경우 최대 32개의 장치까지 동시에 전송할 수 있다.

17 출처 : https://ardupilot.org/copter/docs/common-flight-controller-wiring.html

## UART(유니버셜 비동기 송-수신기)

RS232에 의해 도입된 포트는 [그림 6-43]과 같은 형태의 UART(Universal Asynchronous Receiver-Transmitter)이며 이는 RS232와 유사하지만 동일하지 않다. 실제로 RS232 인터페이스는 일반적으로 UART와 함께 사용되어 페이로드에 더 높은 전압을 만들어준다. UART는 드론의 마이크로 컨트롤러에 따라 3.3V 또는 5V의 전압으로 출력이 표시되는 비트 시퀀스를 송수신하는 전자 회로이다. 장거리 통신의 경우 UART는 안전한 방법이 아니므로 RS232를 이용해 논리값 '0'에 대해 +12V로, '1'에 대해 -12V로 변환하는데, 이렇게 하는 이유는 높은 신호전압일수록 통신 간섭에 더 잘 견디기 때문이다.

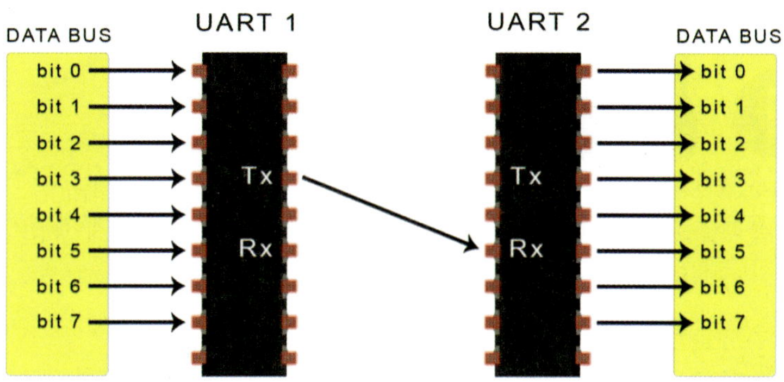

[그림 6-43] UART 통신방식

## I2C(IIC, TWI) 통신 프로토콜

I2C(Inter-Integrated Circuit, eye-squared-C)는 $I^2C$ 또는 IIC라고도 하며, [그림 6-44]와 같은 형태로 1982년 Philips Semiconductors 사에서 개발한 동기식 다중 컨트롤러, 다중 대상 패킷 교환 단일 종단 직렬 통신 버스이다. 근거리 기판 내 통신에서 프로세서 및 마이크로 컨트롤러에 저속 주변 장치 IC를 부착하는 데 널리 사용된다. Siemens 사, NEC 사, Texas Instruments 사, STMicroelectronics 사, Motorola 사, Nordic Semiconductor 사, Intersil 사와 같은 여러 경쟁 업체는 1990년대 중반부터 호환 가능한 I2C 제품을 시장에 출시했다.

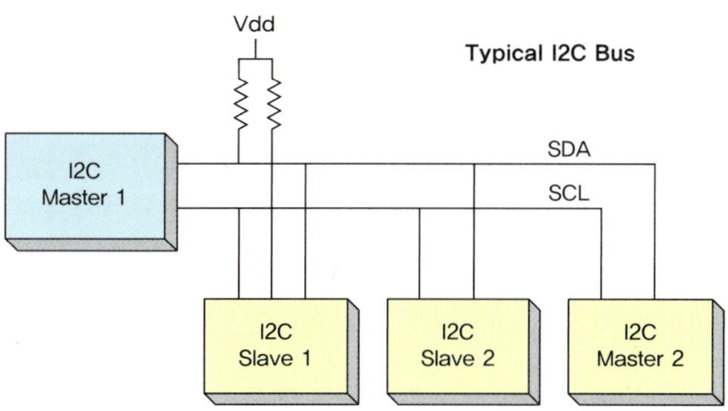

[그림 6-44] I2C 통신방식

I2C 버스는 SDA(serial data)와 SCL(serial clock) 2개의 신호선으로 구성되어 있으며, 최대 127개의 장치를 단 2개의 신호선으로 연결할 수 있고 최대 속도는 400kHz이다. I2C 버스에 master 장치 여러 개를 연결할 수 있고, master 장치와 slave 장치 모두 데이터를 보낼 수 있다. 드론 제어장치에서는 [그림 6-45]와 같은 장치에서 I2C 통신을 사용한다.

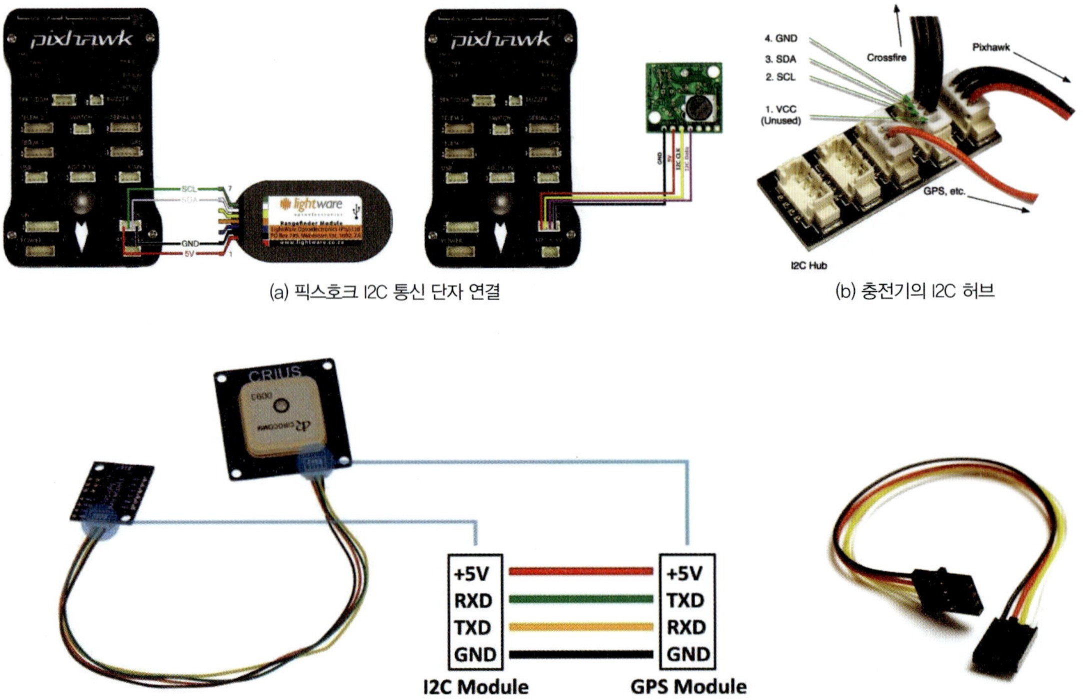


(a) 픽스호크 I2C 통신 단자 연결

(b) 충전기의 I2C 허브

(c) GPS 모듈의 I2C 단자

(d) I2C 케이블

[그림 6-45] I2C 통신

## CAN 통신

CAN(Controller Area Network) 버스는 네트워크 내의 개별 시스템, 장치 및 컨트롤러가 호스트 컴퓨터 없이 서로의 애플리케이션과 통신할 수 있도록 설계된 강력한 이동체용 통신 버스(bus) 프레임의 표준이다. 이것은 원래 구리를 절약하기 위해 자동차 내의 복잡한 배선을 2선의 병렬버스로 다중화하기 위해 설계된 메시지 기반 프로토콜이지만 다른 많은 상황에서도 사용될 수 있다. 차량의 자동 시작/정지, 충돌 방지 시스템 등과 같은 애플리케이션에 사용되는 다중 마스터 다중 직렬 버스 프레임이다. 버스 프레임이 연결된 각 장치로 데이터가 순차적으로 전송되지만, 둘 이상의 장치로 동시에 전송되는 경우 우선순위가 가장 높은 장치에 전송이 계속되고 나머지 장치는 대기 상태가 될 수 있다. 버스 프레임은 전송 장치를 포함한 모든 장치로부터 데이터를 수신한다.

CAN 버스는 무인기와 같은 임베디드 시스템에도 필요한 통신이다. 최종 무인기의 무게, 크기, 비용을 절감할 수 있는 다재다능하고 높은 수준의 보안 통신을 가능하게 하는 방식이다. 자동 조종 장치, GPS, ESC(Electronic Speed Controller) 등 자율 비행을 위한 필수 장치와 무인기에 탑재된 다양한 하드웨어 장치를 통합하는 데 사용된다. CAN 버스는 다른 통신 프로토콜과 비교하여 다음과 같은 이점이 있다.

- 다른 버스에 비해 속도가 빠르며 동시에 여러 메시지를 보낼 수 있다.
- 전선이 적기 때문에 유연성이 있어 설치 및 유지 보수가 용이하다.
- 배선이 거의 필요하지 않고 아날로그 배선보다 자기 간섭에 덜 민감하므로 신뢰성을 높일 수 있다.
- 하드웨어가 덜 필요하고 신호 처리 요구사항이 최소이므로 비용이 절감된다.

위와 같은 이유로 드론의 단순 및 이중화 장치 모두에 CAN 버스를 추가하는 하드웨어 제조업체의 수가 점점 더 많아지고 있다. 자동조종장치에서는 제어를 위해 단순 데이터 교환을 하는 경우가 많은데, 이러한 명령 데이터들의 지속적인 중복을 [그림 6-46]처럼 CAN 버스를 구성해서 효율적으로 전송 처리할 수 있다.

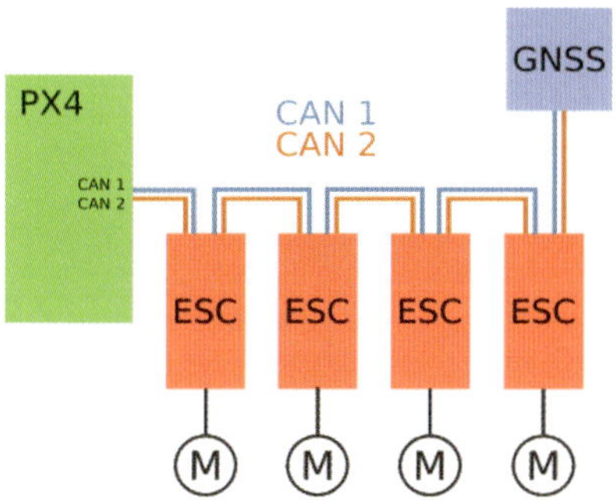


(a) FC-ESC 간 CAN 통신 개념도

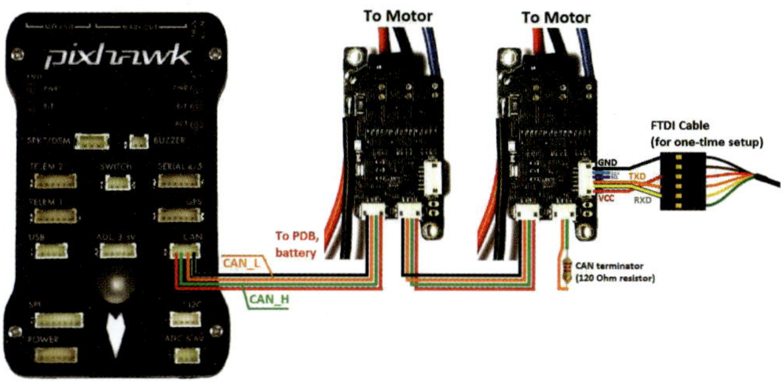


(b) Pixhawk FC-ESC 간 통신 실제 구성

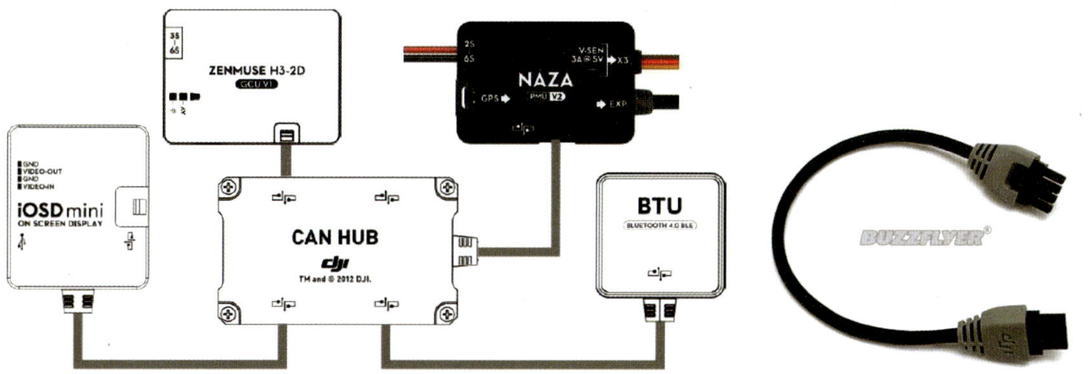


(c) DJI NAZA FC CAN 통신

[그림 6-46] CAN 통신

드론이 점점 더 다양한 분야에서 활용됨에 따라 점점 더 복잡한 시스템이 나타날 것이다. 각 구성 요소가 다음 구성 요소와 통신하는 방식을 표준화하는 것은 호환성, 확장성 및 설치 수명을 보장하는 데 매우 중요하다. CAN 버스는 이를 가능하게 하는 통신 프로토콜로, 앞으로 자동차 산업과 항공 우주 산업 분야에서 더 많이 사용될 것이다. A380의 컨트롤 패널 데이터는 단 두 가닥의 선을 통해 CAN 버스로 전달되는데, 구형 비행기에서는 이러한 전달이 90개 이상의 배선으로 이루어졌었다. 이처럼 무인기 산업의 미래는 CAN 통신과 밀접하다고 할 수 있다.

### 6.5.4 송수신기 제조사

대표적인 조종기 제조사로는 [표 6-2]와 같이 Futaba 사, Graupner 사, Spektrum 사 등이 있고, 이밖에 Frisky 사, Walkera 사 등이 있다.

[표 6-2] 제조사별 변조 방식

| 종류 | 변조 방식 | 전송 속도 (응답 속도) |
|---|---|---|
| Hitec(하이텍) | AFHSS, SLT | 7ms |
| Futaba(후타바) | SFHSS, FASSTest | 6.3ms |
| Spektrum(스펙트럼) | DSM2, DSMX | 11ms |
| WFLY | FLASPEED | 22ms |
| SJ Graupner(성지 그라우프너) | HOTT | 10ms |
| JR | FM, DMSS | 25ms |

업체별 변조 방식은 다음과 같다.

- **하이텍** : AFHSS(Adaptive Frequency Hoping Spread Spectrum, 적응형 주파수 호핑 확산 스펙트럼)
- **후타바** : FHSS(Frequency hopping Spread Spectrum, 주파수 호핑 확산 스펙트럼), FASST (Futaba Advanced Spread Spectrum Technology, 후타바 진보된 확산 스펙드럼 기술)
- **스펙트럼** : DSM(Digital Spectrum Modulation, 디지털 스펙트럼 모듈레이션)
- **성지 그라우프너** : HOTT(Hopping Telemetry Transmission, 호핑 텔레메트리 전송)

SECTION
# 6.6 케이블과 커넥터

드론에서 장치나 부품들을 연결해주는 케이블과 커넥터의 종류는 다양하다. 그중에서 많이 사용되는 것들에 대해 알아본다.

## 6.6.1 전선(실리콘 케이블)

일반적으로 다음과 같은 이유로 전선으로는 실리콘 케이블을 많이 사용한다.

- 열에 강하다.
- 자외선, 방사선, 오염물질, 세균에 강하다.
- 일반 고무전선에 비해 3배가량 허용전류가 높다.

[그림 6-47]과 같이 선의 굵기에 따라 전선 규격을 나타내는 AWG(American Wire Gauge) 숫자로 분류되는데, 숫자가 클수록 가는 선이 된다. [표 6-3]은 AWG 규격별 실리콘 전선의 제원을 나타낸다.

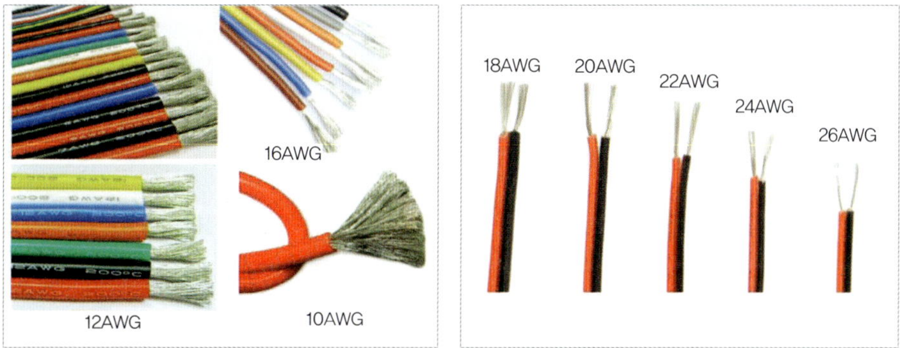


[그림 6-47] 실리콘 케이블

[표 6-3] 실리콘 케이블 규격표

| AWG 번호 | 직경(inch) | 직경(mm) | 단면적(mm2) | 저항(Ω/m) | 허용전류(A) |
|---|---|---|---|---|---|
| 4/0=0000 | 0.46 | 11.7 | 107(100) | 0.000161 | 280~298 |
| 3/0=000 | 0.41 | 10.4 | 85 | 0.000203 | 240~257 |
| 2/0=00 | 0.365 | 9.26 | 67.4(60.0) | 0.000256 | 223 |
| 1/0=0 | 0.325 | 8.25 | 53.5 | 0.000323 | 175~190 |
| 1 | 0.289 | 7.35 | 42.4(38.0) | 0.000407 | 165 |
| 2 | 0.258 | 6.54 | 33.6 | 0.000513 | 130~139 |
| 3 | 0.229 | 5.83 | 26.7(22.0) | 0.000647 | 125 |
| 4 | 0.204 | 5.19 | 21.1 | 0.000815 | 98~107 |
| 5 | 0.182 | 4.62 | 16.8(14.0) | 0.00103 | 94 |
| 6 | 0.162 | 4.11 | 13.3 | 0.0013 | 72~81 |
| 7 | 0.144 | 3.66 | 10.5 | 0.00163 | 70 |
| 8 | 0.128 | 3.26 | 8.36(8.0) | 0.00206 | 55~62 |
| 9 | 0.114 | 2.91 | 6.63 | 0.0026 | 55 |
| 10 | 0.102 | 2.59 | 5.26(5.5) | 0.00328 | 40~48 |
| 11 | 0.0907 | 2.3 | 4.17 | 0.00413 | 38 |
| 12 | 0.0808 | 2.05 | 3.31(3.5) | 0.00521 | 28~35 |
| 13 | 0.072 | 1.83 | 2.62 | 0.00657 | 28 |
| 14 | 0.0641 | 1.63 | 2.08(2.0) | 0.00829 | 18~27 |
| 15 | 0.0571 | 1.45 | 1.65 | 0.0104 | 19 |
| 16 | 0.0508 | 1.29 | 1.31 | 0.0132 | 12~19 |

## 6.6.2 명령 신호 케이블류

전력을 공급하기 위한 전선은 주로 용량에 따라 굵기 수치로 분류되며, 통신 케이블도 [그림 6-48]과 같이 다양한 종류가 활용되고 있다.

(a) 서보모터용 케이블 (b) 스테핑모터용 케이블 (c) 발란스 케이블

[그림 6-48] 통신 케이블

## 6.6.3 커넥터류

전선 및 신호선과 함께 빠질 수 없는 자재가 커넥터들이다. 커넥터에도 역시 전기용, 신호용 등이 있다.

### XT 커넥터

XT 커넥터에는 [그림 6-49]와 같이 다양한 종류가 있는데, 그중 많이 사용하는 것이 XT30, XT60, XT90 등이다. 커넥터 중에는 스파크 방지 회로가 되어 있는 것이 있는데, 이는 [그림 6-49(a)]에 나타낸 것처럼 녹색 표시로 구분한다.

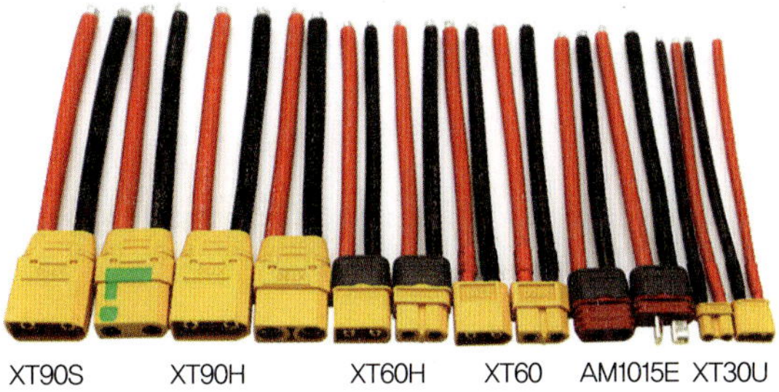


(a) 전원용 XT 커넥터

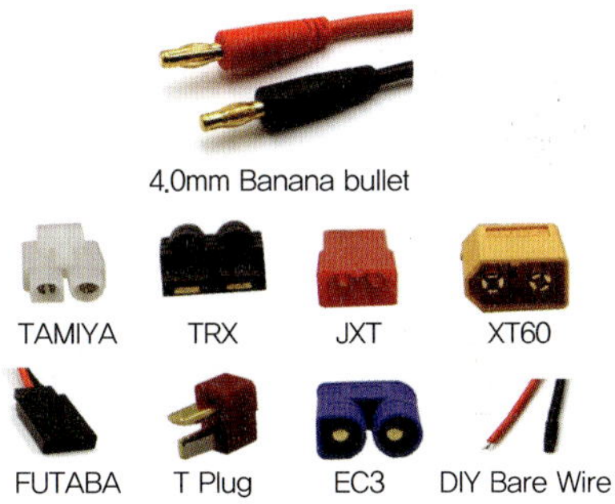


(b) 전원용 케이블 어댑터

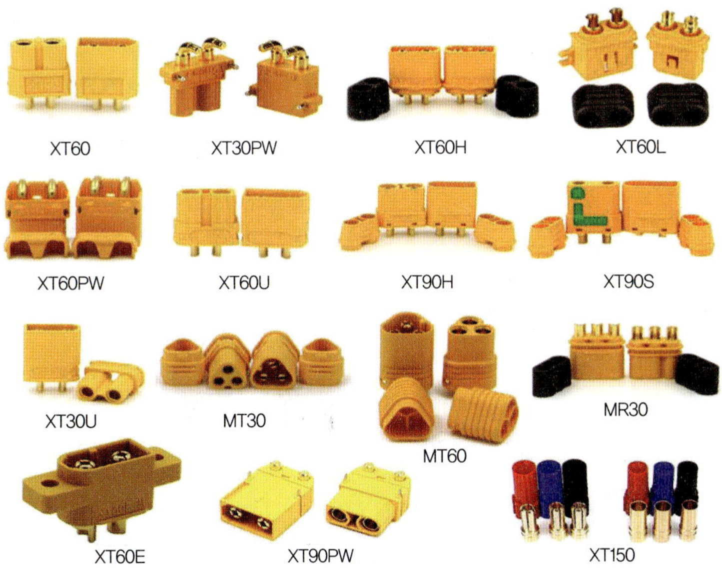


(c) 전원용 XT 커넥터

(d) 신호선/전원 겸용 커넥터

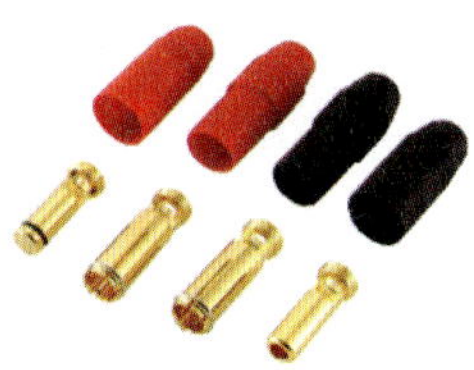

(e) 원형 전원용 커넥터

[그림 6-49] 커넥터류

# 6.6.4 기타 자재

기타 부품으로는 회로 기판 제작 및 수리에 필요한 저항기나 스위치 등이 있다.

## 저항기

저항기는 [그림 6-50]과 같이 밴드 형태의 띠 색깔들로 제원을 구분하도록 표준화되어 있다.

| 색 | 첫 번째 띠 | 두 번째 띠 | 세 번째 띠 | 4번째 띠 (단위) | 5번째 띠 (오차) |
|---|---|---|---|---|---|
| 검정 | 0 | 0 | 0 | $\times 1$ | |
| 갈색 | 1 | 1 | 1 | $\times 10^1$ | ±1% (F) |
| 빨간색 | 2 | 2 | 2 | $\times 10^2$ | ±2% (G) |
| 주황색 | 3 | 3 | 3 | $\times 10^3$ | |
| 노란색 | 4 | 4 | 4 | $\times 10^4$ | |
| 초록색 | 5 | 5 | 5 | $\times 10^5$ | ±0.5% (D) |
| 파란색 | 6 | 6 | 6 | $\times 10^6$ | ±0.25% (C) |
| 보라색 | 7 | 7 | 7 | $\times 10^7$ | ±0.1% (B) |
| 회색 | 8 | 8 | 8 | $\times 10^8$ | ±0.05% (A) |
| 흰색 | 9 | 9 | 9 | $\times 10^9$ | |
| 금색 | | | | ×0.1 | ±5% (J) |
| 은색 | | | | ×0.01 | ±10% (K) |
| 없음 | | | | | ±20% (M) |

(a) 탄소피막 저항기

| 색 | 첫 번째 띠 | 두 번째 띠 | 세 번째 띠 (단위) | 4번째 띠 (오차) | 열계수 |
|---|---|---|---|---|---|
| 검정 | 0 | 0 | $\times 1$ | | |
| 갈색 | 1 | 1 | $\times 10^1$ | ±1% (F) | 100 ppm |
| 빨간색 | 2 | 2 | $\times 10^2$ | ±2% (G) | 50 ppm |
| 주황색 | 3 | 3 | $\times 10^3$ | | 15 ppm |
| 노란색 | 4 | 4 | $\times 10^4$ | | 25 ppm |
| 초록색 | 5 | 5 | $\times 10^5$ | ±0.5% (D) | |
| 파란색 | 6 | 6 | $\times 10^6$ | ±0.25% (C) | |
| 보라색 | 7 | 7 | $\times 10^7$ | ±0.1% (B) | |
| 회색 | 8 | 8 | $\times 10^8$ | ±0.05% (A) | |
| 흰색 | 9 | 9 | $\times 10^9$ | | |
| 금색 | | | ×0.1 | ±5% (J) | |
| 은색 | | | ×0.01 | ±10% (K) | |
| 없음 | | | | ±20% (M) | |

(b) 금속피막 저항기

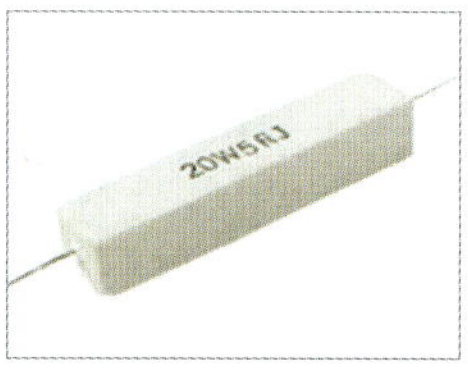


(c) 시멘트피막 저항기

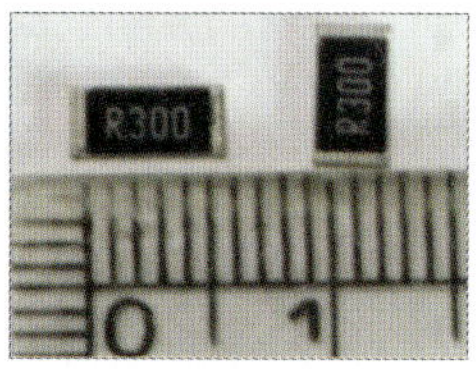


(d) 칩 저항기

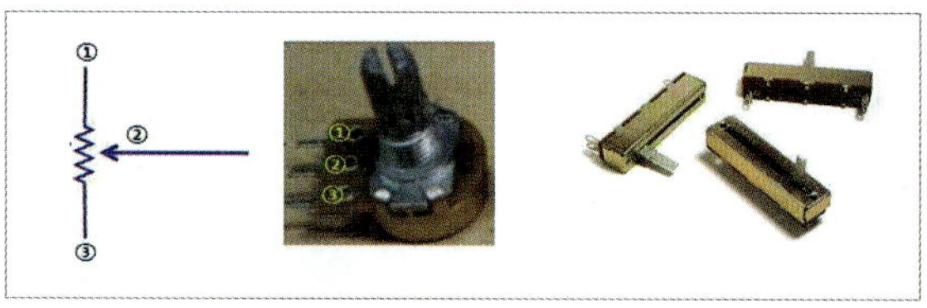


(e) 가변 저항기)

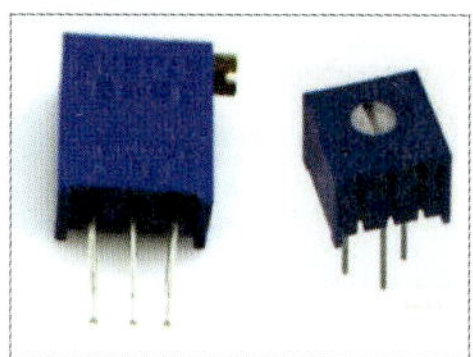

(f) 반고정 저항기

[그림 6-50] 다양한 저항기

CHAPTER

# 06 연습문제

**6.1** 무인 멀티콥터의 기본 구성에 대해 설명하시오. (6.1.1)

**6.2** 멀티콥터의 날개 수에 따른 명칭에 대해 설명하시오. (6.1.2)

**6.3** 바디 온 프레임 구조란 무엇인가? (6.1.3)

**6.4** 바디 온 프레임 구조의 장단점을 설명하시오. (6.1.3)

**6.5** 모노코크 바디 구조란 무엇인가? (6.1.3)

**6.6** 모노코크 바디 구조의 장단점을 설명하시오. (6.1.3)

**6.7** DJI 비행제어시스템 구성에 대해 설명하시오. (6.2.1)

**6.8** Pixhawk 비행제어시스템의 포트 구성에 대해 설명하시오. (6.2.1)

**6.9** TTA E6 비행제어시스템의 구성에 대해 설명하시오. (6.2.1)

**6.10** 레이싱용 드론의 비행제어시스템의 구성에 대해 설명하시오. (6.2.1)

**6.11** 멀티콥터용 상용 비행제어시스템의 종류에는 어떤 것들이 있는가? (6.2.1)

**6.12** 위성항법시스템(GNSS)이란 무엇인가? (6.2.2)

**6.13** 현재 운영되고 있는 국가별 위성항법시스템에 대해 설명하시오. (6.2.2)

**6.14** 관성측정장치(IMU)란 무엇인가? (6.2.3)

**6.15** 전원관리장치(PMU)란 무엇인가? (6.2.4)

**6.16** 로터(rotor)와 프로펠러(propeller)의 차이는 무엇인가? (6.3.1)

**6.17** 로터나 프로펠러의 소재 종류로는 어떤 것들이 있는가? (6.3.1)

**6.18** 로터의 규격 표시에 대해 설명하시오. (6.3.1)

**6.19** 모터의 제원 표시에 대해 설명하시오. (6.3.2)

**6.20** BEC ESC와 OPTO ESC의 차이점에 대해 설명하시오. (6.3.3)

**6.21** 변속기 캘리브레이션 절차를 설명하시오. (6.3.3)

**6.22** 드론용 배터리의 용도별 종류에 대해 설명하시오. (6.4.1)

**6.23** 배터리의 제원 표시에 대해 설명하시오. (6.4.1)

**6.24** 배터리의 소모곡선에 대해 설명하시오. (6.4.1)

**6.25** 충전기의 종류에 대해 설명하시오. (6.4.2)

**6.26** 일반 충전기에 비해 스마트충전기의 이점은 무엇인가? (6.4.2)

**6.27** 리튬폴리머 배터리의 사용상 주의사항에 대해 서술하시오. (6.4.4)

**6.28** 조종기 모드 네 가지에 대해 설명하시오. (6.5.1)

**6.29** 무선통신 프로토콜 PWM, PPM, SBUS란 무엇인가? (6.5.2)

**6.30** 송신기와 수신기의 거리에 따른 신호 세기에 대해 설명하시오. (6.5.2)

**6.31** 유선통신 프로토콜인 직렬(시리얼) 통신이란 무엇인가? (6.5.3)

**6.32** UART 통신이란 무엇인가? (6.5.3)

**6.33** I2C 통신이란 무엇인가? (6.5.3)

**6.34** CAN 통신이란 무엇인가? (6.5.3)

**6.35** 전력선으로 많이 사용되는 케이블 종류에 대해 설명하시오. (6.6.1)

**6.36** 실리콘 케이블의 규격 표시에 대해 설명하시오. (6.6.1)

**6.37** XT 커넥터의 종류에 대해 서술하시오. (6.6.3)

### 실습과제

1. 온라인으로 전기 장치 성능 계산을 연습하시오. (6.4.3)
2. 시스템 전기 배선 모의 실습을 진행하시오. (6.4.3)
3. 리튬폴리머 배터리팩 배선 모의 실습을 진행하시오. (6.4.3)
4. 배터리 셀 배선 모의 실습을 진행하시오. (6.4.3)
5. 배터리 팩의 개별 셀 전압 측정 방법 모의 실습을 진행하시오. (6.4.3)
6. 배터리 팩의 밸런스 커넥터 연결 모의 실습을 진행하시오. (6.4.3)
7. 충전기 요구사항 계산 모의 실습을 진행하시오. (6.4.3)

CHAPTER

# 07

# 드론 제작/정비용 공구



### 학 습 목 표

- 제작/정비작업장의 준비에 대해 설명할 수 있다.
- 항공기 정비용 공구의 종류에 대해 설명할 수 있다.
- 일반공구 사용법에 대해 설명할 수 있다.
- 멀티콥터 제작/정비용 공구들을 사용할 수 있다.
- 제작/정비 소모성 자재에 대해 설명할 수 있다.

SECTION 7.1

# 드론 제작/정비작업장

드론과 그 부수장비들을 제작하고 정비하는 과정에는 각종 장비, 공구, 차량 같은 물적 자원과 인적 자원의 피해를 유발하는 위험요소가 항상 동반된다. 이러한 위해 요소들을 철저하게 관리하면서 작업을 진행하는 것이 중요한데, 안전절차를 준수하면서 작업을 수행하여 잠재적인 위험을 최소화해야 한다. 안전한 작업 진행이 느리고 불편해 보일 수 있으나 결과적으로 더 효율적인 작업이 이루어지는 결과로 나타난다. 작업장에서는 [그림 7-1]과 같이 정리정돈된 상태를 유지하면서 작업을 진행해야 한다.

[그림 7-1] 소규모 드론 정비 숍

## 위험 경고의 구분

작업장이나 장비, 공구 등을 사용할 때 안전 문제가 발생할 소지가 있는 곳에는 [그림 7-2]와 같은 표시가 있다. 그 의미는 다음과 같다.

- **Notice(공지)** : 내용을 준수하지 않을 경우 재산의 보호나 개인의 안전에 직간접적으로 영향을 미칠 수 있는 상황을 말한다.
- **Caution(조심/주의)** : 내용을 준수하지 않을 경우 잠재적으로 위험한 상황이 될 수 있고, 피하지 못하면 경미한 부상을 입을 수 있는 상황을 말한다.

- **Warning(경고)** : 내용을 준수하지 않을 경우 위험한 상황이 될 수 있고, 피하지 못하면 죽음이나 심각한 부상을 일으킬 수도 있는 상황을 말한다.
- **Danger(위험)** : 내용을 준수하지 않을 경우 즉각적인 위험한 상황이 되어 피하지 못하면 죽음이나 심각한 부상을 일어날 상황을 말한다.

[그림 7-2] 위험 경고의 구분

## 작업장 정리정돈(Clean and Organization)

안전하고 효율적인 정비를 위한 첫 번째 안전사항은 작업장과 작업대를 청결하고 정돈된 상태로 정리하고 유지하는 것이다. 이것은 작업이 종료된 상태의 정리정돈을 의미하기도 하지만, 작업하는 동안 부품과 공구들을 작업 순서에 따라 정리정돈을 하면서 진행하는 것을 의미하기도 한다. 한 작업이 끝난 후 공구와 자재들을 공구대 등의 제자리에 원위치시키면 더 효율적이고 안전하게 작업을 진행할 수 있다.

## 원활한 의사소통(Communication)

안전을 지키는 것은 모든 사람의 의무이며, 의사소통은 모든 사람의 안전을 보장하는 토대가 된다. 두 사람 이상이 공동으로 작업을 진행할 경우, 역시 정리정돈을 바탕으로 상호 간에 의도한 바가 무엇인지 정확히 확인하면서 작업을 진행해야 한다. 만약 불안전한 행동을 보이는 사람이 있거나 상호 의도한 바를 부정확하게 인지한 채 작업하거나 행동하는 사람이 있다면 불완전한 정비로 인해 작업 간에 위험을 초래할 수도 있다. 따라서 정비작업 간에는 수평적인 입장에서 적극적으로 의사소통을 실시해야 한다.

## 전기안전(Electrical Safety)

드론 제작 정비를 위해서는 드릴이나 전동드라이버 등의 수공구와 함께 CNC, 3D 프린터, 절단기, 연마기 등 다양한 전기장치들을 사용하게 된다. 이러한 전기장치들을 이용하는 작업장에는 감전이나 신체 외형 손상의 위험이 도사린다. 감전되면 중화상을 입을 수 있으며, 심한 경우 신경계통에 영향을 받아서 위험해지거나 사망에 이를 수 있다. 그러므로 정비사는 전기 원리 등의 실용적인 지식과 함께 신체 손상방지를 위해 전기를 안전하게 다룰 수 있는 능력을 갖추어야 한다.

## 안전보호 장구 착용(Wear Safety Equipment)

적절한 안전보호 장구의 착용 및 사용은 사용자의 신체를 보호해줄 뿐만 아니라 정신적인 안정감도 줄 수 있다. 즉 안전화, 장갑, 보안경, 귀마개, 마스크 등의 보호 장구 착용 및 사용은 관련 작업을 수행하거나 각종 장비를 사용하는 정비사의 정신적인 안전에 기여한다.

## 화재안전(Fire Safety)

작업장의 화재를 방지하기 위해서는 전기 작업장 또는 전기장치 주변을 청결하게 유지해야 하며, 불필요한 가연성 물질은 적절한 장소나 위치에 두어 사전에 화재 발생 위험 요인들을 제거해야 한다. 전원코드, 전선 및 라인(line)은 꼬임(kink)과 구부러짐(bend)이 없는지 확인해야 하며, 드론용 배터리 충전기에 과부하가 걸린 상태로 방치되지 않도록 해야 한다.

## 위험물 안전(Safety Around Hazardous Materials)

일반 항공기보다는 적지만, 드론 정비작업 현장에서도 제작 및 정비를 하고 부품 교체 등의 수리를 하는 과정에서 다양한 화학물질을 취급할 수 있다. 화학물질 대부분은 해가 없겠으나 일부는 유해하고, 위험성이 있는지 잘 모르는 상태에서 취급 및 사용함으로써 중독과 화재·폭발 등이 발생할 수 있다. 2013년부터 국제기준에 따른 MSDS(Material Safety Data Sheet, 물질안전보건자료) 표시 제도를 시행하고 있는데, 이는 화학물질의 유해, 위험성, 구성 성분의 명칭 및 함유량, 응급 조치 요령, 취급 방법 등을 설명해주는 자료를 말한다.

화학물질을 취급하는 작업장에서는 화학물질별로 [그림 7-3]과 같이 한글로 작성된 MSDS와 필요한 위험물 경고 표시를 갖추어 작업자가 쉽게 볼 수 있는 장소에 게시하거나 비치해야 한다. 또한 MSDS를 참고하여 화학물질을 취급하는 작업공정별로 관리 요령을 게시해야 한다.

[그림 7-3] 화학물질의 유해성 위험성 분류 기준 및 경고 표시[1]

1 출처 : 산업안전보건공단(http://www.kosha.or.kr)

SECTION
# 7.2 항공기 정비용 공구의 종류

항공기 정비용 공구는 모든 작업에 공통으로 사용되는 일반공구, 각 계통별 작업에 사용되는 전용공구, 특별한 작업에만 사용되는 특수공구로 구분된다. 여기서는 일반정비공구와 기체계종, 전기계통 공구들만 요약하여 설명한다. 특수공구의 경우 부분적으로 특수한 작업을 수행하기 위해 별도 제작되어 사용되므로 그 종류가 다양하고 일반적이지 않기 때문에 여기서는 다루지 않는다. 또한 정비작업 수행 중에는 다양한 시험장비들도 사용하는데, 이 장비들 역시 여기서는 다루지 않는다.

## 7.2.1 항공기 일반정비 공구와 명칭

[그림 7-4]는 일반정비 공구세트를 보여준다. 이는 항공기 정비 및 제작의 모든 작업에 가장 빈번하게 사용되는 230여 가지의 공통 공구들을 세트로 모아놓은 것이다.

[그림 7-4] 항공기 일반정비 공구세트 이동형 공구함, SMS 260[2]

2 출처 : https://www.navimro.com/g/00173816/

[표 7-1] 항공기 일반정비 공구세트 세부 품목

| 구분 | 그림 | 명칭 |
|---|---|---|
| 1단 트레이 | 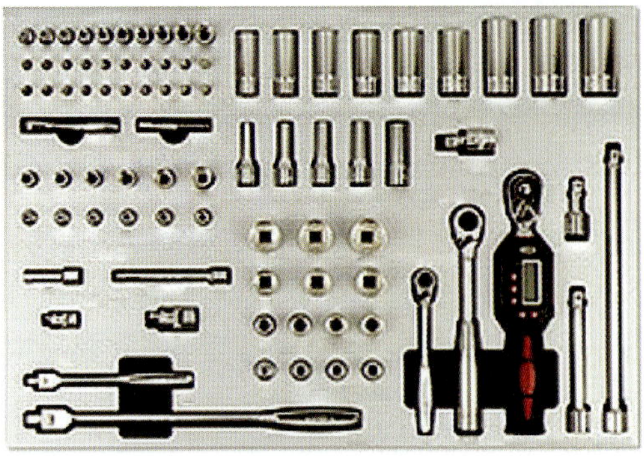 | • 소켓렌치<br>• 롱소켓렌치<br>• 소켓 연결대<br>• 라쳇핸들<br>• 비트라쳇 세트<br>• 블조인트<br>• 유니버셜조인트<br>• 디지털토크렌치 |
| 2단 트레이 | 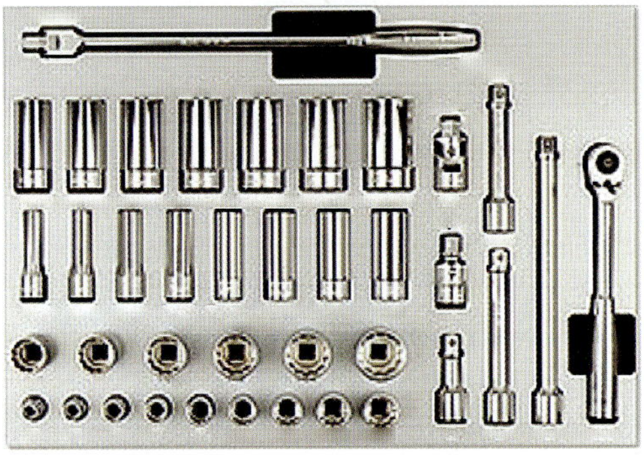 | • 소켓렌치<br>• 등소켓렌치<br>• 소켓연결대<br>• 복스대<br>• 블조인트<br>• 유니버셜조인트 |
| 3단 트레이 | 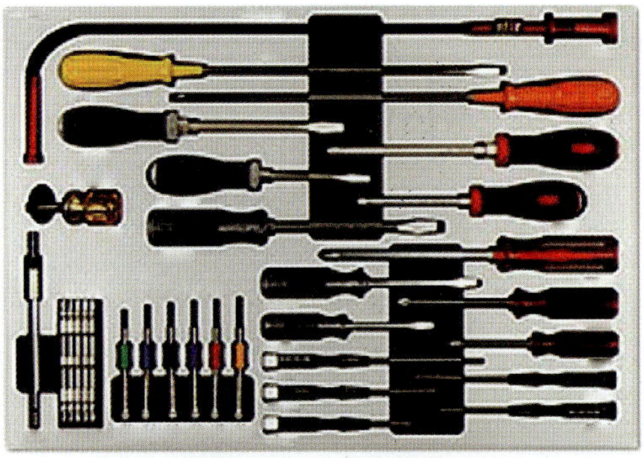 | • 파워그립 드라이버<br>• 충격 드라이버<br>• 정밀 드라이버<br>• 롱 드라이버<br>• 시계 드라이버 세트<br>• 토션 비트<br>• 드라이버 연결대<br>• LED 자석 픽업툴<br>• 양용 주먹 드라이버 |
| 4단 트레이 | 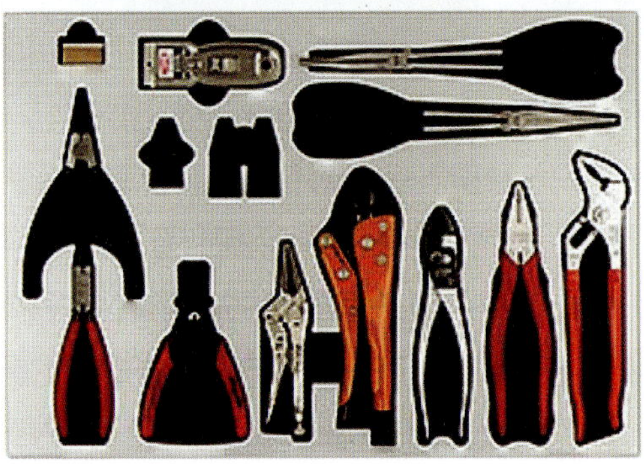 | • 바이스그립<br>• 워터펌프 플라이어<br>• 롱노우즈타입 바이스 그립<br>• 콤비네이션 플라이어<br>• 스냅링 플라이어<br>• 펜치<br>• 롱노우즈 플라이어 세트<br>• 평플라이어세트<br>• 스크래퍼 |

| 구분 | 그림 | 명칭 |
|---|---|---|
| 5단 트레이 | 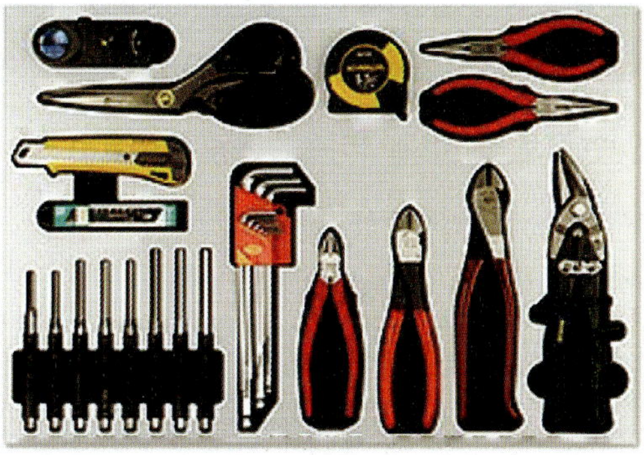 | • 롱 볼레치세트<br>• 니퍼<br>• 롱노우즈, 롱노우즈 플라이어<br>• 강선용 니퍼, 곡선형 해드니퍼<br>• 항공가위<br>• 핀펀치세트<br>• 재단가위<br>• 커터칼, 커터칼날<br>• 줄자, 확대경 |
| 6단 트레이 | 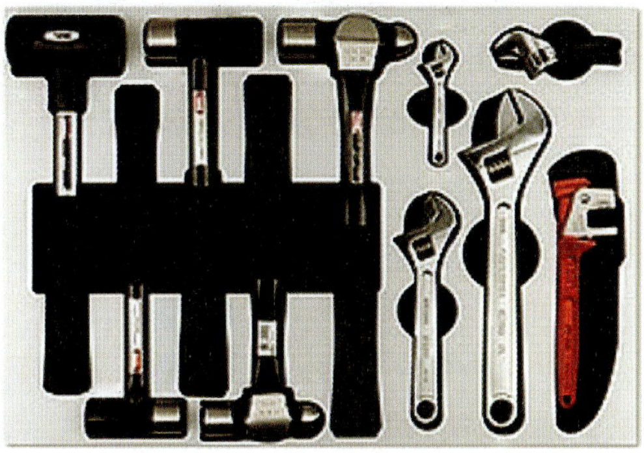 | • 파이프렌치<br>• 숏타입 몽키스패너<br>• 몽키스패너<br>• 볼핀 해머<br>• 우레탄 무충격 망치<br>• 콤비네이션 해머 |
| 7단 트레이 | 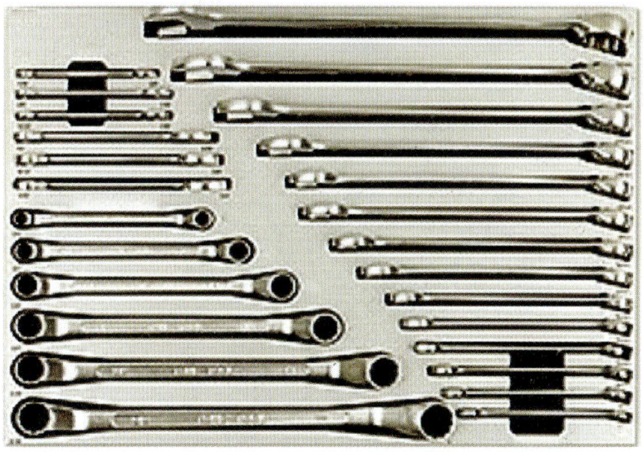 | • 오픈 렌치<br>• 콤비네이션 렌치<br>• 양구스패너<br>• 45도 옵렌치 |

## 7.2.2 기체 엔진 정비 공구세트

항공기 정비를 할 때는 기체 엔진을 한 가지 직렬로 묶어서 진행한다. [그림 7-5]는 이때 사용되는 기체 및 엔진 정비 공구세트로서 동체와 엔진을 분해하고 조립하는 작업 간에 주로 사용되는 공구들을 모아놓은 것이다.

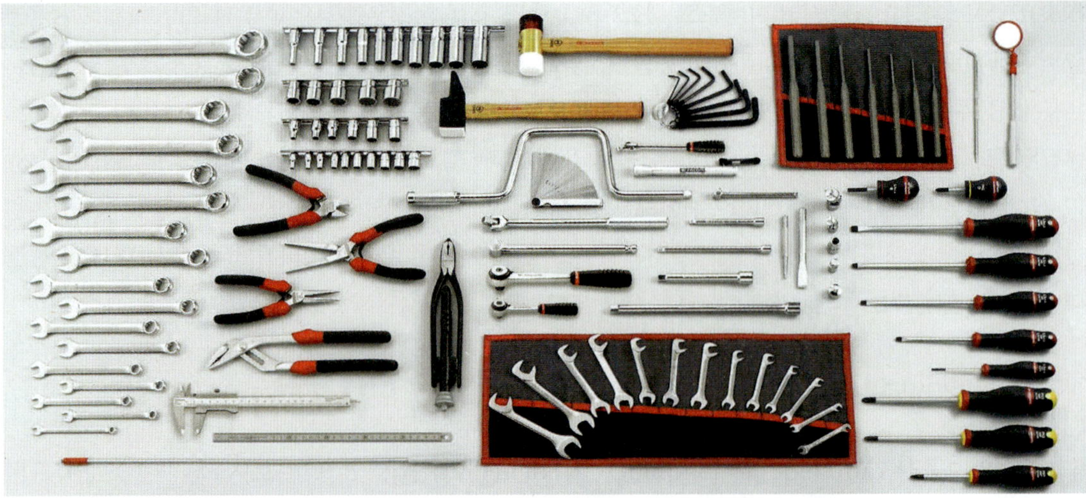

[그림 7-5] 경항공기 기체 엔진 정비 공구세트[3]

[그림 7-6]은 항공기 기체 오버홀에 사용되는 공구들을 모아놓은 것으로서 동체의 수리 작업 등에 주로 사용되는 공구들이다.

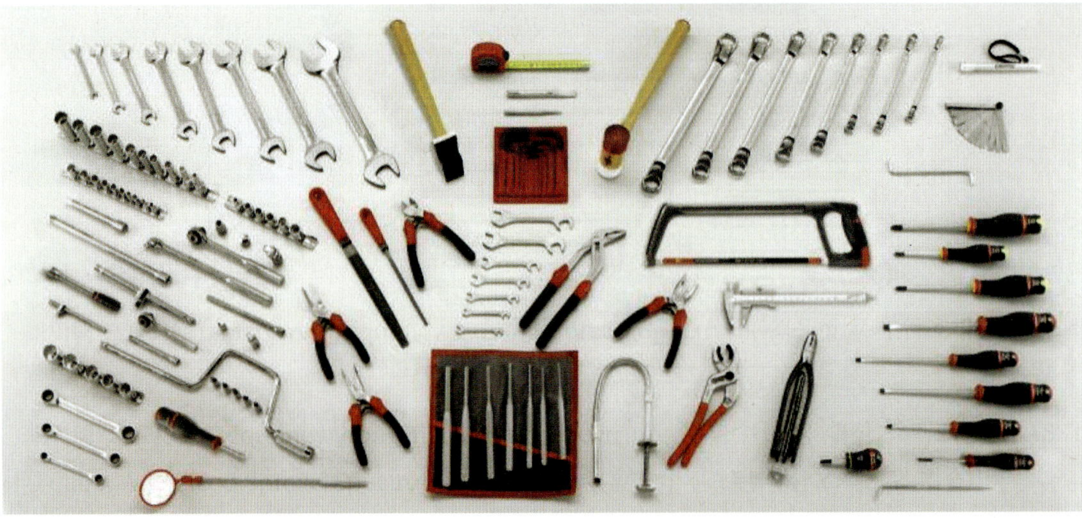

[그림 7-6] 항공기 기체 오버홀 공구세트

3 [그림 7-5]~[그림 7-8]의 출처 : Prime tools(https://www.primetools.co.uk/product-category/tool-storage-workbenches/tool-kits/aviation-tool-kits/)

## 7.2.3 전기계통 수리 공구세트

항공기 정비에서 전기계통은 별도의 작업 직렬로 구분하여 진행된다. [그림 7-7]은 항공기 전기전자 장비 수리 작업 간에 사용되는 공구들을 모아놓은 것이다. 주로 항공기 배선과 전기장치들을 분해·조립, 항공기에서 탈착시키는 작업들에 필요한 공구들이 많다.

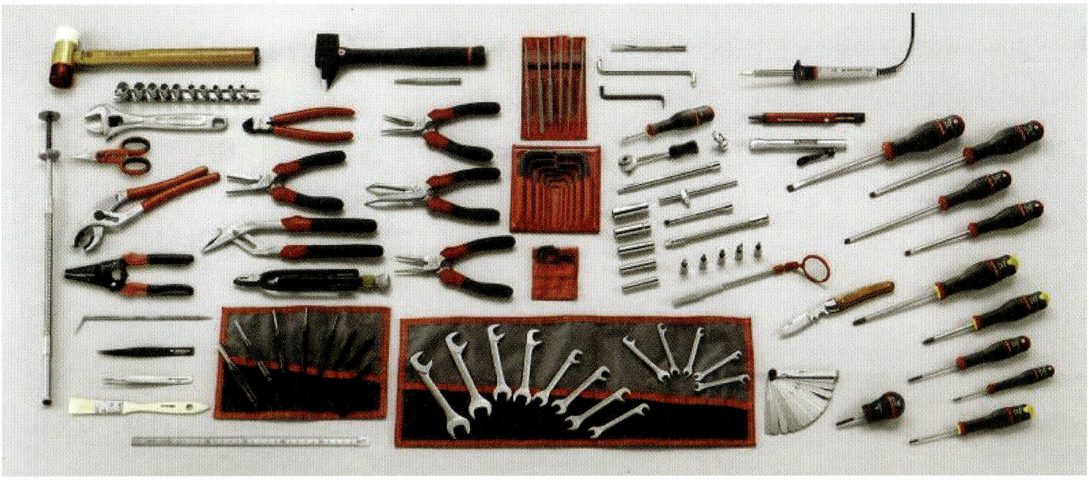

[그림 7-7] 전기계통 정비 공구세트

[그림 7-8]은 항공기의 계기들을 정비하는 공구를 모아놓은 공구세트이다.

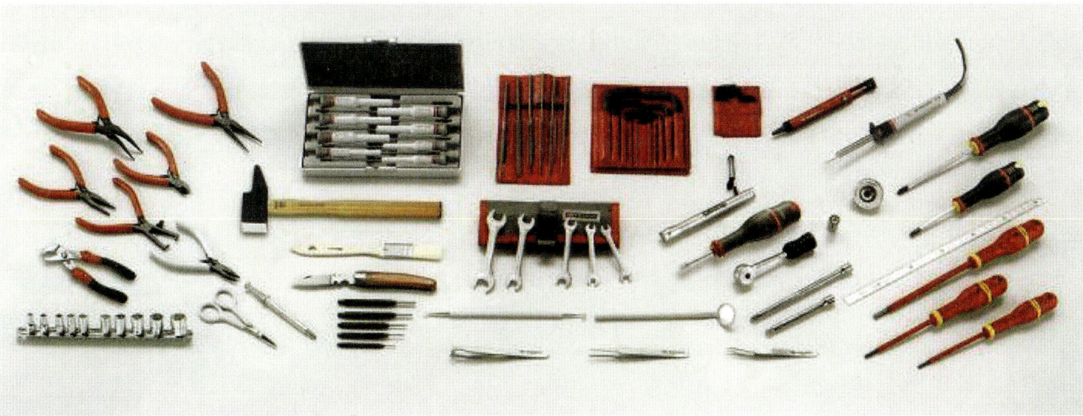

[그림 7-8] 항공 계기 정비 공구세트

SECTION 7.3

# 일반공구 사용법

항공정비사가 정비작업을 수행할 때는 다양한 종류의 공구를 사용하면서 하루 일과의 대부분을 보내게 된다. 이 절에서는 항공정비사가 많이 사용하는 주요 공구의 사용법에 대해 설명한다. 또한 항공기 수리 작업을 수행하는 과정에서 정밀 측정 장비와 대부분의 일반 공구를 사용하는 데 필요한 기본 사용방법을 알아본다. 공구들의 사용방법은 각각 다르지만 안전을 위한 적절한 사용법, 관리법 및 보관법은 동일하게 중요하다.

## 7.3.1 일반공구의 사용법

항공기 정비작업에 일반적으로 많이 사용되는 대표적인 공구들의 사용법에 대해 알아보자.[4]

### 해머와 맬릿

우리말로 망치라고도 하는 해머(hammers)는 해드의 재질과 무게에 따라 구분된다. 금속성의 강한 해드 재질로 된 해머가 있고, 나무, 놋쇠, 납, 생가죽, 단단한 고무, 플라스틱 등의 부드러운 재질로 된 해드를 가진 연성의 맬릿이 있다. [그림 7-9]는 해머의 모양에 따른 종류를 나타낸다. 해머를 사용하면서 주의할 사항이 있다. 연성 재질의 맬릿은 손상되기 쉬운 연성 금속 또는 성형 작업에 사용해야 하며, 볼트, 못 등 금속성의 재료를 때리는 데는 금속성의 강성 해드가 달린 해머를 사용해야 한다.

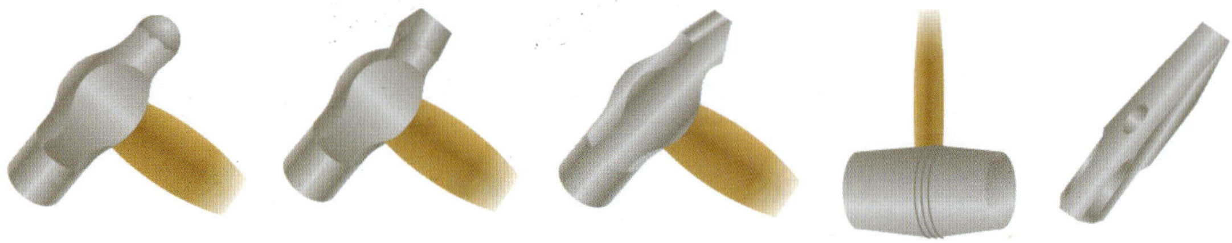


[그림 7-9] 해머의 종류

4 출처 : 『항공정비사 표준교재 개정판』, 항공교육훈련 포털, 국토교통부

## 드라이버

공구들 중에서 쉽게 접하면서도 잘못 사용하기 쉬운 공구가 드라이버(screwdrivers)일 것이다. [그림 7-10]에 있는 일반 드라이버들을 사용할 때는 회전해야 하는 나사에 블레이드가 잘 맞는 가장 큰 드라이버를 선택해야 한다. 일반 드라이버는 적어도 나사 슬롯의 75%를 채우고, 조이거나 풀어야 한다. 스크루드라이버 블레이드의 크기가 적정하지 않으면 사용 시 미끄러짐이 발생하고 스크루 헤드의 손상이나 인접한 구조물 부분의 손상을 유발한다. 스크루드라이버를 정이나 끌 대용으로 사용하면 안 되며, 전기회로의 점검용으로도 사용하면 안 된다.

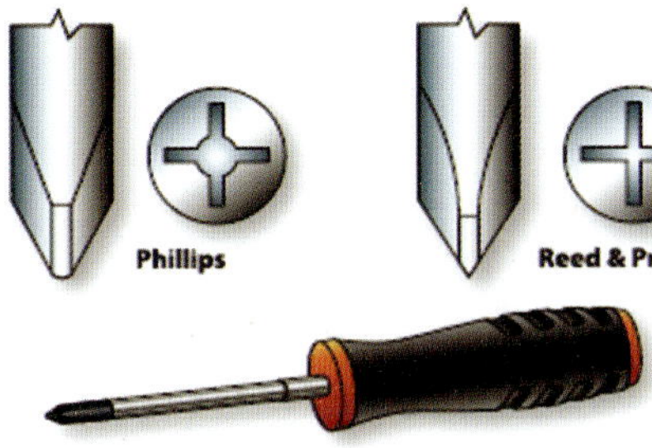


십자 드라이버

옵셋 드라이버

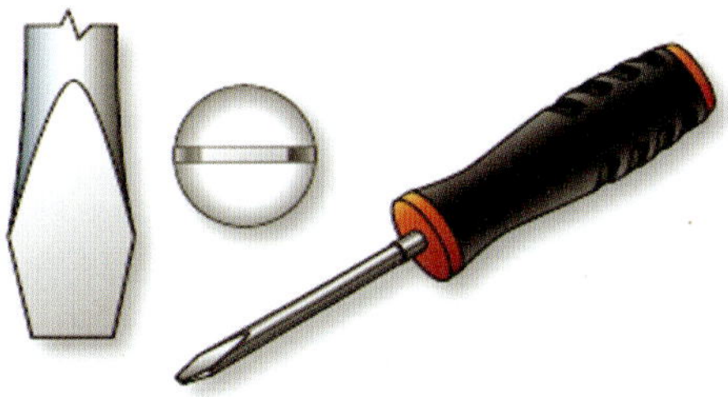

일자 드라이버

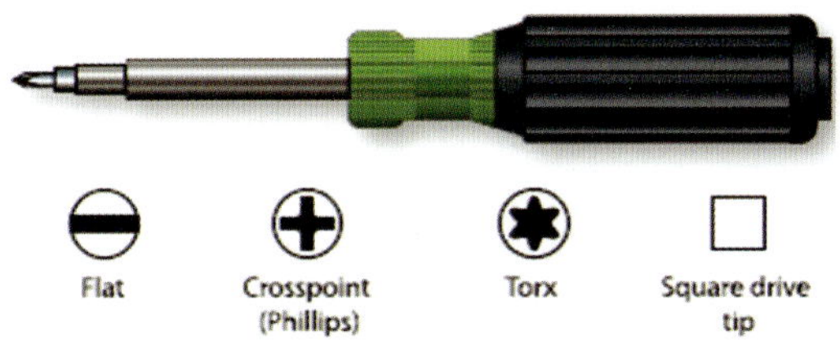


팁 교환이 가능한 드라이버

[그림 7-10] 드라이버의 종류

## 플라이어류의 절단 공구

절단 공구는 지렛대의 원리를 이용해서 손의 쥐는 힘을 배가하며 판·둥근 봉 외에 작은 것을 집거나 절단하는 데 사용한다. [그림 7-11]과 같이 조(jaws, 턱)가 둥글게 된 것과 네모진 것이 있으며, 이 부분을 사용해 집고 구부리고 절단한다. 항공정비작업에서 사용되는 플라이어(pliers)에는 조의 모양에 따라 다이아고날 커터(diagonal cutter), 덕크빌 플라이어(duckbill plier), 니들노즈 플라이어(needlenose Plier), 라운드노즈 플라이어(roundnose plier)가 있고 절단 작업을 하는 커팅 플라이어(cutting plier) 등이 있다.

(다이아고날) 커터(diagonal cutter)

덕크빌(duckbill)

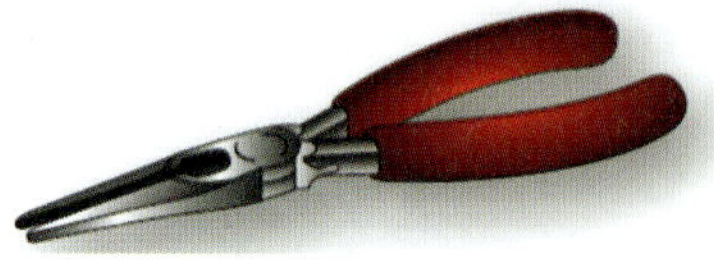

롱노즈(long nose) 또는 니들노즈(needle nose)

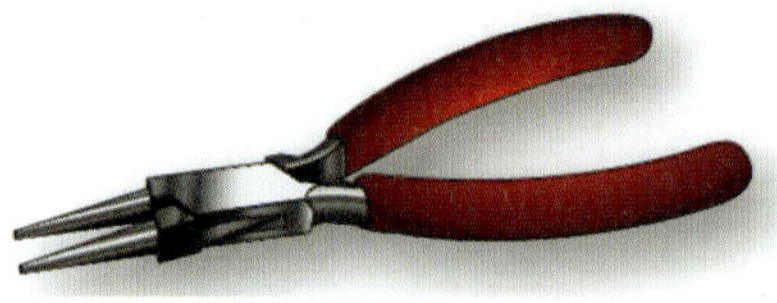

라운드노즈(round nose)

[그림 7-11] 플라이어의 종류

플라이어를 사용할 때 주의할 점은 플라이어 능력을 넘어서는 작업에는 사용하지 말아야 한다는 것이다. 특히 롱노즈 플라이어는 노즈 끝 부분이 손상되고 부러지거나 헐겁게 움직이면 더 이상 사용하면 안 된다. 또한 볼트나 너트를 돌리는 작업에 플라이어를 사용하면 안 된다. 그렇게 할 경우 한 번의 작업만으로도 수년간 사용된 볼트나 너트보다 더 심한 손상이 발생할 수 있다.

## 펀치, 핀

펀치(punches)나 핀(pin)은 [그림 7-12]와 같이 막대 모양으로 된 공구의 총칭이다. 판금가공에는 천공 펀치, 드로잉 펀치, 단조용 펀치 등이 사용되며, 구멍의 중심이나 금긋기 선의 교차점에 작은 점(펀치 마크)을 찍는 데도 사용한다. 원을 그릴 수 있는 중심점을 잡은 뒤 드릴링 홀을 뚫기 위한 위치 표시, 판재 제작을 위한 홀 위치 표시, 구멍의 위치를 옮기는 패턴이 있는 홀 위치 복사와 손상된 리벳이나 볼트 제거에도 사용한다. 펀치는 속이 비어 있는 형태와 속이 꽉 찬(solid) 형태의 두 가지 형식이 있다.

오토센터(auto center) 펀치

얼라이닝(alining) 펀치

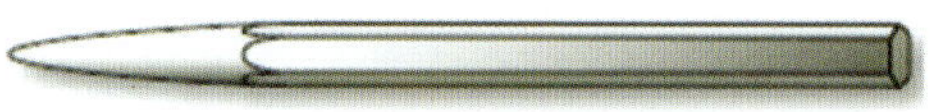

프릭(prick) 펀치

센터(center) 펀치

스타팅(starting) 펀치

드리프트(drift) 핀

핀(pin) 펀치

드라이브(drive) 펀치

[그림 7-12] 펀치의 종류

## 렌치

[그림 7-13]은 렌치(wrench)를 나타낸 것으로, 렌치는 볼트·너트나 파이프 등을 조이거나 풀 때 사용하는 공구를 말한다. 소켓 렌치, 몽키 렌치, 파이프 렌치, 스패너 등이 있다. 항공기 정비에 많이 사용되는 렌치는 오픈엔드, 박스엔드, 소켓, 조절식, 라쳇 및 특수 렌치로 분류된다. 렌치는 미국에서 부르는 명칭이고, 영국에서는 스패너(spanner)라고 하기도 한다.

라쳇(ratching) 렌치　　박스엔드(box end) 렌치　　콤비네이션(combination) 렌치

[그림 7-13] 렌치

## 소켓, 핸들 셋, 스피드 핸들

[그림 7-14]는 소켓을 나타낸 것으로, 소켓은 라쳇 핸들 등에 연결되어 렌치를 대신해 편리하고 신속하게 육각 볼트나 너트를 풀고 조이는 작업을 할 수 있는 공구이다. 이처럼 소켓 등의 종단부와 핸들 같은 손잡이 부분을 연결해서 사용해야 하는 경우 정확한 사이즈의 소켓을 사용해야 한다. 사용한 후에는 바로 정리해 두어야 소켓 분실을 방지할 수 있다.

[그림 7-14] 소켓, 핸들 셋, 스피드 핸들

## 특수 렌치

특수 렌치(special wrench)에는 [그림 7-15]와 같이 크로우 풋(crow foot), 플레어 너트(flare nut), 스패너(spanner), 토크(torque), 알렌 렌치(allen wrech) 등이 있다. 크로우 풋 렌치는 다른 공구로 접근이 불가능한 곳에 장착된 스터드 또는 볼트에서 너트를 장탈하기 위해 접근이 필요한 부분에 일반적으로 사용되는 렌치이다.

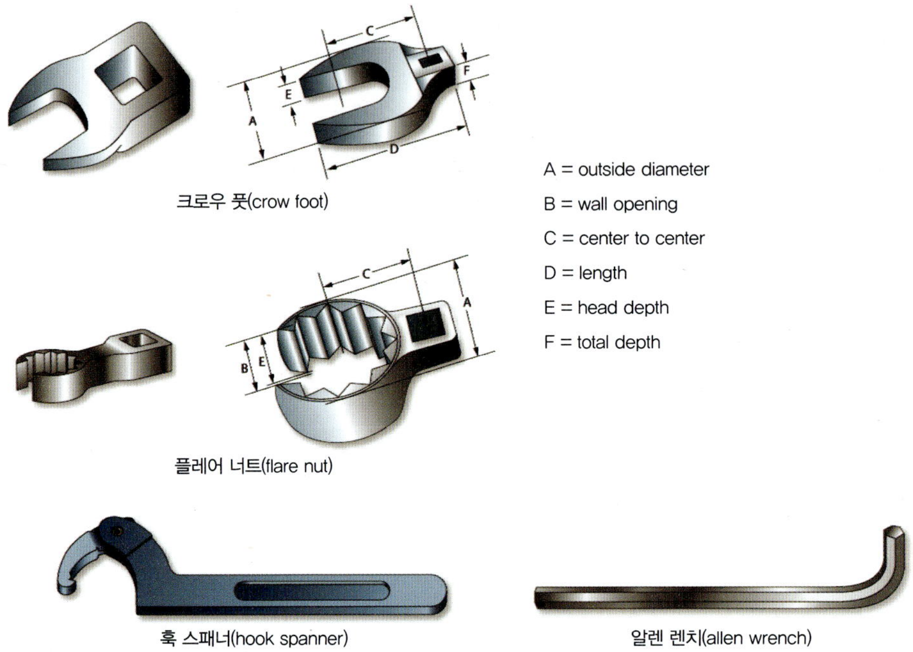


[그림 7-15] 특수 용도의 렌치

# 7.3.2 측정용 공구의 사용법

항공기를 정비하기 위해서는 여러 가지 측정용 공구들이 사용된다.

## 측정용 공구 종류

항공기를 정비하다 보면 전기적인 부분과 함께 기계적인 부분들에 대한 정밀 계측이 필요한 경우가 많이 발생한다. 따라서 항공기를 정비할 때 사용하는 다양한 측정 장비에 대해서도 잘 알아야 한다. [표 7-2]는 측정용 공구들을 정리해놓은 것이다.

[표 7-2] 측정용 공구들

| 명칭 | 측정용 공구 형상 |
| --- | --- |
| card tester(기판 테스터기)[5] |  |
| pocket tester(휴대용 테스터기) | 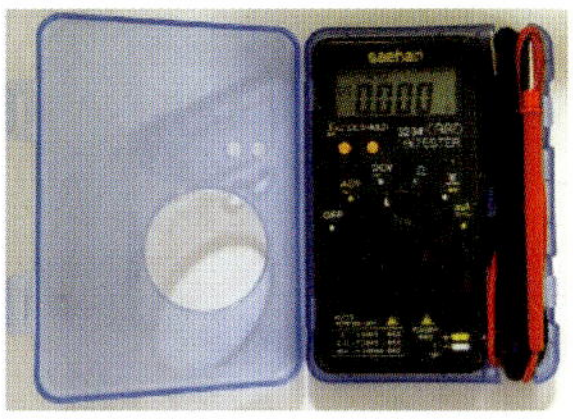 |
| angle lever meter(수준계) |  |
| thickness gauge(간극 측정기)[6] | 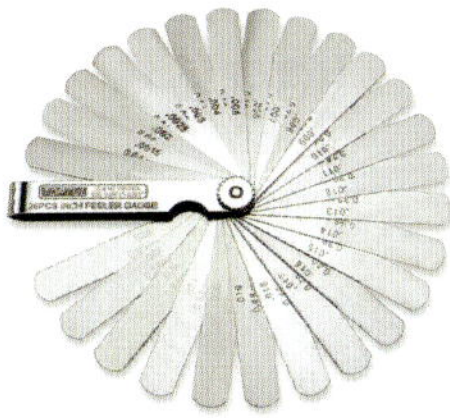 |
| micrometer(마이크로미터)<br>(0~25mm)[7]<br>(25~50mm)<br>(50~75mm) | 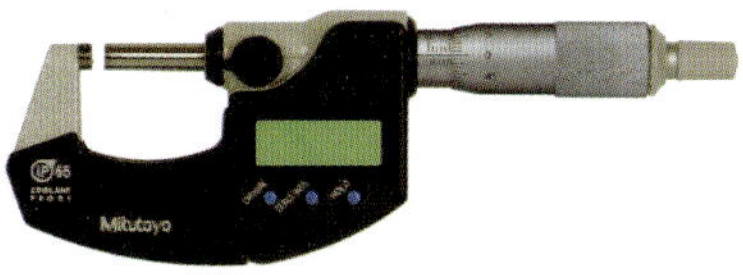 |
| sonic belt tension gauge<br>(초음파 텐션 게이지)[8] | 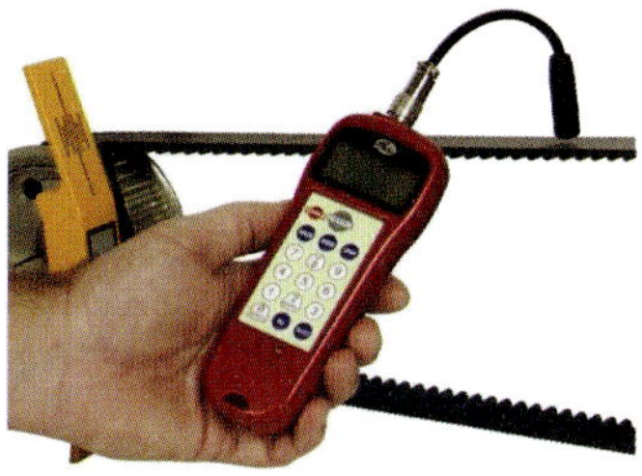 |

5 출처 : Electronics Maker(https://electronicsmaker.com/pcb-testing-challenges-solutions)
6 출처 : indiamark(https://www.indiamart.com/proddetail/inch-feeler-gauges-20994145830.html)
7 출처 : RS component(https://ph.rs-online.com/web/p/micrometers/8336433)
8 출처 : MITCHELL(https://www.mitchellinstrument.com/gates-508c-sonic-belt-tension-meter.html)

## 슬라이드 켈리퍼스 사용법

[그림 7-16]에 나타낸 슬라이드 켈리퍼스(slide calipers)는 금속 자보다 정밀하게 측정이 가능한 공구이므로 물체의 길이를 측정하는 데 자주 사용한다. 슬라이드 켈리퍼스의 턱(jaws)은 파이프 등의 내경과 외경을 측정할 수 있도록 특별한 모양으로 만들어졌다. 슬라이드 켈리퍼스라는 이름에서 알 수 있듯이 켈리퍼스의 턱은 측정 치수를 따라 슬라이딩하며 측정물의 내측, 외측에 접촉하면서 물체의 내경이나 외경, 깊이를 측정한다.

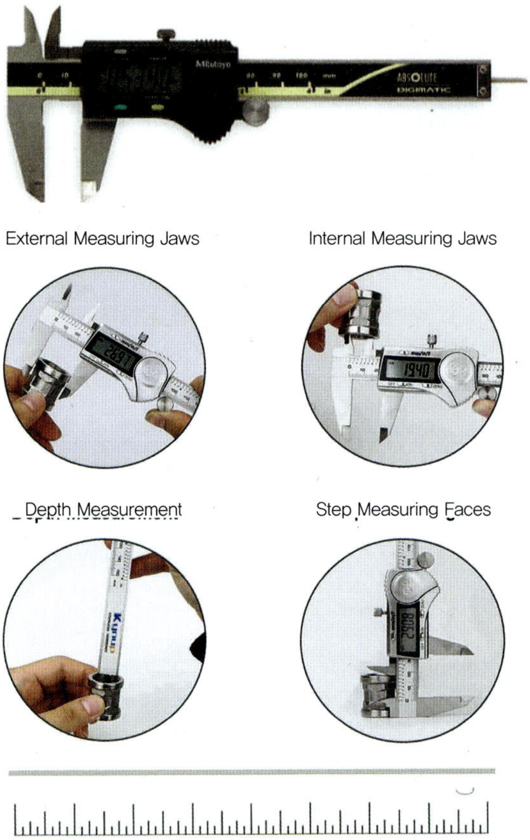


디지털 켈리퍼(digital caliper)

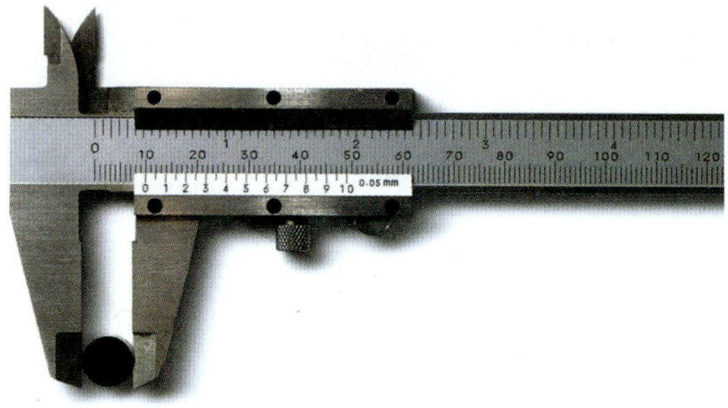

버니어 캘리버(vernier caliper)

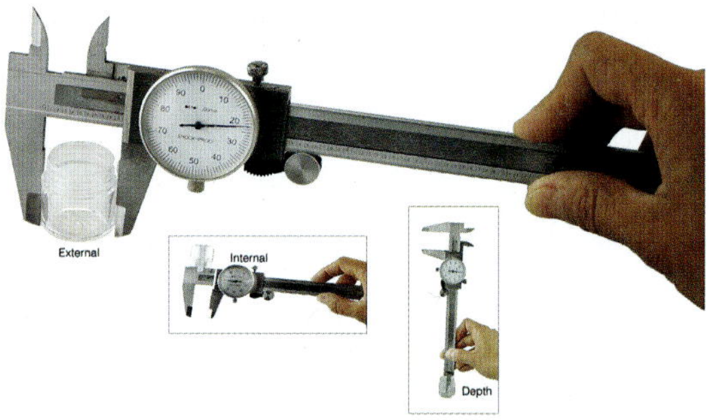


다이얼 캘리퍼(dial caliper)

[그림 7-16] 슬라이드 켈리퍼스[9]

9 출처 : Granger(https://www.grainger.com/product/MITUTOYO-4-Way-Digital-Caliper-1ARG3)
SE(https://www.amazon.com/SE-780DC-Dial-Caliper-Only/dp/B0019O501A)

## 토크렌치 사용법

토크렌치(torque wrench)는 볼트나 나사 등을 정해진 압력만큼의 힘으로 조여주는 공구이다. 정해진 압력보다 적은 힘으로 조일 경우 풀릴 위험이 있고, 과도한 힘으로 조일 경우에는 나사나 볼트, 나사산 등이 망실될 우려가 있다. 이런 위험을 방지하기 위해 항공기의 중요 부위에는 조이는 힘의 양, 즉 토크량이 매뉴얼에 의해 정해져 있으며, 그에 따라 토크렌치를 이용해서 조여주어야 한다.

[그림 7-17]은 가장 일반적으로 사용되는 토크렌치의 종류를 나타낸 것으로 다이얼 지시형(dial indicating type), 마이크로미터 클릭형(micrometer click type), 전자식 렌치형(electronic type), 디플렉팅 빔형(deflecting beam type)이 있다. 플렉시블 빔형과 다이얼 지시형 토크렌치를 사용할 때는, 렌치의 손잡이에 설치된 눈금을 직접 읽어서 토크 값을 설정한다. 마이크로미터 클릭형을 사용할 때는 그립의 잠금장치를 풀고 요구되는 마이크로미터형 눈금을 조정하여 토크 값을 설정한 다음, 그립을 다시 잠근다. 이어서 토크렌치와 체결하는 작업에 필요한 소켓(socket)이나 어댑터(adapter)를 조립한다. 조립된 토크렌치를 너트 또는 볼트에 장착하고 시계방향으로 천천히 안정되게 손잡이를 끌어당긴다. 너무 빠르거나 갑작스러운 움직임은 부적절한 토크 값을 초래하므로 설정한 토크 값에 도달할 때까지 천천히 당기거나 민다. 설정한 토크 값에 도달하면, 손잡이가 자동으로 살짝 꺾여 딸깍 하는 소리가 나면서 잠김이 풀린다. 이렇게 한두 번 더 당겨서 손잡이 꺾임과 딸깍 하는 소리를 확인하면 토크 작업이 종료되고 요구하던 토크 값만큼 조여진 상태가 된다. 모든 토크렌치는 정확한 토크 값을 얻기 위해 규정에 정해진 대로 공인 기관에서 교정을 받아야 한다.

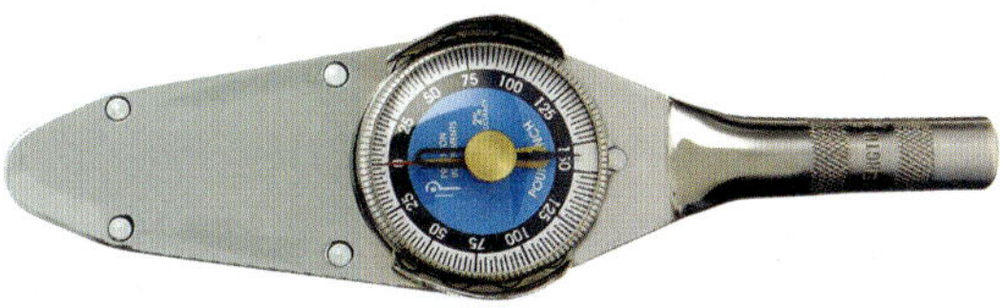

다이얼 지시형(dial indicating type)

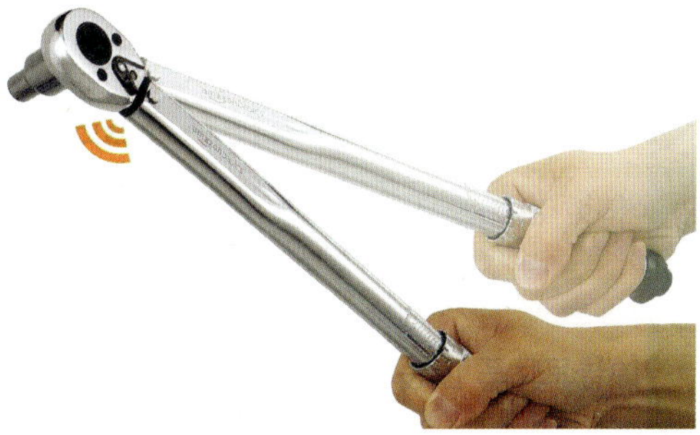

마이크로미터 클릭형(micrometer click type)

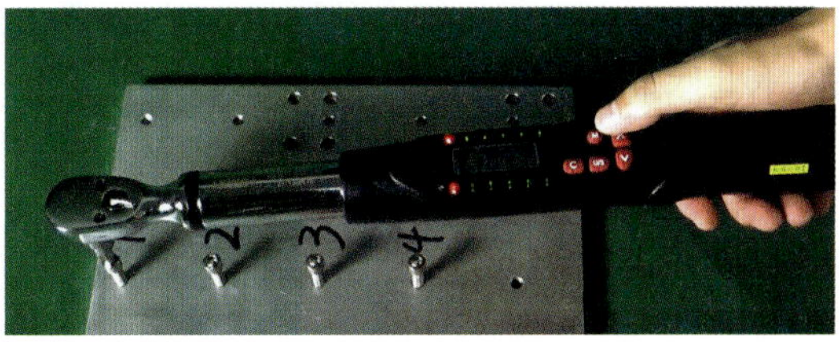

전자식(electronic type)

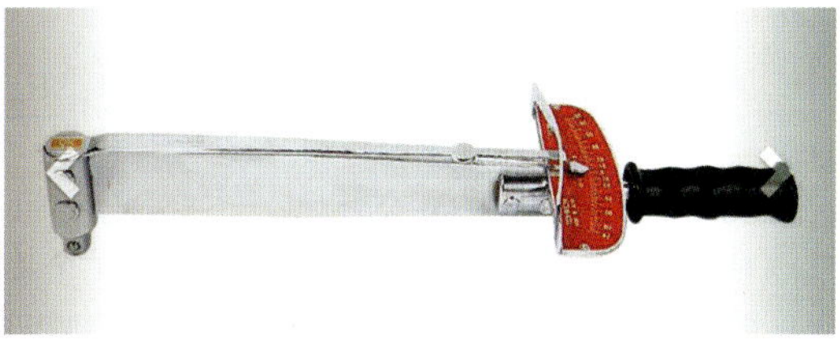

디플렉팅 빔형(deflecting beam type)

[그림 7-17] 토크렌치의 종류[10]

10 출처 : Precision instrument(amazon.com., https://www.amazon.com/Precision-Instruments-PRED2F600HM-Dial-Type-Pointer) Tohnichi America(https://www.tohnichi.com/products/flat-beam-torque-wrench-SF.htm)

SECTION 7.4
# 멀티콥터 제작/정비용 공구

멀티콥터는 다른 기종에 비해 구조가 간단하고, 사용되는 공구의 종류도 많지 않다. 기본적으로 멀티콥터 제작/정비작업에 빈번히 사용되는 공구들을 다음과 같다. 이외의 측정공구로 기존 항공용 공구들이 사용될 수 있다. 소형 드론의 경우 정밀측정공구를 거의 사용하지 않지만, 대형 드론의 경우 필요한 토크들을 계산하기 위해 정밀측정공구를 사용할 필요가 있다.

## 종합 공구 박스

[그림 7-18]은 드론 정비에 사용되는 다양한 공구와 자재들을 하나의 공구 박스에 정리한 모습이다. 공구 박스를 이용하면 휴대성이 좋아 기동성 있는 정비 지원 작업에 용이하다.

[그림 7-18] 드론 정비용 공구 박스

## 육각렌치 2.0mm/2.5mm/3mm/4mm

산업용 드론들은 일반적인 조립작업 등을 용이하게 하기 위해 부식이 없는 스테인리스 재질의 육각볼트와 풀림 방지용 나일론 너트를 사용하는 경우가 많다. 이런 드론 조립 작업에는 [그림 7-19]와 같은 육각렌치가 주로 사용된다. 육각렌치를 사용할 경우 렌치 손잡이는 볼트 해드와 직각을 이루도록 한 상태에서 조이거나 푸는 동작을 진행해야 렌치 팁이나 볼트 해드의 비정상적인 손상을 예방할 수 있다.

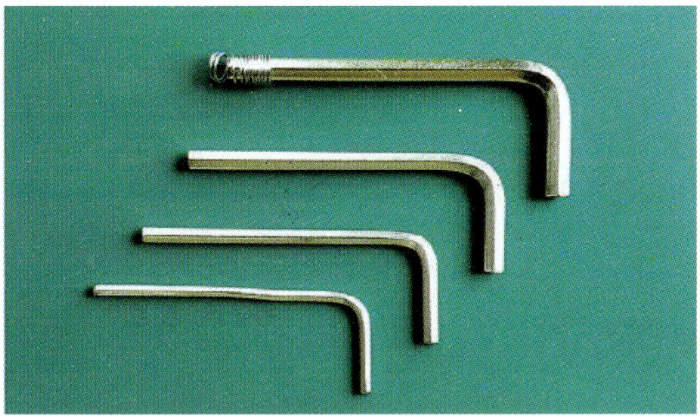

(a) 육각렌치(엘보형)

(b) 육각렌치(일자형)

[그림 7-19] 다양한 육각렌치

## 소켓렌치와 프롭너트 라쳇렌치

[그림 7-20]은 소켓렌치와 라쳇렌치를 보여준다. 소켓렌치는 볼트나 너트를 상대적으로 신속하게 조이거나 풀 때 사용한다. 라쳇렌치도 소켓렌치처럼 신속하게 회전 방향을 변경하면서 작업하기에 편리하다.

(a) 소켓렌치

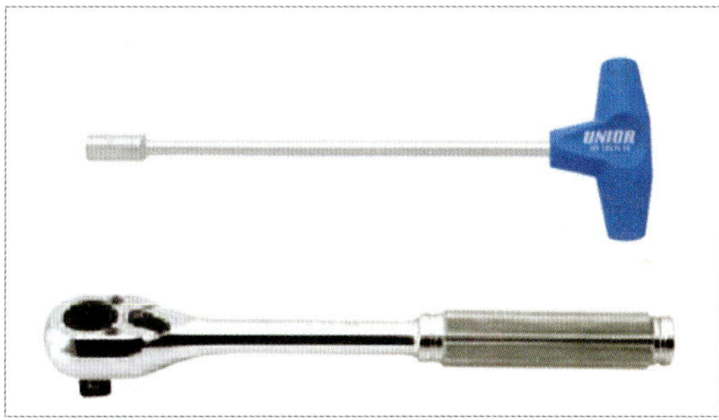


(b) 프롭너트 라쳇렌치

[그림 7-20] 소켓렌치와 라쳇렌치

## 니퍼와 커터

[그림 7-21]은 니퍼와 커터를 보여준다. 니퍼는 전선과 케이블타이 등을 자를 때 사용하는데, 모터 및 각종 배선의 전선 피복을 벗겨낼 때 사용하는 필수 공구이다. 이때 와이어 스트리퍼를 함께 사용하면 편리하다. 커터는 드론 수리 시 테이프 등을 자를 때 사용한다.

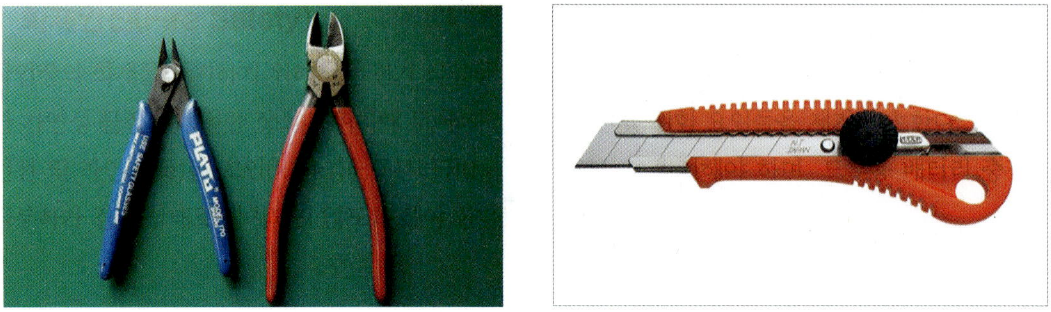

(a) 니퍼 (b) 커터

[그림 7-21] 니퍼와 커터

## 납땜 인두기, 실납, 솔더링 페이스트

모터와 변속기, FC 등 모든 드론 부품을 조립할 때, 분해·조립할 필요가 거의 없어 영구적으로 고정시켜야 하는 전선이나 기판 등에는 납땜 작업이 필요하다. 전기제품인 드론의 경우 전기가 통하는 전선 연결이 많은데, 50W 이상 사양의 인두기를 사용해야 냉납을 줄일 수 있다. 드론 수리가 많은 경우라면 220℃에서 450℃까지 온도 조절이 가능한 인두기가 편리하다. [그림 7-22]는 이러한 납땜 작업에 필요한 납땜 공구 세트이다. 실납은 드론 조립에 사용되는 땜납이다. 주석 함유량이 높은 무연납의 경우 녹는점이 높아 고온 사양의 인두기가 필요하다. 좋은 납을 쓸수록 작업효율이 좋다. 납땜할 곳에는 솔더링 페이스트를 미리 살짝 찍어 발라두면 작업이 수월하다.

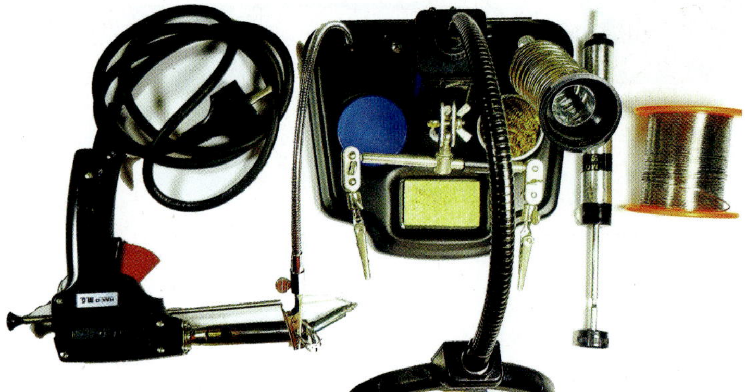

[그림 7-22] 납땜을 위한 제품들(스탠드, 실납, 솔더링 페이스트)

## 핀셋(집게)과 정돈박스

소형드론 등에는 볼트, 너트 같은 소형 부품들이 많이 들어간다. 이러한 부품들을 집을 때 [그림 7-23(a)]와 같은 핀셋(집게)을 사용하면 작업하기 쉽고, 부품 분실도 예방할 수 있다. 또한 드론 분해 작업을 할 경우에는 반드시 [그림 7-23(b)]와 같은 부품 정돈박스를 사용하여 부품을 종류별로 정리·정돈하면서 진행해야 한다.

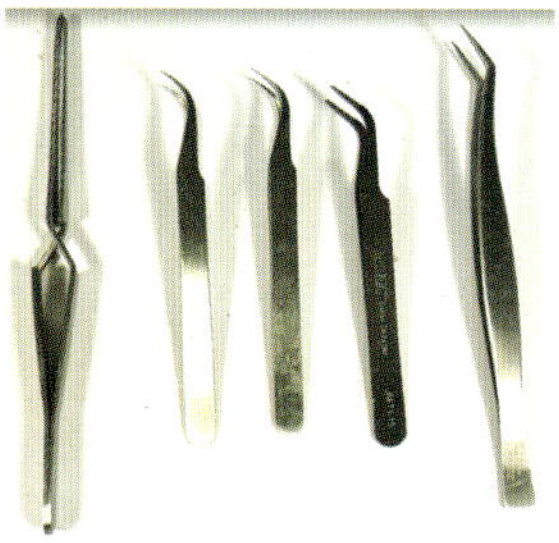

(a) 핀셋(집게)

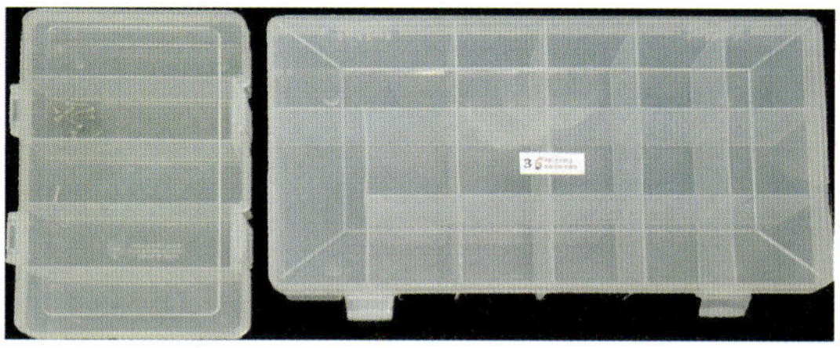

(b) 부품 정돈박스

[그림 7-23] 핀셋과 부품 정돈박스

## 롱노즈 플라이어와 와이어 스트리퍼

드론은 경량화를 위해 가벼우면서도 강도 높은 카본, 플라스틱, 알루미늄 등의 재질을 많이 사용한다. 이러한 부품들에 비정상적인 힘을 가하면 망실의 원인이 되기 때문에 주의해야 한다. [그림 7-24(a)]는 롱노즈 플라이어이다. 손으로 직접 잡고 작업하기 불편한 부품이나 전선 등을 롱노즈 플라이어로 임시 고정한 상태에서 납땜 등의 추가 작업을 진행한다. 또한 전선 등의 피복을 내선 손상 없이 벗기는 데 [그림 7-24(b)]의 와이어 스트리퍼를 사용하면 깔끔하고 편리하다.

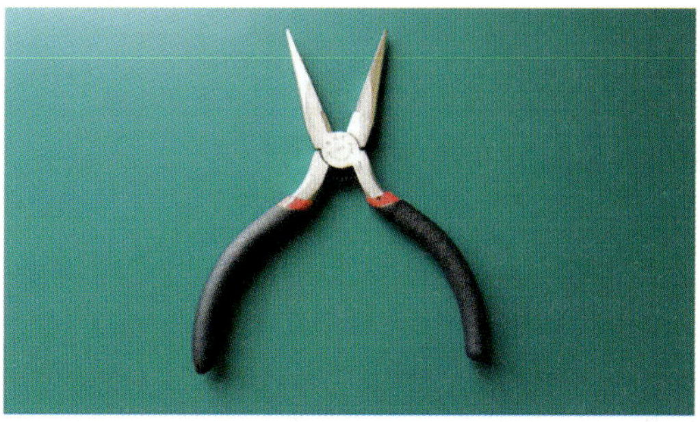

(a) 롱노즈 플라이어

(b) 와이어 스트리퍼

[그림 7-24] 플라이어와 스트리퍼

SECTION
# 7.5 제작 정비용 소모성 자재

## 볼트/너트

규격과 용도에 맞는 볼트와 너트를 사용하는 것은 구성품의 비정상적인 이탈이나 비틀림, 진동 등을 예방하는 기초가 된다. [그림 7-25]는 다양한 볼트·너트의 종류와 그 표식을 나타낸 것이고, [그림 7-26]은 항공기에 많이 사용되는 비자동 고정 너트 종류를 나타낸 것이다. 용도에 맞는 볼트와 너트를 사용해야 오랜 피로 누적에 의해 발생할 수 있는 심각한 사고나 고장을 예방할 수 있다.

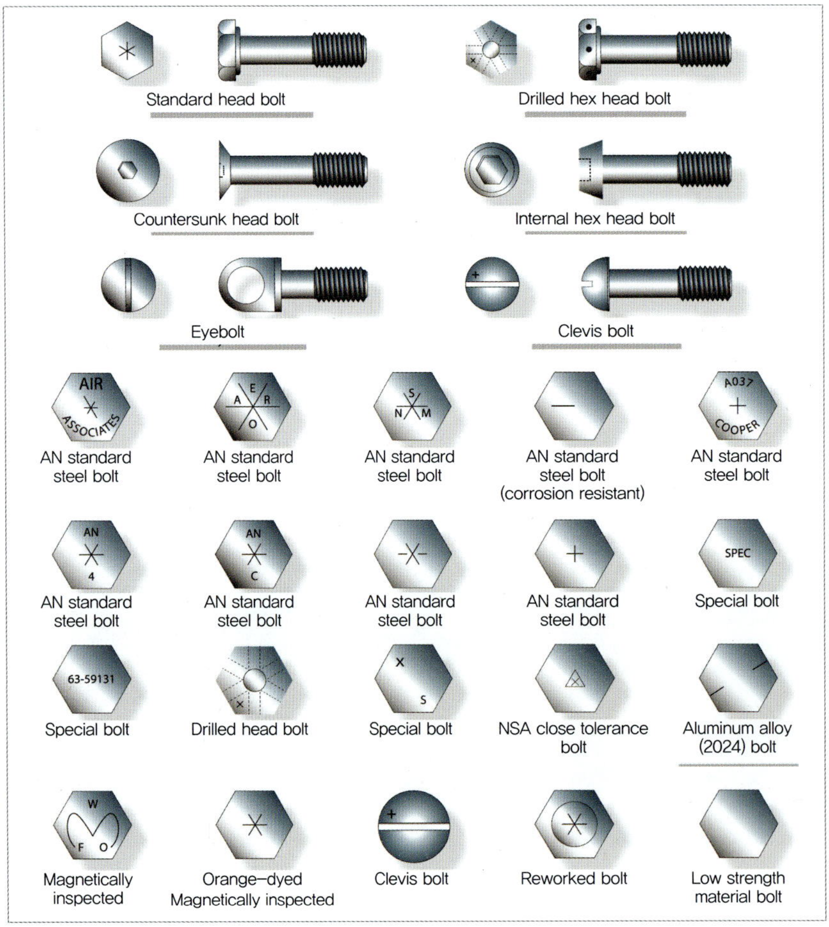


[그림 7-25] 항공기용 볼트의 식별[11]

11 출처 : 『항공정비사 표준교재(개정판)』, 국토교통부

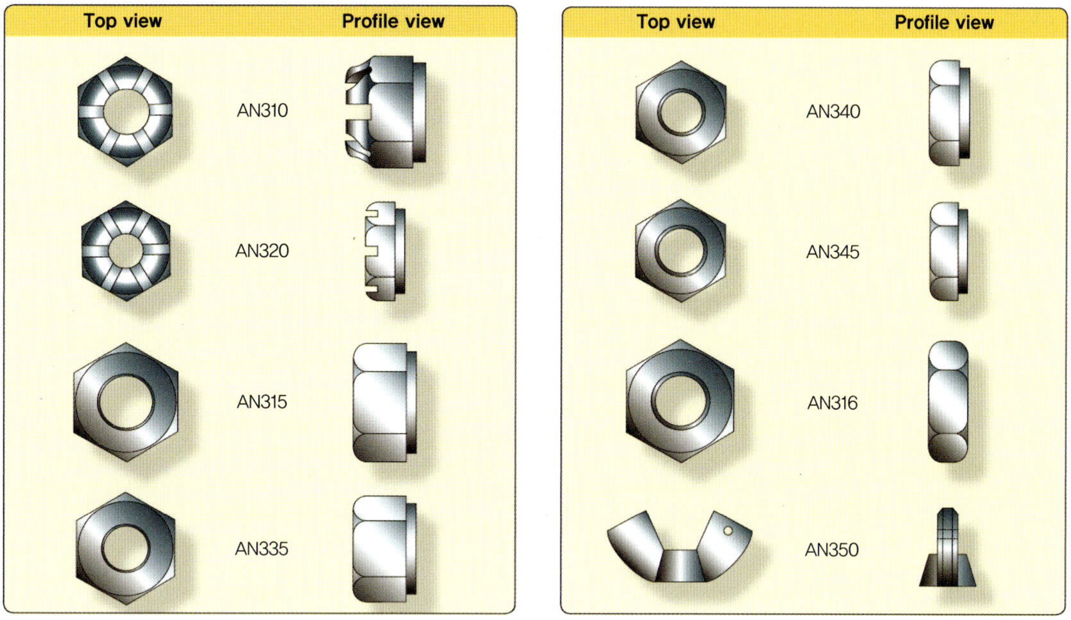


[그림 7-26] 항공기용 비자동 고정 너트[12]

## 순간접착제와 케이블타이

[그림 7-27]의 순간접착제는 부품을 단단히 결합하는 데 사용한다. 카본 프레임의 경우 즉각적인 접착력을 발휘해 수리 작업 시 유용하다. 작업하는 동안 순간접착제가 신체에 닿지 않도록 주의해야 한다. 케이블타이는 드론 기체에 다방면으로 사용된다. 프레임에 전선 결합 및 LED 장착, 펜타가드 응급 수리 등에 쓰인다. 케이블타이를 100mm, 150mm, 200mm 등 사이즈별로 구비해놓으면 사용하기 편리하다.

(a) 록타이트 순간접착제 (b) 케이블타이

[그림 7-27] 순간접착제와 케이블타이

12 출처 :『항공정비사 표준교재(개정판)』, 국토교통부

## 수축튜브, 글루건, 절연/전자파 차단 테이프, 볼트 경화제

[그림 7-28]과 같은 자재들은 드론 제작 및 정비작업을 할 때 내·외부의 깔끔한 마무리 또는 방진, 방습을 위해 사용되는 소모성 자재들이다. 대부분 한 번 사용한 후에는 재사용이 불가능하다. 수축튜브는 전선의 접착 부위를 밀봉하는 역할을 하는데, 전선 등을 연결한 후 수축튜브로 덮고 나서 열을 가해주면 튜브가 수축된다. 글루건은 실리콘 재질을 녹여서 부품을 상호 부착하거나, 일정 부위를 밀봉하기 위해 덮어씌우는 형식으로 사용한다. 절연 테이프는 통신선이나 전선을 밀봉하여 전선 간 접촉에 의한 합선 등을 방지하는 데 사용하고, 전자파 차단 테이프는 전자파의 발생이 예상되거나 전자파에 민감한 부품이나 부분에 덮어씌워 전자파에 의한 에러를 방지하는 데 사용한다. 볼트경화제는 볼트를 잠글 때 살짝 묻혀주면 볼트의 풀림을 방지할 수 있고, 방수처리용 실리콘은 수분 침투 등을 방지할 필요가 있는 부분에 발라준다.

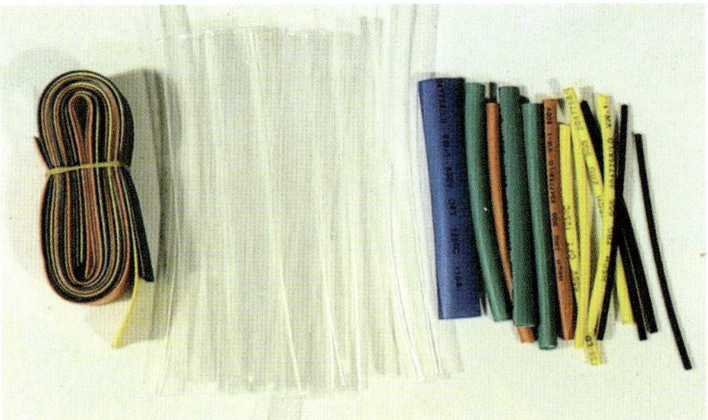

(a) 수축튜브

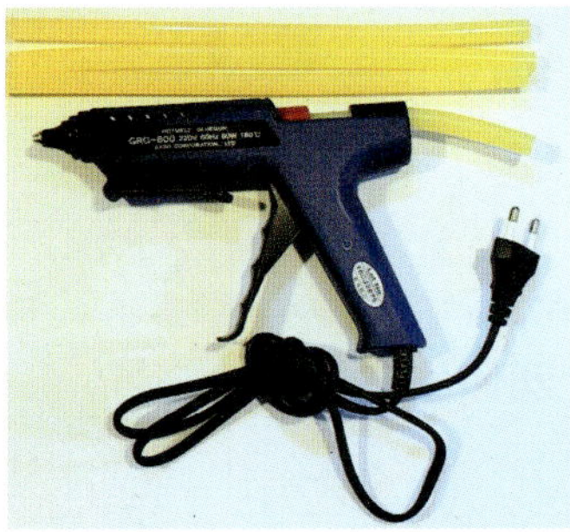

(b) 글루건

(c) 절연/전자파 차단 테이프

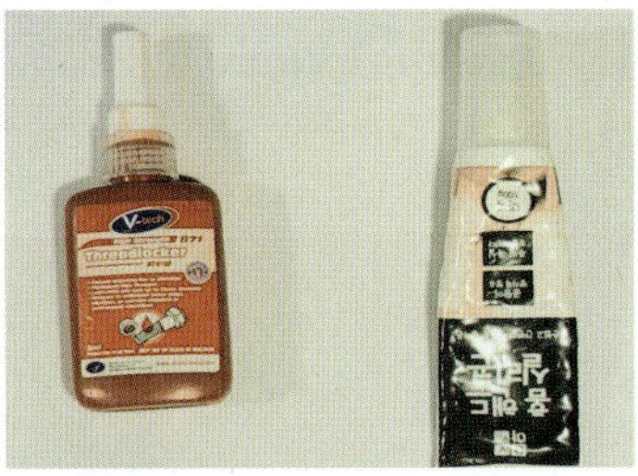

(d) 볼트경화제 및 방수처리용 실리콘

[그림 7-28] 수축튜브, 글루건, 절연/전자파 차단 테이프, 경화제

## 양면테이프와 색상테이프

[그림 7-29]의 양면테이프는 드론 부품을 고정할 때 유용하다. 양면테이프는 전선, LED 컨트롤러, 수신기를 프레임에 부착할 때 사용한다. 색상테이프는 부품이나 전선 등을 표시하면서 묶는 등 다양한 용도로 사용된다. 케이블 보호망은 신축성과 내구성이 좋아 부러진 펜타가드를 보강할 때 수리하거나 덧대는 용도로 사용하면 된다.

(a) 양면테이프

(b) 색상테이프

(c) 케이블 보호망

[그림 7-29] 양면테이프와 색상테이프, 케이블 보호망

## 필라멘트 테이프

[그림 7-30]의 필라멘트 테이프는 간편하고 내구성이 강해서 케이블타이와 같은 용도로 쓰인다. 케이블타이보다 가볍고 더 강하게 결착된다. 기자재의 프레임 부착용 또는 외장 펜타가드의 수리 및 결합용으로 두루 사용된다.

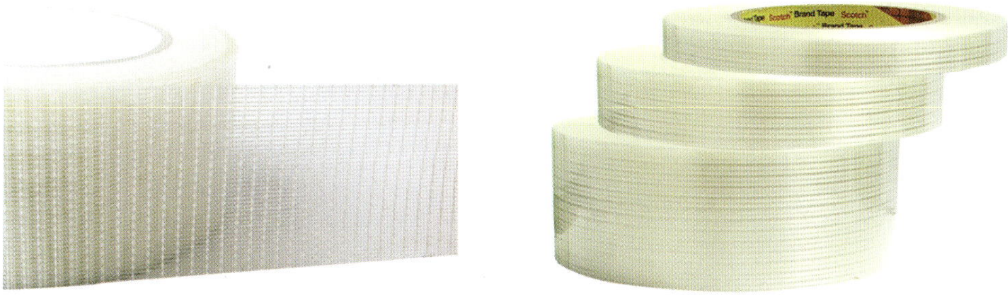

[그림 7-30] 필라멘트 테이프

# CHAPTER 07 연습문제

**7.1** 정비작업장에서 필요한 안전사항에 대해 설명하시오. (7.1)

**7.2** 정비작업장의 위험 경고 표시 구분에 대해 설명하시오. (7.1)

**7.3** 작업장에서 정리정돈의 중요성에 대해 설명하시오. (7.1)

**7.4** 작업장에서 원활한 의사소통의 필요성에 대해 설명하시오. (7.1)

**7.5** 작업장의 위험물 안전에 대해 설명하시오. (7.1)

**7.6** 항공기 일반정비 공구세트는 어떤 용도인가? (7.2.1)

**7.7** 항공기 기체엔진 정비 공구세트는 어떤 용도인가? (7.2.1)

**7.8** 전기계통 정비 공구세트는 어떤 용도인가? (7.2.1)

**7.9** 항공 계기 정비 공구세트는 어떤 용도인가? (7.2.1)

**7.10** 해머와 맬릿의 사용상 주의사항은 무엇인가? (7.3.1)

**7.11** 드라이버의 사용상 주의사항은 무엇인가? (7.3.1)

**7.12** 플라이어류 절단공구의 사용상 주의사항은 무엇인가? (7.3.1)

**7.13** 소켓류 공구들의 사용상 주의사항은 무엇인가? (7.3.1)

## 실습과제

1. 공구들의 사용 요령을 실습하시오. (7.3.1)

2. 측정용 공구의 사용 요령을 실습하시오. (7.3.2)

3. 슬라이드 캘리퍼스 사용법을 실습하시오. (7.3.2)

4. 토크렌치 사용법을 실습하시오. (7.3.2)

5. 멀티콥터 제작/정비 공구 정리정돈을 실습하시오. (7.4)

6. 납땜 인두기 사용법을 실습하시오. (7.4)

7. 항공용 볼트와 너트의 구분을 실습하시오. (7.4)

8. 수축튜브 사용법을 실습하시오. (7.4)

9. 글루건 사용법을 실습하시오. (7.4)

10. 테이프류의 구분 및 용도별 사용법을 실습하시오. (7.4)

11. 볼트경화제 사용법을 실습하시오. (7.4)

CHAPTER

08

# 소형 DIY 드론 제작 실습(F-450)



**학습목표**

- 키트 드론 구성품 및 자재들을 준비할 수 있다.
- 기체 조립 절차를 진행할 수 있다.
- FC Assistant 프로그램을 설정할 수 있다.
- 지상 및 비행시험을 실시할 수 있다.

SECTION
# 8.1 DIY 드론 구성품 및 자재 준비

3장에서 학습한 드론 성능 설계 방법을 바탕으로 이 장에서 안내하는 제작 실습을 충실히 실행하면, 본인이 원하는 드론을 직접 제작해볼 수 있을 것이다. 멀티콥터의 기본 구성은 유사하며, 운용 방법도 대부분 유사하다. 다만 암(arm)의 수, 즉 모터와 로터의 수와 크기 등의 차이에 따라 멀티콥터의 성능이 변한다. 따라서 어떤 형상이든 멀티콥터 하나를 직접 제작해보면 기본적인 시스템에 대해 쉽게 이해할 수 있다.

## 8.1.1 키트 드론 종류

드론이 국내에 소개되기 시작한 초창기에는 멀티콥터 부품들을 국내에서 판매하는 숍이 많지 않았으나, 2000년 이후에는 드론 전문 구매 사이트가 많이 생겨나 대부분의 부품을 쉽게 구할 수 있다. 국내에서 구할 수 없는 부품은 해외 사이트에서 구매하기도 하는데 최근에는 해외직구로 손쉽게 진행할 수 있어 원하는 부품들을 구하는 데 큰 어려움이 없다. [그림 8-1]~[그림 8-3]은 DIY 드론의 주요 기종을 나타낸 것이다.

(a) fighter 220 레이싱 드론 키트

(b) JMT 250 DIY FPV 드론 키트

[그림 8-1] 레이싱용 FPV 드론 키트[1]

1 출처 : (a) cototoy.com(https://www.cototoys.com/product/fighter-220-220mm-fpv-racing-drone-diy-kit)
(b) xt-sinte.com(https://www.xt-xinte.com/JMT-250-Full-Set-DIY-FPV-Quadcopter)

(a) F-450 쿼드콥터 + FixHawk4 FC 키트 (b) F-540 쿼드콥터 + NAZA FCS 키트

[그림 8-2] 450급 쿼드콥터 드론 키트

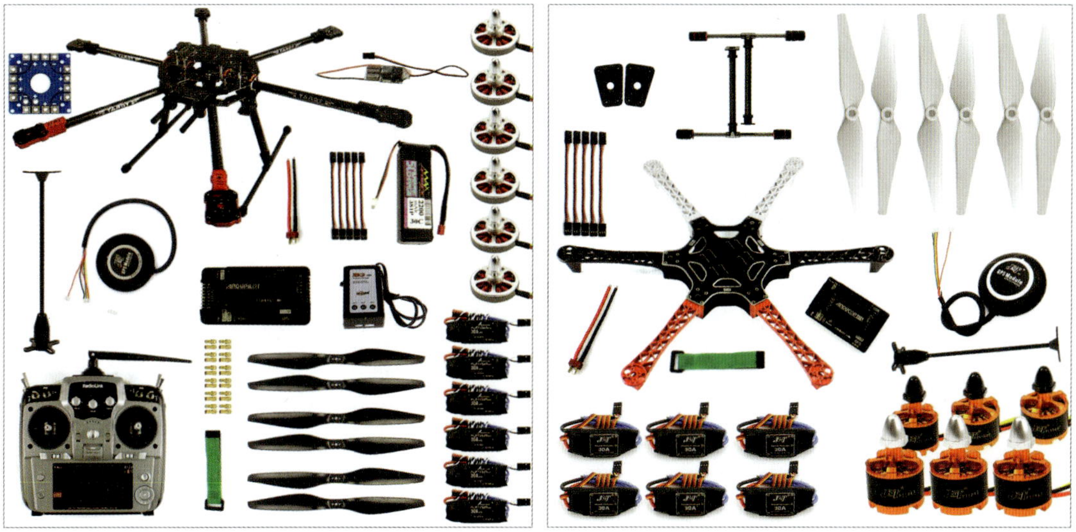

(a) S-550 쿼드콥터 키트 (b) F-550 헥사콥터 키트

[그림 8-3] 550급 헥사콥터 드론 키트[2]

2 출처 : Aliexpress, https://ko.aliexpress.com/item/32391828782.html

## 8.1.2 F-450 구성품

여기서는 시중에서 구하기 쉬운 키트 드론인 F-450 쿼드콥터로 제작 과정을 실습해보자. 비행제어시스템에서 하드웨어는 Fixhawk를 사용하고, 소프트웨어는 아두이노 기반의 Mission Planner를 기본으로 하여 설명한다. 이외에 Qground 등도 기본 원리는 유사하므로 이 중 한 가지를 확실하게 숙지하면 다른 드론에도 충분히 응용할 수 있을 것이다.

### 기본 구성품

일반적인 가시권 비행용 RC 조종기를 이용하여 수동에서 반자동비행까지 시험하기 위해서는 [그림 8-4]와 같은 기체를 제작해야 한다.

[그림 8-4] F-450 기체 제작 형상

[그림 8-4]의 기체를 제작하는 데 꼭 필요한 기본 구성품은 [표 8-1]과 같다. 표에 제시된 기본 구성품의 구입 비용은 비행제어시스템 등의 구성에 따라 달라지겠지만 일반적으로 저가형인 경우 50만 원 정도 든다.

[표 8-1] F-450 드론 기본 구성품

| 명칭 | 용도/설명 | 수량 |
|---|---|---|
| 프레임(frame) | 드론의 중심 구조물이 되는 구성품 | 1세트(상판, 하판) |
| 암 또는 붐(arm or boom) | 드론 모터를 장착하기 위한 구조물 | 1세트(4개) |
| 모터(motor) | 드론을 비행하게 하는 동력 부품 | 1세트(4개) |
| 변속기(ESC) | FC에 의해 모터의 속도를 제어하는 부품 | 1세트(4개) |
| 비행제어시스템(FCS) | 드론을 제어하는 메인 부품 | 1세트(FC, IMU 등) |
| 전원분배기(power module) | 드론 부품에 있는 각종 기기의 전기 공급장치 | 1세트 |
| 배터리(battery) | 드론 주전원 공급 부품 | 1개 |
| 로터(rotor) | 공기 저항을 통하여 드론을 비행하게 하는 부품 | 1세트(4개) |
| 착륙장치(landing gear) | 프레임 하부에 장착되는 착륙장치 | 1세트(4개) |
| 조종기(RC controller or transmitter/receiver) | 드론을 무선으로 조정하기 위한 기기 | 1세트(송신기, 수신기) |

### 추가 구성품

[표 8-2]의 추가 구성품은 [그림 8-4]의 기체를 제작하는 데 반드시 필요한 것은 아니지만, 앞으로 경로 비행 등 자동비행을 하는 드론을 만들기 위해서는 추가로 확보해야 한다.

[표 8-2] F-450 드론 추가 구성품

| 명칭 | 용도/설명 | 수량 |
|---|---|---|
| GPS 수신기 세트 | 드론의 위치를 파악하는 센서 | 1세트 |
| 텔레메트리(telemetry) | 드론 운행 및 작동 상태 정보를 수집하는 무선 장치 | 1개 |
| 배터리 경고장치(Lipo Alarm) | 드론 상태, 배터리 잔량을 표시하는 장치 | 1개 |
| 모니터표시기(OSD; On Screen Display) | 드론의 운행 및 작동 상태를 표시하는 장치 | 1개 |
| 아두이노, 라즈베리 파이(Aduino, Raspberry Pi) | FC 대신 콘트롤할 수 있도록 프로그래밍이 가능한 장치<br>(아두이노는 나노로도 충분함, 또한 브레드보드도 필요함) | 1개 |

## 8.1.3 구성품 세부 설명

[그림 8-5]는 F-450에 적합한 부품을 선택하는 예로, 3장에서 살펴본 드론 제작용 사양 계산기를 통해 산출된 결과이다. 여기서는 500g의 탑재 중량을 가지고 15분 이상 비행할 수 있는 드론을 설계하였다.

| | 무게(g) | 수량(개) |
|---|---|---|
| 페이로드 (전체) | 500 | |
| 모터 (1개) | 54 | 4 |
| 변속기 (1개) | 14 | 4 |
| 배터리 (1개) | 350 | 1 |
| 프레임 (전체) | 282 | |
| 총 중량 | **1,404** g (1.4 kg) | |

스로틀 50%~70% 수준에서 출력이 351 g 에 근접한 출력이 나오는 모터를 선정하십시오.

| | 호버링 | 최대출력 |
|---|---|---|
| 1개당 출력 (g) | 351 | 722 |
| 전체 출력 (g) | 1,404 | 2,888 |
| 1개당 소모전류 (A) | 3.55 | 9.8 |
| 전체 소모전류 (A) | 14.2 | 39.2 |
| 여유 추력 (%) | 51 % | |

여유 추력은 최대출력과 호버링출력의 차이입니다.
40%~60% 일 때 최적의 비행성능이 나오며,
30% 이하 또는 70% 이상일 경우 안전한 비행이 불가능합니다.

※ 여유추력 30% 이하시 안전한 비행이 불가능합니다.
※ **11.76A 이상**의 변속기를 사용하십시오.

| 전체 배터리 용량(mAh) | 안전 최대시간(80%) | 최대시간(분) |
|---|---|---|
| 14,200 | 48 | 60 |
| 7,100 | 24 | 30 |
| 3,550 | 12 | 15 |
| 1,775 | 6 | 8 |
| 887.5 | 3 | 4 |
| 443.75 | 1 | 2 |
| 실제 용량 : 5000 | 16.9 | 21.1 |

| 출력 (g) | | 전류 (A) | |
|---|---|---|---|
| 모터출력 (小) | 240 g | 소모전류 (小) | 2 A |
| 모터출력 (大) | 490 g | 소모전류 (大) | 5.5 A |
| 찾는 모터 출력 | 351 g | 계산된 소모전류 | 3.55 A |

출력이 240g 일 때 2A 의 전류를 소모하고
출력이 490g 일 때 5.5A 의 전류를 소모하므로,
출력이 351g 일 때는 3.55A 의 전류를 소모합니다. (※ 예상값)

[그림 8-5] F-450 이용 드론 성능 설계

- **중량에 포함될 사항** : 프레임, 모터, ESC, 배터리, 컨트롤러, GPS, 텔레메트리, 각종 배선, 볼트너트, 리시버, 리포알람, 착륙장치 등

## F-450 프레임

일반적으로 DJI 사의 키트 드론은 F-450, F-550 등으로 명명되어 있다. 여기서 450은 대각선 모터를 장착하는 축간거리가 450mm임을 의미한다. F-450 프레임은 무게가 282g이고 이륙 중량은 대략 0.8~1.6kg 정도이며 기본 4개의 프로펠러를 이용하는 쿼드콥터 드론이다. F-550은 암의 축간거리가 550mm인 헥사콥터 드론이다.

프레임 중 암이나 랜딩기어는 조립 작업이나 테스트를 하는 동안 손상될 가능성이 있어 빠른 조치를 취해야 하고, 이른 시일 안에 다시 재조립하여 운행하려면 여유 부품을 한두 개씩 미리 준비해두는 것이 좋다. [그림 8-6]은 F-450의 형상과 제원이다.

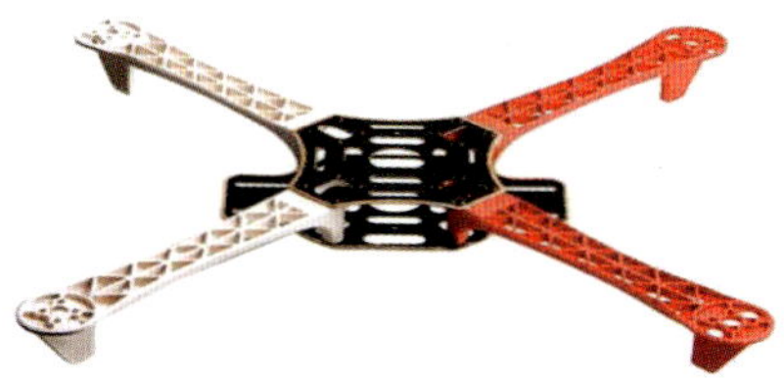

(a) F-450 프레임 형상

| | |
|---|---|
| 모델 | • F450 V2 Quad Basic Power ARF Combo<br>• Q450 F450 Nylon fiber Multi-Rotor Air Frame Wheel KIT |
| 제원 | • Diameter : 450mm Wheel Base<br>• KIT Weight : 282g<br>• Flight Weight : 800g<br>• Loading Weight : 700g<br>• Full Loading Weight : 800~1,500g |

(b) 프레임 제원

[그림 8-6] F-450 기본 프레임

## 모터

F-450급에 장착할 수 있는 모터는 다양하다. 모터는 드론을 공중에 띄우기 위한 동력장치로서 전체 중량을 부양시킬 수 있는 추력을 낼 수 있도록 제원과 수량을 결정해서 준비해야 한다. F-450은 쿼드콥터이므로 추력을 내려면 4개의 모터가 필요하다. 모터는 3장의 계산 과정을 통해 산출되는 추력을 포함한 모델을 선정한다. [그림 8-7(a)]는 F-450에 적당한 모터 중 하나이며 [그림 8-7(b)]는 그 제원표이다. [그림 8-7(c)]는 모터 데이터 시트이다.

(a) 모터 형상

| | |
|---|---|
| 모델 | [T-MOTOR] AIR 2213 (AIR GEAR 350모터) 920KV brushless motor CW/CCW 2-Pair For DJI F450 F550 |
| 제원 | • Configuration : 9N12P<br>• Stator Dimensions: 22mm×13mm, Shaft diameter : 4mm<br>• Size : 27.5×30mm<br>• Support Lithium: 3S-4S LI-PO, max continuous current(A) 180S : 18A, power : 230W<br>• Weight : 54g |

(b) 모터 제원

| Item No. | Volts (V) | Prop | Throttle | Amps (A) | Watts (W) | Thrust (g) | RPM | Efficiency (g/W) |
|---|---|---|---|---|---|---|---|---|
| AIR 2213 KV920 | 11.1 | T 9545 | 50% | 2 | 22.2 | 240 | 4400 | 10.81 |
| | | | 65% | 3.8 | 42.18 | 386 | 5900 | 9.15 |
| | | | 75% | 5.5 | 61.05 | 490 | 6900 | 8.03 |
| | | | 85% | 7.2 | 79.92 | 594 | 7800 | 7.43 |
| | | | 100% | 9.8 | 108.78 | 722 | 8300 | 6.64 |
| | 12 | | 50% | 2.3 | 27.6 | 278 | 4800 | 10.07 |
| | | | 65% | 4.4 | 52.8 | 445 | 6300 | 8.43 |
| | | | 75% | 6.2 | 74.4 | 568 | 2200 | 7.63 |
| | | | 85% | 8.1 | 97.2 | 679 | 8100 | 6.99 |
| | | | 100% | 10.9 | 130.8 | 813 | 8900 | 6.22 |
| | 14.8 | | 50% | 3.3 | 48.84 | 403 | 5700 | 8.25 |
| | | | 65% | 6.2 | 91.76 | 636 | 7600 | 6.93 |
| | | | 75% | 8.4 | 124.32 | 786 | 8600 | 6.32 |
| | | | 85% | 10.7 | 158.36 | 907 | 9500 | 5.73 |
| | | | 100% | 14.3 | 211.64 | 1084 | 10200 | 5.12 |

(c) 모터 데이터 시트

[그림 8-7] [T-MOTOR] AIR 2213(AIR GEAR 350 모터)

## 변속기(ESC)

변속기(ESC; Electronic Speed Controller)는 FC에서 비행 조종을 위한 신호를 전달받아 모터에 속도 변경 신호를 전달하는 핵심 부품 중 하나이다. 모터에서 필요한 추력에 여유 추력을 포함한 추력을 낼 때의 소요전류를 소화해낼 수 있는 규격의 변속기를 선택한다. [그림 8-8(b)]에서 산출된 변속기 소요전류 11.76A 이상을 충분히 소화할 수 있는 [그림 8-8(a)]와 같은 20A 변속기를 선택한다. 모터 공급전원이 3셀이므로 변속기의 공급전원도 3셀로 모터와 ESC 간에 전원공급이 매칭되어야 한다.

(a) 변속기 형상

| 모델 | • [T-MOTOR] AIR 20A 브러시리스 변속기 |
|---|---|
| 제원 | • Continuous Current : 20A<br>• Burst Current(10s) : 30A<br>• Li-xx Battery Cell : 3-4S<br>• Dimension : 52.4 × 21.5 × 7<br>• Weight(g) : 14<br>• BEC Output : no |

(b) 변속기 제원

[그림 8-8] [T-MOTOR] AIR 20A 브러시리스 변속기[3]

## 비행제어시스템(FCS)

FCS(Flight Control System) 또는 FC(Flight Controller) 등으로 불리는 비행제어시스템은 드론의 모든 동작을 제어하는 쿼드콥터의 컴퓨터 장치로, [표 8-3]에서 볼 수 있듯이 종류가 다양하다. 이 중에서 완성도가 높아 사용하기 편리한 종류로는 DJI 사의 NAJA, TAROT 사의 ZYX, Pixhawk 등이 있다. 또한 아두이노를 이용한 센서들을 직접 설정해볼 수 있는 FC로 APM(ArduPilot Mega)이 있다. 이러한 FC는 모듈화되어 있어서 자이로센서와 같은 센서 조정 설정을 할 수 있는데, 어느 정도 관련 지식을 보유해야 이와 같은 설정을 할 수 있다.

[표 8-3] 다양한 멀티콥터용 비행제어시스템

| 범용 | 연구용 | 레이싱용 | 기타 |
|---|---|---|---|
| • DJI NAZA, N3, A3(-Ag)<br>• TAROT ZYX-M<br>• Top Gun T1<br>• JIYI K3A pro, P3, E6, K++V2 | • Pixhawk(1,2,4,5)<br>• APM | • F1 CC3D<br>• F1 NAZE32<br>• F serise | • H-1 Heli<br>• Raspberry PI 3 |

한편, Arduino Nano나 Uno에 Multiwii 같은 오픈소스를 연결하여 S/W만으로 설정해서 구동시키는 방법도 있다. 이 방법은 실제 PID(Proportional(비례), Integral(적분), Differential(미분)) 등을 직접 설정하여 운영해야 하므로 상당히 까다롭지만 이를 통해 비행 이론과 원리를 터득할 수 있다는 장점

3 [그림 8-5]~[그림 8-8] 출처 : 팰콘샵(https://www.falconshop.co.kr)

이 있다. [그림 8-9(a)]는 여러 제조사의 대표적인 비행제어시스템이고, [그림 8-9(b)]는 대표적인 오픈소스 비행제어시스템인 Pixhawk의 변천사를 보여준다. [그림 8-9(c)]는 최근 부각되고 있는 JIYI 사의 K3-A pro 제어시스템을 보여준다.

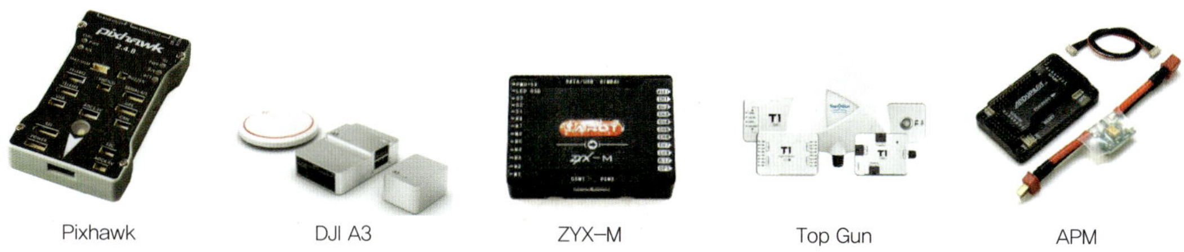


(a) 다양한 업체들의 비행제어시스템

(b) Pixhawk/ArduPilot 개발 역사[4]

(c) JIYI K3-A pro

[그림 8-9] 다양한 자동비행시스템

4 출처 : ardupilot.org, https://discuss.ardupilot.org/t/different-pixhawk-models-comparison/48784

## 배터리

[그림 8-5]를 보면 F-450 기체로 15분 이상 비행하기 위해 배터리(battery)는 3S 5,000mAh를 사용하면 된다는 것을 알 수 있다. 비행에 필요한 배터리 선정은 3장에서 살펴본 모터 선정 방법과 유사하게 생각하면 된다.

- F-450급 쿼드콥터에는 보통 3cell(11.1V) 또는 4cell(14.8 V), 2,500~5,000mAh, 25~30C 정도의 용량을 가진 리튬폴리머(Li-Po) 배터리가 사용된다.
- [그림 8-5]에서처럼 총중량을 대략 1.5kg으로 감안했을 때 모터 전원은 3~4cell, 변속기 전원은 2~6cell이므로 3 또는 4cell 배터리로 구매하면 된다.

[표 8-4]는 [그림 8-5]를 고려해서 선정한 어떤 배터리의 제원을 나타낸다.

[표 8-4] 배터리 5,000mAh[5]

| 배터리 상세 제원 [EP Power] 11.1V 5,000mAh 25C 리튬폴리머 배터리 | | |
|---|---|---|
| 전압 | 3cell (11.1V) | 반드시 사용할 장치에 맞는 전압을 사용해야 한다. 전압이 높을수록 힘과 효율이 높아지지만, 사용할 장치가 지원하는 전압과 맞지 않으면 기기가 손상될 수 있다. |
| 용량 | 5,000mAh | 용량이 클수록 장시간 사용이 가능하지만, 부피와 무게도 용량에 비례하여 커진다. |
| 최대 방전율 | 25C | 지속적으로 사용 가능한 배터리의 출력. 이 배터리의 방전률이 25C이므로, 지속적으로 출력 가능한 전류는 배터리 용량(5A) × 방전률(25C) = 125A이다. |
| 표준 충전율 | 1C | 충전 가능한 전류량. 이 배터리의 충전률이 5 C이므로, 충전 가능한 최대 전류는 배터리 용량(5A) × 충전률(1C) = 5A이다. 충전기가 25A 이상의 충전 전류를 지원한다면 완충하는 데 이론상 60분이 소요된다. 배터리 상태 및 충전기 종류에 따라 충전 시간은 길어질 수 있다.<br>높은 전류로 충전하면 급속 충전이 가능하다는 장점이 있지만, 배터리 수명을 감소시키므로 배터리의 안정적인 사용을 위해 1C(5A) 이하로 충전하는 것을 권장한다. |
| 무게 | 350g |  |
| 길이 | 155mm | |
| 폭 | 45mm | |
| 높이 | 25mm | |



5 출처 : 팰콘샵(https://www.falconshop.co.kr)

## 로터/프로펠러

로터(rotor)는 일반적으로 양력과 추력을 발생시켜 드론을 공중에 뜨게 하고 전·후진을 가능하게 하는 부품으로서, 모터의 규격과 조합하여 선정해야 한다. 프로펠러(propeller)라는 명칭은 주로 추력을 내는 고정익 비행기에 사용된다. [그림 8-10]과 같은 과정에 따라 모터가 지닌 회전속도, 회전력 등을 고려하여 로터의 크기를 선정하며, 여러 종류의 재질 중에 적절한 것을 선정해야 한다. 탄소 재질로 만든 카본 로터 등을 사용하기도 하지만 이는 잘 부러지는 경향이 있다. 초급자는 플라스틱 재질로 만든 로터를 사용하는 편이 유리하다.

F-450급의 모터 성능을 고려했을 때 로터의 속도가 상당히 빠르기 때문에 안전사고에 주의해야 하며, 조립이 끝나고 지상 작동시험을 할 때는 로터를 장착하지 않은 상태에서 진행해야 한다. 그리고 비행시험을 할 때는 안전망 등이 설치된 장소에서 진행하는 것이 안전하다.

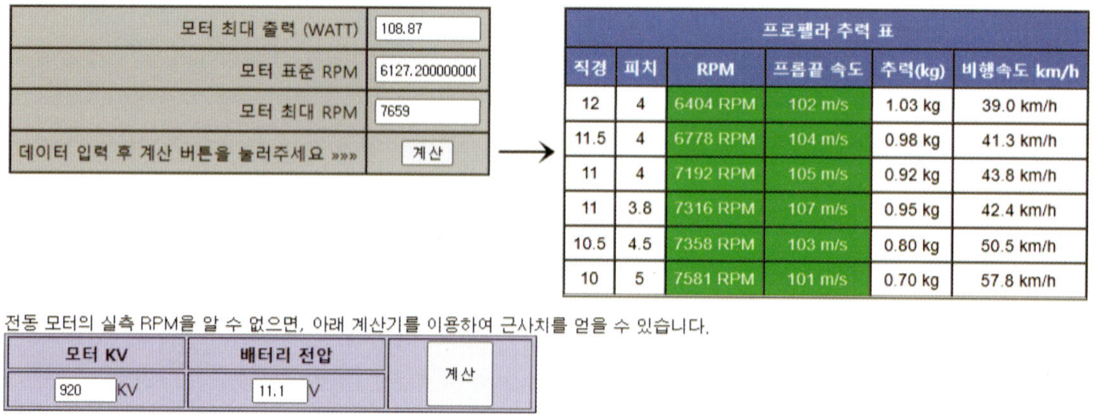


프로펠라 추력 표

| 직경 | 피치 | RPM | 프롭끝 속도 | 추력(kg) | 비행속도 km/h |
|---|---|---|---|---|---|
| 12 | 4 | 6404 RPM | 102 m/s | 1.03 kg | 39.0 km/h |
| 11.5 | 4 | 6778 RPM | 104 m/s | 0.98 kg | 41.3 km/h |
| 11 | 4 | 7192 RPM | 105 m/s | 0.92 kg | 43.8 km/h |
| 11 | 3.8 | 7316 RPM | 107 m/s | 0.95 kg | 42.4 km/h |
| 10.5 | 4.5 | 7358 RPM | 103 m/s | 0.80 kg | 50.5 km/h |
| 10 | 5 | 7581 RPM | 101 m/s | 0.70 kg | 57.8 km/h |

[그림 8-10] 모터 사양으로 로터 선정하기[6]

### ■ 로터의 제원

로터의 제원은 크기(inch) × 피치(pitch)로 나타낸다. 이 제원의 의미는 [그림 8-11]과 같다.

- **크기(inch)** : 로터의 끝에서 끝까지의 길이
- **피치(pitch)** : 로터가 한 바퀴 회전할 때 이동하는 거리

피치가 작을수록 속도는 빠르고 토크(힘)는 작아지며, 피치가 클수록 속도는 느려지고 토크(힘)는 커진다. 일반적으로 로터의 제원은 로터 표면에 '브랜드명 10*45'로 표기되어 있는데, 여기서 10은 직경이 10인치(2.54cm×10 = 25.4cm)임을 의미하고, 45는 피치를 나타내는 것으로 한 바퀴 회전했을 때 45인치 이동하는 로터라는 의미이다.

6 출처 : 팰콘샵 프로펠러 계산기(https://www.falconshop.co.kr/shop/main/html.php?htmid=proc/propsize.htm)

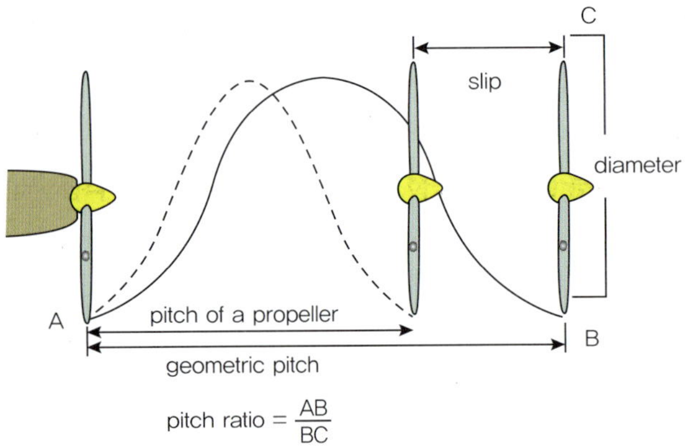


[그림 8-11] 프로펠러 피치

### ■ 로터 또는 프로펠러의 재질

프로펠러(propeller)는 [그림 8-12(a)]와 같이 주로 플라스틱(수지), 나무, 카본 등으로 만들어진다. 플라스틱은 소형 드론에서 가장 많이 사용되는 재질로, 대개 유리섬유 등을 섞어서 사용하며 나무보다 무거우면서 유연하다. 나무 프로펠러는 가장 단단하면서도 가장 가볍고 상대적으로 잘 부러지므로 동체 착륙 등에 의한 기체 파손을 줄여줄 수 있다. 카본은 얇고 단단하게 가공할 수 있어서 높은 RPM의 효율이 좋은 로터를 만드는 데 유리하나, 상대적으로 충격에 약하다. 기타 재질로는 완전한 수지 형태가 있다.

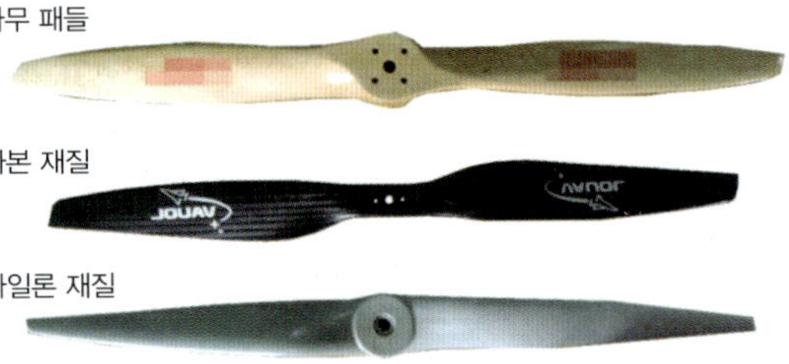


(a) 프로펠러의 재질과 모양

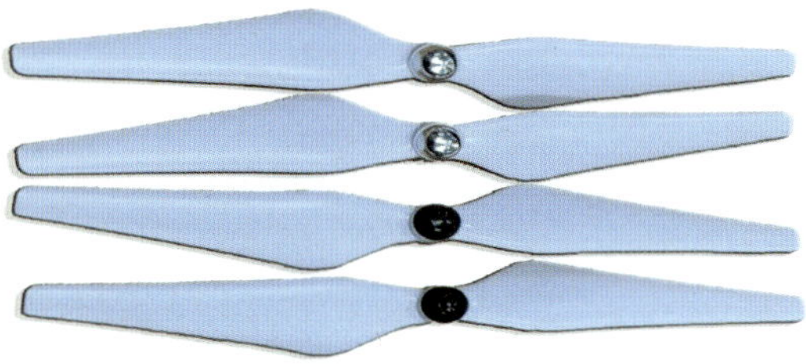

(b) 플라스틱(수지) 재질 프로펠러의 모양

[그림 8-12] 프로펠러의 재질과 모양[7]

## RC 송수신기(조종기)

[그림 8-13]과 같은 RC 송수신기는 드론을 주로 가시범위 내에서 원격 통제하는 무선 조종 장치이다. 단방향의 경우 조종기는 송신기, 비행체에는 수신기가 장착된다. 드론에서 필요한 송수신기의 기본 채널 수는 전-후, 좌-우, 좌우 선회, 상승-하강의 4개이다. 이외에 앞으로 필요한 기능 확장을 고려하여 추가 기능을 선택하는 것이 좋다. 통상 10채널 이상 지원되는 송수신기가 필요하다. 대부분 송신기는 1.5V AA형 건전지 4~6개를 사용하는데, 리튬폴리머나 메탈수소 배터리 2,000~3,000mAh 정도를 선택하여 사용한다.

7 출처 : JOUAV(https://www.jouav.com/news/introduction-to-propeller-of-vertical-take-off-and-landing-fixed-wing-uav.html)

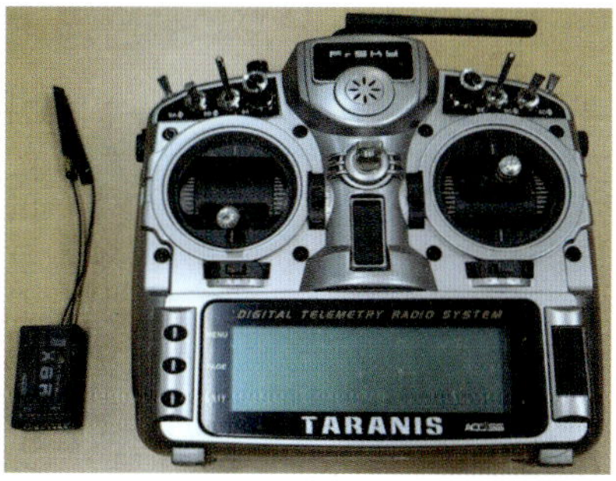


[그림 8-13] 송수신기

| 모델 | • Taranis 조종기(송신기)<br>• X8R 수신기 |
|---|---|

## 기타 부품들

기타 소요되는 부품들은 [표 8-5]와 같다.

[표 8-5] 기타 부품들

| 명칭 | 용도/설명 | 개수 |
|---|---|---|
| 배터리 충전기 | • ELAN AI 충전기<br>• 5A 파워 서플라이/셀 저항측정/최대 80W/7A | 1개 |
| 리포알람 | • 리튬폴리머 배터리 전압 체커 및 저전압 경보장치(1~8셀/3.7V ~ 29.6V)<br>• 배터리 전압 상태가 저전압일 때 경보장치로 보통 쿼드콥터 배터리 유지 | 1개 |

# 8.1.4 F-450 조립용 공구와 자재

F-450 드론 제작 작업에 필요한 공구와 자재는 [표 8-6]과 같다.

[표 8-6] 공구와 자재

| 명칭 | 용도/설명 | 개수 |
|---|---|---|
| 육각렌치 | • 1.5mm, 2.0mm, 2.5mm, 3mm<br>• 프레임과 모터 조립 | 1세트 |
| 인두/땜납 | 파워 ESC 케이블 프레임 기판에 연결([그림 8-13]) | 1개 |
| 드라이버 | 나사 조임 | 1세트 |
| 니퍼/커팅 플라이어 | 전선이나 자재 절단 | |
| 케이블타이 | 5cm, 7cm 등 | |
| 록타이트 | 나사 고정용 접착제 | |
| 가위 | 바인딩 장치나 와이어용 | |
| 폼 양면테이프 | 컨트롤러 및 기타 모듈 고정용 | |
| 수축 튜브 | 되도록 종류별로 확보 | |

F-450 기체를 조립할 때 기판에 배터리 케이블과 ESC 케이블을 납땜해야 한다. 이때 [그림 8-14]와 같은 납땜 도구 세트가 필요하다. 납땜용 인두기는 너무 저출력용을 선택하면 냉납이 되어 견고성이 떨어지므로 50W 이상의 출력을 가진 인두기를 선택하는 것이 좋다.

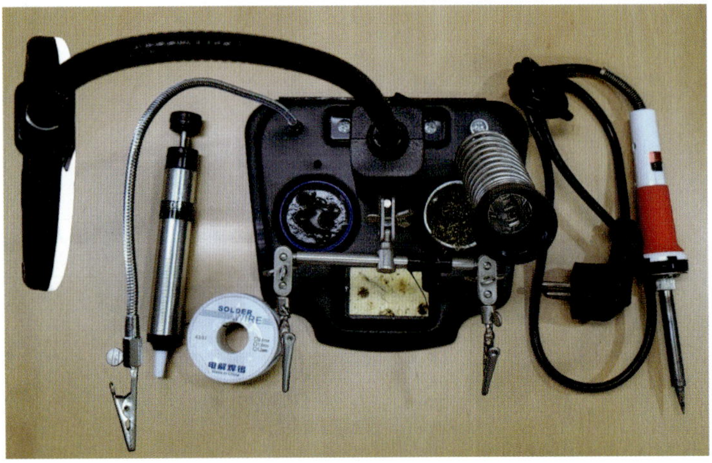


[그림 8-14] 납땜 도구 세트

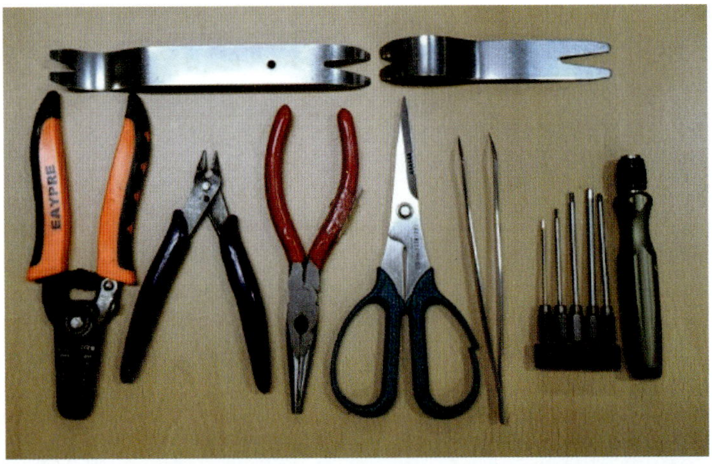


[그림 8-15] 조립용 공구

SECTION
# 8.2 기체 조립

부품과 공구가 준비되면 조립 절차를 진행한다.

## 8.2.1 변속기-하부 기판 연결

F-450 기체를 조립하기 위해서는 우선 하부 기판에 변속기를 납땜으로 연결해야 한다. 납땜을 진행하기 위해 [그림 8-14]와 같은 납땜 도구를 준비한다. 그리고 다음 사항에 유의하며 [그림 8-16]과 같이 ESC와 배터리 커넥터 선을 하부 기판의 전원 패드에 연결하는 납땜을 진행한다.

- ESC 전원선을 적당한 길이로 절단한다.
- 모든 납땜 지점과 주변 배선이 절연되도록 하며, 단락 또는 개방 회로가 없는지 확인한다.
- 납은 굵은 검은색/빨간색 전선이 파묻힐 정도로 충분히 녹여서 납땜을 한다.
- 하부 보드의 전원 패드면이 위를 향하도록 한다.
- [그림 8-16(a)]와 같이 배선의 양극(+)과 음극(−) 방향이 맞는지 확인한다.
- 모든 작업을 진행할 때는 주변 정돈을 잘 하고, 사용하는 공구나 너트 등은 잘 정리하면서 작업해야 한다.
- [그림 8-16(b)]와 같이 프레임 하부 보드에 배터리 선과 PMU를 Power Pad에 납땜으로 연결한다.

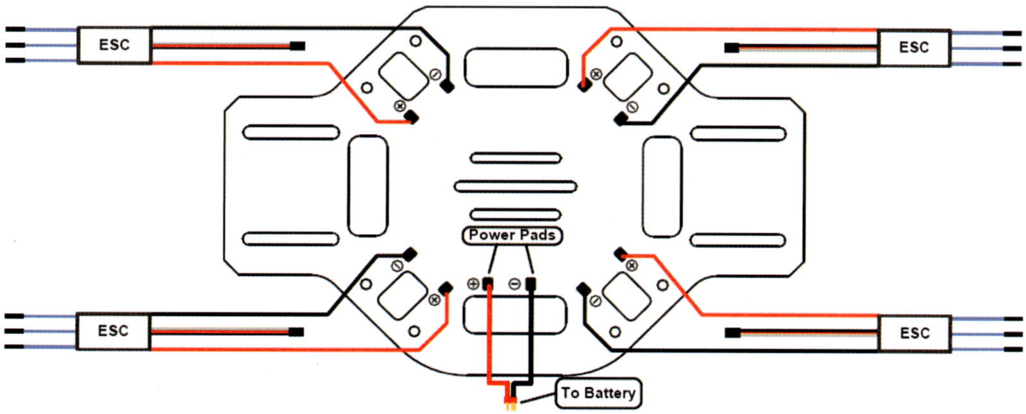


(a) 변속기 결선도[8]

8 출처 : F450_User_Manual_v2.1_en.pdf(http://download.dji-innovations.com)

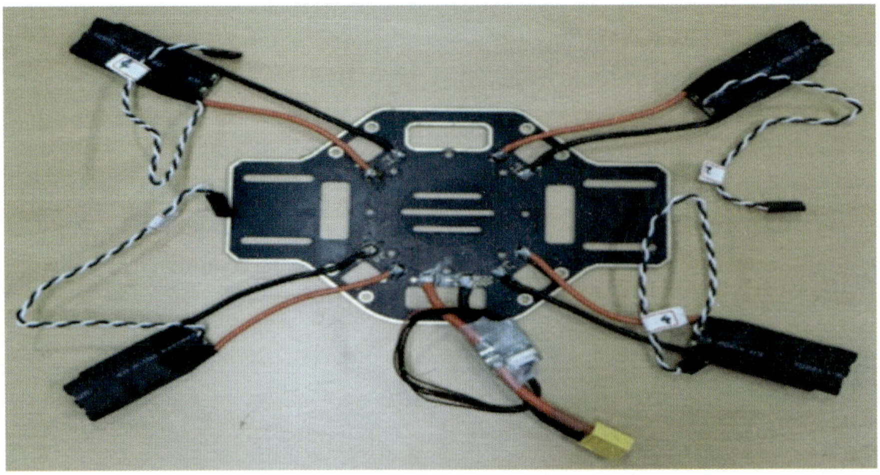

(b) 변속기 결선 완료

[그림 8-16] 변속기 결선 실물

## 8.2.2 암과 상부 기판 결속

전원과 변속기의 배선 연결을 완료하면 나머지 부분은 나사를 조여서 조립하는 작업을 진행한다. [그림 8-17]을 참조하여 2mm 육각렌치를 가지고 하부 기판과 암부터 올라가면서 조립을 진행한다.

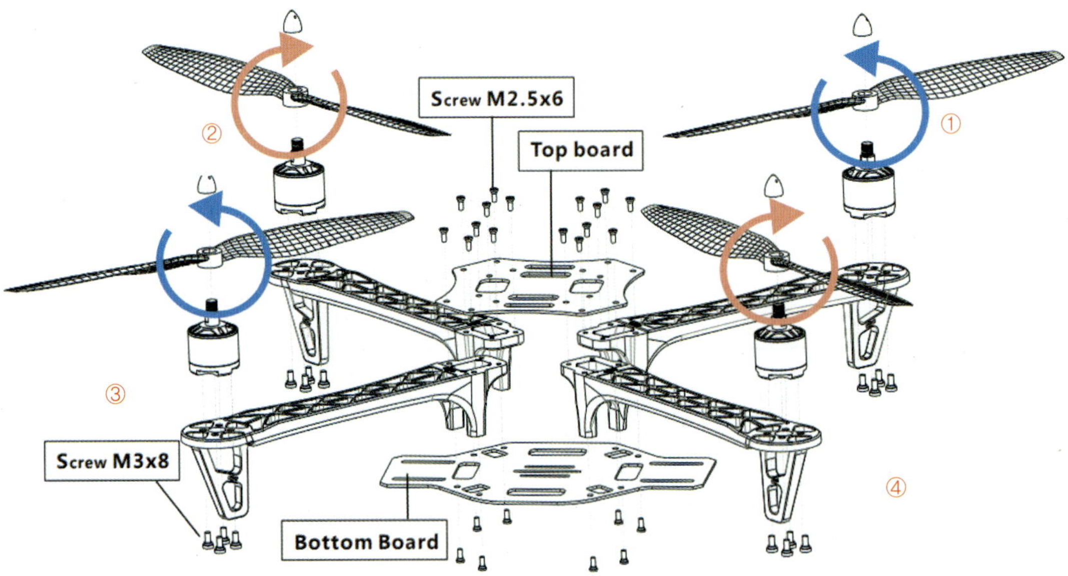


[그림 8-17] F-450 조립도[9]

9 출처 : F450_User_Manual_v2.1_en.pdf, http://download.dji-innovations.com/

### 하부 기판 설치

나사산이 부러지지 않도록 적절하게 힘을 주어 나사를 장착한다. 나사를 장착할 때는 나사 접착제인 록타이트를 사용하는 것도 좋다. 그러나 분해 조립을 반복하는 기체라면 록타이트를 적용했을 때 오히려 나사가 망가질 우려가 있으니, 조립한 후 오래 비행할 것이 아니라면 록타이트는 사용하지 않는 것이 좋다.

## 8.2.3 모터, 변속기(ESC) 설치

다음으로 회전 방향을 고려하여 모터와 변속기를 장착한다.

### 모터와 변속기 설치

프레임 암(arm)에 모터를 연결한다. 이때 같은 색은 전면 또는 후면에 같은 방향으로 배치되도록 하고, 전면 우측을 1번으로 하여 반시계방향으로 암과 모터를 1~4번까지 정한다. 이때 1번, 3번 모터는 반시계방향(CCW), 2번, 4번 모터는 시계방향(CW)으로 암에 연결한다. 모터에 회전 방향이 표시되어 있지 않으면 [그림 8-18]과 같이 로터를 먼저 장착해서 방향을 확인하고 표시해둔다. 그러면 나중에 모터 자체의 방향이 틀려서 다시 분해하는 수고를 하지 않아도 된다. 만일 FCS가 픽스호크인 경우에는 [그림 8-17]의 번호 순서대로 X자 순으로 순서가 설정되니 FC 연결 시 주의해야 한다. 다만 로터의 방향에는 변화가 없다. ESC는 꼭 단단하게 끈으로 고정해야 한다. 그렇지 않으면 모터 속도 오류가 발생하기도 한다.

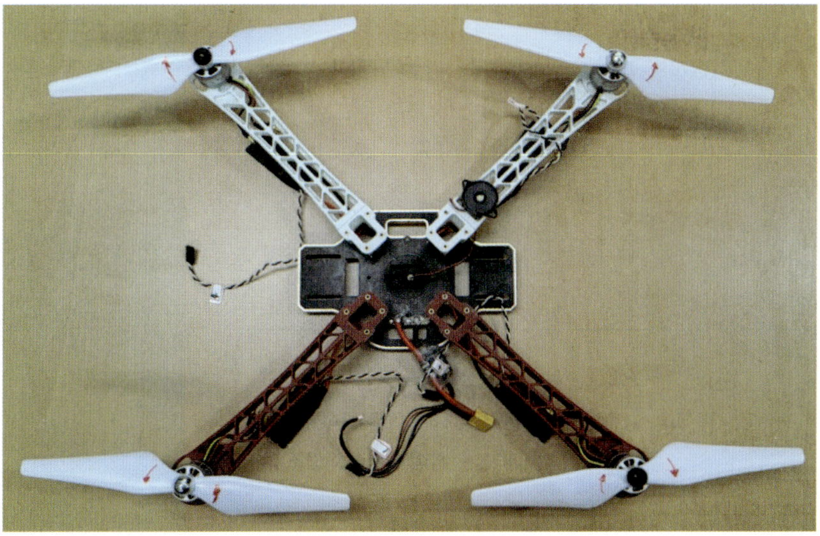

[그림 8-18] 하부 보드와 랜딩기어 조립

## 3단계 상부 기판 설치

상부 기판을 장착한 후 모터와 ESC를 연결할 때 우선 3개의 선은 임의로 4개의 암에 모두 똑같이 연결한다. 모터 방향이 반대이면 임의로 2개 선을 바꿔서 다시 연결하면 된다. 그리고 와이어가 프레임 보드와 로터에 의해 절단되지 않도록 배선을 깔끔하게 정리한다. 필요한 경우 기판 가장자리를 사포 등으로 부드럽게 연마한다. 변속기와 배선을 케이블타이로 고정하는 작업은 모터 회전 방향을 최종 확인한 후 실시한다. 이후 [그림 8-19]와 같이 상부 기판을 조립한다.

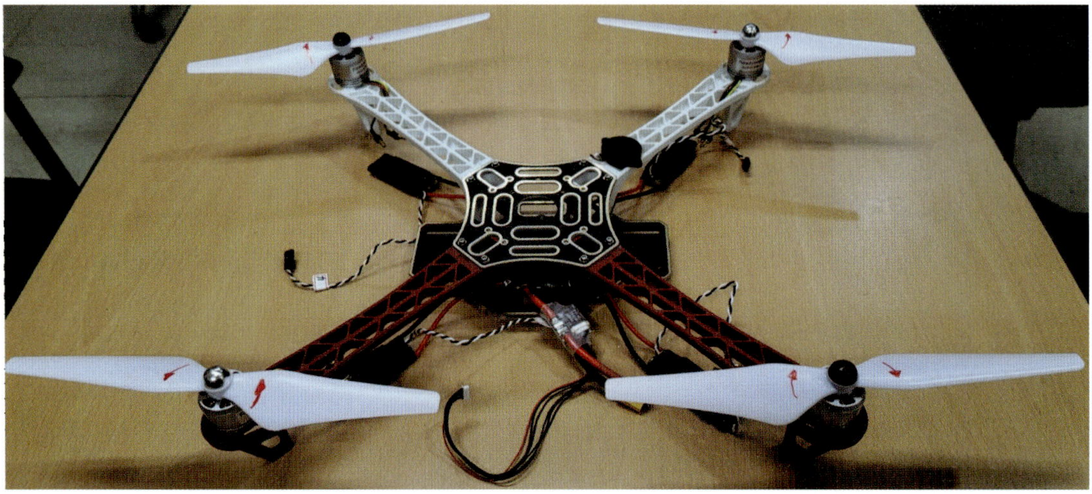

[그림 8-19] 상부 기판 조립

# 8.2.4 조종기 바인딩과 변속기 캘리브레이션

다음으로 조종기 준비 및 설정을 진행한다.

## 조종기와 수신기 바인딩하기

조종기는 송수신기 간 바인딩(binding)을 해야 한다. 바인딩이란 스마트폰에서 블루투스 이어폰과 연결하는 페어링과 같은 것이다. 바인딩 절차는 조종기 제조사별로 유사하나, 일부 모델의 조종기는 같은 제조사에서 만든 조종기라도 모델마다 조금씩 바인딩 방식이 다르니, 세부 절차는 제작사에서 제공하는 기종별 매뉴얼을 참고하여 진행하기 바란다. [그림 8-20]은 타라니스 X9D 조종기가 X8R 수신기와 바인딩하는 방식을 나타낸 것이다. 우선 조종기 메뉴에서 'MODEL SETUP' → 'Internal RF [Bind]'를 선택한 후 ENT를 누르면 커서가 깜빡인다. 이때 수신기의 F/S 버튼을 누르고 그 상태에서 전원을 연결하면 바인딩이 진행된다. 바인딩이 되고 나면 조종기에서 다시 ENT를 누른다. 그러면 커서 깜빡임이 멈추고 바인딩이 완료된다.

[그림 8-20] 조종기 바인딩하기

## 변속기(ESC) 캘리브레이션하기

변속기 캘리브레이션(calibration)이란 모든 변속기의 최댓값·최솟값을 조종기의 최댓값·최솟값과 일치시키는 것이다. 이것은 조종기의 스틱 움직임의 양이 같으면 모든 모터가 같은 회전수를 갖도록 맞춰주는 절차이다. 캘리브레이션 절차는 다음과 같다.

❶ 수신기의 스로틀(throttle) 채널 포트(3번)에 변속기의 케이블 커넥터를 연결한다.

❷ 조종기의 전원을 켜고 스로틀 스틱을 최상단 위치에 놓는다.

❸ 변속기와 모터에 전원이 들어가도록 배터리를 연결한 후 변속기에서 삐~삐~ 소리가 나는지 확인한다.

❹ 소리가 확인되면 조종기 스로틀 스틱을 최하단으로 내린다. 삐~ 소리가 나면 캘리브레이션이 완료된 것이다.

❺ 다시 조종기 스로틀 스틱을 올리면 모터가 돌기 시작한다.

❻ 이렇게 하나씩 캘리브레이션을 해주면 된다.

만약 캘리브레이션 허브가 있다면 모든 변속기 단자를 허브에 한꺼번에 연결한 후, 위의 절차를 각 모터마다 한 번씩 수행할 필요 없이 4개를 한꺼번에 진행하면 된다. [그림 8-21]은 허브를 연결해서 한꺼번에 캘리브레이션을 진행하는 방법이다. [그림 8-21(b)]와 같이 허브에 모든 변속기 케이블 커넥터를 연결하고, 허브의 커넥터를 수신기의 3번 스로틀 포트에 연결한 후 위의 캘리브레이션 순서로 진행하면 된다.

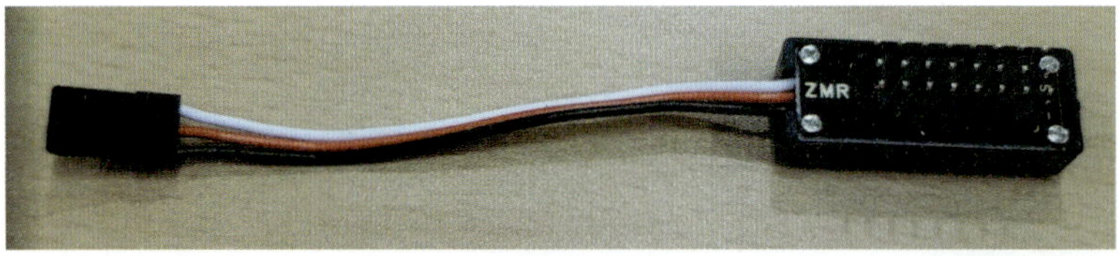


(a) 캘리브레이션 허브

(b) 캘리브레이션 허브 연결

[그림 8-21] 캘리브레이션

## 모터 회전 방향 확인 및 조정하기

변속기 캘리브레이션을 진행하며 모터의 회전 방향을 보면서 각 모터의 회전 방향이 적절한지 확인한다. 모터 방향이 맞지 않으면 변속기와 모터 간에 연결된 세 가닥의 선 중 아무거나 두 가닥을 교차해서 연결한다. 그러면 모터의 회전 방향이 바뀐다. 모터 회전 방향은 모터에 손가락을 댄 상태에서 천천히 스로틀을 올려보면서 확인할 수도 있지만, 식별이 어려운 경우 모터에 확인하기 쉬운 색깔 테이프를 붙이고 스로틀을 천천히 올리면서 방향을 확인하면 쉽게 식별할 수 있다.

[그림 8-22]는 아두이노 계열의 오프소스를 활용하는 미션플래너의 모터 회전 방향이다. 적색으로 표시된 모터들은 반시계방향으로 회전하고, 녹색으로 표시된 모터들은 시계방향으로 회전하도록 장착해야 한다.

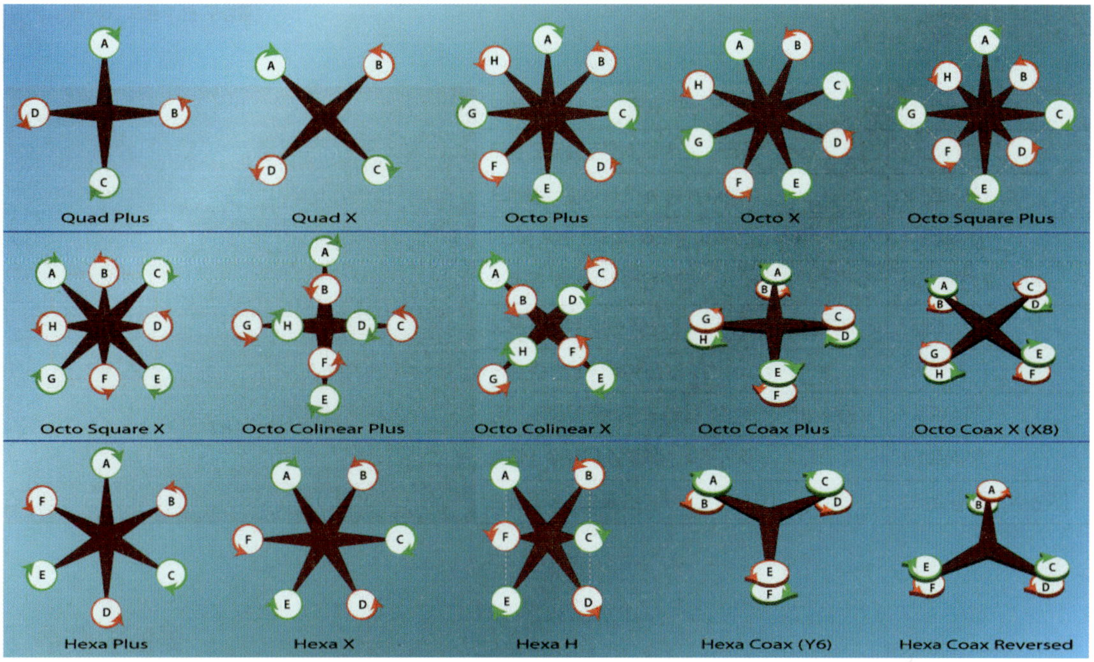


[그림 8-22] 아두이노 계열 멀티콥터 모터 방향[10]

## 8.2.5 비행제어시스템(FCS) 설치

6장에서 이미 살펴보았듯이 비행제어시스템에는 다양한 종류가 있다. 여기서는 개발자들이 국산 모델로 멀티콥터 외에 다양한 장치에서 활용하기 용이한 오픈소스 계열의 픽스호크를 예로 들어 설명한다. DJI 시리즈처럼 완성도가 높은 장치들은 픽스호크 계열을 이해하고 나면 훨씬 손쉽게 이해하고 사용할 수 있을 것이다.

비행제어시스템를 상부 기판에 수평이 잘 유지되도록 설치해야 한다. 상·하부 기판 사이는 공간이 협소하므로 픽스호크 등은 상부 기판 위쪽에 장착하는 것이 좋다. 비행 제어장치는 상부 기반 중앙에 제어장치의 화살표 방향을 기체 전진 방향에 맞춰 설치한다. 이때 완충장치 역할을 하는 두꺼운 양면테이프를 이용해서 부착한다. 주의할 점은, [그림 8-23(a)]와 같이 화살표 방향이 전방이 되도록 해야 한다는 것이다. 픽스호크 본체를 부착하고 나면, [그림 8-23(b)]와 같이 나머지 PMU 및 LED를 연결하고, FC에 ESC 및 R/C 수신기를 연결한다.

10 출처 : http://autoquad.org/wp-content/uploads/2012/06/AQ-All-Frames.jpg

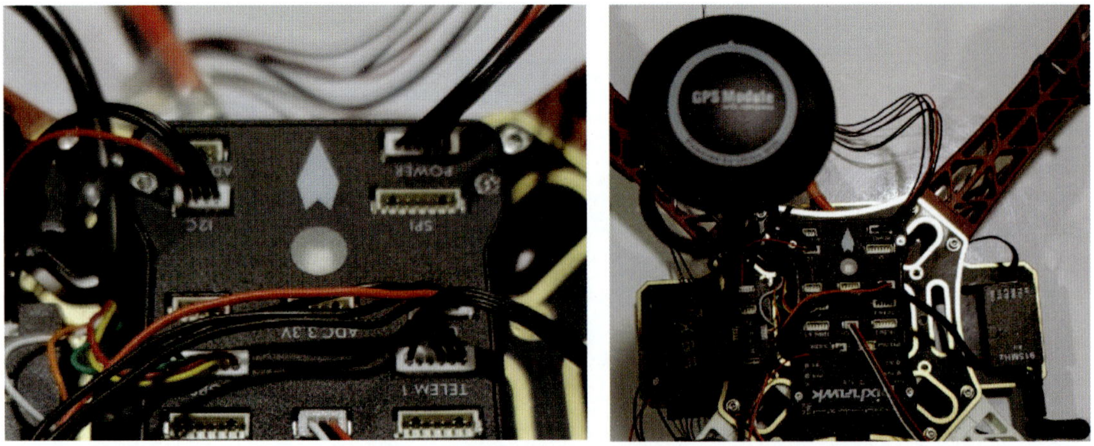


(a) 픽스호크를 FC 상판에 장착하는 방향

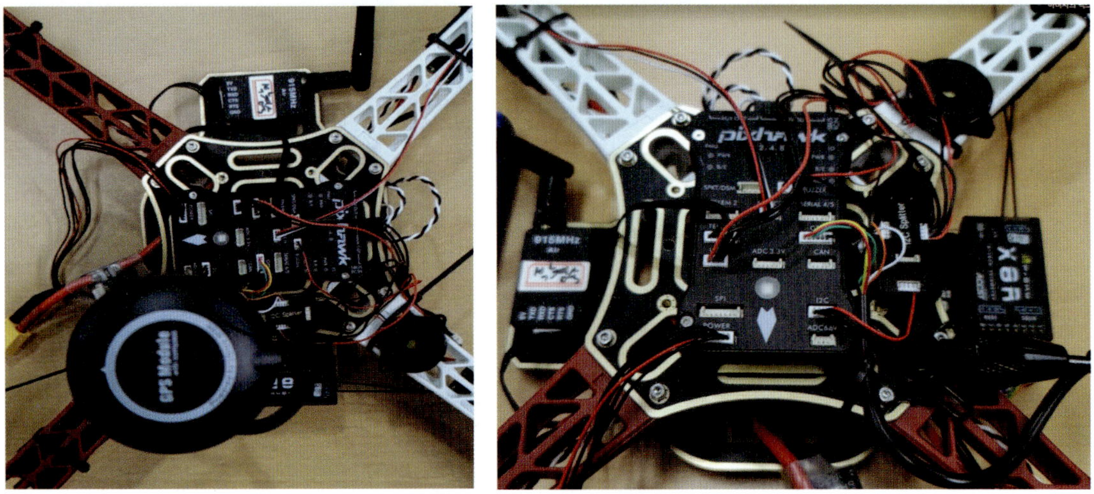


(b) 픽스호크 2C 부품들 장착

[그림 8-23] FC 장착

[그림 8-24(a)]는 픽스호크에 모든 부품과 장치를 연결한 배치도이다. 이 배치도를 참고하여 장치들을 연결하면 되는데, 추가로 작업이 필요한 부분에 대해 이어서 설명하기로 한다. [그림 8-24(b)]는 픽스호크의 포트별로 연결해야 할 장치들에 대한 설명이다.

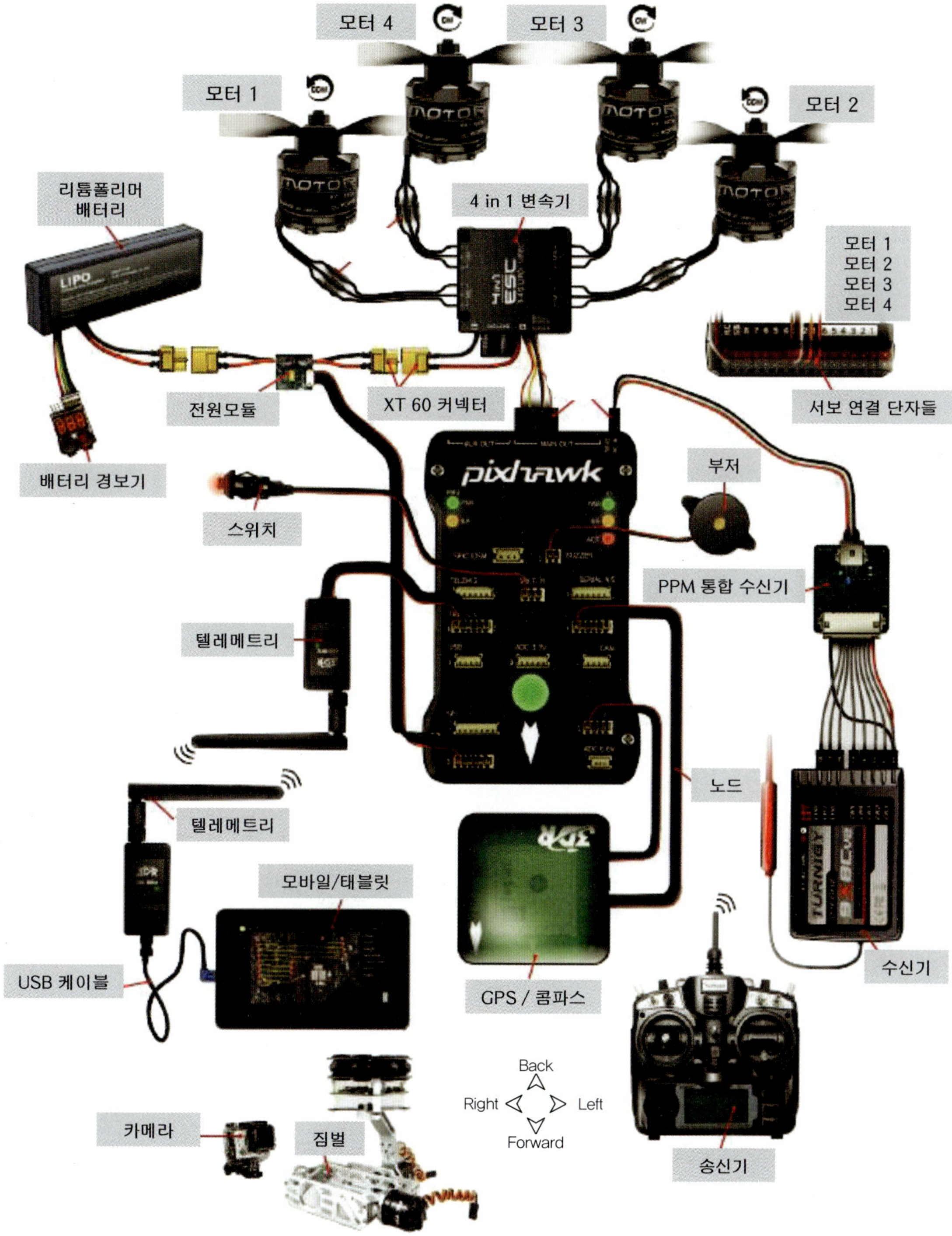


(a) 픽스호크 드론 시스템 연결도

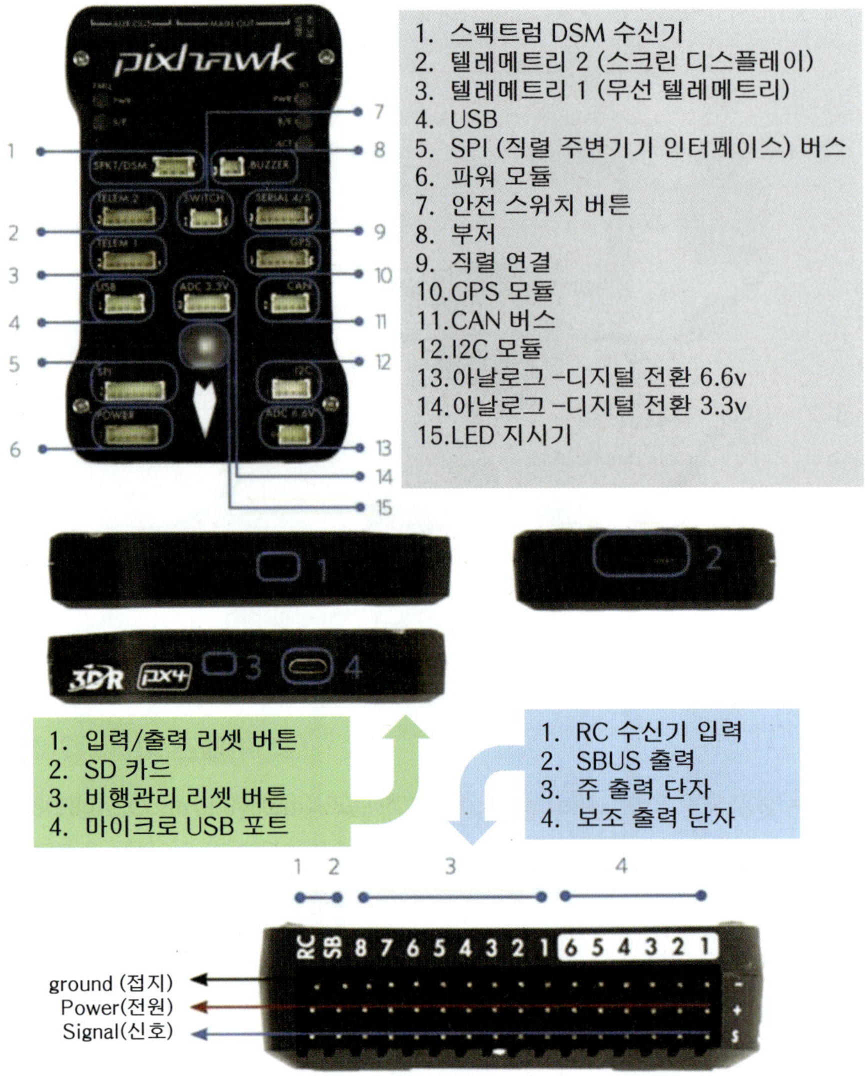


(b) 픽스호크 전체 배선 연결

[그림 8-24] 픽스호크 FCS의 연결도[11]

11 출처 : 『픽스호크4/아두파일럿 매뉴얼』, 골든벨, 2020

## 수신기와 FC 연결

픽스호크 FC의 경우 PPM 인코더를 통해 수신기와 연결하는데, [그림 8-25(a)]처럼 FC의 RCIN 단자에 PPM 인코더를 그라운드(검은색) 선이 위로 오도록 연결한다. 다음으로 [그림 8-25(b)]와 같이 PPM 인코더를 연결하는데, 수신기의 1~8번 단자에 PPM 인코더의 Ch1~8번 선을 번호에 맞게 연결한다. 픽스호크 FC의 경우 수신기 채널 선을 일 대 일로 하나씩 연결해줄 수 없기 때문에, 중간에 PPM 인코더를 사용하여 이 8개 채널을 하나로 모아준다.

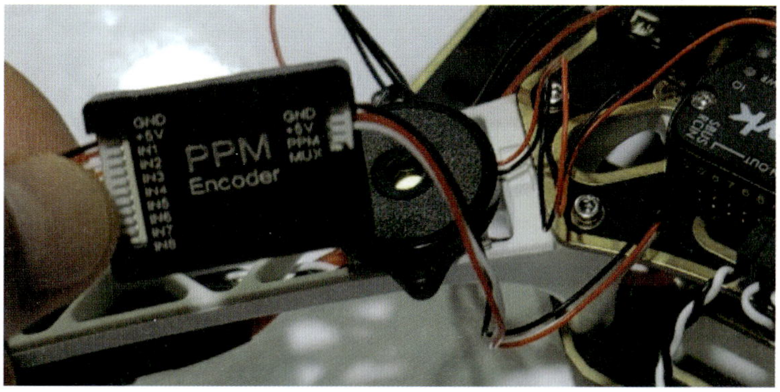


(a) PPM 인코더와 픽스호크 RCIN 단자 연결

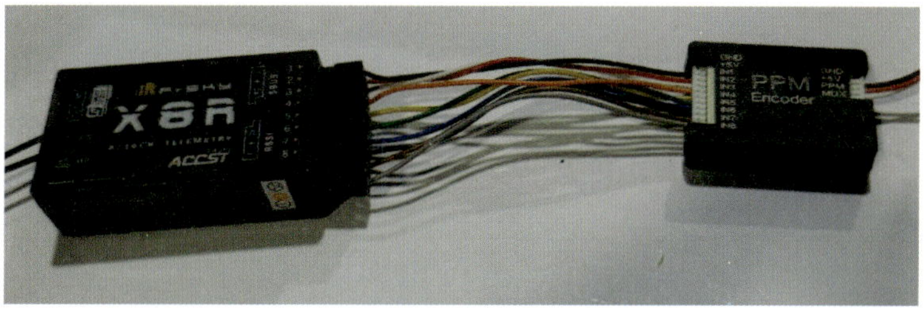


(b) 수신기와 PPM 인코더 연결

[그림 8-25] 타라니스 수신기와 픽스호크 연결

DJI 사의 NAZA와 같이 PWM 방식인 경우 수신기와 FC 케이블들을 일 대 일로 바로 연결해줘야 한다. SBUS, 즉 Serial Bus 프로토콜인 경우에는 하나의 케이블로 연결할 수 있다. 모드 2인 경우 통상 아래와 같이 연결해야 한다.

- 수신기 1번 채널 - FC A(aileron) 포트
- 수신기 2번 채널 - FC E(elevaton) 포트
- 수신기 3번 채널 - FC T(throttle) 포트
- 수신기 4번 채널 - FC R(rudder) 포트
- 수신기 5번 채널 - FC 포트

## 수신기 통신 프로토콜(통신규약)

여기서 잠시 무선 송수신 통신 프로토콜, 즉 통신규약에 대해 알아보자. 무선 송신기(Tx) 및 수신기(Rx) 프로토콜에는 PWM(Pulse Width Modulation; 파형 진폭 변조), PPM(Pulse Position Modulation; 파형 위상 변조), PCM(Pulse Code Modulation; 파형 코드 변조), SBUS(Serial Bus; 직렬 프로토콜), DSMX 등이 있다. 무선 제어 비행체에서 사용되는 이러한 무선통신 프로토콜은 [그림 8-26]과 같이 Tx 프로토콜(송신기 Tx와 수신기 Rx 간의 통신)과 Rx 프로토콜(수신기 Rx와 FC 간의 통신) 두 그룹으로 구성된다.

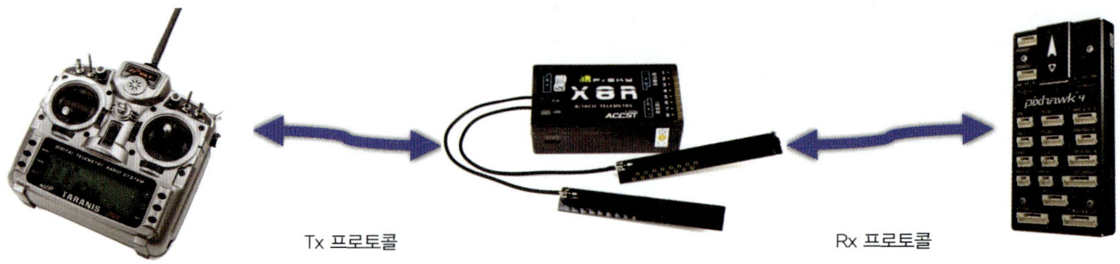


[그림 8-26] 무선 송수신 프로토콜

송수신기 제조사마다 [표 8-7]에 제시한 것과 같은 다양한 통신 프로토콜을 채택해서 사용하고 있다. 통신 프로토콜의 세부 내용은 제조사별 매뉴얼을 참고하기 바란다.

[표 8-7] 무선 송수신기 프로토콜 종류 및 사용 업체

| 수신기(Rx와 FC 간의 통신) 프로토콜 | | 송신기(Tx와 Rx 간의 통신) 프로토콜 | |
|---|---|---|---|
| 프로토콜 | 사용 업체 | 프로토콜 | 사용 업체 |
| PWM | universal | D8 | Frsky |
| PPM | universal | D16 | Frsky |
| PCM | universal | LR12 | Frsky |
| SBUS | Futaba, Frsky | DSM | Spektrum |
| IBUS | Flysky | DSM2 | Spektrum |
| XBUS | JR | DSMX | Spektrum |
| MSP | Multiwii | AFHDS | Flysky |
| SUMD | Graupner | AFHDS2A | Flysky |
| SUMH | Graupner | AFHDS3 | Flysky |
| CRSF-Crossfire | TBS | A-FHSS | Hitec |
| Fport | Frsky | FASST | Futaba |
| SPI_Rx | universal | Hi-Sky | Deviation |

## 로터(프로펠러) 설치 방향

자동조종장치 시스템 구성 절차를 마친 후 로터(프로펠러)를 설치한다. 로터의 회전 방향이 [그림 8-27(b)]와 같은지 확인한다. 로터를 장착할 때는 나사 고정 장치를 사용하지 않고 너트를 손으로 조인 다음 마지막으로 조일 때 렌치를 사용하여 마무리한다. 쿼드콥터의 경우 [그림 8-27(a)]와 같이 각 모터와 연결된 변속기의 케이블을 포트 번호에 맞게 연결해야 한다. [그림 8-27(b)]는 (+)형 쿼드콥터와 (×)형 쿼드콥터를 위에서 본 모습이다. 청색으로 표시된 모터 ❶, ❷는 반시계방향으로 회전하고, 녹색으로 표시된 모터 ❸, ❹는 시계방향으로 회전하므로 이에 맞도록 모터와 로터를 장착해야 한다. 특히, (×)형 쿼드콥터에서 암 ❶, ❸는 크래프트 앞쪽, 암 ❷, ❹는 뒤쪽이다. 이때 배터리는 마지막에 연결하고, 로터는 비행시험 전까지 연결하지 않는다. 이는 준비되지 않은 상황에서 로터가 회전하여 발생하는 안전사고에 대비하기 위함이다.

(a) ESC 케이블 연결

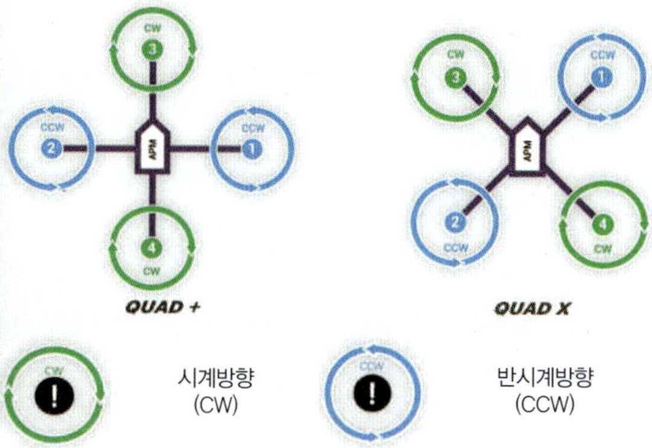


(b) 모터 방향 : 쿼드 (+)형과 쿼드 (×)형

[그림 8-27] 픽스호크 로터 장착 방향

SECTION
# 8.3 GCS 프로그램 설정

픽스호크를 이용해 조립하는 경우 GCS 프로그램으로 Ardupilot 오픈소스 프로그램인 Mission Planner나 Qground 프로그램을 많이 사용한다. DJI 사의 FCS를 사용할 경우 assistant program을 이용해서 초기 설정을 완료해야 비행이 가능하다. 여기서는 지면상의 한계로 픽스호크에서 가장 많이 사용하는 오픈소스 GCS 프로그램인 Mission Planner의 가장 기본적인 설정과 첫 시험비행까지의 절차를 다룬다. [표 8-8]과 같이 다양한 오픈소스 GCS 프로그램이 개발되어 있는데, 관심 있는 부분이 있다면 오픈소스 홈페이지와 픽스호크 및 아듀파일럿 전문 서적을 참고하여 학습하길 권한다.

[표 8-8] 픽스호크 지원 오픈소스 GCS 프로그램

| 데스크톱용 | 태블릿/스마트폰용 |
|---|---|
| Mission Planner | Tower(DroidPlanner3) |
| Qground Control | MAVPilot |
| APM Planner2 | AndroPilot |
| UGCS | SidePilot |

## 8.3.1 미션플래너(Mission Planner)를 이용한 설정

하드웨어 장착이 완료되었으면 우선 무료 오픈소스 프로그램인 Mission Planner를 다운로드하고 다음 순서대로 설정을 진행한다.

### 다운로드 및 미션플래너 설치[12]

다음 사이트에 접속하여 [그림 8-28]과 같이 최신 버전을 다운로드한다.

- https://firmware.ardupilot.org/Tools/MissionPlanner/

이 책의 내용을 숙지하면서 다음 동영상을 참고하면 이해가 빠를 것이다.

- https://www.youtube.com/watch?v=2z6hNdNp8i0

12 출처 : Ardupilot(https://firmware.ardupilot.org/Tools/MissionPlanner/)

Related Ardupilot sites: Home | Discuss | Blog | Shop | Wiki | Autotest | Firmware

More information of this firmware server and its content, please take a look at: ArduPilot pre-build binaries guide

Folder contents:

| Type | Filename | Date | Size |
|---|---|---|---|
| | **Parent Directory** | -- | -- |
| | Firmware | -- | -- |
| | LogAnalyzer | -- | -- |
| | MetaData | -- | -- |
| | MissionPlanner-1.3.74.msi | Tue Sep 15 07:41:14 2020 | 103900083 |
| | MissionPlanner-1.3.74.zip | Tue Sep 15 07:36:18 2020 | 104524111 |
| | MissionPlanner-1.3.75.msi | Sun Aug 1 04:49:48 2021 | 105827730 |
| | MissionPlanner-1.3.75.zip | Sun Aug 1 04:45:28 2021 | 106446454 |
| | MissionPlanner-latest.msi | Sun Aug 1 04:49:48 2021 | 105827730 |
| | MissionPlanner-latest.zip | Sun Aug 1 04:45:28 2021 | 106446454 |
| | MissionPlanner-stable.msi | Sun Aug 1 04:49:48 2021 | 105827730 |
| | MissionPlanner-stable.zip | Sun Aug 1 04:45:28 2021 | 106446454 |
| | archive | -- | -- |
| | checksums.txt | Sun Aug 1 04:50:07 2021 | 87060 |
| | dev | -- | -- |
| | driver-old.msi | Fri Dec 27 23:28:10 2019 | 1667072 |
| | driver.msi | Tue Jul 28 09:23:01 2020 | 1667072 |
| | gstreamer | -- | -- |
| | sitl | -- | -- |
| | unpack_mp.sh | Wed May 27 11:01:37 2020 | 778 |
| | upgrade | -- | -- |
| | vehicleinfo.py | Wed Jun 16 00:40:21 2021 | 17067 |

[그림 8-28] MissionPlanner 다운로드

## 미션플래너(Mission Planner) 설치 및 초기 펌웨어 업데이트(usb)

프로그램을 다운로드하여 설치를 완료하면 [그림 8-29]와 같은 초기화면이 나타난다.

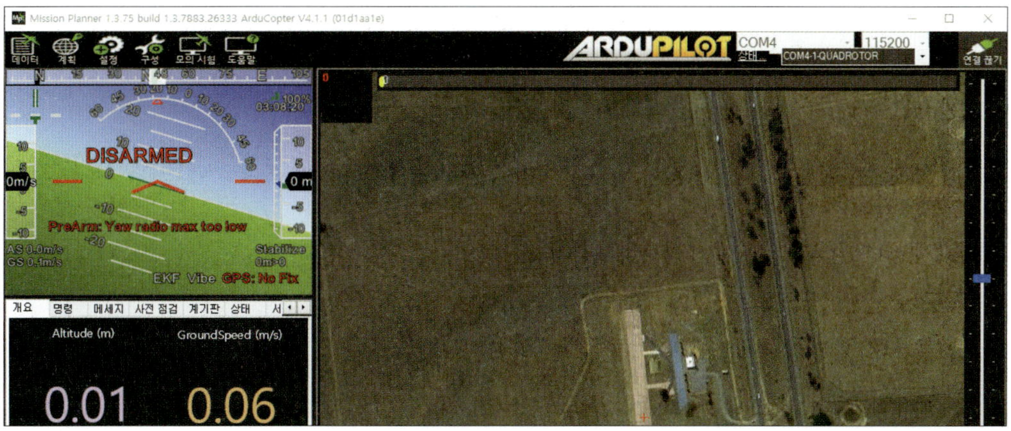


[그림 8-29] Mission Planner 초기 화면

초기화면에서 설정을 클릭하면 설정화면으로 전환되면서 [그림 8-30]과 같이 초기 펌웨어 버전을 확인하여 펌웨어 버전 업데이트를 자동으로 진행한다.

[그림 8-30] 펌웨어 버전 업데이트

## FCS 연결과 COM 포트 설정

픽스호크를 컴퓨터와 연결된 USB 케이블에 연결할 때는 [그림 8-31(a)]와 같이 FC 본체 옆의 단자에 직접 연결하거나 LED 경고등에 설치된 단자에 연결한다. 이렇게 USB 케이블을 연결할 경우 별도로 배터리를 연결하지 않더라도 컴퓨터의 전원이 입력되어 FCS가 부팅을 시작한다. 이 방식은 DJI 사의 FC들도 마찬가지여서 USB 케이블을 LED 경고장치 옆면에 연결할 수 있도록 포트가 만들어져 있다.

케이블이 연결되고 픽스호크 부팅이 완료되면 PC의 미션플래너에서 COM 포트를 지정한다. 이때 USB 케이블로 연결하면 전송 속도를 115,200으로 하고([그림 8-31(b)]), 무선 텔레메트리로 연결하면 57,600으로 지정한다. [그림 8-31(b)]와 같이 COM 포트 번호와 FCS 명칭이 동일하게 표시되면 잘 연결된 것이다. 연결이 잘 안 된다면 USB 케이블의 문제일 수 있다. 이때는 케이블을 교체해서 다시 시도하면 연결되는 경우가 많다.

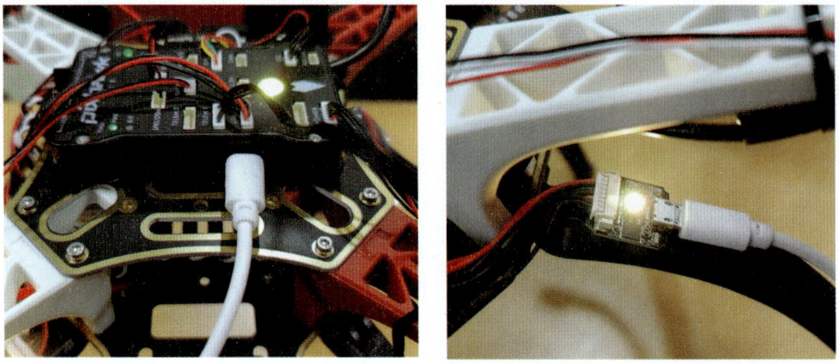

(a) USB 케이블 연결

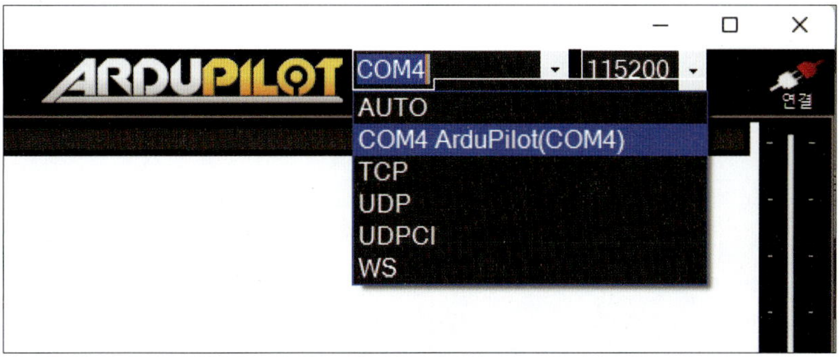


(b) COM 포트 연결 확인

[그림 8-31] 픽스호크 USB 케이블 연결

## 펌웨어 업데이트 및 설치

이후 펌웨어 버전 업로드 여부를 묻고 나서 FCS 종류를 확인하는데, 이때 [그림 8-32(a)]와 같이 해당하는 기종이 표시될 때 Yes를 선택하면 된다. 여기서는 Pixhawk가 나왔을 때 [Yes]를 선택한다.

펌웨어 설치가 완료되면 [그림 8-32(b)]와 같이 보드를 분리했다가 30초 이내에 다시 연결하라는 메시지가 표시된다. 이렇게 분리했다가 다시 연결한 후 우측 상단의 [연결] 버튼을 누르면 [그림 8-32(c)]와 같이 마블링크 연결이 진행된다. 연결이 완료되면 우측 상단의 연결 표시가 녹색으로 바뀐다. [그림 8-32(d)]와 같이 기체를 움직였을 때 좌측 상단의 자세계기가 따라 움직이는 것이 확인되면 텔레메트리가 잘 연결된 것이다.

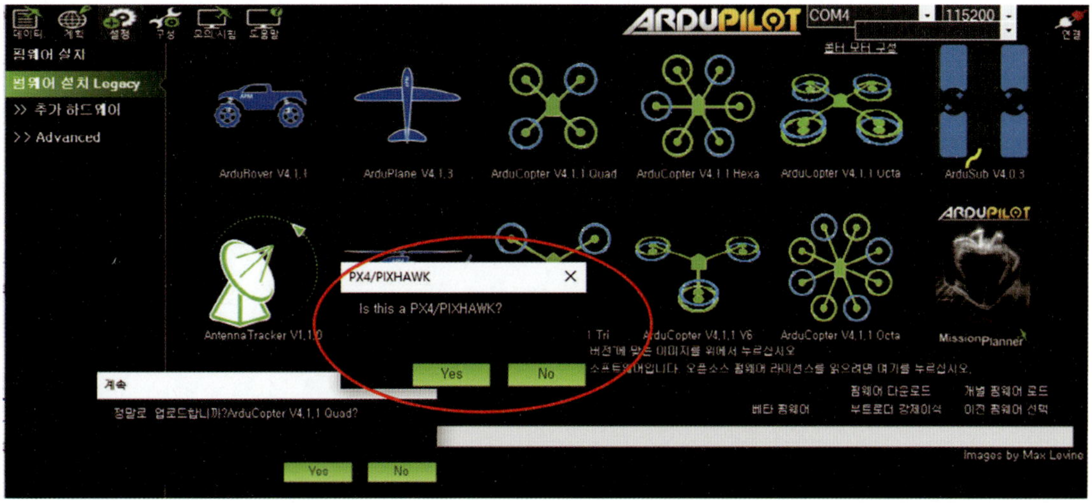


(a) FCS 기종 선택

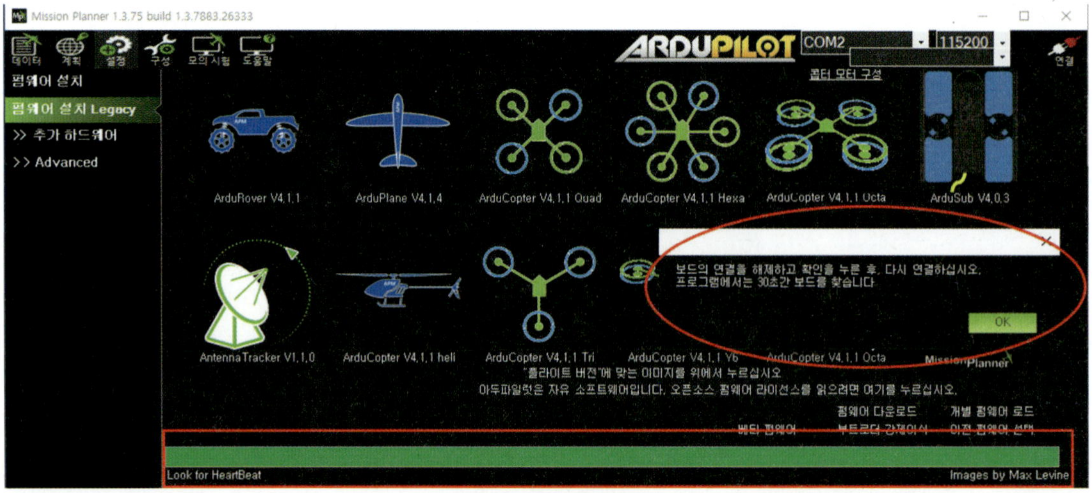


(b) 펌웨어 다운로드 후 재연결

(c) 데이터링크 연결

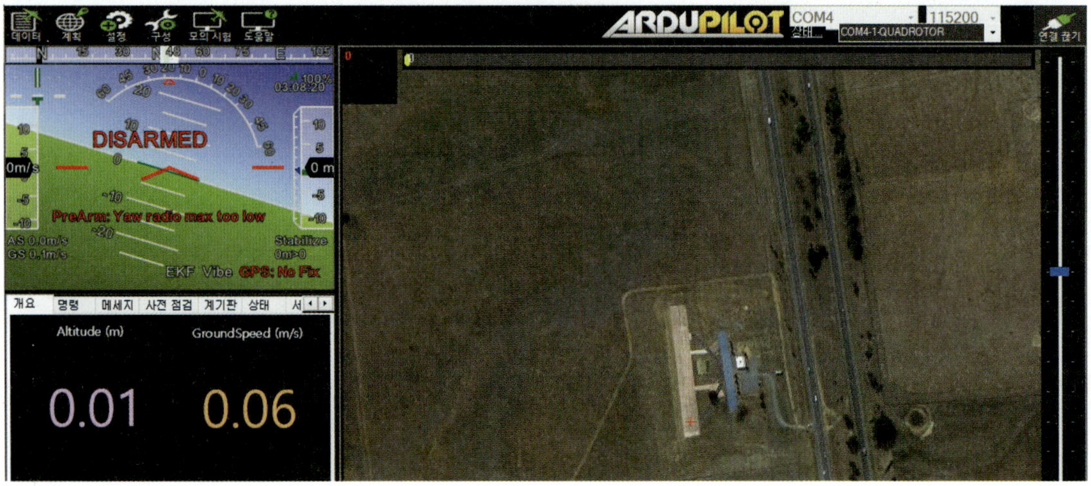


(d) 기체 움직임에 따라 자세계 움직임 확인

[그림 8-32] 펌웨어 설치와 데이터링크 연결

무선 텔레메트리의 경우 연결이 되면 자동으로 드라이버를 설치한다. 자동 설치가 아닌 경우 컴퓨터의 장치관리자에서 연결된 무선 모뎀의 모델을 확인한 후 인터넷에서 드라이버를 다운로드하여 설치하면 정상적으로 작동된다.

## 하드웨어 설정

설정 메뉴는 [그림 8-33]에서 보는 것처럼 필수 하드웨어, 추가 하드웨어, 고급 메뉴로 구성되어 있다. 이는 비행을 위해 공통으로 필수 설정해야 할 중요 사항들이다.

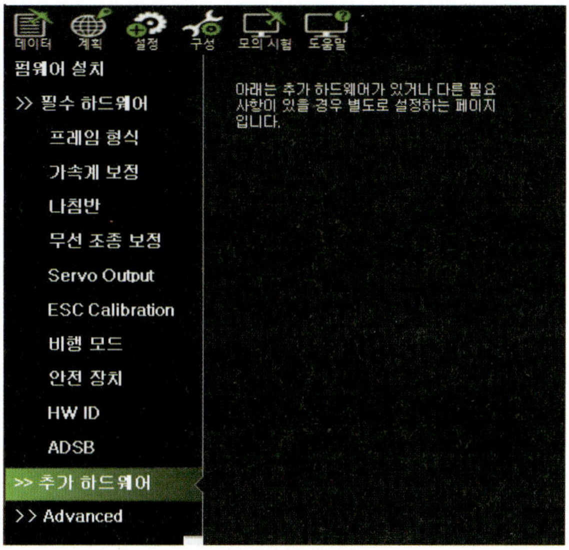


(a) 추가 하드웨어 선택

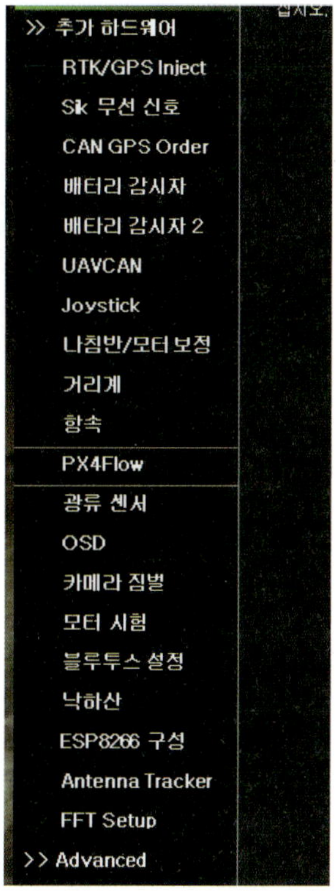


(b) 추가 하드웨어 설정 세부

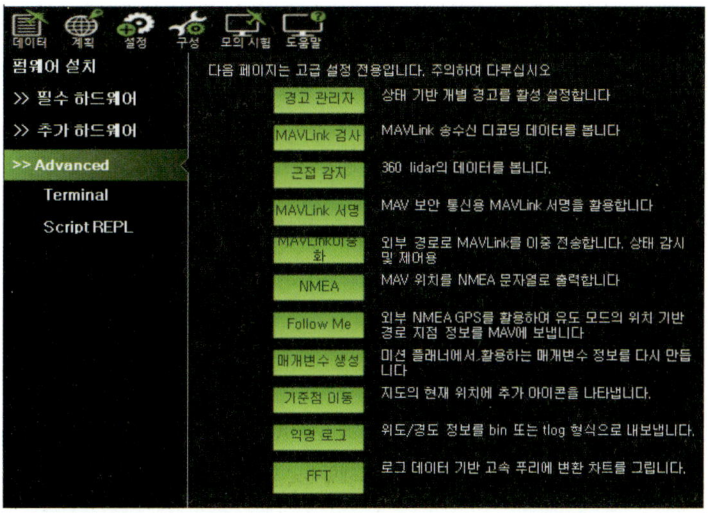


(c) 고급 설정

[그림 8-33] 설정 메뉴들

## 가속도계 교정

펌웨어에서 설정했듯이 필수하드웨어에서 프레임 형식을 먼저 선택하고 나서 [그림 8-34]의 메뉴를 열어 가속도계 보정을 진행한다.

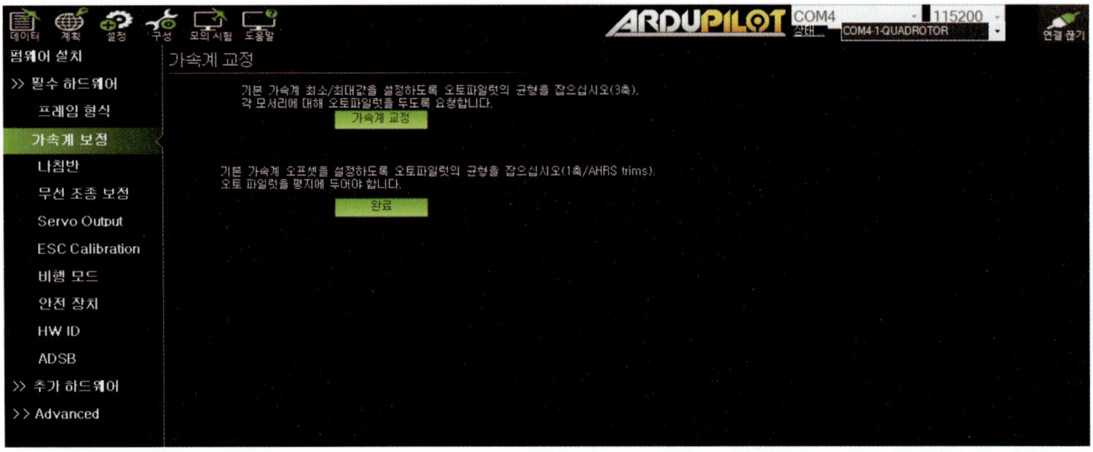

[그림 8-34] 메뉴를 열어서 가속도계 보정

## 나침반 설정

이어서 [그림 8-35]의 나침반, 즉 마그네틱 콤파스 설정을 진행한다. 마그네틱 콤파스에는 내장 콤파스와 GPS 수신기에 달린 외장 콤파스가 있다. 내장 콤파스는 FC 내부 장치들에 의한 전자파 노이즈를 타기 쉬우므로 이런 내부 장치와 이격된 GPS 수신기에 달린 콤파스를 선택하는 게 좋다. 따라서 외부용 콤파스를 선택한 후 캘리브레이션을 실시한다. [Start] 버튼을 누른 후 수평, 수직, 측면 방향으로 한 바퀴씩 돌리면 녹색 바가 점차 증가하는데, 이것이 100%가 될 때까지 돌려주면 된다.

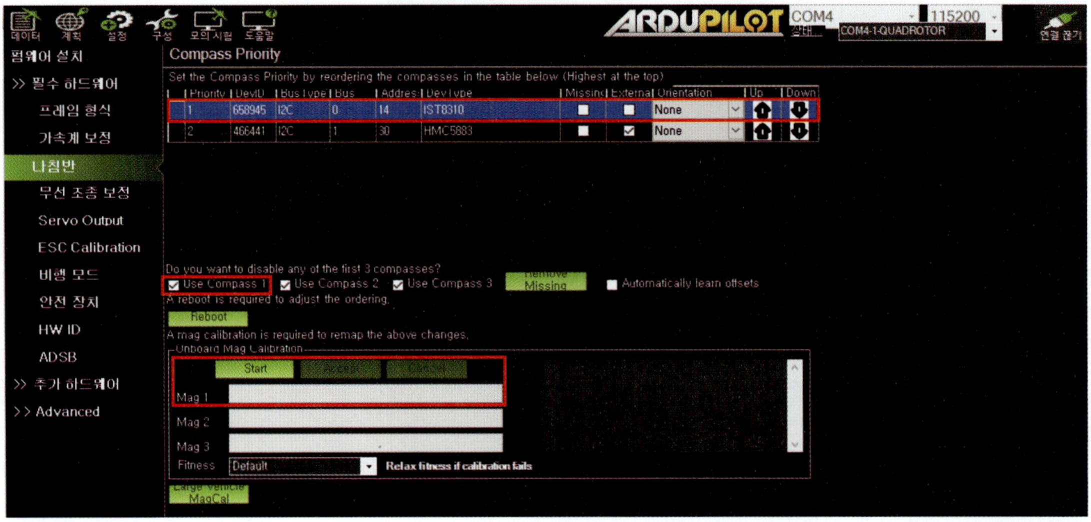

[그림 8-35] 나침반 설정

## 무선 조종 보정(조종기 캘리브레이션)

[그림 8-36]에서 [무선 조종 보정] 버튼을 누른 후 나오는 지시에 따라 차례로 수행하여 캘리브레이션을 완료한다.

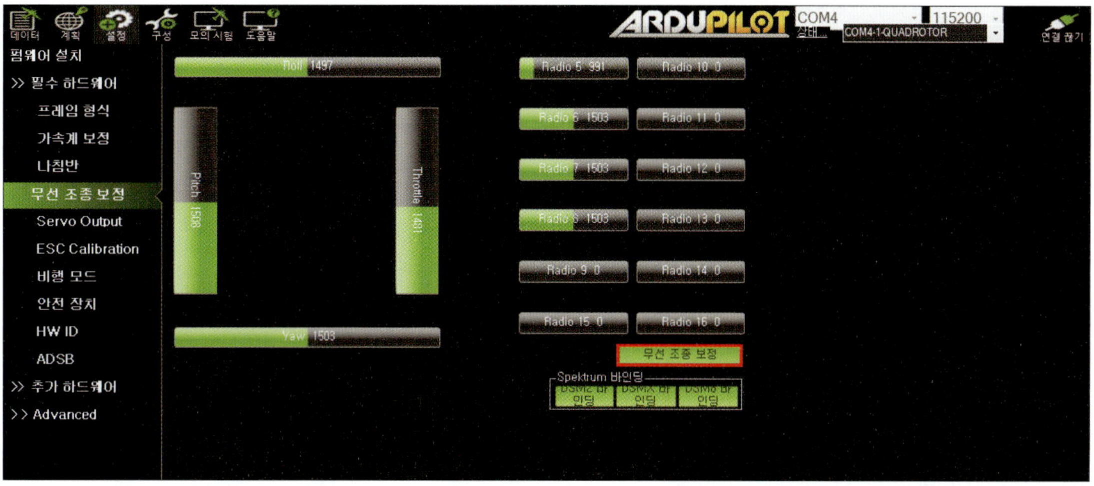


[그림 8-36] 무선 조종 보정

## ESC(변속기) 캘리브레이션

[그림 8-37]에서 우선 모터를 분리한 후 설명된 순서에 따라 진행한다.

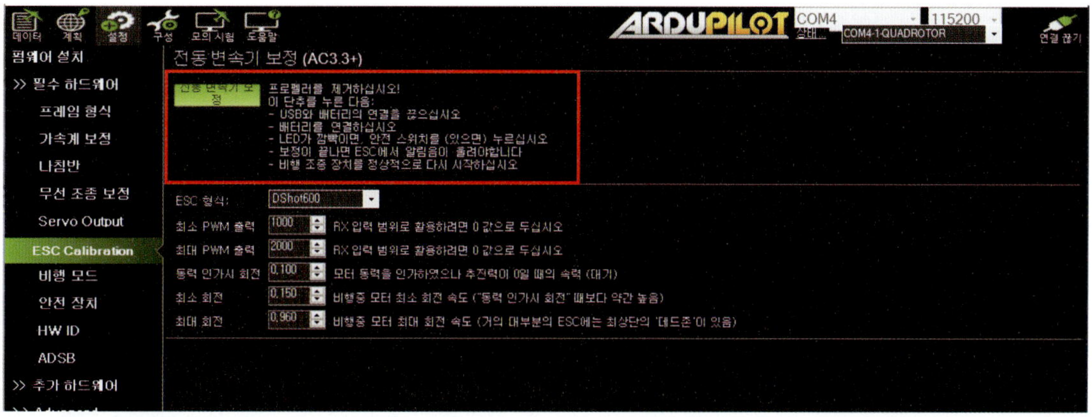


[그림 8-37] 변속기 캘리브레이션

### 전원분리 없이 재시동하는 방법 : 단축키 Ctrl + F 이용

[그림 8-38]은 단축키 Ctrl + F를 누르면 나타나는 창이다. 여기서 전원분리 없이 재시동을 할 수 있다.

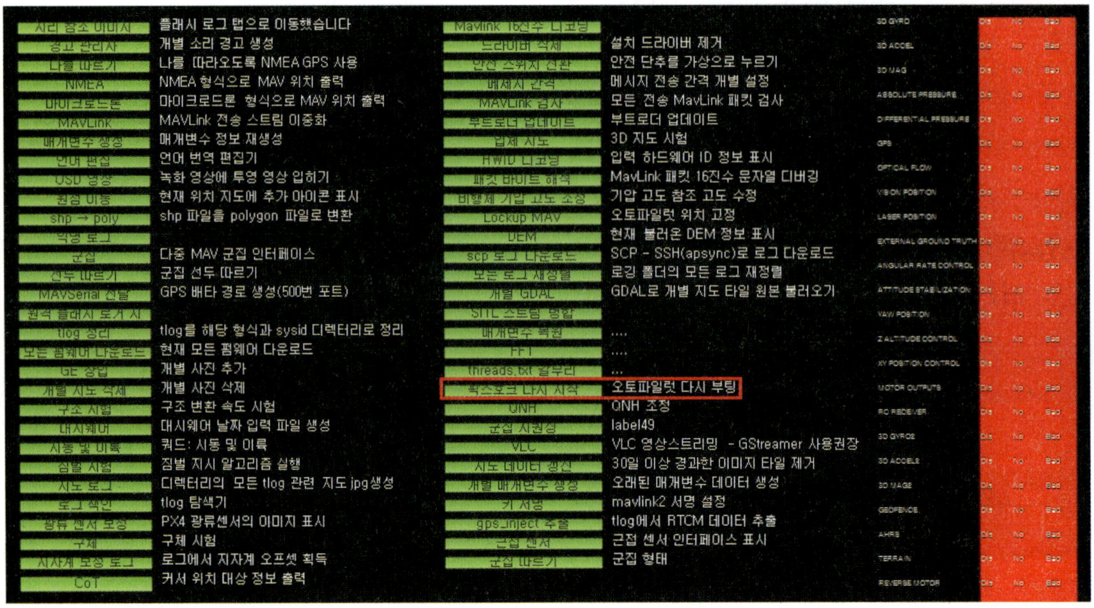

[그림 8-38] 전원분리 없이 재시동하는 방법, 단축키 Ctrl + F

### 비행 모드 스위치 설정

[그림 8-36]의 무선 조종 설정에서 채널 5번으로 설정된 조종기의 좌측 상단 토글 스위치를 한 단씩 올리면서 [그림 8-39]의 비행 모드 1번은 수평자세(Stabilizer)로, 4번은 고도유지(AltHold)로, 6번은 GPS 모드(Loiter)로 지정한다.

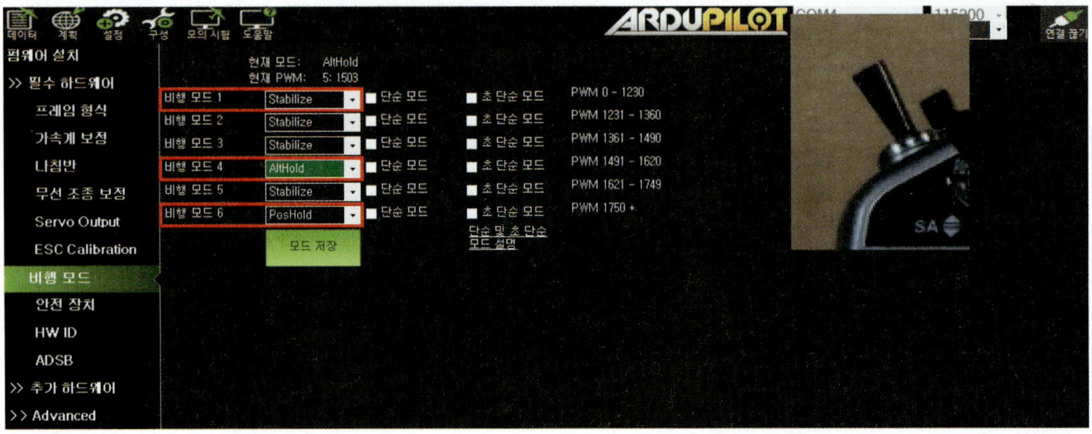

[그림 8-39] 비행 모드 스위치 설정

### 안전장치

[그림 8-40]의 오른쪽에서 무선신호가 단절되었을 때 필요한 안전조치를 지정할 수 있다. RTL은 신호가 유실되면 리턴홈(return to home)을 실행하도록 설정하는 것이다.

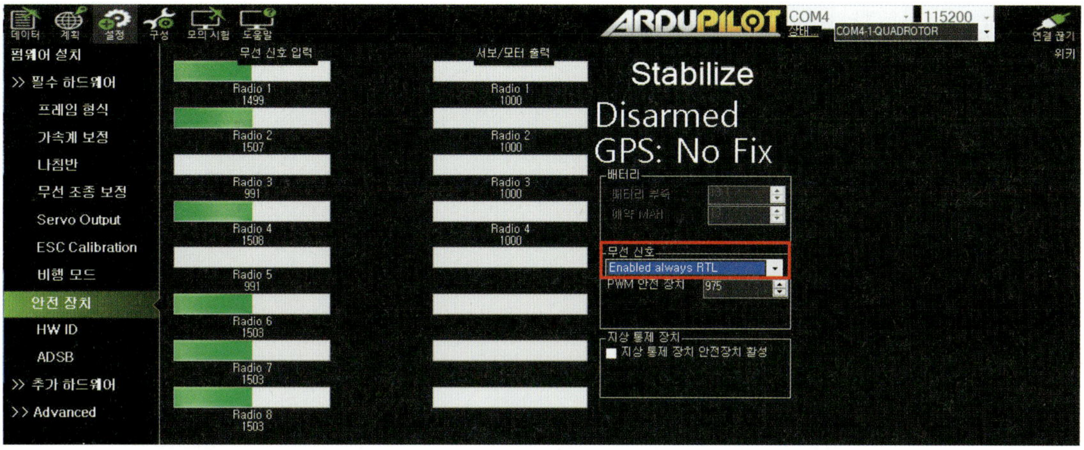


[그림 8-40] 안전장치 설정

### 추가 하드웨어 : 배터리 알림창

[그림 8-41]과 같이 배터리의 상태를 주 화면에 표시하는 설정을 한다. 이때 전압과 전류를 표시하도록 설정한다.

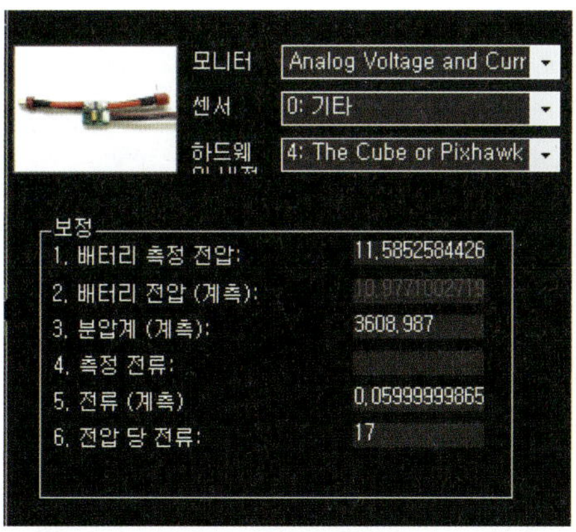


[그림 8-41] 배터리의 상태 표시 설정

### 추가 하드웨어 : 모터 테스트

[그림 8-42]는 모터 시험 화면이다. 날개로 하나씩 돌려볼 수도 있고, 기체 움직임에 따라 전체를 확인할 수도 있다.

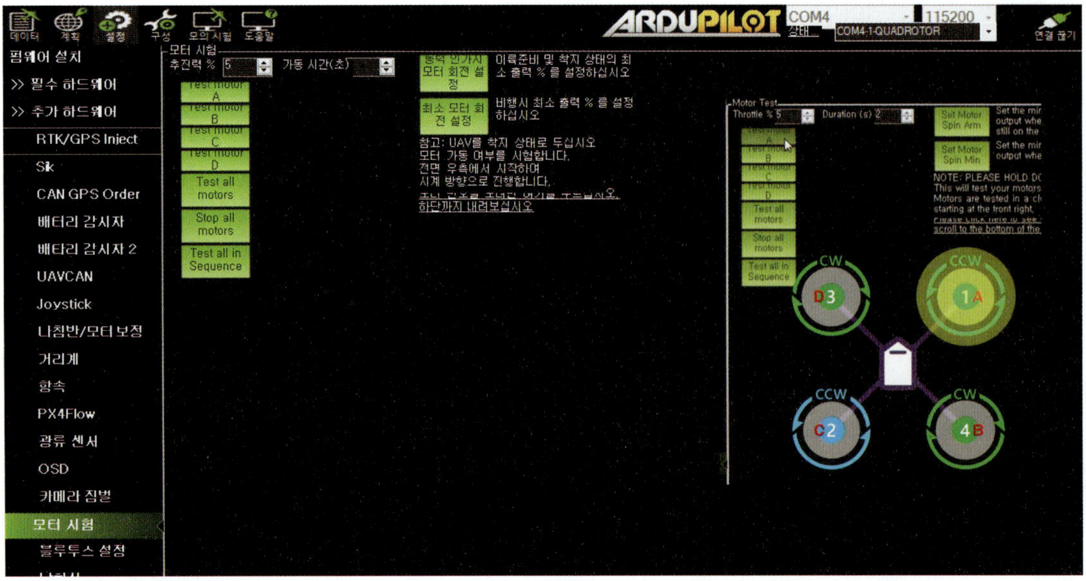


[그림 8-42] 모터 시험

## 시동 방법

배터리를 연결하고 시동(arming)을 걸기 위해서는 우선 안전스위치를 길게 눌러서 적색등이 고정되도록 한다. 그리고 [그림 8-43(a)]와 같이 모드 2 조종기에서 왼쪽 스틱을 우측 하단으로 내리고 5초 정도 있으면 시동이 걸린다. 정지할 때는 [그림 8-43(b)]와 같이 반대쪽 아래로 밀어주면 된다. 모드 1 조종기도 좌측의 러더 스틱을 우측으로 밀면 시동이 걸리고, 왼쪽으로 밀면 정지된다.

(a) 시동 (b) 정지

[그림 8-43] 모드 2 조종기에서의 시동(arming)

만일 시동이 안 걸린다면 [그림 8-44]와 같이 메인 창에 나타나는 에러 메시지를 확인한다. 시간이 지나서 메시지가 사라진 경우 [그림 8-32]의 자세계 창 아래에 있는 메시지 버튼을 누르면 이전까지의 모든 메시지가 다 나타나는데, 그중 최상단에 있는 최신 메시지를 확인한다. 여기에 나타나는 메시지를 [그림 8-45]의 구성 메뉴 쪽 매개변수 목록에서 찾아보면 문제의 내용에 대한 상세한 설명이 표시되어 있다. 여기서 매개변수들의 에러가 수정되면 비행체는 정상이 되어 시동이 걸린다. 이러한 매개변수는 2,000여 개 정도이므로 여기서 모두 설명할 수 없으니 진행하면서 필요한 부분들을 찾아보기를 권한다.

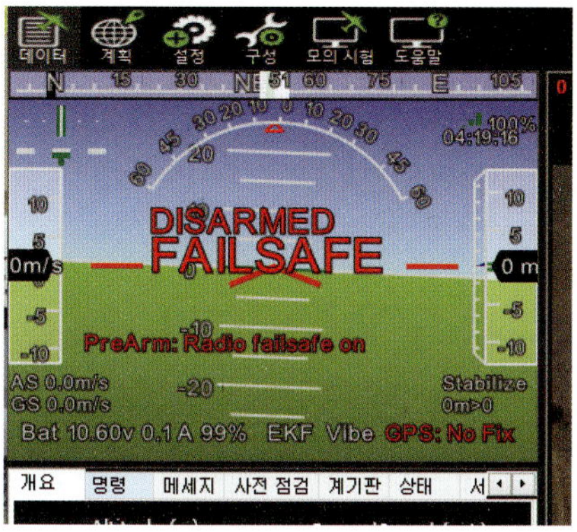


[그림 8-44] 에러 메시지 확인

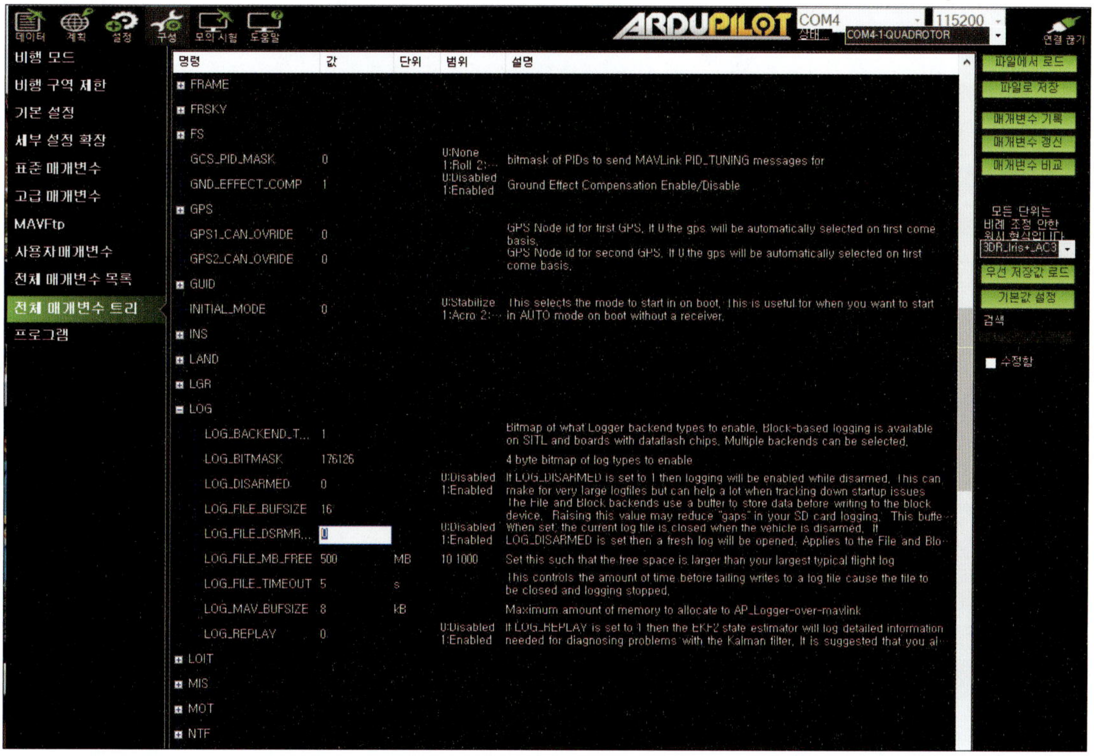


[그림 8-45] 매개변수 구성 : 전체 매개변수 리스트 설정

## 8.3.2 QGroundControl[13]

Mission Planner와 유사하지만 상대적으로 간소화되어 있으면서 비행 임무수행을 좀 더 수월하게 설정할 수 있도록 만든 무료 오픈소스 프로그램이 QGroundControl이다. 다만 사용자가 직접 만질 수 있는 매개변수 등이 상대적으로 제한되어 있어 소프트웨어 개발자에게는 좀 불편할 수 있다. 기본적인 내용은 Mission Planner와 크게 다르지 않으므로 기사용자들도 쉽게 사용할 수 있을 것이다. 여기서는 간단히 소개만 하니, 자세한 사항은 동영상 및 dronecode 웹 사이트를 참조하기 바란다.

### 다운로드

다음 사이트에 접속하여 윈도우(Windows) 버전을 다운로드한다.

- http://qgroundcontrol.com/downloads/

### 설정 방법

설정 방법에 대한 기본 설명은 다음 동영상을 참조하기 바란다.

- https://youtu.be/0JOwODzGNoQ

Qground 프로그램을 다운로드 완료하고 설치한 후 실행하면 [그림 8-46]과 같은 초기화면이 나타난다.

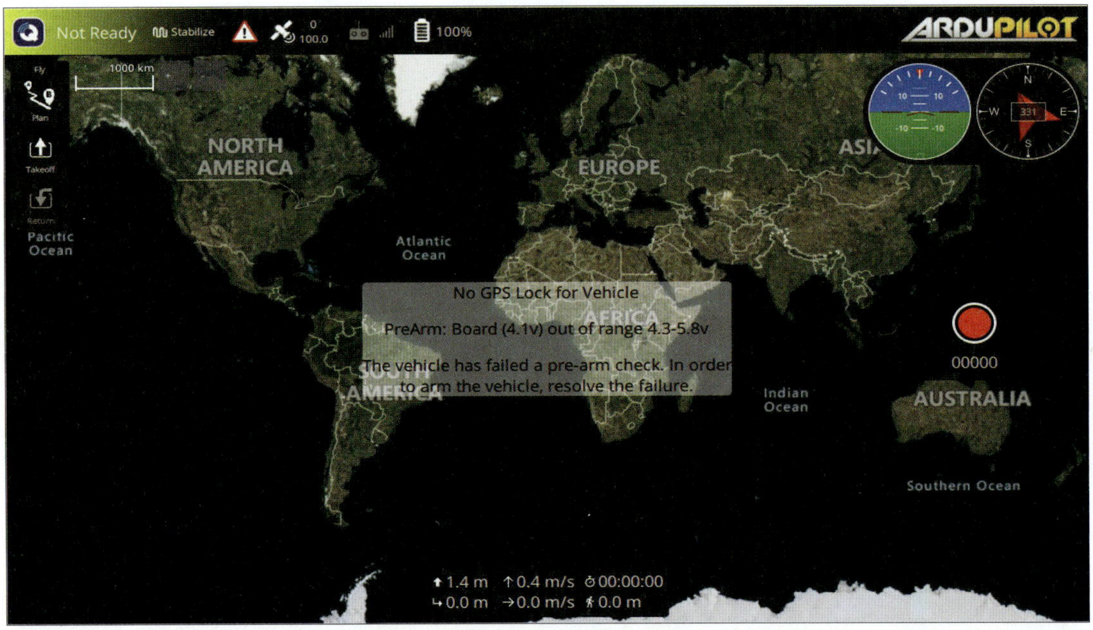


[그림 8-46] QGroundControl 초기 화면

13 출처 : QGroundControl 홈페이지(http://qgroundcontrol.com/downloads/)

SECTION
# 8.4 시험비행

일반적으로 항공장비에서 모든 정비가 완료되면 반드시 시험비행을 실시한다. 즉 정비작업은 시험비행 조종사가 시험비행을 완료한 후 이상 없다는 서명을 해야 비로소 완료되는 것이다. 시험비행은 지상 점검, 지상 작동시험, 비행시험의 순서로 진행된다. 특히 정비작업이나 조립작업을 한 후 최초 시험비행은 상당히 꼼꼼히 점검해야 하고, 최대한 안전한 방법으로 실시해야 한다.

## 시험비행 조종사와 시험비행 장소

항공기에서 시험비행을 실시하는 조종사는 기본적으로 교관급 이상의 조종 자격을 보유해야 하고, 장비의 구조와 원리 등 이론적 배경을 충분히 숙지한 후 실시해야 사고를 줄일 수 있다. 시험비행 전까지는 장비가 어떤 상태인지 모르기 때문에 만약의 상황에 대한 충분한 대처 능력을 갖춘 사람이 시험비행을 진행해야 한다.

F-450 정도의 작은 멀티콥터를 다룬다면 교관 자격까지는 필요 없겠지만, 어느 정도 숙달된 조종자격자가 진행해야 한다. 그리고 기본적인 안전을 확보한 상태에서 진행하는 것이 중요하다. 특히 최초 비행인 경우 [그림 8-47]과 같은 안전망이 설치된 장소에서 진행하는 것이 좋다. 이런 장소에서 충분한 제자리 비행 시험을 완료한 후 야외 필드로 나가서 실 시험비행을 해야 한다. 안전망 시설이 없다면 조종자와 비행체 이착륙장은 충분한 안전거리를 두고 진행해야 한다.

[그림 8-47] 시험비행 장소

## 지상 점검

장비 조립이 완료되고 소프트웨어 설정이 완료되면 로터를 장착하기 전에 다음 사항에 이상이 없는지 다시 한 번 점검한다.

- 모터의 방향이 적절한지 확인한다.
- GPS와 FC의 설치 방향이 같음을 확인한다.
- 암 연결 부위에 유격이 없는지 확인한다.
- 배터리는 잘 고정되었는지 확인한다.
- 기타 부품들이 유격이나 흔들림 없이 장착되었는지 확인한다.
- 조종기의 각 스위치나 키의 위치가 정상인지 확인한다.

## 작동 점검

로터를 장착하지 않은 상태에서 시동을 걸고 조종기를 각 방향으로 움직여서 그 움직임에 맞게 모터들이 회전하는지 확인한다. 이후 모터가 돌아가는 정상비행 상태에서 비행체를 들고 각 방향으로 기울여본다. 이런 점검은 기울어짐을 회복하기 위해서는 추력이 필요한데, 이 추력을 증가시키기 위한 모터들이 잘 회전하는지 확인하기 위함이다.

[그림 8-48]은 기본 에러 메시지로, 픽스호크 상부와 LED 등에서 동시에 나타난다.

[그림 8-48] 기본 에러 메시지

## 시험비행 : 제자리비행(IGE)

안전망이 설치된 장소나 충분한 안전거리를 확보한 위치에서 로터를 장착하고 시동을 건다. 기본적으로 비행체가 공중에 뜨고 정상동작의 비행을 하기까지는 안전한 상태가 아니다. 이륙 시에는 최대한 천천히 스로틀을 올리면서 비행체의 움직임을 주시하며, 혹시라도 어느 한 방향으로 기울어지는 등의 이상 반응이 나타나지 않는지 관찰한다. 이상 증상이 보이면 즉시 스로틀을 내리고, 그렇지 않을 경우 계속 관찰하면서 기체가 부양되도록 천천히 스로틀을 올린다. 기체가 1미터 정도 부양되면 전-후, 좌-우, 좌우 회전을 점검한다. 이상이 없으면 전진-후진, 좌이동-우이동 등 점차 거리를 늘려가면서 충분한 작동 점검을 실시한다.

## 시험비행 : 제자리비행(OGE)

특별한 탑재장비가 없는 경우에는 IGE 비행 시험만으로도 충분히 이상 유무를 판단할 수 있다. 하지만 기타 카메라나 각종 부가 장치가 많이 장착된 경우 지면효과를 벗어난 고도에서 비행성능을 추가 점검할 필요가 있다. 지면효과의 범위는 기체 크기에 따라 다르므로 비행 원리를 참고하기 바란다. F-450 기체라면 2미터 정도만 되어도 지면효과 범위를 벗어나므로 그 이상의 고도에서 시험을 하면 된다. 이 상태에서 전후, 좌우, 상승하강 등의 기동을 하면서 비행체의 기동이 정상인지 확인한다.

## 비행 후 점검

충분한 기동 시험이 완료되면 천천히 착륙을 실시하고, 비행 후 점검을 실시한다. 비행 후 점검까지 완료되어 이상이 없다면 장비는 잘 조립되었음이 확인된 것이다.

CHAPTER

# 08 연습문제

**8.1** F-450 프레임을 이용한 DIY 드론 기본 구성품에 대해 설명하시오. (8.1.2)

**8.2** F-450 프레임을 이용한 DIY 드론 추가 구성품에 대해 설명하시오. (8.1.2)

## 실습과제

1. 사양계산기를 활용하여 F-450 멀티콥터 설계를 진행하시오. (8.1.3)
2. F-450 프레임을 이용한 DIY 드론 기본 구성품을 준비하시오. (8.1.3)
3. 소형드론 조립용 공구를 준비하시오. (8.1.4)
4. F-450 하부 기판에 배선 납땜으로 연결 실습을 진행하시오. (8.2.1)
5. F-450 상부 기판과 암 장착을 실습하시오. (8.2.2)
6. 모터, 변속기 설치 절차에 맞춰 실습하시오. (8.2.3)
7. 조종기 바인딩 절차에 맞춰 실습하시오. (8.2.4)
8. 변속기 캘리브레이션을 실습하시오. (8.2.4)
9. 모터 회전 방향 확인 및 조정을 실습하시오. (8.2.4)
10. 비행제어시스템 설치를 실습하시오. (8.2.5)
11. 수신기와 FC 연결을 실습하시오. (8.2.5)
12. Mission Planner를 다운로드하고 컴퓨터에 설치하시오. (8.3.1)
13. Mission Planner 펌웨어 업데이트 및 설치를 진행하시오. (8.3.1)
14. Mission Planner 설정 메뉴에 따라 설정을 진행하시오. (8.3.1)
15. Mission Planner를 이용한 시동 및 점검하기 부분을 진행하시오. (8.3.1)

16. QGroundControl을 다운로드하여 컴퓨터에 설치하시오. (8.3.2)

17. QGroundControl 펌웨어 업데이트 및 설치를 진행하시오. (8.3.2)

18. QGroundControl 설정 메뉴에 따라 설정을 진행하시오. (8.3.2)

19. QGroundControl을 이용한 시동 및 점검을 진행하시오. (8.3.2)

20. Mission Planner를 이용한 IGE(지면효과 내 고도) 및 OGE(지면효과 초과고도) 상태의 시험비행을 실시하고, 그 차이를 확인하시오. (8.4)

21. QGroundControl을 이용한 IGE(지면효과 내 고도) 및 OGE(지면효과 초과고도) 상태의 시험비행을 실시하고, 그 차이를 확인하시오. (8.4)

CHAPTER

# 09

# 무인비행장치 안전성인증 실무



### 학습목표

- 초경량무인비행장치 안전성인증 절차를 설명할 수 있다.
- 안전성인증 신청 첨부서류를 준비할 수 있다.
- 운용규정 문서를 준비할 수 있다.
- 정비규정 문서를 준비할 수 있다.

# SECTION 9.1 무인비행장치 안전성인증 절차

5장에서 드론 관련 각종 인증 및 검정에 대해 설명했다. 9장에서는 그중 총중량 25kg을 초과하는 무인비행장치에서 가장 중요한 안전성인증 검사에 대해 실무적인 부분들을 설명한다. 안전성인증은 다음 다섯 단계로 진행된다.

- **1단계** : 안전성인증 신청 단계
- **2단계** : 인증수수료 납부 단계
- **3단계** : 인증일 확인 단계
- **4단계** : 출장비 납부 단계(외부 출장인증 신청 시)
- **5단계** : 안전성인증 검사 진행 단계

항공안전기술원 홈페이지에는 위 단계가 [그림 9-1(a)]와 같은 절차로 표시되어 있다. 또 안전성인증 검사는 [그림 9-1(b)]와 같은 절차로 진행된다.

(a) 안정성인증 5단계

(b) 안정성인증 검사 절차

[그림 9-1] 안전성인증 5단계와 검사 절차

## 9.1.1 안전성인증 신청

안전성인증 검사는 항공안전기술원에서 담당하고 있다. 신청은 안전성인증 홈페이지([그림 9-2])를 통해 진행되는데, 그 전에 비행체 신고를 완료해야 한다. 안정성인증 신청 절차는 다음과 같다.

### 1 회원가입

- 안전성인증 홈페이지(https://www.safeflying.kr/frontOffice/main/main.do)에 회원가한입 후 로그인한다.
- [안전성인증신청] 메뉴를 클릭한다.
- [경량항공기/초경량비행장치 안전성인증신청] 페이지에 접속한다(기체 종류에 따라 선택).
- [신청기체 불러오기] 버튼을 클릭한다.

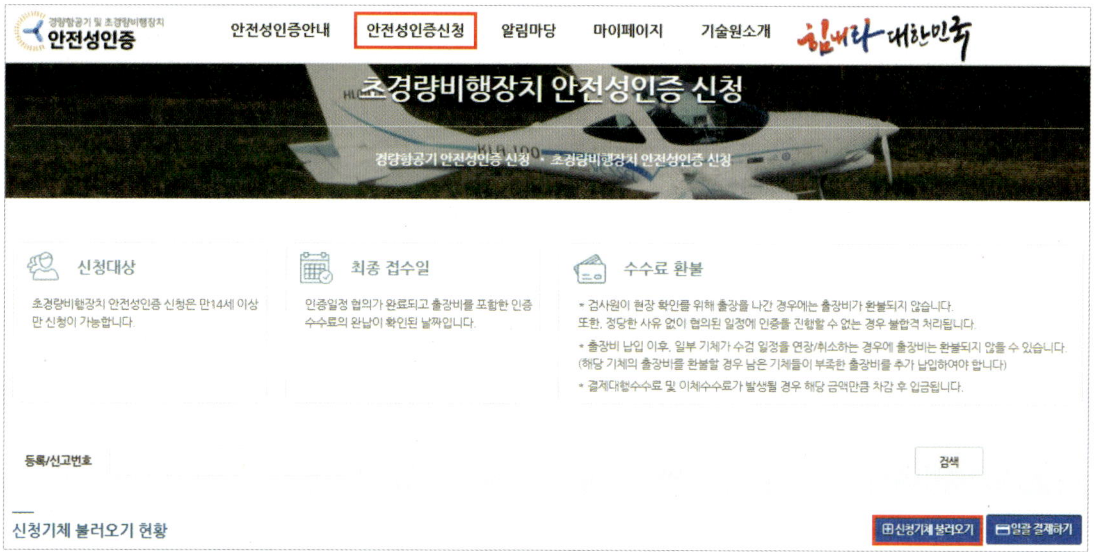


[그림 9-2] 안전성인증 신청 홈페이지

## 2 신청기체 불러오기

[그림 9-3]의 화면이 나오면 약관에 동의한 후 [다음] 버튼을 클릭한다.

[그림 9-3] 안전성인증 약관

이미 등록된 기체가 있다면 기체 목록이 [그림 9-4]와 같이 나온다. 이 중 신청한 기체의 신고 번호가 있으면 선택하여 [조회] 버튼을 클릭하고, 없으면 [기체 찾기]에서 [등록/신고번호] 란에 기체 신고번호를 입력한 후 [조회] 버튼을 클릭한다.

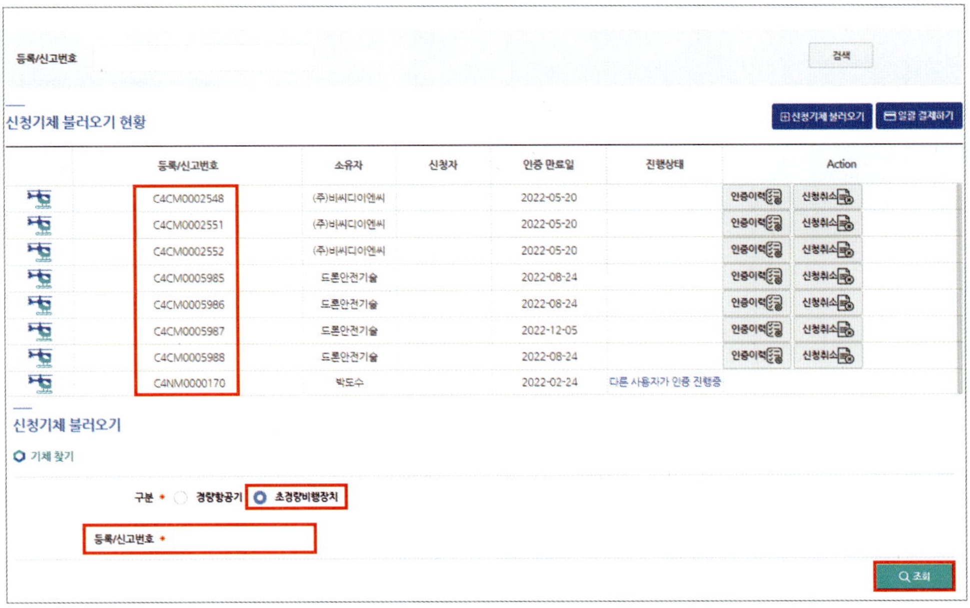

[그림 9-4] 안전성인증 신청기체 불러오기

인증신청서 작성 시, 처음 신고일 경우 [그림 9-5]와 같이 신고번호가 조회되면 [신청유형]을 '초도인증'으로 선택하고 소유자를 입력한다. 초경량비행장치로 신고한 사항이 자동으로 뜬다. 이제 [인증희망장소 및 수수료 납부방법]을 입력한다. 희망장소를 출장지역으로 지정하면 검사원들의 출장비를 추가로 납부해야 된다.

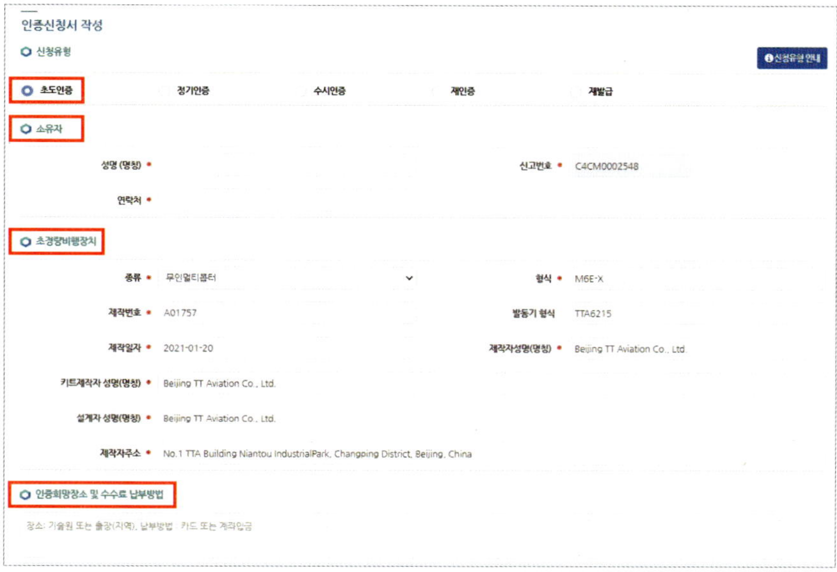

[그림 9-5] 안전성인증 신청서 현황 작성

이어서 [그림 9-6]의 내용에 해당하는 각 서류들을 업로드해야 한다. 이 첨부서류들에 대한 세부 작성 방법은 다음 절(안전성인증 신청 첨부서류 준비)에서 알아볼 것이다. 신청서를 작성하면서 중간 중간 [임시 저장하기] 버튼을 클릭하여 전부 재작성하는 문제를 방지한다. 서류 첨부가 완료되면 [신청서 제출하기] 버튼을 클릭한다.

[그림 9-6] 안전성인증 첨부서류 업로드

## 9.1.2 수수료 납부에서 비행시험까지

안전성인증 신청서가 제출되면 항공안전기술원 접수 순서에 따라 검사원이 배정되고, 먼저 서류검토가 진행된다. 이 초도 서류검토 작업 시 수정작업 요구에 따라 시간이 많이 소요될 수 있다.

### 1 수수료 납부

서류 검토가 끝나면 인증수수료 납부 통지가 발송된다. 출장 검사의 경우 출장 수수료도 납부해야 한다.

### 2 인증 검사일 지정

수수료 입금이 확인되면 협의하에 검사 일정을 정하게 되고, 정해진 일정에 따라 비행승인을 위한 임시 안전인증서가 발부된다.

### 3 비행승인 신청

임시인증서가 발급되면 드론원스탑서비스[1]에 검사 일정이 포함되도록 비행승인 신청을 진행한다. 이때 비행시험 일자의 최소 3 근무일 이전에 승인 신청이 접수되어야 일정에 맞게 비행승인을 받을 수 있다. 비행승인이 완료되면 승인서를 검사원에게 보낸다.

### 4 현장 검사 실시

지정된 검사일에 검사 장소에서 검사가 진행된다. 첨부서류로 제출한 성능검사표에 따른 성능 여부와 안전성 저해 부분 여부 등에 대한 검사가 이루어진다. 이때 비행제어시스템과 송수신기, 모터, 로터 등 주요 부품에 대한 일련번호도 확인한다. 또한 신고번호, 제작 관련 라벨, 소유자 및 연락처, 주요 부품 일련번호, KC 인증 스티커 등의 부착물도 빠짐없이 부착되어야 한다.

### 5 시험비행

시스템 검사가 끝나면 시험비행을 실시한다. 시험비행은 아래 항목들에 대해 진행된다. 이 검사 기준도 제출된 장비 운용 지침서와 성능검사표의 내용에 따른다.

- 이착륙 안정성
- 제자리비행 안정성
- 통신 두절에 따른 fail Safe 기능 점검
- 전후좌우 기동
- 상승 하강
- 원주비행
- 비행시간
- 배터리 저전압 fail safe 기능

1 https://drone.onestop.go.kr/

## SECTION 9.2 안전성인증 신청 첨부서류 준비

새로운 모델의 드론 장비를 처음 제작하여 출시하는 경우 처음 실시하는 인증을 초도인증이라 한다. 이 후 매년 실시하는 인증을 정기인증이라 하고, 검사에서 불합격한 드론을 다시 인증하는 경우 재인증이라 한다. 장비가 파손되어 수리한 후에 받는 인증이나 성능개량 및 개조로 인한 인증은 수시인증이라 한다. 여기서는 안전성인증 신청 첨부서류들에 대해 하나씩 자세히 알아보자.

### 설계서 또는 설계도면 : 인증 이력이 없는 형식 제출 요함

인증 이력이 없는 최초 인증을 신청하는 장비일 경우 설계서 또는 설계도면을 제출해야 한다. 전반적인 외관과 치수를 확인할 수 있도록 정면도, 평면도, 측면도가 포함된 도면이 필요하다. [그림 9-7]은 설계도면의 한 예이다.

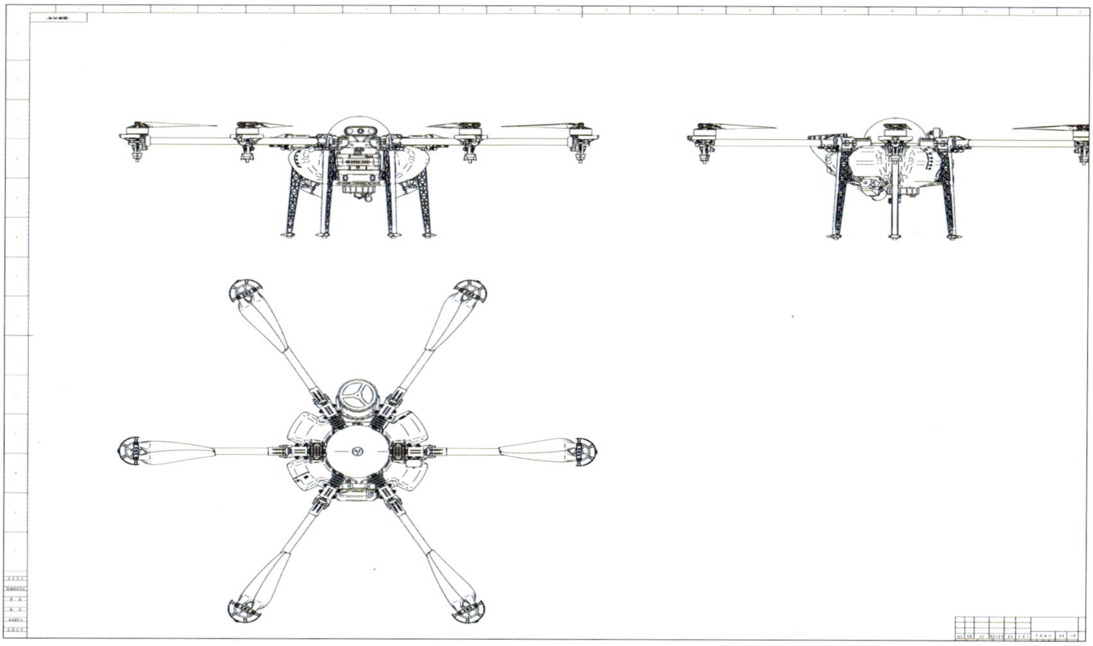

[그림 9-7] 설계도면의 예 : 마징가 드론 설계도면

## 부품표 : 인증 이력이 없는 형식 제출 요함

인증 이력이 없는 최초 인증을 신청하는 장비일 경우 부품표를 제출해야 한다. 부품표에는 전체 부품들에 대한 목록이 제시되어야 한다. [그림 9-8]과 [그림 9-9]는 부품표의 예를 나타낸 것이다.

| Battery | | | | | | |
|---|---|---|---|---|---|---|
| No. | ERP No. | Name | Power | Drone model | Qty | Image |
| 1 | 33050000124 | 12S 14000mAh battery 20C 44.4V | 621.6Wh | M6E/1pcs | 1 | 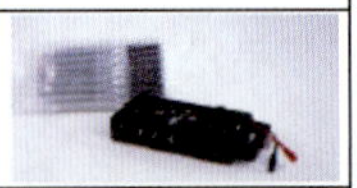 |
| 2 | 33050000133 | G200 intelligent battery 16000mAh | BA1417000 | M6E-G100/G200 /1pc | 1 |  |
| **Charger** | | | | | | |
| No. | ERP No. | Name | Power | Battery model | Qty | |
| 1 | 33090000106 | Dual Channels Intelligent charger 16000mAh Battery | 110V/220V | | |  |
| | 22010001165 | charging cable for 16000mAh battery | | | |  |
| | 55030000065 | balance cable for 6S batteries | | | | 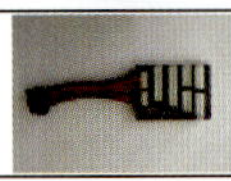 |
| 2 | 11090000072 | 6S HV charger | | | 1 | |

[그림 9-8] 부품표의 예 : 마징가드론 공용

| M6E-X Spare parts list (2021) | | | | | |
|---|---|---|---|---|---|
| No. | ERP No. | Name | Qty | Unit | Image |
| 1 | 33010000073 | Flight controller | 1 | pcs |  |
| 2 | 33010000074 | GPS | 1 | pcs |  |
| 3 | 33010000075 | LED light | 1 | pcs |  |
| 4 | 22010000605 | PMU for FC | 1 | pcs | 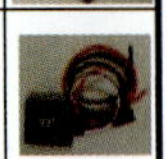 |
| 4-1 | 22010000583 | Power moduel assembly for ESC | 1 | Piece |  |
| 5 | 33150000380 | Exchanger line of receiver | 1 | Piece | 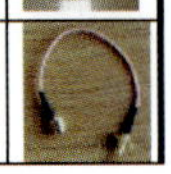 |

[그림 9-9] 부품표의 예 : 마징가드론 전용

## 비행 및 주요 정비 현황 자료 : 인증 이력이 없는 중고기체 구입 시

신규 인증을 시작하는 장비인 경우 비행 및 주요 정비 현황 기록부가 필요 없다. 하지만 정기 검사나 이미 인증된 중고장비에 대한 인증을 진행할 경우에는 비행 및 정비현황 기록 자료를 제출해야 한다. 모든 항공장비들은 비행시간에 따라 예방정비 관리가 진행된다. [그림 9-10]과 같이 항공기별 비행시간 기록부, 조종사 개인비행시간 기록부 작성을 통해 비행시간이 관리되어야 하고, 이 비행시간에 따라 정비를 진행한 사항들을 정비기록부에 기록하고 관리해야 한다. 그리고 안진성인증, 특히 정기검사를 진행할 때에는 비행체 비행기록부와 정비기록부를 작성해서 제출해야 한다.

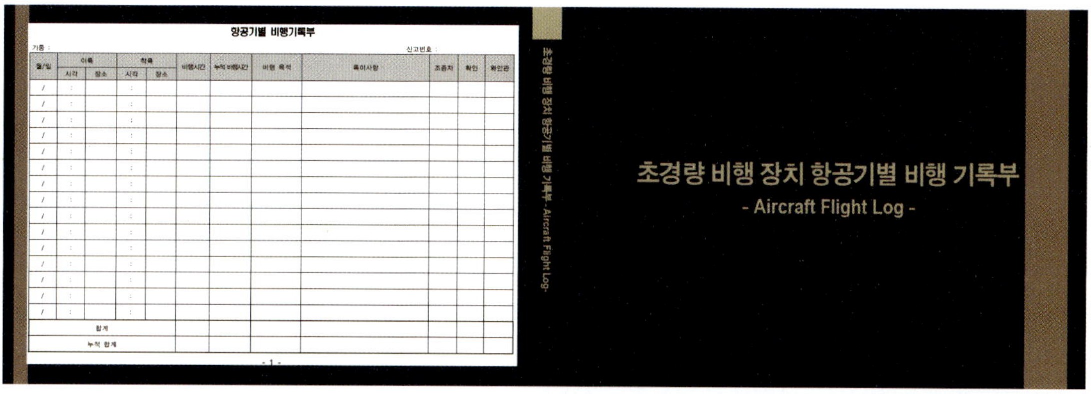


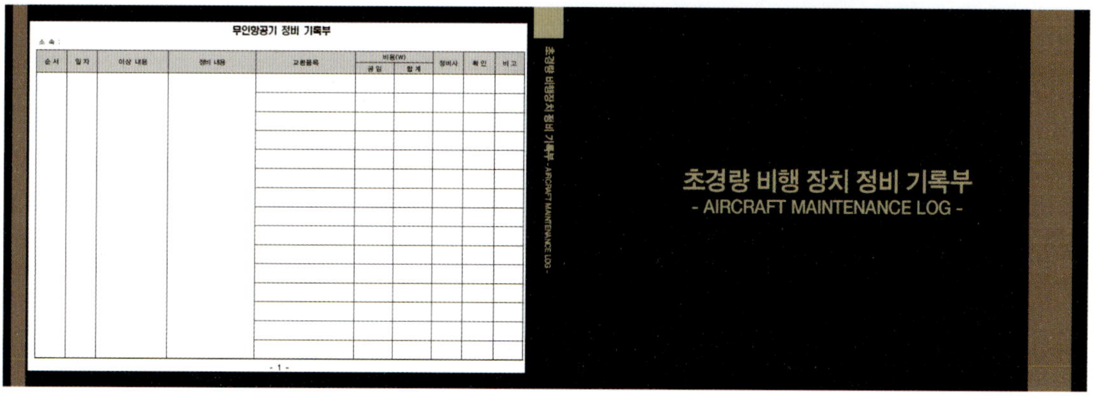


[그림 9-10] 비행 및 주요 정비 현황 서류의 예

## 성능검사표

[그림 9-11]은 성능검사표로서 여기에 기재되는 성능자료는 제작사에서 설계하고 그 설계에 따라 제작되었으며 그 성능을 시험하였음을 나타내는 자료이다. 이렇게 만들어진 성능 자료를 장비의 제원으로 공개한 것이다. 즉 장비가 최초 설계된 대로 제작되었는지를 검사하는 자료이다.

[별지 제6호서식] <개정 2018.06.05.>

# 성능검사표

## (무인동력비행장치 C4CM0002551-A02441)

| 설계자<br>Aircraft Designer | Beijing TT Aviation Co., Ltd. | | | | |
|---|---|---|---|---|---|
| 시험비행 조종자 성명<br>Test Pilot | 내부조종사 | N/A | 외부조종사 | 박장환 | |
| 자체중량<br>Basic Empty Weight | 14.8kg / 11kg(BAT 제외) | | 최대이륙중량<br>MTOW | 25.2kg | |
| 항속시간<br>Endurance | 공허중량 18분,<br>살포시 6~12분 | | 항속거리<br>Range | 2km | |
| 무게중심 위치<br>Center of Gravity<br>(멀티콥터류 및 정기 제외,<br>단 형상변경 및 장비 추가<br>장착으로 현저한 무게 변화<br>경우는 표기) | 허용범위<br>Range | 전방<br>Forward | N/A | 후방<br>Rear | N/A |
| | 근거<br>Reference | N/A | | | |
| | 측정위치<br>Position | 하중<br>Weight | 거리<br>Length | 모멘트<br>Moment | |
| | 전륜/후륜<br>Nose/Tail Wheel | N/A | N/A | N/A | |
| | 주륜<br>Main Wheel | N/A | N/A | N/A | |
| | 총무게<br>Total Weight | N/A | 총모멘트<br>Total Moment | N/A | |

| 구조한계<br>Structural Limitation | 극한하중계수<br>Ultimate 'G' Load Factor | 양/음<br>Pos/Neg | + 2 / - 0.5 |
|---|---|---|---|

| 조종면/회전익 작동각도<br>Control Deflections<br>(정기 및 멀티콥터류 제외) | 승강타/회전익<br>Elev/Rotor | 중 립<br>Neutral | N/A | 상향<br>Up | N/A | 하향<br>Down | N/A |
|---|---|---|---|---|---|---|---|
| | 방향타<br>Rudder | 중 립<br>Neutral | N/A | 우향<br>Right | N/A | 좌향<br>Left | N/A |
| | 도움날개<br>Ailerons | 우측상향<br>R/H Up | N/A | 우측하향<br>R/H Down | N/A | | |
| | | 좌측상향<br>L/H Up | N/A | 좌측하향<br>L/H Down | N/A | | |
| | 보조날개<br>Flaps | 이륙<br>T/O | N/A | 착륙<br>L/D | N/A | | |

| 발동기 제작자<br>Motor Maker | Beijing TT Aviation | 모델번호<br>Model | TTA6215 | 일련번호<br>Serial # | A02441-M1~6 |
|---|---|---|---|---|---|
| 프로펠러 제작자<br>Prop. Maker | Beijing TT Aviation | 모델번호<br>Model | 2388 V2 | 일련번호<br>Serial # | A02441-R1~6 |
| 회전익 제작자<br>Rotor Maker | N/A | 모델번호<br>Model | N/A | 일련번호<br>Serial # | N/A |

<table>
<tr><td rowspan="7">통신장비<br>Communication Devices</td><td colspan="2">송수신기 인가여부<br>Certification</td><td colspan="6">■ Yes □ No</td></tr>
<tr><td rowspan="2">송신기<br>Trans.</td><td>내부조종자<br>Internal</td><td>제작자<br>Maker</td><td>N/A</td><td>모델명<br>Model</td><td>N/A</td><td>일련번호<br>SN</td><td>N/A</td></tr>
<tr><td>외부조종자<br>External</td><td>제작자<br>Maker</td><td>Quanzhou Skydroid Technology Co., Ltd.</td><td>모델명<br>Model</td><td>T12</td><td>일련번호<br>SN</td><td>T12TTA-0042</td></tr>
<tr><td colspan="2">수신기<br>Receiver</td><td>제작자<br>Maker</td><td>Quanzhou Skydroid Technology Co., Ltd.</td><td>모델명<br>Model</td><td>R12</td><td>일련번호<br>SN</td><td>R12TTA-0042</td></tr>
<tr><td colspan="2">운용주파수(G/Mhz)<br>Operation Frequency</td><td colspan="6">2.4 Ghz</td></tr>
<tr><td colspan="2">운용채널 수<br>No. of Channels</td><td colspan="6">10: 비행모드(GPS/ATTI/AB), AB지점설정, 분사량조절, RTH hot key, Pump mode(Auto/manual), 지형 추정비행, Roll, Pitch, Throttle, Yaw</td></tr>
<tr><td colspan="2">최대운용반경(Km)<br>Max. Range</td><td colspan="6">1.3km</td></tr>
<tr><td rowspan="3">제어장치<br>Controller</td><td colspan="2">비행제어장치<br>Flight Controller</td><td>제작자<br>Maker</td><td>Beijing TT Aviation</td><td>모델명<br>Model</td><td>E6</td><td>일련번호<br>SN</td><td>0037003E57485018 2031344B</td></tr>
<tr><td colspan="2">서보모터 수<br>No. of Servos</td><td colspan="6">N/A</td></tr>
<tr><td colspan="2">비행기록장치<br>Flight Data Logger</td><td colspan="6">■ Yes □ No</td></tr>
<tr><td colspan="3">기타 장착장비<br>Optional Devices</td><td colspan="6">약제펌프, 하방카메라 및 장착 브라켓</td></tr>
</table>

| 조종방식<br>Control Type | ■ 조종자에 의한 제어방식<br>Remote Controlled by Pilot | □ 프로그램에 의한 자동비행<br>Autonomous Flight by Program |
|---|---|---|
| 추진방식<br>Propulsion | □ 엔진<br>Engine | ■ 전동기<br>Electric Motor |

※ 신청자(또는 소유자)는 지상활주 및 장주비행 또는 이에 준하는 비행을 하여 성능검사표를 작성·제출한다.(해당되지 않는 항목의 경우 "해당무"로 표기한다.)

[그림 9-11] 성능검사표의 예

## 초경량비행장치 기술기준 이행완료 제출문

[그림 9-12]와 같은 초경량비행장치 기술기준 이행완료 제출문은 제작자 또는 수입자를 확인하기 위한 서류이다.

[별지 제12호서식] <개정 2018.07.06, 2020.09.28.>

# 초경량비행장치 기술기준 이행완료 제출문

다음의 초경량비행장치에 대하여, 국토교통부 고시 "초경량비행장치 기술기준" 을 이행완료 하였음을 서면으로 제출합니다.

2021 년 02월 20 일

제작자/공급자 : Beijing TT Aviation Co., Ltd./드론안전기술 (인)

소유자 : 박 장 환

| 초경량비행장치의 종류 | □ 동력비행장치<br>□ 행글라이더<br>□ 패러글라이더<br>□ 기구류(자유기구)<br>□ 기구류(계류식기구)<br>□ 무인비행장치(무인비행기)<br>■ 무인비행장치(무인멀티콥터)<br>□ 무인비행장치(무인헬리콥터)<br>□ 무인비행장치(무인비행선)<br>□ 회전익비행장치<br>□ 동력패러글라이더<br>□ 낙하산류 |
|---|---|
| 초경량비행장치 좌석의 수<br>(무인비행장치인 경우 제외) | N/A |
| 초경량비행장치 자체중량 | 14.8kg |
| 초경량비행장치 연료 탑재량<br>(배터리를 탑재한 경우 배터리 용량 및 규격) | 14,000mAh / 12S |

※ 초경량비행장치 기술기준에 적합함을 인정할 수 있는 별도의 서류를 제출한 경우에는 제외한다.

[그림 9-12] 기술기준 이행완료 제출문의 예

## 작업 지시서

작업 지시서는 신고된 장비의 제작에 대한 작업내용을 확인하기 위한 것으로서 [그림 9-13]과 같이 개략적인 조립작업 내용을 기록하여 작성하면 된다. 이때 제출하는 운영자 및 정비교범의 내용을 근거로 하여 작성한다.

( 초도 납품 전 조립/검사 ) 작업 지시서

| 초경량비행장치 종류 | 무인멀티콥터 | 형식 | M6E-X |
|---|---|---|---|
| 제작번호 | AD1766 | 작업장소 | 오토월드 |
| 관련자료 | M6E-X 운영 메뉴얼 / M6E-X 정비 메뉴얼 | | |

| 순번 | 작업 내용 | 일자 | 확인자 | 비고 |
|---|---|---|---|---|
| 1 | 메인 바디/헤드 조립랜딩기어 조립 | 2021/08/30 | 박장환 | 초도 납품 조립/검사 |
| 2 | 암 조립 | 2021/08/30 | 박장환 | |
| 3 | 로터 조립 | 2021/08/30 | 박장환 | |
| 4 | 호스 연결 | 2021/08/30 | 박장환 | |
| 5 | 조종기 바인딩 지상 작동 시험 | 2021/08/30 | 박장환 | |
| 6 | 하방 카메라 및 브라켓 장착 | 2021/08/30 | 박장환 | |
| | | | | |
| | | | | |
| | | | | |

[그림 9-13] 작업 지시서의 예

## 운용규정 문서(운용자 교범)

인증 이력이 없는 장비 모델인 경우 운용규정 문서를 제출해야 한다. 9.3에서 '운용/정비 규정 문서'를 설명하고 있는데, 대략 9.3.1의 내용이 포함된 운용지침서가 작성되어야 한다.

## 정비규정 문서(정비교범)

인증 이력이 없는 장비 형식의 경우 정비규정 문서를 제출해야 한다. 이때 9.3.4에서 제시한 내용이 포함되도록 작성되어야 한다.

## 수입신고필증

해외에서 완제기 또는 반제품 형태로 도입된 장비인 경우 수입신고필증을 제출해야 한다. 이때 [그림 9-14(a)]와 같은 수입신고필증을 제시하거나, 같은 제작사에서 발급한 [그림 9-14(b)]와 같은 제작증명서로 대체해도 된다. 한편, 완제품에 대한 상용화 입증 자료로서 [그림 9-14(c)]와 같은 해당 국가 감항당국에 등록된 서류를 요구하기도 한다.

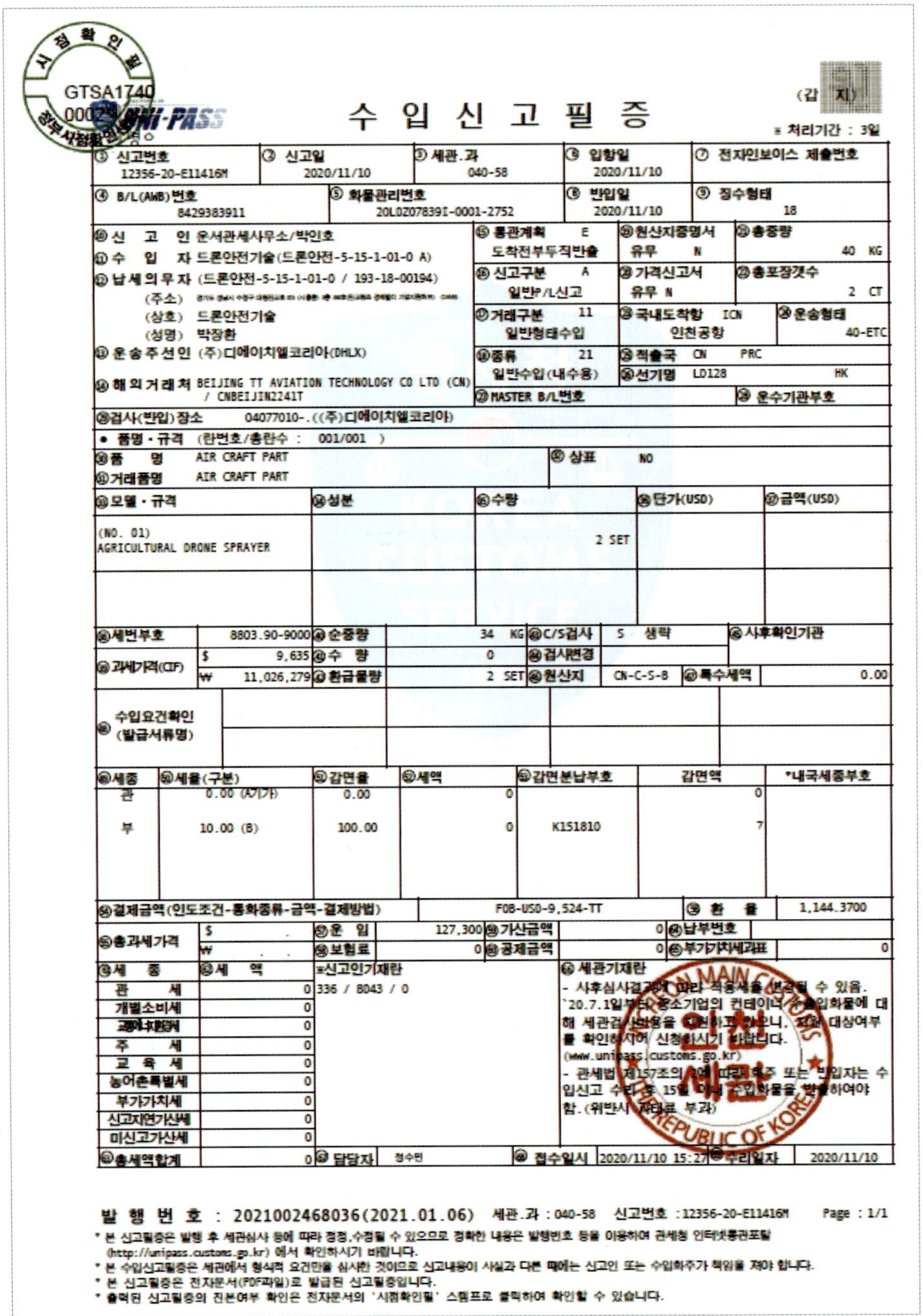

UNI-PASS

# 수 입 신 고 필 증

(갑 지)

※ 처리기간 : 3일

| ① 신고번호 | ③ 신고일 | ③ 세관.과 | ⑥ 입항일 | ⑦ 전자인보이스 제출번호 |
|---|---|---|---|---|
| 12356-20-E11416M | 2020/11/10 | 040-58 | 2020/11/10 | |
| ④ B/L(AWB)번호 | ⑤ 화물관리번호 | | ⑧ 반입일 | ⑨ 징수형태 |
| 8429383911 | 20L0Z07839I-0001-2752 | | 2020/11/10 | 18 |

신고인: 운서관세사무소/박인호
수입자: 드론안전기술(드론안전-5-15-1-01-0 A)
납세의무자: (드론안전-5-15-1-01-0 / 193-18-00194)
(주소)
(상호) 드론안전기술
(성명) 박장환
운송주선인: (주)디에이치엘코리아(DHLX)
해외거래처: BEIJING TT AVIATION TECHNOLOGY CO LTD (CN) / CNBEIJIN2241T

통관계획: E 도착전부두직반출
원산지증명서 유무: N
총중량: 40 KG
신고구분: A 일반P/L신고
가격신고서 유무: N
총포장갯수: 2 CT
거래구분: 11 일반형태수입
국내도착항: ICN 인천공항
운송형태: 40-ETC
종류: 21 일반수입(내수용)
적출국: CN PRC
선기명: LD128 HK
MASTER B/L번호
운수기관부호

검사(반입)장소: 04077010-.((주)디에이치엘코리아)

● 품명·규격 (란번호/총란수 : 001/001 )

품명: AIR CRAFT PART
거래품명: AIR CRAFT PART
상표: NO

| 모델·규격 | 성분 | 수량 | 단가(USD) | 금액(USD) |
|---|---|---|---|---|
| (NO. 01) AGRICULTURAL DRONE SPRAYER | | 2 SET | | |

| 세번부호 | 8803.90-9000 | 순중량 | 34 KG | C/S검사 | S 생략 | 사후확인기관 | |
|---|---|---|---|---|---|---|---|
| 과세가격(CIF) | $ 9,635 | 수량 | 0 | 검사변경 | | | |
| | ₩ 11,026,279 | 환급물량 | 2 SET | 원산지 | CN-C-S-B | 특수세액 | 0.00 |

수입요건확인 (발급서류명)

| 세종 | 세율(구분) | 감면율 | 세액 | 감면분납부호 | 감면액 | *내국세종부호 |
|---|---|---|---|---|---|---|
| 관 | 0.00 (A기가) | 0.00 | 0 | | 0 | |
| 부 | 10.00 (B) | 100.00 | 0 | K151810 | 7 | |

| 결제금액(인도조건-통화종류-금액-결제방법) | FOB-USD-9,524-TT | 환율 | 1,144.3700 |
|---|---|---|---|

| 총과세가격 | $ | 운임 | 127,300 | 가산금액 | 0 | 납부번호 | |
|---|---|---|---|---|---|---|---|
| | ₩ | 보험료 | 0 | 공제금액 | 0 | 부가가치세과표 | 0 |

| 세종 | 세액 |
|---|---|
| 관세 | 0 |
| 개별소비세 | 0 |
| 교통에너지환경세 | 0 |
| 주세 | 0 |
| 교육세 | 0 |
| 농어촌특별세 | 0 |
| 부가가치세 | 0 |
| 신고지연가산세 | 0 |
| 미신고가산세 | 0 |
| 총세액합계 | 0 |

※신고인기재란: 336 / B043 / 0

세관기재란
- 사후심사결과에 따라 적용세율 변경될 수 있음.
`20.7.1일부터 중소기업의 컨테이너 수입화물에 대해 세관검사비용을 지원하고 있으니, 지원 대상여부를 확인하시어 신청하시기 바랍니다.
(www.unipass.customs.go.kr)
- 관세법 제157조의 2에 따라 화주 또는 반입자는 수입신고 수리 후 15일 이내 수입화물을 반출하여야 함. (위반시 과태료 부과)

담당자: 정수민 | 접수일시: 2020/11/10 15:27 | 수리일자: 2020/11/10

발 행 번 호 : 2021002468036(2021.01.06) 세관.과 : 040-58 신고번호 : 12356-20-E11416M Page : 1/1

* 본 신고필증은 발행 후 세관심사 등에 따라 정정,수정될 수 있으므로 정확한 내용은 발행번호 등을 이용하여 관세청 인터넷통관포탈 (http://unipass.customs.go.kr) 에서 확인하시기 바랍니다.
* 본 수입신고필증은 세관에서 형식적 요건만을 심사한 것이므로 신고내용이 사실과 다른 때에는 신고인 또는 수입화주가 책임을 져야 합니다.
* 본 신고필증은 전자문서(PDF파일)로 발급된 신고필증입니다.
* 출력된 신고필증의 진본여부 확인은 전자문서의 '시점확인필' 스탬프로 클릭하여 확인할 수 있습니다.

(a) 수입신고필증의 예

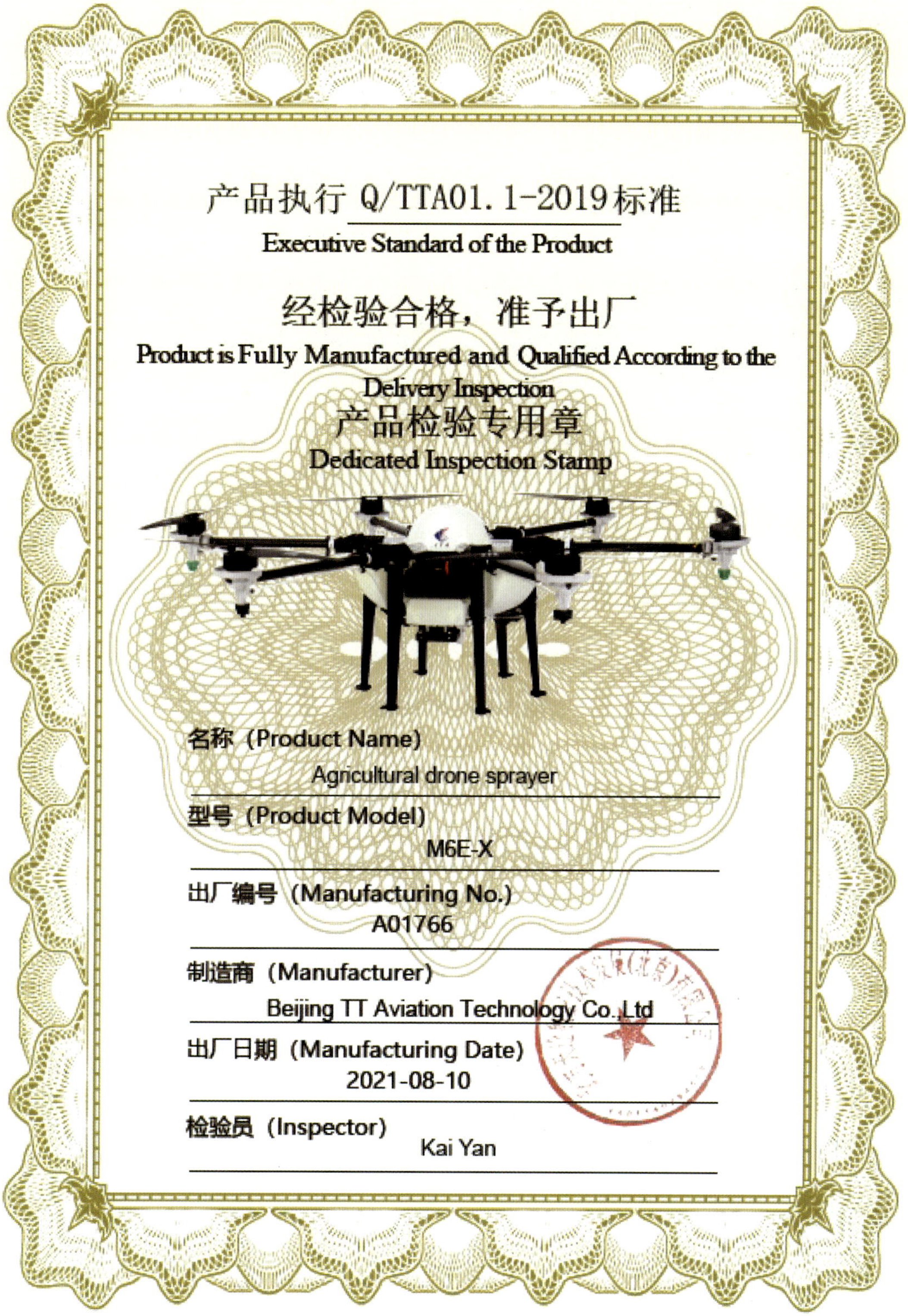

产品执行 Q/TTA01.1-2019标准

Executive Standard of the Product

经检验合格，准予出厂

Product is Fully Manufactured and Qualified According to the Delivery Inspection

产品检验专用章

Dedicated Inspection Stamp

名称（Product Name）

Agricultural drone sprayer

型号（Product Model）

M6E-X

出厂编号（Manufacturing No.）

A01766

制造商（Manufacturer）

Beijing TT Aviation Technology Co.,Ltd

出厂日期（Manufacturing Date）

2021-08-10

检验员（Inspector）

Kai Yan

(b) 제작증명서의 예

CAAC

中国民航局
THE CIVIL AVIATION ADMINISTRATION OF CHINA
无人机实名登记证
CERTIFICATE OF UAS REGISTRATION

| 1.登记标志 Registration Marks | 2. 航空器型号和制造人 Manufacturer and Manufacturer's Designation of Aircraft | | 3. 序号 Serial No. |
|---|---|---|---|
| **UAS01594482** | **M6E-X / 北方天途航空技术发展（北京）有限公司** | | **A01626** |
| 4. 产品名称 | 5. 空重 Empty Weight | 6最大起飞重量 MTOW | 7.类型 Type |
| **M6E-X** | **11.0Kg** | **25.2Kg** | **多旋翼** |
| 8. 本证发给 Issued to : | | 9.联系手机 | |
| **Park JangWhan** | | **18612353825** | |
| 10.状态 Status: | | 11.注册日期 Date of Registration : | |
| **正常** | | **2021-01-03** | |
| 仅证明该无人机在中国民航局无人机登记系统中的登记情况，不作他用。 | | | |

(c) 상용화 입증 서류의 예 : 중국 CAAC 등록증명

[그림 9-14] 완제품 증명 : 수입신고필증 등

## 정비서류

정비주기가 도래하여 정기검사를 수검할 때나 재검사 등을 진행할 경우 [그림 9-15]와 같은 정비서류가 필요하다. 이때 [그림 9-15]의 정비 기록부를 제시하면 된다.

**무인항공기 정비 기록부**

소 속 :

| 순 서 | 일 자 | 이상 내용 | 정비 내용 | 교환품목 | 비용(W) | | 정비사 | 확 인 | 비 고 |
|---|---|---|---|---|---|---|---|---|---|
| | | | | | 공 임 | 합 계 | | | |
| | | | | | | | | | |
| | | | | | | | | | |
| | | | | | | | | | |
| | | | | | | | | | |
| | | | | | | | | | |
| | | | | | | | | | |
| | | | | | | | | | |
| | | | | | | | | | |
| | | | | | | | | | |
| | | | | | | | | | |
| | | | | | | | | | |
| | | | | | | | | | |
| | | | | | | | | | |
| | | | | | | | | | |
| | | | | | | | | | |

[그림 9-15] 정비 기록부의 예

## 송수신기 인가 여부를 확인할 수 있는 서류

인증 이력이 없는 형식의 최초 장비인 경우 [그림 9-16]과 같은 송수신기에 대한 KC 인증서 등을 제출해야 한다. 비행체, 조종기, 수신기, 충전기에 대한 KC 인증서와 함께 충전기의 경우 전기용품 안전인증서도 같이 제출해야 한다.

19B4-7A4A-717C-9798

**방송통신기자재등의 적합등록 필증**

*Registration of Broadcasting and Communication Equipments*

| | |
| --- | --- |
| 상호 또는 성명<br>Trade Name or Registrant | 드론안전기술 |
| 기자재명칭(제품명칭)<br>Equipment Name | 마징가 드론 |
| 기기부호/추가 기기부호<br>Equipment code<br>/Additional Equipment code | IM161 |
| 기본모델명<br>Basic Model Number | M6E-X |
| 파생모델명<br>Series Model Number | M6E-1 |
| 등록번호<br>Registration No. | R-R-Drn-M6E-X |
| 제조자/제조국가<br>Manufacturer/Country of Origin | Beijing TT Aviation Technology Co., Ltd. / 중국 |
| 등록연월일<br>Date of Registration | 2021-01-07 |
| 기타<br>Others | |

위 기자재는 「전파법」 제58조의2 제3항에 따라 등록되었음을 증명합니다.

It is verified that foregoing equipment has been registered under the Clause 3, Article 58-2 of Radio Waves Act.

2021년(Year) 01월(Month) 07일(Day)

국립전파연구원장 (국립전파연구원장인)

*Director General of National Radio Research Agency*

※ 적합등록 방송통신기자재는 반드시 "적합성평가표시"를 부착하여 유통하여야 합니다.
위반시 과태료 처분 및 등록이 취소될 수 있습니다.

(a) 비행체 KC 인증서

6396-7EA3-146D-236B

# 방송통신기자재등의 적합등록 필증

*Registration of Broadcasting and Communication Equipments*

| | |
|---|---|
| 상호 또는 성명<br>*Trade Name or Registrant* | Quanzhou Skydroid Technology Co., Ltd. |
| 기자재명칭(제품명칭)<br>Equipment Name | 2.4G video receiver |
| 기본모델명<br>*Basic Model Number* | R12 |
| 파생모델명<br>*Series Model Number* | |
| 등록번호<br>Registration No. | R-R-QZS-R12 |
| 제조자/제조(조립)국가<br>Manufacturer/Country of Origin | Quanzhou Skydroid Technology Co., Ltd. / 중국 |
| 등록연월일<br>*Date of Registration* | 2019-10-17 |
| 기타<br>*Others* | |

위 기자재는 「전파법」 제58조의2 제3항에 따라 등록되었음을 증명합니다.

It is verified that foregoing equipment has been registered under the Clause 3, Article 58-2 of Radio Waves Act.

2019년(Year) 10월(Month) 17일(Day)

국립전파연구원장 [국립전파연구원장인]

Director General of National Radio Research Agency

※ 적합등록 방송통신기자재는 반드시 "적합성평가표시" 를 부착하여 유통하여야 합니다.
위반시 과태료 처분 및 등록이 취소될 수 있습니다.

(b) 수신기 KC 인증서

CE29-C1F2-844A-5345

# 방송통신기자재등의 적합등록 필증

Registration of Broadcasting and Communication Equipments

| | |
|---|---|
| 상호 또는 성명<br>Trade Name or Registrant | Quanzhou Skydroid Technology Co., Ltd. |
| 기자재명칭(제품명칭)<br>Equipment Name | 특정소출력 무선기기(무선데이터통신시스템용 무선기기) |
| 기본모델명<br>Basic Model Number | T12 |
| 파생모델명<br>Series Model Number | |
| 등록번호<br>Registration No. | R-R-QZS-T12 |
| 제조자/제조(조립)국가<br>Manufacturer/Country of Origin | Quanzhou Skydroid Technology Co., Ltd. / 중국 |
| 등록연월일<br>Date of Registration | 2019-10-17 |
| 기타<br>Others | |

위 기자재는 「전파법」 제58조의2 제3항에 따라 등록되었음을 증명합니다.
It is verified that foregoing equipment has been registered under the Clause 3, Article 58-2 of Radio Waves Act.

2019년(Year) 10월(Month) 17일(Day)

국립전파연구원장 (국립전파연구원장인)

Director General of National Radio Research Agency

※ 적합등록 방송통신기자재는 반드시 "적합성평가표시" 를 부착하여 유통하여야 합니다.
위반시 과태료 처분 및 등록이 취소될 수 있습니다.

(c) 송신기 KC 인증서

8B12-9D8A-3DB1-3C39

# 방송통신기자재등의 적합등록 필증

Registration of Broadcasting and Communication Equipments

| | |
|---|---|
| 상호 또는 성명<br>Trade Name or Registrant | SHENZHEN EV-PEAK NEW ENERGY TECHNOLOGY CO.,LTD |
| 기자재명칭(제품명칭)<br>Equipment Name | Balanced charging power |
| 기본모델명<br>Basic Model Number | U5 |
| 파생모델명<br>Series Model Number | U5-C, U5-A |
| 등록번호<br>Registration No. | R-R-EvP-U5 |
| 제조자/제조(조립)국가<br>Manufacturer/Country of Origin | SHENZHEN EV-PEAK NEW ENERGY TECHNOLOGY CO.,LTD / 중국 |
| 등록연월일<br>Date of Registration | 2019-06-14 |
| 기타<br>Others | |

위 기자재는 「전파법」 제58조의2 제3항에 따라 등록되었음을 증명합니다.

It is verified that foregoing equipment has been registered under the Clause 3, Article 58-2 of Radio Waves Act.

2019년(Year) 06월(Month) 19일(Day)

국립전파연구원장 [국립전파연구원장인]

Director General of National Radio Research Agency

※ 적합등록 방송통신기자재는 반드시 "적합성평가표시" 를 부착하여 유통하여야 합니다.
위반시 과태료 처분 및 등록이 취소될 수 있습니다.

(d) 충전기 KC 인증서

전기용품 및 생활용품 안전관리법 시행규칙 [별지 제5호서식] 접수번호 : 20190710-0003

# 안 전 인 증 서
## Safety Certificate

안전인증번호: HU071988-19002A
(Certificate No.)

제조업자/수입업자명: SHENZHEN EV-PEAK NEW ENERGY TECHNOLOGY CO., LTD
(Manufacturer/importer)

주 소: 3 FL BLK 8, Aohua Industrial District, No.148 Huarong Road Gaofeng Community, Dalang Street Longhua District, Shenzhen, Guangdong, China
(Address)

제 품 명: 전기충전기
(Product)

기본모델명: U5-A
(Basic Model)

파생모델명 (Series Model):
U5 U5-C

정격/안전기준상의 모델구분: 100-240 V~, 50/60 Hz, 16-18 A (O/P: Max.50.4 Vdc, Max.30.0 A)
(Rating)

시 험 기 준: K 60950-1(2011-12)
(Standard)

본 인증서는 제 조 국 명: 중국
제조업자명: SHENZHEN EV-PEAK NEW ENERGY TECHNOLOGY CO., LTD
제조공장의 주소: 3 FL BLK 8, Aohua Industrial District, No.148 Huarong Road Gaofeng Community, Dalang Street Longhua District, Shenzhen, Guangdong, China
의 제품에만 해당함

「전기용품 및 생활용품 안전관리법 시행규칙」 제9조제2항, 제4항, 제10조제2항 또는 제15조제2항에 따라 안전인증서를 발급합니다.
We issue this Safety Certificate for the above appliances in accordance with the Article 9(2), 9(4), 10(2) or 15(2) of the Enforcement Rule of the Electrical Appliances and Consumer Products Safety Control Act.

2019 년 08 월 29 일
(Year) (Month) (Day)

한국기계전기전자시험연구원장
Korea Testing Certification

※ 이 인증서는 「전기용품 및 생활용품 안전관리법」에 따른 제품의 안전성 확인에 한정된 것이며, 그 밖의 다른 법률이 적용되는 제품의 경우에는 해당 법률에 따라 추가로 인증·허가 등을 받아야 합니다.

| 첨부서류 | 1. 전기용품의 안전관리부품 및 재질목록 (List of Critical Components)<br>2. 기본모델 · 파생모델의 내용 (Descriptions of the basic and series model)<br>3. 안전인증의 변경 현황 (Revisions Status) |
|---|---|

(e) 충전기 전기용품 안전인증서

[그림 9-16] KC 인증서의 예 : 비행체, 조종기, 수신기, 충전기

## 성능개량을 위한 변경 항목 목록표 및 확인서

성능개량이 있는 경우 작업 지시서와 운용지침, 정비지침을 수정해서 제출해야 한다.

## 국토부 시험비행허가 결과(시험비행점검표)

원스톱 민원서비스를 통해 신청한 비행허가에 대한 승인 결과서를 첨부한다.

# SECTION 9.3 운용/정비 규정 문서

드론장비의 초도검사인 경우 안전성인증 검사 제출 서류 중 운영규정 문서를 제출하도록 되어 있다. 이것은 운영자가 따라야 하는 규정문서로서 운영자 교범을 말한다.

## 9.3.1 운용자 교범 포함 내용

무인기의 운용자 교범은 아직 표준화된 규정이 없지만 일반적으로 유인항공기와 다른 지상통제장비와 통신장비, 지원장비 등을 포함한 내용으로 구성된다. 무인멀티콥터의 경우 장거리의 복잡한 임무를 수행하는 장비들이 없어, 대부분의 시스템이 아직 단순하다. 그에 따른 운용자 교범은 대략 [그림 9-17]과 같은 목차로 구성된다.

목 차

**1. 안전사항**

**2. 전체 시스템 소개 및 제원, 성능**

**3. 비행체 소개 및 운용방법**

- 3.1. 비행체 구조 및 성능
- 3.2. 동력시스템 구조 및 성능
- 3.3. 항전시스템 구조 및 성능
- 3.4. 비행제어시스템 구조 및 성능
- 3.5. 기타 부가 장치

**4. 지상통제장비 소개 및 운용방법**

- 4.1. 주 통제장비 구조 및 성능, 운용방법
- 4.2. 보조 통제장비 구조 및 성능, 운용방법
- 4.3. RC 조종기 설명
- 4.4. 비상운용 절차

**5. 통신데이터링크 소개 및 운용방법**

- 5.1. 데이터링크 구성 및 성능
- 5.2. 통신 시스템 운용

**6. 탑재 임무장비 소개 및 운용방법**

- 6.1. EO, IR 등 카메라 장비 소개 및 운용 방법
- 6.2. 방제용 장치 등 소개 및 운용 방법
- 6.3. 기타 탑재 장비 소개 및 운용 방법

**7. 지원장비 소개**

7.1. 배터리 소개
7.2. 충전기 소개
7.3. 운반/저장 장치 소개
7.4. 정비 장비 및 공구 소개
7.5. 시험 및 점검 장비 소개
7.6. 기타

**8. 앱 프로그램 설정**

8.1. 소프트웨어 구성
8.2. 펌웨어 설정 및 매개변수 조정
8.3. 경로 및 미션 설정 및 운용 방법
8.4. 비행 조종 설정
8.5. 경고 및 지시등

**9. 비행 기능 제어**

9.1 정상 비행 절차
9.2 비정상 비행 절차

**부록 I 조종사 점검표**

**부록 II 시험비행 절차**

[그림 9-17] 운용 지침서(운영 매뉴얼) 목차

## 9.3.2 운용자 교범의 예

[그림 9-18]은 농업 방제용 자동비행 무인멀티콥터의 운용자 교범 목차의 예이다.

M6E-X 사용자 지침 V2.0

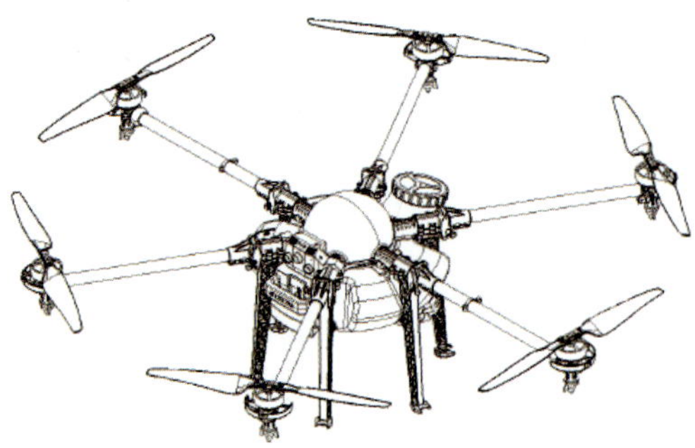

Beijing TT Aviation Technology Co.,Ltd.

조종사가 임무를 수행하기 전에 UAV 작동에 대해 잘 훈련되었는지 확인하십시오.

목 차

[그림 9-18] 운용 지침서(운영 매뉴얼) 샘플

## 9.3.3 비행제어시스템 교범의 예

[그림 9-19]는 농업 방제용 자동비행제어시스템에 대한 매뉴얼 목차의 예이다.

E6 Flight Controller
비행제어시스템 매뉴얼
V1.1.5 2019/11/12

우선 이 상품을 구입해 주셔서 감사합니다. 매뉴얼의 요구 사항을 엄격히 준수하여 항공기에 본 제품을 설치하여 사용하시기 바랍니다.

**노트 :**

1. 본 매뉴얼은 해당 보조 소프트웨어와 함께 사용해야 하며, 보조 소프트웨어와 일치하지 않는 경우 보조 소프트웨어를 참조하십시오.
2. 본 제품은 핫 플러깅이 금지되어 있습니다(즉, 전원이 켜진 상태에서는 모듈의 플러그를 꽂거나 뽑을 수 없습니다).
3. 비행 컨트롤러 펌웨어 업그레이드 중에는 중간에 튜닝 케이블을 분리하는 것이 엄격히 금지되어 있습니다(비행 컨트롤러 펌웨어 업그레이드 중에는 비행 컨트롤러에 전원을 공급하지 마십시오).

목 차

6. 휴대 전화 지상국 사용 지침 ........................................ 31

부록 ........................................ 32

부록 1 제품 사양 ........................................ 32

부록 2 상태를 나타내는 LED 3 색 표시등 ........................................ 34

[그림 9-19] 자동비행제어시스템 매뉴얼 목차의 예

## 9.3.4 정비지침서(정비교범)

[그림 9-20]은 농업방제용 드론의 예방정비에 대한 지침서이다.

TTA AG Drone Maintenance Guideline

V1.1

TTA

12/24/2020

北方天途航空技术发展(北京)有限公司

Beijing TT Aviation Technology Co.,Ltd.

Record of Revisions

| Issue No. | Issue. Date | Reason for Revision | Insert Date |
|---|---|---|---|
| V1.0 | 2019/12/04 | Manual issued | |
| V1.1 | 2020/12/24 | Revision | |
| | | | |
| | | | |

**1. 예방정비 일정표**

| 멀티콥터 주요부품 표준 정비/교환 주기 (v1.0) | | | 2020.12. TTA / 드론안전기술 | | | |
|---|---|---|---|---|---|---|
| - SR: Stacus Replacement item 상태교환<br>- TBO: Replacement by time 시간교환 | | - 30~50시간: 주간~월간정비(운영자)<br>- 100~300: 연간정비(지정 정비센터, Shop)<br>- 500~1000시간: 오버홀(제작사/지정 정비공장) | | | - O : Operator replacement 운용자 교환<br>- S : Maintenance Shop replacement 정비샵 교환<br>- D : Depot(factory) Replacement 공장 교환 | |
| **Name명칭** | **교환 조건** | **오버홀 주기 (샵정비)** | **연간검사 (샵 검사)** | **점검 (운영자)** | **Maintenance Level 정비단계 (O/S/D)** | **Remarks (비고)** |
| Airframe 동체 | SR | 3년 | 1년 | 100시간 | S | 파손 점검 |
| Boom 붐 | SR | 3년 | 1년 | 100시간 | S | 파손 점검 |
| Landing Gear 착륙장치 | SR | 3년 | 1년 | 100시간 | O | 파손 점검 |
| Rotor 로터 | SR | 3년 | 1년 | 100시간 | O | 파손/와셔 점검 |
| BLDC Motor 모터 | SR | 3년 | 1년 | 100시간 | S | 베어링 유격 점검 |
| ESC 모터변속기 | TBO/SR | 3년 또는 5,000시간 | 1,000시간 또는 1년 | 100시간 | S | 발열/방열판 청결 |
| Battery 배터리 | SR | 3년 | 1년 | 100시간 | O | 배부름현상 또는 용량이 공장 기본값의 70 % 미만 |
| FC 비행제어컴퓨터 | SR | 3년 | 1년 | 100시간 | S | 오작동 여부/SW 업데이트 |
| GPS module, GPS 안테나/수신기 모듈 | SR | 3년 | 1년 | 100시간 | S | 오작동 여부/SW 업데이트 |
| IMU 모듈, 관성측정센서 | SR | 3년 | 1년 | 100시간 | S | 오작동 여부/SW 업데이트 |
| Convertor 변압기 | TBO/SR | 2년 또는 5,000시간 | 1,000시간 또는 1년 | 100시간 | S | 정상출력 여부 점검 |
| Wire Haness/Connector 배선/커넥터 | SR | 3년 | 1년 | 100시간 | S | 단선/파손 점검 |
| Charger 충전기 | SR | 3년 | 1년 | 100시간 | S/D | 발란싱 충전 여부 점검 |
| Controller 조종기 | SR | 3년 | 1년 | 100시간 | S/D | 안테나/포텐셔미터 |
| Water pump 펌프 | SR | 3년 | 1년 | 100시간 | S | 정장 작동 여부 점검 |
| Chemical Tank 약제통 | SR | 3년 | 1년 | 100시간 | O | 재질 및 제작 상태에 따라 달라짐 |
| Nozzle 노즐 | SR | 3년 | 1년 | 100시간 | O | 노즐 팁과 고무패킹 등의 재질에 따라 상태점검 교환 |

### 2. 동력계통 정비

2.1 Propellers

(1) Clean propellers by wet clean cloth.

(2) Blades of propeller should keep intact. Hold the tip of propeller, lift up or push down gently to check the propeller. If there are any cracks or breakage, the propeller should be replaced.

(3) Rotate propeller to check whether it is loose. If loose, tighten the retaining screws by screw driver.

(4) Tightness of all the blades should be suitable and be similar. Replace the propeller gaskets/washer with new ones when blades cannot spin smoothly, or gaskets/washer are badly worn.

(5) Blades should be folded well and be held by the blade holder or belts after flight, and should be released and put straight before takeoff.

2.2 Motors

(1) Rotate the motor rotor to check whether it gets blocked.

(2) Gently pull the motor rotor vertically upwards to check whether rotor gets loose.

(3) Try to shake the motor leftward and rightward gently to check the connections between motor, motor holder and arm tube. Make sure the retaining screws of motor holder not get loose. Make sure limit connector of holder and limit screw of arm joint not get worn.

2.3 ESC should be or be suggested to be replaced:

(1) When Esc output obviously different from other ones.

(2) When damaged in crash

### 3. 살포장치 정비

3.1 Clean residual chemical inside the spraying system by using clean water to prevent chemical erosion and clogged issue after each day's work.

3.2 Clean foreign substances stuck in nozzles and strainers to prevent clogging after each day's work.

3.3 Check the hose connections of spraying system (tank, pump, flow-meter etc.) to ensure no looseness, no breakage, no liquid leakage, in order to prevent pesticide leakage and air inflow.

3.4 Check whether nozzle and decompression value have leakage issue. If yes, replace their according sealed gasket.

**Notice:** The spraying system can't spray any kinds of powder which can make spraying system gets clogged and largely shorten its life expectancy. The spraying system which is used to spray power will be seen as out of warranty.

### 4. 기체 정비

4.1 Check the plug screws of arm and tighten them if loose.

4.2 Use clean wet cloth to wipe off the residual chemical, soil on fuselage and landing gear.

4.3 Check if there are any cracks or breakages on the arm, arm joint, land gear etc. If yes, replace damaged parts.

4.4 Check the radar's appearance, fixed condition and wire connection. Appearance and connector breakage, crack will affect radar's waterproof and dustproof performance and may lead to short-circuit and damage.

4.5 Check antennas' appearance and fixed conditions. Loose connection and malfunction antenna will obviously shorten control distance causing communication problems.

4.6 Regarding M8A PRO, M6A PRO, pay attention to the GPS appearance. Appearance breakage may lead to short-circuit issue.

**5. 저장**

5.1 Pump out all liquid from spraying system to prevent accessories from aging before long-time storage.

5.2 Drone should be stored in a cool, dry, well-ventilated, no direct-sunlight indoor place. Since many accessories of drone are made of rubber, carbon fiber, nylon, etc., these parts are susceptible to aging and deterioration due to the effect of oxygen in the air and ultraviolet rays in the sunlight, leading to swelling and cracks. Therefore, keep drone away from the dark, damp corner and do not store it outdoors.

5.3 Ensure that the storage environment is free from pests and rodents. Done can't be stacked with corrosive substances such as fertilizer and pesticide to prevent drone from being damaged by corrosion.

**This content is subject to change.**
**If you have any questions, please contact TTA: lan.li@ttaviation.com**


[그림 9-20] 정비규정의 예

CHAPTER

# 09 연습문제

**9.1** 무인비행장치 안전성인증 단계별 순서를 서술하시오. (9.1)

**실습과제**

1. 항공안전기술원 안전성인증 홈페이지에 회원가입하여 계정 등록을 실시하시오. (9.1.1)
2. 안전성인증 초도 신청 홈페이지에서 접수절차를 진행하시오. (9.2)
3. 안전성인증 초도 신청 서류 종류를 파악하여 목록을 작성하시오. (9.2)
4. 설계서 또는 설계도면을 준비하시오. (9.2.1)
5. 비행 및 주요 정비 현황 자료를 작성하시오. (9.2.1)
6. 성능검사표를 작성하시오. (9.2.1)
7. 초경량비행장치 기술기준 이행완료 제출문을 작성하시오. (9.2.1)
8. 작업 지시서를 작성하시오. (9.2.1)
9. 수입신고필증 등 완성기체 도입서류를 준비하시오. (9.2.1)
10. 정비기록부 서류를 작성하시오. (9.2.1)
11. 송수신기 인가 여부를 확인할 수 있는 서류를 준비하시오. (9.2.1)
12. 성능개량을 위한 변경 항목 목록표 및 확인서를 작성하시오. (9.2.1)
13. 국토부 시험비행허가 결과(시험비행점검표)를 확인하시오. (9.2.1)
14. 운용규정 문서(운용자 교범)를 작성하시오. (9.3.1)
15. 정비규정 문서(정비교범)를 작성하시오. (9.3.4)